开关电源控制环路设计

Designing Control Loops for Linear and Switching Power Supplies：A Tutorial Guide

［法］克里斯多夫·巴索（Christophe Basso）　著

张军明　张龙龙　姚文熙　陈　敏　王　磊　谢小高　胡斯登　译

机 械 工 业 出 版 社

本书共分九章，系统阐述了开关电源的控制环路设计和稳定性分析。第1~3章介绍了环路控制的基础知识，包括传递函数、零极点、稳定性判据、穿越频率、相位裕度、增益裕度以及动态性能等；第4章介绍了多种补偿环节的设计方法；第5~7章分别介绍了基于运放、跨导型运放以及TL431的补偿电路设计方法，将理论知识与实际应用密切关联；第8章介绍了基于分流调节器的补偿器设计；第9章介绍了传递函数、补偿环节与控制环路伯德图的测试原理和方法。本书将电源环路控制的知识点进行了系统的汇总和归纳，实用性强，是一本非常优秀的电源控制环路设计的著作。

本书适合电源工程师、初步具备电力电子技术或者开关电源基础的读者，可以较为系统地了解开关电源控制环路设计的理论知识、分析方法、工程实践设计以及测试分析等，在工程实践的基础上，大大提高理论分析水平和设计能力。本书也可作为电力电子与电力传动相关学科研究生的教学参考用书。

Designing Control Loops for Linear and Switching Power Supplies：A Tutorial Guide，by Christophe Basso，ISBN：978-1-60807-557-7.

© 2012 Artech House.

图书在版编目（CIP）数据

开关电源控制环路设计/（法）克里斯多夫·巴索（Christophe Basso）著；
张军明等译. —北京：机械工业出版社，2019.10（2024.8 重印）
书名原文：Designing Control Loops for Linear and Switching Power Supplies：
A Tutorial Guide
ISBN 978-7-111-63723-3

Ⅰ.①开… Ⅱ.①克…②张… Ⅲ.①开关电源-设计 Ⅳ.①TN86

中国版本图书馆 CIP 数据核字（2019）第 201031 号

机械工业出版社（北京市百万庄大街22号 邮政编码100037）
策划编辑：付承桂 责任编辑：付承桂 李小平
责任校对：王 欣 封面设计：马精明
责任印制：常天培
固安县铭成印刷有限公司印刷
2024 年 8 月第 1 版第 8 次印刷
184mm×260mm·27 印张·705 千字
标准书号：ISBN 978-7-111-63723-3
定价：145.00 元

电话服务 网络服务
客服电话：010-88361066 机 工 官 网：www.cmpbook.com
010-88379833 机 工 官 博：weibo.com/cmp1952
010-68326294 金 书 网：www.golden-book.com
封底无防伪标均为盗版 机工教育服务网：www.cmpedu.com

译者序

随着电力电子技术的飞速发展，以电力电子技术为基础的现代电源已经在各行各业得到了广泛的应用，包括电力系统、新能源、电气化交通、消费电子等，并且随着技术的发展，其应用面还在持续拓展。

电力电子变换器的种类很多，其中直流变换器是最基本、也是应用最为广泛的一种变换器，在所有需要用到直流供电的设备中，都有它的应用。直流变换器有很多种拓扑结构和控制方式，其性能与拓扑及控制密切相关，两者不可分割。直流变换器的性能包括一系列的静态和动态指标，如变换效率、功率密度、输入调整率、负载调整率、输出精度、瞬态响应时间等。这些性能不仅与拓扑的选择和设计相关，也与控制环路的设计相关，拓扑和控制如同汽车的左、右轮，两者同等重要。相同的拓扑在不同的控制方式下，其性能也会有较大差异。

相对拓扑的选择和设计，控制环路的设计对电源工程师或者初学者而言，显得更为复杂。它不仅涉及电路方面的知识，也包括数学建模、控制理论、数字信号处理等多个学科知识的综合，特别是如何将理论知识应用到工程实践中。在很多场合，控制环路设计主要依靠工程师的经验，很难实现性能的优化。因此，十分有必要结合工程实践，对控制环路的设计和分析方法进行推广和普及。

Christophe Basso 先生撰写的这本关于直流变换器控制环路设计的著作，涵盖了控制环路设计和稳定性分析的基础知识，将很多分散的知识进行了有机的梳理和总结，同时也包括了很多的工程实践设计实例，实用性和实践性非常强，很好地建立了控制理论与功率变换器设计之间的联系，是一本非常优秀的电源控制环路设计的著作。

本书比较适合已经具备电力电子技术和开关电源技术基础的读者，可用作提升控制环路设计和分析知识的参考书，也可作为电力电子相关学科研究生的教学参考用书。

本书由浙江大学张军明教授、姚文熙副教授、陈敏副教授、胡斯登副教授，杭州电子科技大学谢小高教授、山东航天电子技术研究所张龙龙博士、王磊高工等共同翻译，全书译稿由浙江大学张军明教授审校。在翻译过程中，还得到了研究生孙旦跃、高贺、龙莉娟、温剑威、范俊崇、毛奉江、李京蔚等的帮助，在此谨表衷心感谢！

由于译者水平有限，翻译不当之处，欢迎读者批评指正。

译者

原书序

在他的上一本书《开关电源：SPICE 仿真与实用设计》中，Christophe Basso 通过实际电路设计对变换器拓扑和 PFC 电路进行了众多有价值且详细的解释。虽然那本书中也很好地解释和使用了建模和反馈控制，但是着重点在 SPICE 仿真方面。

在本书中，Christophe 深入研究并分析了用于功率变换器的特定控制电路。他详细分析了不同控制器下变换器的性能，如动态负载响应、输入抑制的稳定性等，包括用于教学目的的非常规变换器以强调反馈控制方法的一些微妙方面。他推导了许多分析结果可用来设计一种能够实现特定性能目标或满足稳定性标准的补偿器。

在这本书中，除了严谨的控制理论方面，我很高兴地看到变换器电路的分析是基于快速分析电路技术进行的，答案为低熵形式，非常符合 R. D. Middlebrook 博士的思想。如果设计与分析相反，Middlebrook 会说，那么唯一值得做的分析是面向设计的分析，它产生低熵表达式。Christophe 很好地贯彻了这一思想。

功率变换器设计中的模拟电子部分的关注度正在不断下降和消失。控制理论的书籍比比皆是，而模拟电子教科书越来越少并且越来越像烹饪书。对于想要在电力电子领域工作的电气工程专业的新毕业生来说，入门所必备的知识是分散的，而且很难统一。虽然也有很好的资源可以针对工程师提供为期一周的课程，但是这些资源需要具备电源变换器相关的知识和工作经验。在我看来，本书很好地填补了控制理论与功率变换器设计之间的空白。另外，从我有限的经验来看，除了设计电源变换器之外我有时也需要解决一些控制问题，这样一本书是非常必要的。我也看到控制系统，或者说控制方案，对于稳定平台或调节激光器的温度而言过于复杂且没有必要。如果设计人员能首先理解执行机构的等效电路模型，那么其性能（通常是微不足道的）就可以通过设计一个简单得多的反馈控制电路而大大提高。Christophe 在揭示建模和严格补偿变换器电路的概念方面做得非常出色。所有电力电子工程师每隔一段时间就可能需要解决非电源变换器设备的控制问题，故我向他们推荐这本书。

Vatché Vorpérian
美国国家航空航天局喷气推进实验室

前　言

当我在 2009 年 1 月开始写这本书时，我本打算写一本专门介绍补偿器结构的快速手册。因为我意识到大多数文献都涉及了用运算放大器实现补偿器的示例，而这是我在 20 世纪 80 年代上大学时学到的如何稳定环路的方式。后来，作为一名工程师，我想把我的知识应用于基于 TL431 或跨导型运算放大耦合光电耦合器的电路，因为我所学的知识和我正在研究的实际电路之间缺乏关联。

关于补偿器结构的文献不多，所以我只能选择解析分析方法，还是通过试错来调整电路。显然，第二种方法是错误的，但是当时间压力变得难以忍受时，我明白工程师对于他们正在进行的设计别无选择。我觉得技术文献中有一处需要填补的空白，来展示补偿理论如何应用于不基于运算放大器的电子电路。在这个过程中，我写了第 5 ~ 8 章。然后我决定写一些关于环路控制的理论，这可以更新部分工程师对这个方面的认知。在我写第 1 章时，我发现我在这个问题上知道的大部分理论都不是我在学校所学到的，事实上，当我从法国蒙彼利埃大学毕业并试图将这些新知识应用到一个项目时，我失败了：我无法将我所知晓的知识和我被要求去做的事情联系起来。当我的老师谈及 PID 系数时，我就不得不放置零极点。

我希望当你需要稳定一个功率变换器时，你会想要这本书作为你的伴侣。为此，我试图平衡有用的理论以及让它在实际项目中发挥作用的必要性——要成为一名优秀的工程师，你不需要了解环路控制领域的所有知识。在我写的 9 章中，第 1 章从这个主题的概括性开始，如果你是初学者，你一定要读它。第 2 章介绍传递函数及其正确书写的形式。快速分析技术贯穿于本章，我鼓励你深入研究这个主题。第 3 章是本书的一个重要部分，因为它详细描述了建立稳固控制系统的稳定性标准。回到我大学的时候，我被告知要保持相位裕度至少 45°，就是这样，没有进一步地解释这个数字的起源。这里没有什么新东西，但是我已经推导了这些方程，这样你就可以把相位裕度数和预期的闭环瞬态性能联系起来。这同样适用于你不需要再去随便选择穿越频率。第 4 章解释了补偿的基础，从 PID 块开始，扩展到你将处理的内容：零极点的位置。然后我介绍了几种补偿方法，包括高频 DC-DC 变换器的输出阻抗整形。

接下来的第 5 ~ 8 章将介绍如何使用运算放大器、TL431、跨阻抗放大器或分流调节器来补偿变换器。这就是这本书的优势：无论是否使用光电耦合器，无论有无补偿元件。你甚至可以找到 TL431 的内部细节，这些细节通常不会在数据手册或应用说明中公开。最后，第 9 章以测量方法和设计实例作为结尾。

在文中，我们将始终关注研究的重要的事项上，但是会突然转到理解它们所需要的数学工具。这是我的写作风格，许多书只是假设你知道相关的技巧并继续解释，留给读者一些支离破碎的知识。我试图避免这种情况，这也是一些章节结尾处附录的存在价值。

在本书中，我在 3 年时间内推导了超过 1150 个方程。尽管审稿专家会很仔细，但是他们不可能找到所有我未曾注意的错别字、遗漏的标记或错误的数值结果。我提前真诚地道歉：作为读者，当你发现想要信任的书中的错误时，我可以理解这种沮丧感。为了帮助改进内容，我希望您在阅读时报告发现的错误，我将在我的网页中保留一个勘误表，并将之归功于发现者。这个做法对上一本书非常有效，并有助于保持分析的完整性。提前感谢你们的帮助，请将意见发送至 cbasso@ wanadoo. fr。

最后我想说的是，我花了 3 年的时间写这本书。在解决一些问题的同时，我也学到了很多。其中有几个是很棘手的，我承认有高潮也有低谷，但是最终的内容证实我是在正确的道路上。我希望通过你们的评论也可以证实这一点。最重要的是，我希望你们在完成工程任务的同时也可以经常阅读这本书。祝大家阅读愉快！

致 谢

没有许多人的帮助和参与，我无法完成这样一本书。我给予我的家人最衷心的感谢和爱意：我的妻子 Anne，她鼓励并支持我写这本书，尽管经历了无数个漫长的夜晚，在这些漫漫长夜里，我在方程与灵感的枯竭中挣扎。也感谢我的两个孩子：Lucile 和 Paul 被我推导的大量公式给吓到了，别担心孩子们——这在现实生活中不会发生！

我还有幸在工作中与 ON Semi 公司的同事和朋友们一起交流和讨论想法，包括 Thierry Sutto, Stéphanie Cannenterre, Yann Vaquette 以及 José Capilla。特别感谢我的朋友 Joël Turchi，他花了很长时间回顾我多年来的工作，善意地指出我一些非传统方法中的错误和缺陷！我与 Ray Ridley 博士（Ridley Engineering），Larry Meares（Intusoft），Richard Redl 博士（ELFI）和 Vatché Vorpérian 博士（JPL）等这一领域的专家进行了大量的电子邮件交流并且受到了很多启发，帮助我理解了通过解析分析来描述电路的必要性。这是揭示隐藏的寄生参数以及找到调剂手段的不二法门。

我有幸组建了一个由来自世界各地的专家组成的评审团，他们花了大量的时间来阅读和修改我的作品，并且还润色了书稿的英语。我诚挚地感谢他们为这本书评所付出的精力：Joël Turchi（ON Semi），José Capilla（ON Semi），Jeff Hall（ON Semi），Yann Vaquette（ON Semi），Nicolas Cyr（ON Semi），Jim Young（ON Semi），Patrick Wang（ON Semi），Vatché Vorpérian（JPL），Richard Redl（ELFI），Dhaval Dalal（Innovatech），Analogspiceman，Roland Saint-Pierre（Power Integrations），Steve Sandler（Picotest），Georges Gautier（ESRF），Christopher Merren（International-Rectifier），Arnaud Obin（E-Swin），Chung-Chuieh Fang（Advanced Analog Technology），Dennis Feucht（Innovatia），Mike Schutten（General Electric），Germain Garcia（LAAS-CNRS）和 Didier Balocco（AEGPS）。

最后，我要感谢 Deirdre Byrne 和 Artech House 的所有团队给予我和他们一起发表作品的机会。

本书所用的变量和缩略语

arg	复数的辐角
BCM	临界导通模式（与 CrM 相同）或电流临界断续模式
BIBO	有界输入有界输出
χ	闭环传递函数的特征方程
CCM	连续导通模式（电流连续模式）
CL	闭环，例如 T_{CL} 为闭环增益
CrM	临界导通模式
CTR	光电耦合器的电流传输比
D	变换器的平均占空比
$d(t)$	变换器的瞬时占空比
$D(s)$	传递函数分母的拉普拉斯表达式
δ	对数衰减率（读作 delta）
ESR	等效串联电阻，r_C 或 r_L 分别对应电容和电感等效串联电阻
ESL	等效串联电感
ε	误差电压（读作 epsilon）
η	变换器效率（读作 eta）
f_{c}	穿越频率，此处 $\mid T(f_{\mathrm{c}}) \mid$ =1 或 0dB
F_{sw}	开关频率
$G(s)$	补偿器的拉普拉斯表达式
Gf_{c}	在选定的穿越频率处的增益不足（或过量）
φ_{m}	在 f_{c} 处的相位裕度
g_{m}	跨导型运算放大器（OTA）的跨导
GM	开环传递函数伯德图的增益裕量
$H(s)$	被控对象的拉普拉斯表达式
I_C	电容直流电流（在稳态时为 0）
$i_C(t)$	瞬态电容电流
$\hat{i}_C$	电容小信号电流
$i_{\mathrm{d}}(t)$	瞬态二极管电流
I_{d}	二极管直流电流
I_{in}	变换器的直流输入电流
I_L	电感直流电流
$i_L(t)$	瞬态电感电流
$\hat{i}_L$	电感小信号电流

$i_{out}(t)$	瞬态输出电流
$\hat{i}_{out}$	小信号输出电流
k_d	PID 补偿器中的微分项
k_i	PID 补偿器中的积分项
k_p	PID 补偿器中的比例项
L_p	变压器的一次侧电感（通常在反激变换器中）
$\mathcal{L}\{f(t)\}$	时域方程 f 的拉普拉斯形式
LHP	阿甘特图（Argand）左半平面
LHPP	左半平面极点
LHPZ	左半平面零点
LTI	线性时不变
MIMO	多输入多输出
$N(s)$	传递函数分子的拉普拉斯表达式
OL	开环，例如 T_{OL} 为开环增益
ω	角频率，单位是弧度每秒（rad/s）
ω_n 或 ω_0	自然角频率，单位是弧度每秒（rad/s）
ω_d	阻尼角频率，单位是弧度每秒（rad/s）
ω_r 或 ω_M	谐振角频率，单位是弧度每秒（rad/s）
P_{in}	变换器输入功率
P_{out}	变换器输出功率
PID	比例积分微分
PI	比例积分
Q	滤波器的品质因数
$r_n(t)$	自然或自由响应（激励信号设置为 0）
$r_f(t)$	强迫响应（初始条件设置为 0）
r_C	电容的串联电阻
r_L	电感的串联电阻
RMS	方均根
R_{sense} 或 R_i	电流型控制变换器中取样电阻
RHP	阿甘特图（Argand）的右半平面
RHPP	右半平面极点
RHPZ	右半平面零点
s	$s = \sigma + j\omega$
SISO	单输入单输出
SMPS	开关电源
SPICE	SPICE 仿真软件
τ	时间常数，单位为 s
$T(s)$	环路增益的拉普拉斯表达式
T_{sw}	开关周期
$v_C(t)$	电容两端的瞬态电压

V_C	电容直流电压
$v_c(t)$	瞬态控制电压
V_c	直流控制电压
$v_L(t)$	电感两端的瞬态电压
V_L	电感两端直流电压（稳态时为 0）
ζ	阻尼比（读作 zeta）

本书运算中的数字和前缀

本书中，作者特意在所有运算中使用 SPICE 前缀来避免在方程中使用科学符号。在数字和前缀之间没有空格。前缀如下：

$1f = 10^{-15}$

$1p = 10^{-12}$

$1n = 10^{-9}$

$1u = 10^{-6}$

$1m = 10^{-3}$

$1k = 10^{3}$

$1M = 10^{6}$

例如：$R_1 = 10k\Omega \quad C_1 = 3\mu F$

$\tau = R_1 C_1 = (10k \times 3u)s = 30ms = 0.03s$ 或 30ms

注意：本书中有大量仿真电路图，为阅读方便，仿真电路图中的电气图形符号和文字符号均不作修改，但在正文公式计算中，仍采用带有上下角的物理量形式。

目　录

第1章
环路控制基础

无论是否意识到，环路控制和我们的日常生活息息相关：伸展身体去拿水罐，再把水倒进玻璃杯中；骑自行车时突然遇到上坡但是仍然可以保持匀速行驶；在一段又长又直的道路上开车，保持适当的节气门使得车速略低于最高限速。以上场合中，都用到了反馈控制系统（feedback control system）：大脑定义了一个给定值（setpoint），利用肌肉或者机械结构去执行这个指令，之后大脑会通过神经系统（脊髓或者视觉系统）持续接收关于指令执行情况的返回信息。上述整个事件链条中，将经功率放大的前向通路（大脑和肌肉组织所代表）与反馈路径（神经系统）相关联起来：信息从大脑出发，通过神经系统来校正肌肉组织的动作，然后再经神经系统返回大脑，可称该系统为闭环（closed-loop）系统。相反，如果反馈路径被破坏，指令执行好坏的反馈信息都将丢失。这时，该系统则在开环（open-loop）状态下运行。所以说，如果蒙住眼睛骑车，生物反馈环路就会消失，这时身体将处于开环状态，各种风险也将无处不在。

1.1 开环系统

正如上文提到的，一个系统既可以在开环状态下运行也可以在闭环状态下运行。开环系统将输入控制信号转变为输出响应，这种输出响应与输入之间保持某种特定关系。开环系统中，输入控制信号 u 独立于输出响应 y。图 1.1 所示为一个简单的时域系统，其输入和输出之间存在增益 k。

在图 1.1 中，矩形表示传输环节，而箭头描绘物理输入和输出变量。要注意这里字母 u 和 y，他们分别表示书中常用的输入和输出信号，输入 u 与输出 y 之间的关系可以简单表示如下：

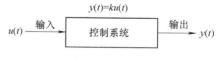

图 1.1　带有 k 倍增益的系统简图

$$y(t) = ku(t) \qquad (1.1)$$

假定系数 k 不随时间变化，这样的系统称作线性时不变（LTI）系统。

一个对应这个模型的应用实例是驾驶人转动汽车方向盘，当方向盘转动 θ（°，作为输入）时，车轮转动 $k\theta$（作为输出），如图 1.2 所示。在早期的汽车中，方向盘和车轮之间的耦合主要通过机械连接和液压执行器来实现。在静止或者低速状态下，例如停车时，如果车辆比较大，这样转动方向盘对驾驶人来说就非常费劲。在这种情况下，转动输出所需要的功率或者力量几乎完全是由系统输入——驾驶人的肱二头肌所决定！

在现代汽车中，传统的转向控制技术已经发展成为带有辅助动力的转向控制技术，即电动助力转向系统（Electric power steering，EPS）。首先，传感器检测动作和施加到转向柱

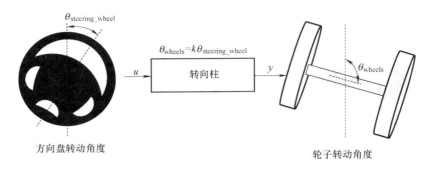

图 1.2　方向盘直接控制车轮转动的转向系统

上的转矩，并将这些信号输入处理器。然后，处理器的输出通过功率模块驱动电动机，而这个功率模块即是提供辅助转矩的装置。这样一来，驾驶员便可以轻松地转动方向盘，并通过放大回路平滑地改变车轮转动的角度。与前面的例子不同，输出的功率或力量不再来自控制输入，而是来自另一种能源。例如，在汽车中，它可能是一个电池。图 1.3 所示为系统的简化示意图：方向盘角度通过电位器（或数字编码器）转换成电压（V）。该信号进入功率放大器，然后运放提供功率（W）有效地驱动电动机。电动机连接到转向器并传递转矩（N·m）以改变车轮位置。从输入 u 到输出 y 的各个模块的总和被称为前向通道（direct path）。

　　在图 1.2 中，由于不存在中间放大环节，要在没有损耗或者失真的情况下，将输入端的力通过长距离传递到输出端基本是不可能实现的。如果遇到复杂的环境，如曲线、非共线轴等，则还需要各种几何构型，这时转动将会更加困难。幸运的是采用图 1.3 所示的功率放大环节后，这些早已不再是问题。当控制的输入和输出之间距离很远的时候，通过一对导线将电信号传递到远距离的电动机或者执行机构是非常易于实现的。这种技术现在被称之为"线控操作（x-by-wire）"，它利用电控系统来控制安装在操控点附近的机电执行机构，从而取代传统的机械和液压连接：包括在汽车上的转向控制（转向控制，steer-by-wire）系统，以及用在飞机的控制装置中，驱动襟翼或调整发动机转速（飞行控制，fly-by-wire）。输入变量并不直接控制输出，而是通过一系列功率系统传递到输出。

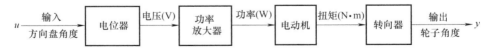

图 1.3　含放大环节的控制系统

1.1.1　扰动

　　前述示例中，只考虑了单一输入和单一输出，一般而言这样的系统统称为单输入单输出系统（SISO）。实际上，任何系统都会受到多个输入变量的影响，因此如果考虑了多个输入变量，可以设想，往往也会有多个输出变量。在文献中，这类系统常被称为多输入多输出系统（MIMO）。

　　对于多个输出的系统而言，通常会选择设计者最关心的一个目标来作为主输出。在如图 1.3 所示的转向控制（steer-by-wire）系统中，主输出是车轮转动的角度。但是内置的差动系统需要努力确保每个车轮的转矩均匀分配，同时允许它们以不同的速度转动。当汽车沿曲线行驶时，可以通过监控每个车轮的速度来获取信息。另一个重要的输出是汽车的行驶轨迹，作为最终的控制目标，需要在不失去对车辆控制的情况下，通过转动方向盘控制车辆行进路线。考虑到所有这些输出变量，系统的示意图可以进一步如图1.4所示，输出量取决于设计者的要求和控制目标。

一个系统的主要输入往往是其最重要的控制目标。例如在转向控制系统中，方向盘转动信号就是其主要输入，然而其他一些输入也有可能对传动链产生影响。由于这些输入对输出的影响通常是负面的，因此往往把

图1.4 有多个输出的系统

它们作为系统的扰动（perturbations）。同样针对上文中的例子，假设汽车在强风中沿曲线行驶，在方向盘上施加一定的转动角度来控制汽车转向，往往还会观察到汽车的实际运动轨迹会产生偏移。在这里，强风就是一种影响输出（运动轨迹）的扰动输入。同时，由于辅助转矩由电动机产生，内部的高温会使得储能电感的感值降低，从而导致功放环节的电源供电能力减弱；而供电能力的减弱会降低执行机构的响应特性，使得车轮不能正确地跟踪转向控制角度。电源电压的波动也会影响传动系统。所有这些扰动也都可以看作是系统的多个输入，在设计阶段必须加以考虑。当这些因素都被考虑在内，就得到了图1.5所示的系统。设计的终极目标是建立一个坚强可靠的系统，从而可以避免这些扰动的不利影响。

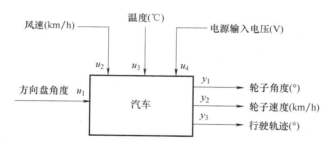

图1.5 有扰动输入的多输出系统

1.2 控制的必要性——闭环系统

在前述的转向控制系统中，输入、输出之间存在着一种对应关系，即方向盘转角和车轮产生的实际角度变化之间的比例为系数 k。但是由于传输过程中的各种扰动或者系统缺陷，实际的输出可能会永远无法达到输入的预定值，例如在图1.1中，系数 k 由于受到环境温度变化等影响存在很大的不确定性。那是否有办法来弥补传输环节中的缺陷呢？在汽车转向控制中，如果可以在车轮上安装一个传感器，比如简单的电位器或者数字旋转编码器，专门测量方向盘的转动所产生的车轮实际转角，那么就可以计算控制目标和测量得到的实际转角之间的偏差。文献中，这个误差记作 ε，它表示输入给定与最终输出之间的差值为

$$\varepsilon = u - y \tag{1.2}$$

根据得到的误差结果，系统会产生一个信号，该信号将作用于传动链上并产生校正效果。如果角度滞后或者超前，给定值也将成比例地增加或者减小来补偿误差。因此，在闭环系统

中，代表输出量的信号被反馈到输入端，通过控制以确保给定值与实际输出值之间的误差最小。在这个模型中，控制信号不再是原有的给定值（setpoint），而是由式（1.2）得到的误差信号。为了进一步完善这个模型，引入差分框和闭环来说明误差信号是如何生成的，如图1.6所示。由于控制系统中使用的是电气量，因此在反馈路径中还需一个传感器将反馈的角度信号转化为电信号，同时算出其与输入电信号之间的差值，得到误差电压 ε，这个误差变量控制着整个回路。

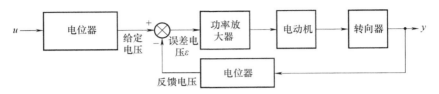

图1.6　引入反馈的单输入、单输出系统

如果相比输入量 u，得到的输出量 y 太大，那么误差信号 ε 将会减小，进而导致系统的输出量 y 减小。相反，如果输出 y 太小，ε 将会增加，进而导致输出量 y 增加。因此，只要误差信号和输出变量变化趋势相反，那么系统就能正常运行并达到平衡状态。一旦这个变化关系丢失［例如式（1.2）中的负号变为正号］，那么系统将失控并迅速达到阈值上、下限，下文将重点讨论这个问题。

图1.6中的输入既可以是变量，也可以是常量。例如假定汽车在很长一段时间内都保持直线行驶，在这种情况下，需要抵抗包括风在内的各种干扰因素以保证车辆的行驶轨迹，系统只需保持输出恒定以及车轮行驶在预定的轴线上，这样的系统被称为调节器（regulator）或者调节系统（regulating system）。调节系统的输入要么是常量，要么是不受外界干扰的、和输出量保持恒定比例关系的参考给定值。电压调节器就是一种调节系统，无论外界条件如何变化［如输入电压（交流或者直流）、输出电流发生变化］，它都能够保持输出恒定。本书中所关注的功率变换器就是这样一种提供恒定电压或者电流输出的调节系统。

如果输入量是时变值，那么控制系统必须要确保输出能精确地追踪输入。法语中用"奴役"（asservissement）一词来描述这类系统，很形象地说明了这一系统中输出量随动于输入量，即无论输入变量变化得多快，变化幅度有多大，输出量和输入量的关系都要确保维持不变。这类系统也被称为反馈控制系统（feedback control system），音频放大器、飞行自动驾驶系统、以及海上导航系统都是反馈控制系统的经典例子，其中后两者也被称为伺服系统（servomechanisms），因为其中的受控变量是机械位置。利用复杂的反馈结构，反馈系统可以确保无论输入给定受到什么样的扰动干扰（例如风速、流体强度等），输出量都能够完美地跟踪输入给定量的变化。

上述例子中所涉及的变量都有着极高的精度要求，例如在控制飞机襟翼时，哪怕只有几度的偏差都是不允许的。这类系统对给定值和反馈值之间的最小偏差极其敏感，为了达到精度要求，采用放大器来放大误差电压 ε 就显得十分必要。经过放大之后，一个很小的输出误差信号将具有很大幅值，也就更便于系统控制。因此，系统的增益直接关系到反馈量的大小，也将直接影响系统的控制精度：高精度的控制系统在其控制回路上必然有着很大的静态增益（也称直流增益）。没有增益，也就没有反馈，因此，如果想构建一个控制系统，回路中必须要有增益。

1.3　时间常数的概念

对于一个控制系统而言，在对新的给定值进行调节或者响应扰动的过程中，通常都存在延迟。这个延迟是控制环节中所固有的，因为实际信号都是在机械、物理、电气路径中传输。例如，在电动助力转向系统中，当你转动方向盘时，指令信号需要经过一段时间之后才能改变车轮上的角度。另一个经典的例子是房屋供暖系统，在某些参数（如体积、空气流动）条件下设定一个特定的房间温度，但是，至少需要几十分钟甚至一个小时之后，系统才能通过传感器采集到符合要求的温度。在这些例子中，系统从某一稳态到另一个稳态所需要的时间被称为时间常数，记为 τ，表示系统的响应时间。时间常数可能从示例中的几毫秒到几十分钟不等。

对于一阶线性时不变系统而言，其时间常数有很多表示方法，不过它们都可以用同一个微分方程表示。对于电气工程师而言，可以用简单的 RC 滤波电路来表示，如图 1.7 所示。这种 RC 网络的输出电压 $y(t)$ 可以如式（1.3）所示：

$$y(t) = u(t) - Ri(t) \tag{1.3}$$

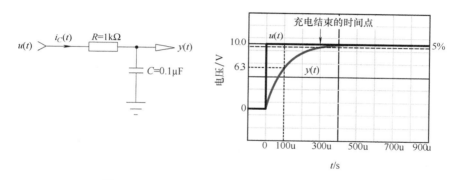

图 1.7　RC 低通滤波器的阶跃输入响应时间常数

电容电流取决于电容两端电压的变化率

$$i_C(t) = C\frac{\mathrm{d}y(t)}{\mathrm{d}t} \tag{1.4}$$

将式（1.4）代入式（1.3）并化简，得到描述一阶线性时不变系统的等效方程为

$$y(t) = u(t) - \tau\frac{\mathrm{d}y(t)}{\mathrm{d}t} \tag{1.5}$$

式中，$\tau = RC$，即该系统的时间常数。

如果 $R = 1\mathrm{k}\Omega$，$C = 0.1\mu\mathrm{F}$，则系统的时间常数为 $100\mu\mathrm{s}$。

有多种办法可以解出上述微分方程，后文将会采用反拉氏变换方法进行求解。对其求解可以得到

$$y(t) = A + Be^{-\frac{t}{\tau}} \tag{1.6}$$

式中，A 和 B 是两个常数，可以通过联立 $t = \infty$（$e^{-\frac{\infty}{\tau}} = 0$）和初始条件（initial condition）$t = 0$（$e^{-\frac{0}{\tau}} = 1$）得到的方程组求得。

初始条件表示电路启动时刻状态变量的值，比如电感的初始电流或者电容两端的初始电压（例如 $t=0$ 时刻）。在图 1.7 中，如果假定输入量 $u(t)$ 是一个幅值为 V_{cc} 的阶梯量，那么电容两端的电压 $v_C(t)$ 可以表示如下：

$$v_C(t) = V_{cc}(1 - e^{-\frac{t}{\tau}}) \qquad (1.7)$$

这就是图 1.7 右侧常见的指数曲线。当取 $t=\tau$ 时，$e^{-\frac{t}{\tau}} = e^{-1} = \frac{1}{e}$，从而可以确定时间常数 τ。可以解得相应的 $v_C(t)$：

$$v_C(t) = V_{cc}\left(1 - \frac{1}{e}\right) \approx 63\% \, V_{cc} \qquad (1.8)$$

因此也可以这样来定义，如果 $V_{cc} = 10V$ 时，则电容在 τ 秒后将达到 6.3V。因此当 $v_C(t) = 6.3V$ 时，就可以确定系统的时间常数。在本例中，时间常数对应于 $100\mu s$，和电路中 RC 乘积的值相等。在一阶系统中，经过 3τ 之后的输出偏差在 5% 以内。因此在上文的例子中，可以近似认为系统的输出在 $300\mu s$ 后在允许的偏差范围内。

1.3.1 时间常数的应用

时间常数是控制系统中最关键的几个特性参数之一。为什么这么说呢？因为当输入量发生变化时，输出在某一时间段内可能会超出范围。改变房间温度的给定值并不会造成温度的迅速改变，有可能在几十分钟的时间里传感器都不会检测到温度发生显著变化。因此，给定值与反馈值之间的误差信号非常大，从而使系统输出达到功率上限或下限并产生各种负面影响（功率过冲或者失控等）。那是否有更完善的控制策略来优化控制过程呢？当然有，可以综合以下几种方法来得到解决方案：

- 将控制电压的幅值和误差信号相互关联起来。比如说，当系统变化比较温和时，是否一定需要一个很大的控制信号？实际上，略微改变控制电压往往就可以满足要求；而如果变化幅度很大，则一个大的控制信号有利于系统控制。因此，控制电压应该和检测到的误差信号变化量有一定的比例关系。

- 试想一下，如果受控量仅仅是微小漂移或者给定值变化缓慢，那么是否还有必要将控制信号第一时间就调节至上限或者下限呢？显然，当扰动或工作点缓慢变化时，提供一个缓慢变化的控制信号往往就可以满足要求了；而当扰动变换非常迅速时，控制信号则需要能够迅速地做出反应。因此，控制电压的大小最好能够与误差信号的变换率关联起来。那么如何计算误差信号的变换率呢？显然，用它的时间导数是一个不错的选择。

- 最后，对输出精确控制，从而确保其与给定值相等，是控制系统的终极目标。如何实现这一目标呢？一种方法是通过不断地增大或减小控制电压，直到检测到的误差信号为零，即输出和给定值相等。但是如果系统的输出与给定值之间一直存在一个固定的误差，此时误差电压是一个恒定的值，对应的控制信号也会是一个恒定的值，显然这时控制系统自身是无法消除这一误差的。如果能将这个恒定的误差转换成一个可以增大或者减小的控制信号，就有可能将误差减小到零。怎么才能实现呢？如果对误差电压进行积分，就可以通过恒定的误差得到一个增大或减小的渐变信号，利用这个积分信号自动产生控制电压，直到误差减小为零，从而消除稳态误差。

以上功能通常在误差信号后的补偿环节中实现，通过该环节产生新的控制电压 v_c。把这些功能整合在一起，这种控制称为比例积分微分（PID）补偿器。"补偿器"这一术语用于表示通过有目的的设计反馈回路补偿系统的缺陷。图 1.8 所示是进一步完善后的控制系统框图，并标注了各个信号的名称。

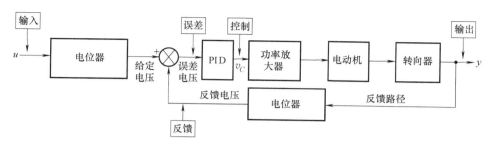

图 1.8　引入 PID 优化模块的反馈控制系统

图 1.9 所示为一个二阶闭环系统对阶跃信号的典型响应，前述讨论过的几种系统缺陷在图中得到了很直观的展示。首先，输出 $y(t)$ 跟踪输入的响应过程并不是即时的，而是需要一段时间才能达到设定值；在某些时刻，输出甚至可能超过设定值，并最终稳定在一个比设定值低的输出值上，从而产生稳态误差。采用 PID 补偿环节有助于最大限度地减小这些缺陷，使得控制系统的跟踪速度和稳态精度有所提高而不产生超调，第 2 章中将会具体分析这部分内容。

这里需要指出，上升时间是输出量 $y(t)$ 从 10% 增加到 90% 的时间；但这个定义有时也会变化。在第 2 章中，上升时间为输出量从 0 增加到 100% 的时间。

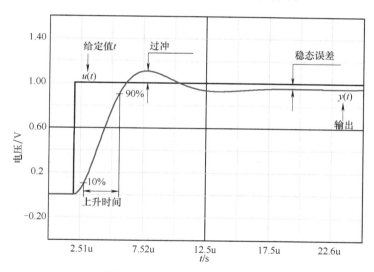

图 1.9　二阶控制系统典型响应

1.3.2　比例环节

比例环节的核心在于：误差大，控制信号 v_c 将增加；反之，控制信号的幅值也将相应地减小。显然，如果让两者之间存在比例关系就可以满足这一要求。控制系统中，常用比例增益来表示比例环节，记作 k_p，如图 1.10a 所示。多大的增益比较合适呢？在加热系统中，如果输出功率较大（k_p 大），温度将会很快上升；相反，如果 k_p 较小，加热过程将变得十分缓慢。当 k_p 值很大时，加热器输出功率达到上限，房间温度就会迅速增加并达到给定值，而且很容易产生超调。相反，如果采用较小的 k_p 值，温度上升就会比较缓慢，可以有效地控制超

7

调量。因此，比例环节同时影响着反应速度和超调量。

根据图 1.10，式（1.2）中的误差信号经过比例环节之后作为控制信号的一部分，即

$$v_c = k_p \varepsilon(t) \tag{1.9}$$

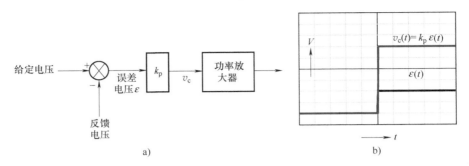

图 1.10　比例环节

如果误差电压 $\varepsilon(t)$ 是一个阶跃信号，那么由式（1.9）可知，其相应的控制信号结果如图 1.10b 所示。

1.3.3　微分环节

前面介绍了比例环节 k_p 可以控制响应速度，误差信号的斜率同样值得关注。对于一个缓慢变化的误差信号，没有必要冒着超调风险对环路进行剧烈的调节；相反，如果误差信号变化迅速，那就得确保控制信号足够大以使得系统输出能够快速响应。那么如何才能知道系统所需的控制信号的大小呢？误差信号的斜率提供了这一有用的信息。如图 1.11 所示，通过微分环节以及微分系数便可以得到控制信号的斜率，即

$$v_c(t) = k_d \frac{\mathrm{d}\varepsilon(t)}{\mathrm{d}t} \tag{1.10}$$

由式（1.10）所示，如果给定值迅速发生变化，控制电压也将迅速响应，正如图 1.11 所示。相反，如果给定值变化缓慢，那么控制电压幅值也将非常小。后面将会看到，微分环节可以对输出变化包括干扰做出迅速反应，因而有利于减慢系统的反应速度。因此，系统恢复时间也受到微分环节的影响，不过也正是微分环节的存在，超调问题可以得到改善。

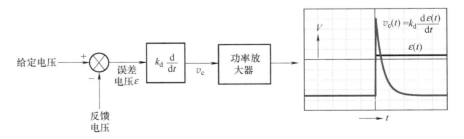

图 1.11　对误差信号的斜率敏感的微分环节产生微分控制电压

1.3.4　积分环节

期望控制系统有足够的控制精度，即给定值和控制变量之间的差值应尽可能地小。通过

前面的分析，k_d 和 k_p 等系数的加权组合有助于最大程度地减小超调，但如何能让系统提高输出精度？或者说，如果 k_d 和 k_p 能显著地改善系统的动态特性，那还需要其他的环节来优化稳态性能。可以利用误差信号的累积或者积分来实现，从而彻底消除稳态/直流误差。这个积分系数记作 k_i，如图 1.12 所示，其时域表达式为

$$v_c(t) = k_i \int \varepsilon(t)\,dt \tag{1.11}$$

对一个恒定信号 $k_i\varepsilon$ 进行积分，将会得到一个斜坡信号 $v_c = k_i\varepsilon t$，这里 t 代表积分时间。因为只要误差信号存在，控制信号就将持续累积，所以经过一段时间之后，系统就可以实现对目标的精确追踪。因此，包含积分环节的直流系统常被称作无静差系统（null-error system）。

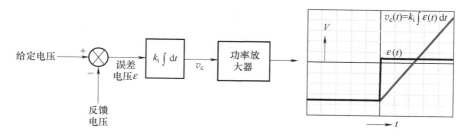

图 1.12 积分环节对误差信号进行积分

1.3.5 比例-积分-微分环节

一个设计良好的控制系统在扰动时应该能够快速、无超调地响应，同时有足够高的稳态精度。然而，控制系统往往需要在控制精度和稳定性之间做出取舍。利用 PID 控制模块，合理地调整 k_p、k_d 与 k_i 来达到期望的控制效果，有助于实现系统的控制目标。

图 1.13 给出了这些控制环节组成的控制系统，控制信号 v_c 是几部分的组合：

$$v_c(t) = k_p\varepsilon(t) + k_i \int \varepsilon(t)\,dt + k_d \frac{d\varepsilon(t)}{dt} \tag{1.12}$$

本书不详细讨论如何设计这些参数。然而，对于大多数功率变换器而言（线性或者开关电源），设计者一般不会直接给出各个系数，而是通过对传递函数进行零极点配置，以达到要求的穿越频率和相位裕度，从而间接地确定积分或者微分环节的参数。

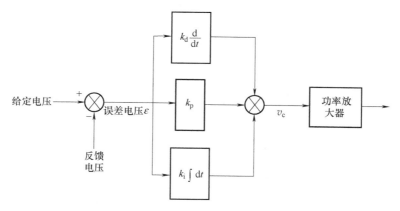

图 1.13 PID 控制系统包含三部分系数生成控制信号 v_c

当然，设计控制系统时，也可以只采用某一个或者某两个参数（PI 或者 PD）。例如，使用比例环节和积分环节的组合可以确保变换器的稳定性；功率因数校正电路中，常在反馈电路中采用积分器。第 4 章将重点介绍 PID 补偿器。

1.4 反馈控制系统的性能

由于控制的输入和扰动本质上可以是任意的，所以如果忽略输入信号或扰动干扰的具体形式来评判控制系统的性能将是非常困难的。除此以外，系统会有各种工况，在任何工况下，输出必须在给定范围之内。这些工况可能是暂态，也可能是稳态，需要分别研究来预测输出情况。实际中，设计者通常依据一系列的标准测试波形来判断一个反馈控制系统的性能，例如阶跃信号、斜坡信号、脉冲信号和正弦信号。但是主要关注阶跃和正弦输入，因为他们是功率变换器中最常见的输入信号。在研究这些输入响应之前，首先需要了解暂态和稳态之间的区别。

1.4.1 暂态或稳态

在电子或电气系统中，暂态一词用来描述一段时间内某一系统处于不平衡的状态。例如，系统从开始启动直至达到额定输出需要一段时间，当启动一个 5V 的变换器时，在初始阶段，所有的电容需要从零开始充电，而其输出将从零开始增加至额定输出。当暂态过程经过一段时间之后，输出稳定到设定值，也就意味着变换器进入稳定工作状态。图 1.14 描述了一个开关电源的启动过程，从开始启动的暂态模式直至达到稳定工作点。

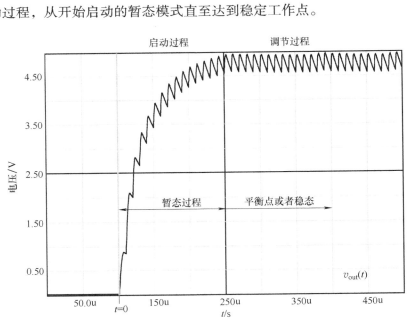

图 1.14　变换器从启动到 5V 输出所需的时间可视为其暂态过程

暂态过程也可以发生在系统突变时，系统偏离其平衡状态（例如负载从稳态的 100mA 突变到 1A）的过程中。通过观察突变发生时系统的输出，从而得到暂态响应的信息。

一般在暂态过程中，系统会进入高度非线性的状态，此时如果还是用线性系统来近似就不能得到准确的分析结果。第 2 章详细介绍如何从变换器的暂态响应来分析系统的控制补偿效果，图 1.15 描绘了变换器在负载发生阶跃变化时的一种典型响应，电流在稳态工作点产生跃变，而系统的响应波形则表明这是一个优秀设计的实例：暂态过程中，输出略微偏离目标值并快速回调，同时系统没有过冲或振荡。

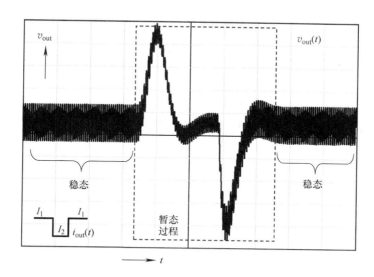

图 1.15　暂态过程及其发生前后的稳态工作曲线

稳态用于描述控制系统处于平衡状态，即输出达到一个稳定的工作点而且不发生偏离。在后面的章节中，通过在稳定工作点附近给变换器施加扰动信号，采用谐波分析的方法对进入稳态的系统进行研究。这个稳定工作点也称做偏置点，是对变换器进行分析的工作点。例如，当利用伯德图或者进行小信号分析时，必须指明系统的工作点信息（如 $V_{in} = 20V$、输出电压 5V、输出电流 2A）。除此以外，偏置点的关键信息往往还包括占空比、误差放大器的输出电压等。在仿真中，这些信息是直流分析的基础，而交流扫描是建立在准确的直流分析基础之上的。由于在直流偏置点附近注入的谐波扰动信号很小，因此可以认为变换器仍将工作在偏置点附近的一个线性变化区域，这样就可以对其响应进行分析，这种方法称作小信号分析方法。

在电力电子变换器中，可以通过观测电容电流来判断变换器处于稳态还是暂态。如果不施加外部激励，在变换器稳定后，系统中电容的平均电流一定为零；同理，系统中电感的平均电压也一定为零。如果上述值不为零，则说明变换器没有进入稳态，正处于暂态或交流扰动之中。

1.4.2　阶跃信号

阶跃函数，也称作亥维赛（Heaviside）函数，这个函数在 $t < 0$ 时，函数值为 0；在 $t \geqslant 0$ 时，其函数值为某一常量。在闭环系统中，控制输入就很有可能发生阶跃突变（例如校正一个突然的扰动）。对于电压调节器，输出跟随输入把一个固定的参考信号 V_{ref}（比如 2.5V 的参考电压）转换成需要的输出电压（比如 12V 的稳压输出）。相应地，输入电压或者输出电流的变动会改变系统的工作点，因而可以作为扰动量，比如输出电流的突变可以用来测试系统

对阶跃信号的响应能力。

如图 1.16 所示，对两台变换器 A 和 B 的输出同时进行输出电流阶跃变化的测试（可以用电流源，也可以用电阻加开关实现），从而可以观察每台变换器的各项性能以及其内部控制电路的环路实施情况。初始稳态时，两台变换器都工作在输出电压 V_0，负载电流 I_0 的情况下。当负载电流突增到 I_1 时，变换器 A 的输出电压迅速降低/跌落 ΔV_A，小于设定的输出值；之后，输出电压迅速恢复，同时在达到稳态值 V_0 之前产生微小的过冲；最终输出结果和设定输出值之间存在稳态误差 ΔV_{AA}，这是系统无法克服的静态误差。后续会说明，当系统存在较大的开环增益时，这个静态误差将会变得非常小。当控制环路中存在积分环节时（相当于在原点增加一个极点），理论上也可以消除静态误差。对于变换器 B 而言，其电压跌落 ΔV_B 要比变换器 A 小，但是其静态误差 ΔV_{BB} 却几乎要大 10 倍。即变换器 B 的增益比变换器 A 小，因此静态误差也就更大，同时，由观察可知，较低的增益不容易产生输出过冲。这里，当变换器的输出负载突然变化时，控制系统尝试尽可能地校正这一扰动。

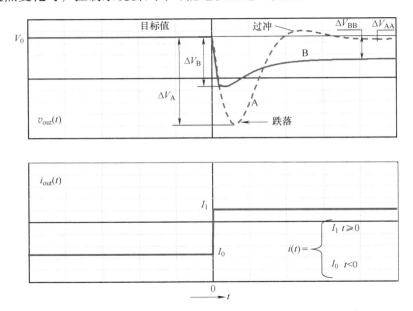

图 1.16　阶跃函数相当于一个突然动作的开关，给系统提供突变的非连续信号

1.4.3　正弦信号

与阶跃函数类似，正弦激励也常常用来研究控制系统特性。对于一个给定系统而言，可以利用正弦激励对系统特定的输出/输入特性进行交流扫描，从而揭示其传递函数的特点。需要注意的是，由于传递函数是输出针对特定扰动输入的响应，因此在进行交流扫描的时候，其他的输入应该都保持在其稳态工作点。例如，变换器的电源电压、输出电流 i_{out} 或者控制信号 v_c 都可以作为系统输入。如果研究的是 v_{out} 至 v_c 的传递函数，那么输出电流和输入电压在交流扫描过程中应保证不变。在交流扫描中，对所选定的输入信号端注入幅值恒定、频率变化（如从 10Hz～100kHz）的信号，在每一个频率点，输出的幅值、以及输出/输入的相位差都被记录下来。根据小信号分析要求可知，输入信号的幅值必须足够小以确保交流扫描时，系统不会被过激励，从而能够保持在稳定工作点附近的线性区域内。在图 1.17 所示的一种测试方

案中，用示波器来观测测试信号，同时防止系统被过激励。扫描结束后得到一系列的数据，包括输入幅值 V_{in}（在扫频时保持恒定）、输出幅值 v_{out}、输入/输出之间的相位差 φ，以及相应的测试点频率 f。这些数据代表了传递函数的特性：当扰动或者输入给定值发生变化时，它的相位和幅度如何通过系统传输并最终影响输出？传递函数正是研究此问题的。

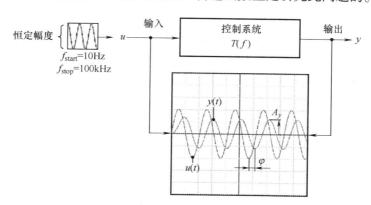

图 1.17 频域内的系统输入、输出特性（示波器或网络分析仪）

1.4.4 伯德图

描绘传递函数最常用的方法是以频率作为横坐标，V_{out}/V_{in} 的幅值作为纵坐标画出幅频特性曲线，同时以相位大小作为纵坐标画出相频特性曲线。然而，由于幅值和频率的跨度范围可能非常大，因此常对 x 和 y 轴进行对数压缩，这就是伯德图。伯德图是以 20 世纪 40 年代在贝尔实验室工作的美国工程师 H. Bode 名字命名的，包含幅频曲线和相频曲线两部分，它们都是以经过对数压缩的频率值（Hz）作为横坐标，位于上方的幅频特性曲线的纵坐标单位是分贝（dB），而位于下方的相频特性曲线的纵坐标是度（°）。

分贝即 1/10 的贝尔（bel），是一个对数单位，通常用来描述某一物理量相对于某个参考值的幅值大小（例如功率或者电流）。举个例子，如果想比较两个功率 P_1 和 P_0 的大小，那么可用式（1.13）进行计算：

$$G_p = 10\log_{10}\left(\frac{P_1}{P_0}\right) \tag{1.13}$$

如果选择 P_0（10W）为参考，测得功率 P_1 为 30W，那么就可以说 P_1 比 P_0 大 4.8dB，或者 P_0 比 P_1 小 4.8dB。

有些场合需要比较输入电压和输出电压，即控制系统输出响应和输入激励，需要对式（1.13）做一些改动。如果 P_1、P_0 分别是由不同电压值 V_1、V_0 加在同一电阻 R 上得到的，则可以得到如下改写的公式：

$$G_v = 10\log_{10}\left(\frac{\frac{V_1^2}{R}}{\frac{V_0^2}{R}}\right) = 10\log_{10}\left(\frac{V_1^2}{V_0^2}\right) = 20\log_{10}\left(\frac{V_1}{V_0}\right) \tag{1.14}$$

可以用测试得到的数据，依据如下公式来绘制伯德图的幅频曲线：

$$G_v(f) = 20\log_{10}\left(\frac{V_{out}(f)}{V_{in}(f)}\right) \tag{1.15}$$

在每一个频率点，都需要记录并计算以分贝为单位的幅值信息和输入、输出之间的相位差信息，如此便可绘制出系统的伯德图，图 1.18 所示的即是一个一阶系统的伯德图。如何选择频率点之间的间隔呢？通常，为了避免测试点过多，建议每 10 倍频程选择 100 个点（比如 10~100Hz 之间选择 100 个点）。然而，如果存在尖锐的峰值区间，选择 100 个点可能过于分散会湮没某些关键的谐振点信息。这时可以相应增加扫描点数，比如增加到 1000 个测试点，当然这也会对扫描速度产生负面影响。如果依然以每 10 倍频程选择 100 个点为例，那么频率间隔怎么确定呢？假设从 f_{start} 开始，下一个频率点应该在 $f_2 = f_{start} x$ 处，其中 x 为频率增加的比例；相应地，第 3 个频率点将会在 $f_3 = (f_{start} x) x = f_{start} x^2$。因此，如果选择第 n 个点，那么需要解如下方程：

$$f_{start} x^n = f_{stop} \qquad (1.16)$$

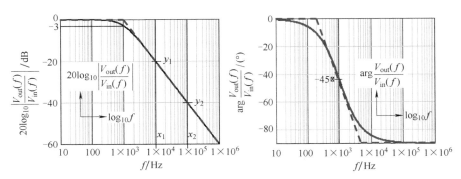

图 1.18　一阶系统的伯德图，斜率为 -1

由于在 10 倍频程之内，f_{start} 和 f_{stop} 之间相差 10 倍，因此易知

$$x = 10^{\frac{1}{n}} \qquad (1.17)$$

如果从 10Hz 开始至 100Hz 结束，那么此时 $x = 1.02329$，即每个频率点增加 2.33%。因此，第 2 个点 $f_2 = 10.2329$Hz，第三个点 $f_3 = 10.4712$Hz，以此类推。

从图 1.18 中还可以获得以下关键信息：

（1）截止频率（cutoff frequency）也称作转折频率（corner frequency），传递函数的幅值在这个频率位置增加或者降低 3dB。从图 1.18 中，可以看到在低频段，幅值保持水平，而在 1kHz 处下降了 3dB。

（2）对于一阶系统而言，在截止频率处输出相位滞后于输入 45°；对于二阶系统而言，滞后 90°。

（3）幅值曲线的斜率通常由垂直方向的增量除以水平方向的增量算得，即

$$S = \frac{y_2 - y_1}{x_2 - x_1} = \frac{y_2 - y_1}{\log_{10} f_2 - \log_{10} f_1} \qquad (1.18)$$

观察图 1.18 可知，对于相差 10 倍频的 x_1 和 x_2 而言，其对应幅值 y_1、y_2 减小了 20dB。换句话说，根据式（1.15）可知，$y_2 = 0.1 y_1$。当 x_1 和 x_2 之间相差 10 倍频程，即 $x_2 = 10 x_1$ 时，化简式（1.18）可以得到

$$S = \frac{-20}{\log_{10}\left(\frac{10 f_1}{f_1}\right)} = -20\text{dB/dec} \qquad (1.19)$$

当垂直轴和水平轴使用线性对数标度时,可以利用渐近线绘制交流响应曲线。这样可以用由直线构成的标准模型来绘制伯德图。从图 1.18 中可以看到如下的一阶传递函数幅频特性曲线和相频特性曲线:

$$\frac{V_{\text{out}}(s)}{V_{\text{in}}(s)} = \frac{1}{1 + \dfrac{s}{\omega_{\text{p}}}} \tag{1.20}$$

当频率远低于极点时(1kHz),曲线基本上是一条水平的直线,而且可以近似地一直延伸到截止频率点。过了极点之后,曲线的幅值每 10 倍频程下降 20dB,也称作 −1 斜率,刚好与如式(1.19)相符。相位和幅值有着几乎一样的变化趋势:当频率远小于转折频率时,相位基本为 0°;当频率远大于转折频率之后,相位滞后 90°。通常,绘制 0°线至转折频率的 1/5 处(本例中为 200Hz);然后在转折频率的 5 倍处开始绘制 −90°线(例中为 5kHz),如图 1.18 中虚线所示。转折点处的幅频曲线和相频曲线偏离渐近线,不同点的偏离值可以利用本章最后参考文献里的公式计算得出。

一阶系统呈现 1 或者 −1 的上升或者下降斜率,意味着每 10 倍频程,每个极点使幅值下降 20dB;每个零点使幅值增加 20dB。而对于二阶系统而言,斜率相应地变成 2 或者 −2,即每 10 倍频,每对零点使幅值增加 40dB,每对极点使幅值下降 40dB。

1.5　传递函数

控制系统的特征就是其输出 y 与输入 u 之间的特定关系。对于任意的输入信号,时域分析法提供了一种分析控制系统特性的方法。当输入量 $u(t)$ 发生变化时,输出量 $y(t)$ 是如何被影响的呢?微分方程提供了研究这一问题的方法,它利用导数概念来求解函数在某一点附近的变化率。这是一个用于表示函数在输入量变化了一定值时,输出量的变化率的数学工具。例如,在时域方程式(1.4)中,电容电流取决于其端电压对时间的导数(实际上是电容电压变化的斜率)和电容值。把该方程代入式(1.3)得到了系统的一阶微分方程式(1.5)。这里说的一阶是指在时间关系上只进行了一次微分关系,即 $\mathrm{d}t$。如果需要进行两次微分,也就是说需要对斜率的值再进行一次微分,$\mathrm{d}t^2$,那将得到一个二阶系统。一般而言,方程的阶数取决于电路中存在的储能元件的数量。如果你有一个电感和两个独立的电容(不是并联或串联),那么将得到一个三阶方程或三阶系统。

1.5.1　拉普拉斯变换

理解这类方程需要微积分的数学知识,作为电力电子工程师不一定非常熟悉,甚至已经忘记了。相对于求解微分方程,工程师们往往更喜欢拉普拉斯变换。在电子学中,拉普拉斯变换(记为 $\mathcal{L}$)是一个很有用的数学工具,可以将任意阶的复杂线性微分方程转换为简单的代数方程。而求出这些代数方程的解之后,就可以利用拉普拉斯逆变换(表示为 $\mathcal{L}^{-1}$)反过来得到其时域表达式。

在用于电路分析时,拉普拉斯变换可以把周期性或非周期性时域函数(如 $u(t)$ 和 $y(t)$)映射到二维的复频域。在这个复频域中,新表达式($U(s)$ 和 $Y(s)$)是一个复数 $s = \sigma + \mathrm{j}\omega$（$s$ 在一些国家也表示为 p）的函数,具有相位和幅值两个参数。

傅里叶变换也可以将时域函数映射到以 ω 为参数的一维频域。当线性系统稳定并且初始条件为零时，傅里叶变换和拉普拉斯变换是等价的，他们可以给出相同的结果。当一个系统不稳定时（比如在右半平面上有一个极点），由于傅里叶积分不会收敛，因此傅里叶变换就无法使用了；而拉普拉斯积分具有复数频率 $s = \sigma + j\omega$，由于 σ 的存在从而使其可以收敛，这对有界响应下系统稳定性评估是关键。拉普拉斯变换不仅可以求出系统的响应，还可以对系统稳定性进行判定，因此拉普拉斯变换是非常有用的一个工具。

单边拉普拉斯变换对应于 $t \geqslant 0$ 的区间（对于 $t < 0$，该函数等于零，称为因果函数（causal function）），可以表示如下：

$$U(s) = \mathcal{L}\{u(t)\} = \int_0^\infty u(t)\,\mathrm{e}^{-st}\mathrm{d}t \tag{1.21}$$

这个公式可以用来求解线性电路对非正弦激励的响应，如斜坡输入、阶跃输入等。再对输出函数（现在是 s 的函数）进行拉普拉斯反变换，就可以得到输出信号的时域表达式。如果只对稳态下的谐波分析感兴趣，如图 1.17 所示，s 就退化成 $j\omega$ 的纯虚数。ω 是信号角频率，单位为 rad/s；或 $2\pi f$，其中 f 为频率，单位是 Hz。在这种特殊情况下，拉普拉斯变换（简称拉氏变换）变成了单边傅里叶变换：

$$U(j\omega) = \int_0^\infty u(t)\,\mathrm{e}^{-j\omega t}\mathrm{d}t \tag{1.22}$$

在该表达式中，$\mathrm{e}^{-j\omega t}$ 表示相量，包含了正弦信号的幅度和相位信息。相应的函数 $U(j\omega)$ 也包含了幅度和相位的信息。在工程领域中，拉斯变换得到了广泛的应用，尤其是在控制系统的分析中应用非常普遍。

拉普拉斯变换有几个有趣的性质。比如函数 $u(t)$ 的导数或积分的拉普拉斯变换等于乘以或者除以 s。导数的拉普拉斯变换如下表示：

$$\mathcal{L}\left\{\frac{\mathrm{d}u(t)}{\mathrm{d}t}\right\} = sU(s) - u_0 \tag{1.23}$$

式中，u_0 是 $t = 0$ 时 u 的初始状态。

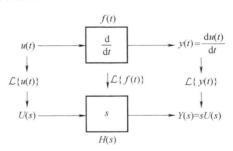

图 1.19　微分环节经过拉氏变换之后变为代数乘法（初始条件为 0）

如图 1.19 所示，用一个方框来代表对输入信号 $u(t)$ 进行微分运算。参考微分环节的拉普拉斯变换，同时假设输入的初始状态为 0，这样微分环节的拉普拉斯变换就变成了一个更简单的代数表达式，只需要与 s 进行相乘就可以表示微分。

比如，电感两端的电压可以表示为

$$V_L(s) = sI_L(s)L \tag{1.24}$$

显然这样表示的电感两端的电压非常简单（这里 sL 与电感的阻抗是齐次的）。

积分也遵循相同的原则，意味着除以 s 就可以得到积分环节的拉普拉斯变换，如图 1.20 所示：

$$\mathcal{L}\left\{\int u(t)\,\mathrm{d}t\right\} = \frac{U(s)}{s} \tag{1.25}$$

电容器两端的电压可以表示为

$$V_C(s) = \frac{I_C(s)}{sC} \tag{1.26}$$

显然这样表示的电容电压非常简单，这里 $1/sC$ 与电容的阻抗是齐次的。

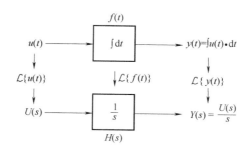

图 1.20　积分环节经过拉氏变换之后变为除法

1.5.2　激励和响应信号

图 1.19 和 1.20 表明了输出 $Y(s)$ 与输入 $U(s)$ 在频域里的关系：

$$Y(s) = H(s)U(s) \tag{1.27}$$

这种关系成为传递函数，用 $H(s)$ 来表示：

$$\frac{Y(s)}{U(s)} = H(s) \tag{1.28}$$

传递函数通常表示为

$$H(s) = \frac{N(s)}{D(s)} \tag{1.29}$$

式中，s 取某些特定值的时候，传递函数 $H(s)$ 可能等于零，此时分子 $N(s)=0$；但同时 $H(s)$ 也可以是无穷的，此时分母 $D(s)=0$。

$N(s)=0$ 的根称为传递函数的零点，$D(s)=0$ 的根称为传递函数的极点，后面会看到，这些根可能是实数、复数或者虚数。

正如 Vatché Vorpérian 博士的书中所说（参见本章推荐的参考书目），传递函数的特征是由激励信号 $U(s)$ 和响应信号 $Y(s)$ 表征的。激励和响应信号可以是电流或电压，因而可以得到图 1.21 所示的关系图。

传递函数有六种可能的类型：对于电压增益和电流增益，或是跨导和跨阻，它们的激励和输出在电路的不同端口测得；然而，与这四种传递函数不同，阻抗和导纳的激励和输出是在同一端口测得的。测量阻抗，通常在相应的

$$H(s) = \frac{V_{out}(s)}{V_{in}(s)} \quad \begin{matrix}\longrightarrow \text{响应} \\ \longrightarrow \text{激励}\end{matrix}$$

$A_v(s) = \dfrac{V_{out}(s)}{V_{in}(s)}$ 电压增益　　$A_i(s) = \dfrac{I_{out}(s)}{I_{in}(s)}$ 电流增益

$Y_t(s) = \dfrac{I_{out}(s)}{V_{in}(s)}$ 跨导　　$Z_t(s) = \dfrac{V_{out}(s)}{I_{in}(s)}$ 跨阻

$Y_{in}(s) = \dfrac{I_{in}(s)}{V_{in}(s)}$，$Y_{out}(s) = \dfrac{I_{out}(s)}{V_{out}(s)}$ 导纳　　$Z_{in}(s) = \dfrac{V_{in}(s)}{I_{in}(s)}$，$Z_{out}(s) = \dfrac{V_{out}(s)}{I_{out}(s)}$ 阻抗

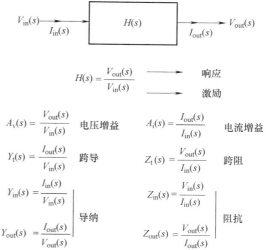

图 1.21　传递函数包含了输入和输出的关系

位置施加电流源作为激励,并在同一端口读取所产生的电压信号即响应。对于导纳测量,同样可以施加电压源作为激励,并读取同一端口的电流。所以,计算阻抗或导纳实际上是在计算传递函数。

这些方程会受到激励信号频率的影响,对于给定零极点配置的传递函数而言,从伯德图中可以知道,传递函数的增益和相位会随着频率变化。因此绘制伯德图需要计算传递函数的幅值:

$$|H(s)| = \frac{|N(s)|}{|D(s)|} \tag{1.30}$$

同时计算传递函数 $H(s)$ 带来的相移为

$$\arg H(s) = \arg N(s) - \arg D(s) \tag{1.31}$$

1.5.3 一个简单的范例

以图 1.7 给出的 RC 电路为例来讲解拉普拉斯变换。电路的时域方程如下:

$$y(t) = u(t) - RC\frac{\mathrm{d}y(t)}{\mathrm{d}t} \tag{1.32}$$

考虑到电容器在 $t=0$ ($y_0 = 0$) 完全放电,对式 (1.32) 进行拉普拉斯变换为

$$Y(s) = U(s) - sRCY(s) \tag{1.33}$$

将 $Y(s)$ 移到等式左边,得到

$$Y(s)[1 + sRC] = U(s) \tag{1.34}$$

整理得到传递函数为

$$H(s) = \frac{Y(s)}{U(s)} = \frac{1}{1 + sRC} \tag{1.35}$$

这是一个典型的一阶传递函数。当 $s_p = -1/RC$ 时,分母 $D(s)$ 等于零。这是一个负根,表明极点位于 s 平面的左半部分(请参见极点和零点的章节)。当 s 等于 $j\omega$ 时,可以通过计算 s_p 的值得到极点:

$$\omega_p = |s_p| = \frac{1}{RC} \tag{1.36}$$

由于 $\omega = 2\pi f$,可以很容易地得到截止频率

$$f_p = \frac{1}{2\pi RC} \tag{1.37}$$

将式 (1.36) 代入式 (1.35),得到一个略有不同的表达式,在本书中和其他文献里经常使用这一表达式:

$$H(s) = \frac{1}{1 + \dfrac{s}{\omega_p}} \tag{1.38}$$

如果用 $j\omega$ 来代替 s,分母的大小可以表示为

$$|D(s)| = \left|1 + j\frac{\omega}{\omega_p}\right| = \sqrt{1 + \left(\frac{\omega}{\omega_p}\right)^2} \tag{1.39}$$

代入式 (1.30),可得

$$|H(s)| = \frac{1}{\sqrt{1 + \left(\dfrac{\omega}{\omega_p}\right)^2}} \tag{1.40}$$

当 $\omega = \omega_\mathrm{p}$ 时，幅值为 $1/\sqrt{2}$。以 dB 为单位，该值为

$$20\log_{10}\left(\frac{1}{\sqrt{2}}\right) \approx -3\mathrm{dB} \tag{1.41}$$

使用式（1.31）计算得到这个传递函数的相位为

$$\arg H(s) = \arg(1) - \arg\left(1 + \mathrm{j}\,\frac{\omega}{\omega_\mathrm{p}}\right) \tag{1.42}$$

由于 $\arg(1) = 0$，$H(s)$ 的相位表达式可以简化为

$$\arg H(s) = -\arctan\left(\frac{\omega}{\omega_\mathrm{p}}\right) \tag{1.43}$$

当 ω 等于 ω_p 时，相位为 $-45°$。

为了得到频域的传递函数，可以对式（1.40）和式（1.43）使用 Mathcad® 数学软件进行绘制，得到伯德图如图 1.22 所示。

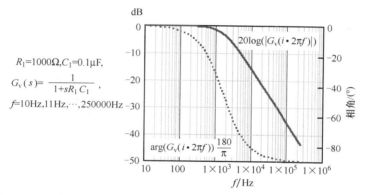

图 1.22　一阶网络的伯德图（在图 1.7 所示的参数值下，截止频率为 1.6kHz）

1.5.4　组合传递函数的伯德图

控制系统通常会由多个控制模块级联组成，每个模块都提供了特定的频率响应。完整的传递函数就是每个模块传递函数的乘积，如图 1.23 所示，总的传递函数由各部分传递函数直接相乘得到。

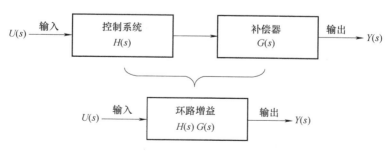

图 1.23　多个控制模块级联

相对于通过拉普拉斯变换来分析每个传递函数，也可以利用每个传递函数的伯德图，同时结合对数的以下特性来进行分析：

$$\log(AB) = \log A + \log B \tag{1.44}$$

$$\log\left(\frac{A}{B}\right) = \log A - \log B \qquad (1.45)$$

因此，如果已经有了两个级联模块 $G(s)$ 和 $H(s)$ 的伯德图，那么只需运用式（1.44）将图形逐点相加即可等效得到总的传递函数的伯德图 $T(s) = H(s)G(s)$。

$$20\log_{10}\left[G(s)H(s)\right] = 20\log_{10}G(s) + 20\log_{10}H(s) \qquad (1.46)$$

如图 1.24 所示，曲线斜率的处理也非常简单。例如，假设将一个二阶低通滤波器 $H(s)$ 与一个单零点的 $G(s)$ 级联。二阶滤波器在达到截止频率 f_1 以前都是一条平的直线，在截止频率之后，其幅值以 -2 的斜率减小。另一个模块的幅值在达到截至频率 f_2 之前都保持在 $-10\mathrm{dB}$；在截止频率之后，幅值以 $+1$ 斜率增加。这两种传递函数级联后的频域响应可以简单的如图 1.24 所示，其中在频率 f_2 之后 $+1$ 斜率与 -2 斜率相加形成了 -1 斜率。总的传递函数的相位特性等于单个模块相位特性相加，如下所示：

$$\arg\left[G(s)H(s)\right] = \arg G(s) + \arg H(s) \qquad (1.47)$$

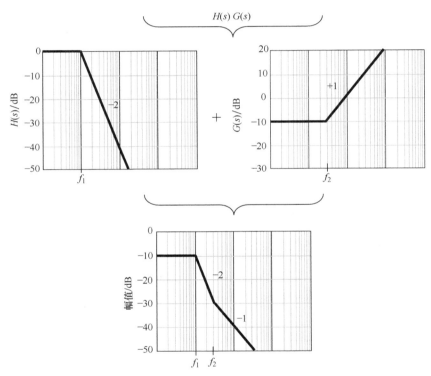

图 1.24　各部分曲线直接相加得到最终幅频特性曲线

1.6　总结

本章对控制系统及相关术语进行了简要的介绍。在接下来的章节中，将分别就关心的主题进行详细介绍。当然，控制系统涉及的知识点非常多，需要付出足够的努力才能掌握。但是，如果需要关注的是较为简单的到中等复杂程度的线性或电力电子变换器，上述的介绍应该足够大家对这一领域有基本的了解。

如果大家有兴趣进一步深入地学习反馈和控制系统，下面列出了一些相关的书籍、文章和链接，可以供给大家继续在这一领域的深入学习。在搜索引擎中输入"现代控制理论（modern control theory）""控制系统（control systems）"等关键词将会找到一些非常有用的网站和论文。

精选参考书目

[1]　Stubberud, A., I. Williams, and J. DiStefano, *Schaum's Outline of Feedback and Control Systems*, New York: McGraw-Hill, 1994.

[2]　Vorpérian, V. *Fast Analytical Techniques for Electrical and Electronic Circuits*, Cambridge: Cambridge University Press, 2002.

[3]　Saucedo, R. *Introduction to Continuous and Digital Control Systems*, New York: Macmillan, 1968.

[4]　Basso, C. *Switchmode Power Supplies: SPICE Simulations and Practical Designs*, New York: McGraw-Hill 2008.

[5]　Erickson, B., and D. Maksimovic, *Fundamentals of Power Electronics*, New York: Springer, 2001.

[6]　"Course on Modeling and Control of Multidisciplinary Systems," http://virtual.cvut.cz/dynlabcourse, last accessed June 2012.

[7]　"Welcome To Exploring Classical Control Systems" http://www.facstaff.bucknell.edu/mastascu/eControlHTML/CourseIndex.html, last accessed June 2012.

[8]　Astrom, K., and R. Murray, *Feedback Systems: An Introduction for Scientists and Engineers*, Version 2.10b, February 2009, http://www.cds.caltech.edu/~murray/books/AM08/pdf/am08-complete_22Feb09.pdf.

[9]　"Colorado Power Electronics Center Publications," http://ecee.colorado.edu/copec/publications.php.

第 2 章
传 递 函 数

第 1 章介绍了传递函数可用于表示响应信号和激励信号之间的关系。获得传递函数的方法多种多样，可以使用直接的代数推导，也可以使用一些相对简便的方式（如戴维南/诺顿变换）。但重要的是阅读传递函数的能力，比如通过传递函数能否看出系统极点和零点的位置，是否存在放大或者衰减环节。

2.1 传递函数的表示

根据线性网络理论，由电容、电阻和电感组成的电路网络，其传递函数 H 可以用如下通用式子表示：

$$H(s) = \frac{b_0 + b_1 s + b_2 s^2 + b_3 s^3 + \cdots + b_n s^n}{a_0 + a_1 s + a_2 s^2 + a_3 s^3 + \cdots + a_m s^m} = \frac{N(s)}{D(s)} \tag{2.1}$$

在这个式子中，很重要的一点是分母的阶数 m 必须大于或等于分子的阶数 n。当 $m > n$ 时，$H(s)$ 的幅值会随着 s 趋于无穷而趋近于 0，满足该性质的传递函数被称为"严格正则"。分母多项式 $D(s)$ 的阶数反映了该电路网络的阶数。让分母多项式 $D(s) = 0$，解出的所有根称为系统的极点，让分子多项式 $N(s)$ 等于零，解出的所有根称为系统的零点。电路网络的阶数由网络中独立的储能元件 C 和 L 的个数决定。如果电路网络包括 2 个独立电容和 1 个电感，那么该电路就是由 3 个不同状态变量构成的三阶系统：式（2.1）中的 $m = 3$，也就是分母中有 3 个根（极点）。

例如，一个包括电阻和电容的一阶系统，其传递函数表示如下：

$$H(s) = \frac{b_0 + b_1 s}{a_0 + a_1 s} \tag{2.2}$$

通过式（2.2）能迅速看出电路的增益（衰减）吗？能确定分子的根（零点）或者分母的根（极点）在什么位置吗？为了揭示这些性质，必须将其整理成一种不同的格式，将分子和分母的常数项 a_0 和 b_0 提取出来，得到

$$H(s) = \frac{b_0}{a_0} \frac{1 + s \dfrac{b_1}{b_0}}{1 + s \dfrac{a_1}{a_0}} = G_0 \frac{1 + s/\omega_{z1}}{1 + s/\omega_{p1}} \tag{2.3}$$

从式（2.3）中得出电路的静态增益（衰减）为

$$G_0 = \frac{b_0}{a_0} \tag{2.4}$$

一个零点和一个极点分别为

$$\omega_{z1} = \frac{b_0}{b_1} \tag{2.5}$$

$$\omega_{p1} = \frac{a_0}{a_1} \tag{2.6}$$

同样方式对式（2.1）提取分子和分母的常数项，可以得到

$$H(s) = \frac{b_0}{a_0} \frac{1 + \dfrac{b_1}{b_0}s + \dfrac{b_2}{b_0}s^2 + \dfrac{b_3}{b_0}s^3 + \cdots + \dfrac{b_n}{b_0}s^n}{1 + \dfrac{a_1}{a_0}s + \dfrac{a_2}{a_0}s^2 + \dfrac{a_3}{a_0}s^3 + \cdots + \dfrac{a_m}{a_0}s^m} \tag{2.7}$$

然后，对多项式进行因式分解，出现以下形式：

$$H(s) = G_0 \frac{(1 + s/\omega_{z1})(1 + s/\omega_{z2})(1 + s/\omega_{z3})\cdots}{(1 + s/\omega_{p1})(1 + s/\omega_{p2})(1 + s/\omega_{p3})\cdots} \tag{2.8}$$

这是一种理想的零-极点表示法，Middlebrook 博士在他的"面向设计的系统分析"课程中对此进行了推广[1]。但有时，获得清晰的零-极点表达式并不容易，如前面的二阶或三阶系统。在这种情况下，便得到如下形式的表达式：

$$H(s) = \frac{1 + s/\omega_{z1}}{\dfrac{s^2}{\omega_0^2} + \dfrac{s}{\omega_0 Q} + 1} \tag{2.9}$$

此时，读者能立即想象出包括一个零点和两个极点的二阶系统频率响应特性。求解得到分母的根为

$$s_1, s_2 = \frac{\omega_0}{2Q}\left(\pm \sqrt{1 - 4Q^2} - 1 \right) \tag{2.10}$$

根据品质因数 Q 的值，这些根可能是实数或者共轭复数。

2.1.1　正确书写传递函数

根据第 1 章的介绍，传递函数描述从输入激励信号到输出响应的传输过程。例如，考虑一个电压传递函数 G，它包含一个系数是 ω_{p0} 的原点极点，一个零点和一个普通极点，可以用式（2.11）表示：

$$G(s) = \frac{1 + s/\omega_{z1}}{\dfrac{s}{\omega_{p0}}(1 + s/\omega_{p1})} \tag{2.11}$$

然而，式（2.11）并没有给出很多关于该传递函数的信息。理想情况下它应该符合式（2.3）的格式，下标记为 0 的第一项是没有 s 的直流项，具有与所研究的传递函数类似的量纲。例如表示阻抗的传递函数，这一项就会是 R_0，单位为 Ω，如式（2.12）所示：

$$Z_{in}(s) = \frac{V_{in}(s)}{I_{in}(s)} = R_0 \frac{1}{1 + s/\omega_{p1}} \tag{2.12}$$

但在本章的例子中，传递函数表示增益，第一项 G_0 应该没有量纲。那么，如何理解式（2.11）中的 G_0 呢？如果将分子提取因式 s/ω_{z1}，就可以得到

$$G(s) = \frac{\dfrac{s}{\omega_{z1}}}{\dfrac{s}{\omega_{p0}}} \frac{\dfrac{\omega_{z1}}{s} + 1}{(1 + s/\omega_{p1})} = \frac{s}{\omega_{z1}} \frac{\omega_{p0}}{s} \frac{1 + \omega_{z1}/s}{1 + s/\omega_{p1}} \tag{2.13}$$

令

$$G_0 = \frac{\omega_{p0}}{\omega_{z1}} \tag{2.14}$$

式 (2.13) 可以重写为

$$G(s) = G_0 \frac{1 + \omega_{z1}/s}{1 + s/\omega_{p1}} \tag{2.15}$$

根据这个公式可以看到，当系统的零点和极点固定时，改变 ω_{p0} 就能改变其增益，这个增益通常称为中频增益。那么 ω_{p0} 究竟是什么呢？

2.1.2 0dB 穿越极点

本节引入一个新的概念，称为 "0dB 穿越极点"。对于式 (2.11) 的传递函数，包含了一个原点极点，也就是当 $s = 0$ 时，传递函数的幅值趋于无穷大。通常原点极点的 s 会带有一个系数，例如 $1/[sRC(1 + \cdots)]$，可以将其重写为如下形式：

$$\frac{1}{sRC(1 + \cdots)} = \frac{1}{\dfrac{s}{\omega_{p0}}(1 + \cdots)} \tag{2.16}$$

式中，ω_{p0} 就是 "0dB 穿越极点"，它在式 (2.16) 中等于 $1/(RC)$，对应截止频率，也就是当 $s = \omega_{p0}$ 时，ω_{p0}/s 的幅值等于 1 （或 0dB）。

图 2.1 画出了 ω_{p0}/s 的幅值与频率的关系，是一条斜率为负的斜线。

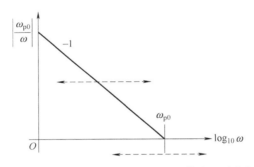

图 2.1 0dB 穿越极点是当 ω_{p0}/s 的幅值为 1 时的频率

当原点极点与一个零点组合在一起时，斜线会在零点频率处转折并维持在增益 G_0，G_0 称为中频增益，其项定义如式 (2.14)。图 2.2 显示了不同 ω_{p0} 的幅值-频率关系。

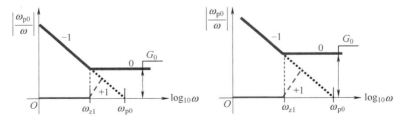

图 2.2 原点极点和一个零点组合，增益 G_0 随着 ω_{p0} 的位置而改变

2.2 根的求解

传递函数的零点是当传递函数的幅值为 0 时的频率点。在零点频率处，输入激励信号不能到达输出；相反，极点是传递函数趋于无穷的频率点。如果考虑一个由分子 $N(s)$ 和分母 $D(s)$ 组成的分式传递函数，那么零点会抵消分子，而极点会抵消分母。换句话说，确定系统的零点和极点就是分别求解分子与分母的根，对于式 (2.7) 这样系数都是实数的分子和分母，它的根可能是纯实数或者共轭复数对。

来看几个例子，在随后的等式中使用 SPICE 的表示方法，如 1k = 1000，1Meg = 10^6，1m = 0.001 和 1u = 10^{-6}。设传递函数 H 为

$$H(s) = \frac{s+5k}{(s+k)(s+30k)} \tag{2.17}$$

当 $H(s) = 0$ 或者 $N(s) = 0$ 时，可以找到传递函数的零点。而极点是分母 $D(s)$ 的根，使 $H(s) \to \infty$。整理式 (2.17)，使其看起来更清晰

$$H(s) = \frac{s+5k}{(s+k)(s+30k)} = \frac{5k[1+s/(5k)]}{k[1+s/k]30k[1+s/(30k)]}$$
$$= \frac{1}{6k} \frac{1+s/(5k)}{[1+s/k][1+s/(30k)]} \tag{2.18}$$

当 $N(s) = 0$，则 $H(s) = 0$：

$$1 + s/(5k) = 0 \tag{2.19}$$

求解上式，获得根为实零点，如下式：

$$s_{z1} = -5k \tag{2.20}$$

当 $H(s) = \infty$，或者求解 $D(s) = 0$，就能得到极点

$$1 + s/k = 0 \tag{2.21}$$
$$1 + s/(30k) = 0 \tag{2.22}$$

实极点表示如下：

$$s_{p1} = -k \tag{2.23}$$
$$s_{p2} = -30k \tag{2.24}$$

当 s 等于这些根中的任何一个时，都会碰到一个零点或者极点。通过计算根的模可以得到极点或者零点的频率值为

$$\omega_{z1} = |s_{z1}| = 5000 \text{rad/s} \ \text{或} \ f_{z1} = \frac{\omega_{z1}}{2\pi} = 796 \text{Hz} \tag{2.25}$$

$$\omega_{p1} = |s_{p1}| = 1000 \text{rad/s} \ \text{或} \ f_{p1} = \frac{\omega_{p1}}{2\pi} = 159 \text{Hz} \tag{2.26}$$

$$\omega_{p2} = |s_{p2}| = 30000 \text{rad/s} \ \text{或} \ f_{p2} = \frac{\omega_{p2}}{2\pi} = 4.77 \text{kHz} \tag{2.27}$$

这个简单的例子中，根都是实数，所以不需要虚数符号来解方程。看一个不同的传递函数

$$H(s) = \frac{s+4}{(s+0.8)[(s+2.5)^2+4]} \tag{2.28}$$

首先，采用式 (2.9) 的形式，对 $D(s)$ 的右侧项进行展开和提取因式

$$H(s) = \frac{4}{0.8 \times 10.25} \frac{(1 + s/4)}{\left[\dfrac{s^2}{10.25} + \dfrac{s}{\sqrt{10.25}\dfrac{\sqrt{10.25}}{5}} + 1\right]} = G_0 \frac{1 + s/\omega_{z1}}{(1 + s/\omega_{p1})\left(\dfrac{s^2}{\omega_0^2} + \dfrac{s}{\omega_0 Q} + 1\right)}$$

$$(2.29)$$

确定静态增益 G_0 为

$$G_0 = \frac{4}{0.8 \times 10.25} = 0.488 \tag{2.30}$$

一个零点

$$\omega_{z1} = 4\text{rad/s} \tag{2.31}$$

一个极点

$$\omega_{p1} = 0.8\text{rad/s} \tag{2.32}$$

一个阻尼角频率 ω_0

$$\omega_0 = \sqrt{10.25}\text{rad/s} \tag{2.33}$$

以及一个品质因数 Q

$$Q = \frac{\sqrt{10.25}}{5} \approx 0.64 \tag{2.34}$$

从式（2.10）可以看到，当 $Q > 0.5$ 时，平方根内的多项式为负数：根为复数。根据式（2.10）的定义，可以得到

$$s_2 = -2.5 + 2\text{j} \tag{2.35}$$
$$s_3 = -2.5 - 2\text{j} \tag{2.36}$$

这些根是共轭的，通过计算 s_2 或者 s_3 的模可以得到这对极点的频率

$$\omega_{p2} = \omega_{p3} = |s_{p2}| = |s_{p3}| = \sqrt{2.5^2 + 2^2}\text{rad/s} = \sqrt{10.25}\text{rad/s} \tag{2.37}$$

这就是式（2.33）中算出的固有频率。如果绘制式（2.29）的频率响应，就能观察到一对零-极点加一对双极点的共同作用，其中双极点峰值频率为 $\sqrt{10.25}\text{rad/s}$ 或 510mHz。

2.2.1 观察法找极点和零点

前一节已经介绍了通过求解传递函数的根来找到系统的极点和零点。为了让这项工作更轻松，看到以因式分解的形式整理方程，有助于更快地确定极点/零点的位置。不幸的是，尽管整理表达式带来了简化，但仍然需要基于传递函数。因此必须对研究的电路进行节点和电路分析，来获得这个传递函数。那么，有没有一种方式能够反过来，通过检测极点和零点的位置写出传递函数，也就是通过观察法来获得传递函数呢？毕竟已经知道最终结果应该符合式（2.8）给出的形式。看一下如何能做到这一点。

传递函数将输出信号（响应）和输入信号（激励）关联起来，并且在零点频率处阻止激励到达输出。尝试将该原理应用于图 2.3 所示的无源滤波器中，可以看到

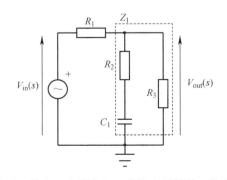

图 2.3　具有一个零点和一个极点的简单一阶系统

交流电源通过电阻器 R_1 将信号传递到由两个电阻器、一个电容器串并联组合的网络中。由于只有一个存储元件：电容器 C_1，这是一个一阶网络。因此，在不知道是否存在极点或零点的情况下，它必然符合式（2.3）给出的形式

$$H(s) = \frac{V_{out}(s)}{V_{in}(s)} = G_0 \frac{1 + s/\omega_{z1}}{1 + s/\omega_{p1}} \tag{2.38}$$

代数计算可以算出阻抗 Z_1 的表达式，并应用于计算输出电压

$$V_{out}(s) = V_{in}(s) \frac{Z_1}{Z_1 + R_1} \tag{2.39}$$

如果继续展开这个方程，最终会得到一个比较复杂的表达式，而且展开的过程有可能出错。此外，如果不对最终结果进行额外的处理，其极点和零点也不会显示出来。

开始观察法推导前，首先观察直流情况下，即 $s = 0$ 时的系统。这正是 SPICE 在开始仿真时的所做的：计算所研究电路的直流工作点，也称为偏置点。SPICE 将所有电容开路，将所有电感短路，通过等效网络，可以计算出仿真器在接下来的仿真中需要使用的直流电流和电压。本章的示例网络也可以这么做，即将 C_1 开路，只留下 R_1 和 R_3，直流衰减量 G_0 便可简单推导获得

$$G_0 = \frac{R_3}{R_1 + R_3} \tag{2.40}$$

接下来找零点，回想零点的定义，它是激励信号永远不能达到输出的频率点。换句话说，在图 2.3 中，输入信号路径中的哪个元件能阻止它的传递呢？

有两种可能：要么与信号串联的元件在这个频率点提供无穷大的阻抗；要么一个元件在这个频率点将信号通路连接到地形成短路。在我们的例子中，唯一能够阻止信号到达输出的方式是元件 R_2 和 C_1 串联电路的阻抗为 0（短路），此时，传递函数为 0，即

$$R_2 + \frac{1}{sC_1} = \frac{1 + sR_2C_1}{sC_1} = 0 \tag{2.41}$$

于是，立刻得到分子的根，也就是零点位置

$$\omega_{z1} = \frac{1}{R_2 C_2} \tag{2.42}$$

现在，合并式（2.40）和式（2.42），可以写出部分传递函数

$$H(s) = G_0 \frac{N(s)}{D(s)} = \frac{R_3}{R_1 + R_3} \frac{1 + sR_2C_1}{D(s)} \tag{2.43}$$

这样，传递函数只缺少分母的表达式 $D(s)$ 了，这里面包含了极点的位置信息。

2.2.2　极点、零点和时间常数

根据定义，增益是无量纲的表达式。当说一个系统的电压增益是 20dB，它意味着增益是 10V/V 或者 10。回到式（2.7）的传递函数通用形式，简单起见，只考虑二阶系统，表达式如下：

$$H(s) = G_0 \frac{1 + \dfrac{b_1}{b_0}s + \dfrac{b_2}{b_0}s^2}{1 + \dfrac{a_1}{a_0}s + \dfrac{a_2}{a_0}s^2} \tag{2.44}$$

式中，s 项具有频率的量纲（Hz）；s^2 项具有频率二次方的量纲（Hz^2）。

为了保证当所有的 s 项和 s^2 项乘以系数后失去量纲，这些系数必须有逆量纲。因此，b_1/b_0 项和 a_1/a_0 项具有量纲 Hz^{-1}，而 b_2/b_0 项和 a_2/a_0 项必须有量纲 Hz^{-2}。什么量会提供量纲 Hz^{-1} 或 s 呢，是时间常数。那又是什么量能提供量纲 Hz^{-2} 或 s^2 呢，是时间常数的乘积。在前文找到的零点，式（2.42）的分母表达式就是时间常数。现在需要确定极点对应的时间常数，它与求解零点是不一样的。如前所述，线性网络的传递函数分母 $D(s)$ 不依赖于其激励或响应信号，而仅取决于网络结构。查看给定网络中不同的传递函数，如输出阻抗、输入导纳等，会看到所有这些方程共享一个共同的分母 $D(s)$。

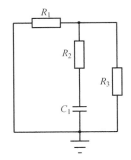

图 2.4　通过短路输入电压，揭示系统的时间常数

为了单独研究网络，将激励信号归零。如何做到这一点呢？如果激励信号是电压源，将其设置为零，即用短路代替它；如果激励信号是电流源，则将其开路。因此，应用此方法于图 2.4，将 R_1 的左端短接到地。

通过评估从电容两端"看"到的电阻值可以很容易计算出时间常数。也就是，R_1 和 R_3 并联后再与 R_2 串联：

$$R = R_2 + R_1 \parallel R_3 \tag{2.45}$$

对于这个简单的一阶系统，极点的定义就是等效时间常数的倒数

$$\omega_{\mathrm{p1}} = \frac{1}{\tau} = \frac{1}{RC_1} = \frac{1}{(R_2 + R_1 \parallel R_3)\,C_1} \tag{2.46}$$

分母 $D(s)$ 的表达式为

$$D(s) = 1 + s/\omega_{\mathrm{p1}} \tag{2.47}$$

于是，完整的传递函数变为

$$H(s) = G_0 \frac{N(s)}{D(s)} = \frac{R_3}{R_1 + R_3}\, \frac{1 + sR_2C_1}{1 + s(R_2 + R_1 \parallel R_3)\,C_1} = G_0 \frac{1 + s/\omega_{\mathrm{z1}}}{1 + s/\omega_{\mathrm{p1}}} \tag{2.48}$$

可以将其比作热力学定律中的低熵方程。系统的熵表示了它内部的无序程度，通常，相对于高熵系统（元件是无序的，组织混乱），对低熵系统（元件组织良好，秩序井然）进行设计需要的外部能量更少。对于方程（2.48），这个低熵表达式可以在没有进一步处理的情况下快速了解传递函数的关键信息。相反，高熵方程不能揭示任何东西，需要额外的工作对其进行因式分解或扩展来获得它的极点和零点。刚才描述的方法，可以通过"观察法"来书写低熵方程，只需查看网络原理图并确定其时间常数即可。通过另一个简单例子来再次验证，如图 2.5 所示是一阶感性网络。尝试使用学到的方法推导其传递函数。

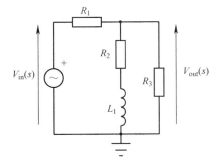

图 2.5　电容由一个电感代替的图 2.4

首先，从 $s = 0$ 的直流传递函数开始。如果电容在直流下是开路，那么相反电感在直流下可以认为是短路。因此，当 L_1 短路，衰减量 G_0 可以立刻写出

$$G_0 = \frac{R_3 \parallel R_2}{R_3 \parallel R_2 + R_1} \tag{2.49}$$

通过分析电路中阻止激励达到输出的条件，就能找到零点。这个条件可以是串联元件的

导纳等于 0，或者并联支路阻抗降至零。在此电路中，串联元件 R_1 为固定值。而可能将激励信号短路的网络是 R_2 和 L_1，这就是零点隐藏的地方，要揭示它，只需要简单求解

$$R_2 + sL_1 = R_2\left(1 + s\frac{L_1}{R_2}\right) = R_2\left(1 + \frac{s}{\omega_{z1}}\right) = 0 \tag{2.50}$$

可以得到零点的位置

$$\omega_{z1} = \frac{R_2}{L_1} \tag{2.51}$$

如果电阻 R "驱动" 电容 C 的时间常数是 RC，那么由电阻 R 驱动电感 L 的时间常数为 L/R。图 2.5 中驱动电感 L_1 的阻抗是多少呢？为了发现它，将激励信号设为 0，阻抗为 R_1 和 R_3 并联后与 R_2 串联

$$R = R_2 + R_1 \parallel R_3 \tag{2.52}$$

对于一阶系统，极点的定义为等效时间常数的倒数

$$\omega_{p1} = \frac{1}{\tau} = \frac{R}{L_1} = \frac{(R_2 + R_1 \parallel R_3)}{L_1} \tag{2.53}$$

因此分母 $D(s)$ 的表达式为

$$D(s) = 1 + s/\omega_{p1} \tag{2.54}$$

最后，完整的传递函数是

$$H(s) = G_0 \frac{N(s)}{D(s)} = \frac{R_3 \parallel R_2}{R_3 \parallel R_2 + R_1} \frac{1 + s\frac{L_1}{R_2}}{1 + s\frac{L_1}{(R_2 + R_1 \parallel R_3)}} = G_0 \frac{1 + s/\omega_{z1}}{1 + s/\omega_{p1}} \tag{2.55}$$

可以看到这种快速分析方法对推导简单网络的传递函数是多么有效。本章末尾的附录展示了它如何用于桥式阻抗的测定。读者可以尝试用经典代数的方法重新推导上面的例子，你会很快喜欢这些快速分析方法！当然，在本章的这一小部分内容中，才刚刚触及表面，而且当分析具有更多储能元件的复杂网络时，需要应用不同的方法，例如额外元素定理（EET）。本章末尾的文献 [2-6]，介绍了如何学习和更有效地使用该方法。

2.3 动态响应和根

闭环系统的稳定性有不同的判定方式。交流扫描可以得到穿越频率和相位裕度，但无法明确知道系统对扰动或者输入突变会如何响应。常见的测试方法是给系统一些特定的激励信号来观察其输出响应，通常采用的激励信号包括：阶跃、狄拉克脉冲、线性斜坡等。这些在第 1 章已有详细介绍，阶跃响应是最常用的激励信号，尤其是对诸如线性或开关变换器的控制系统而言。那么如何实施这些测试信号呢？在实验室对电子负载加一个阶跃信号很容易理解和操作，但将其加在传递函数上则不容易让人理解。这是因为，传递函数是在频域下表示的，而阶跃信号属于时域信号，因此需要在时域和频域之间相互转换。具体的操作应该是：首先，将阶跃信号转换到频域，变成所研究传递函数 $H(s)$ 的激励信号 $U(s)$；然后，得到拉普拉斯法表示的输出信号 $Y(s)$；最后，再使用拉普拉斯反变换，获得时域信号来查看结果波形。图 2.6 显示了这个过程。

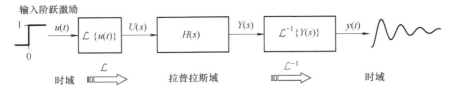

图 2.6　拉普拉斯传递函数对单位阶跃激励的时域响应

单位阶跃信号的拉普拉斯变换是什么呢？看看图 2.7 出现的波形：在时间为负的时候，它均为 0；当 $t=0$ 及之后的时间，它等于 1。这是一个时域的波形，根据图 2.6，需要首先将该信号转换到拉普拉斯域。由第 1 章知拉普拉斯变换的定义

$$U(s) = \mathcal{L}[u(t)] = \int_0^\infty u(t)\,\mathrm{e}^{-st}\mathrm{d}t \tag{2.56}$$

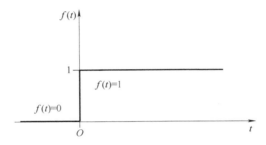

图 2.7　单位阶跃函数（$t<0$ 时输出为 0，而 $t \geq 0$ 时跳变到 1）

阶跃信号 $u(t)$ 从 $0 \to \infty$ 时都等于 1，代入拉普拉斯变换方程为

$$U(s) = \int_0^\infty \mathrm{e}^{-st}\mathrm{d}t = \lim_{P \to \infty}\int_0^P \mathrm{e}^{-st}\mathrm{d}t = \lim_{P \to \infty}\left[-\frac{\mathrm{e}^{-st}}{s}\right]_0^P = \lim_{P \to \infty}\frac{1-\mathrm{e}^{-sP}}{s} = \frac{1}{s} \tag{2.57}$$

这是单位阶跃信号在 $s>0$ 时在拉普拉斯域的经典定义。

如果信号 $1/s$ 输入到传递函数 $H(s)$，产生的输出信号就是

$$Y(s) = \frac{1}{s}H(s) \tag{2.58}$$

从这个拉普拉斯域的表达式，可以通过拉普拉斯反变换提取相应的时域表达式：

$$y(t) = \mathcal{L}^{-1}\{Y(s)\} \tag{2.59}$$

就这么简单吗？这取决于使用数学求解器还是自己推导。如果自己推导，要意识到答案不是将这些相乘的式子单独做拉普拉斯逆变换，再算乘积。必须将表达式重写为分式之和的形式，其中的每个分式都可以单独求取拉普拉斯反变换。由于拉普拉斯变换是线性算子，因此分式之和的拉普拉斯反变换就是各分式分别求拉普拉斯反变换后的和。然而，由于大多数传递函数采用有理式 $N(s)/D(s)$ 的形式，因此，需要将它们分解成多个分式之和，这种方法称为部分分式扩展，有关此方法的参考文献可以在数学教科书或网络上找到。虽然涉及的代数看起来很简单，但在部分分式扩展一些复杂传递函数时需要非常小心。

尝试应用该方法到第一个传递函数，即式（2.17），计算它的单位阶跃响应：

$$Y(s) = \frac{1}{s}H(s) = \frac{1}{s}\frac{s+5\mathrm{k}}{(s+\mathrm{k})(s+30\mathrm{k})} \tag{2.60}$$

首先使用亥维赛系数待定法，它以英国电气工程师奥利弗·亥维赛（Oliver Heaviside）的名字命名。基于此方法，式（2.60）可以重写或扩展成下面这些项

$$Y(s) = \frac{a_1}{s} + \frac{a_2}{s + 1\mathrm{k}} + \frac{a_3}{s + 30\mathrm{k}} \tag{2.61}$$

可以看到，每一项的分母除了对应式（2.23）和式（2.24）已找到的根，也包括了 $s = 0$。确定系数 a_1、a_2 和 a_3 的思路是让 s 等于选定的根（求解 a_1 时 $s = 0$，求解 a_2 时 $s = -\mathrm{k}$ 等），同时用包含那个根的分母（求解 a_1 时为 s，求解 a_2 时为 $s + \mathrm{k}$ 等）乘上式（2.60）。那么，所求项的分母在分式中就消失了，这有点像用手指遮住了一样，得到一个简化的方程。然后将 s 取所选根的值代入其中，计算出这一项的系数。听起来很复杂？但实际上也不是那么复杂：

$$a_1 = s \frac{1}{s} \frac{s + 5\mathrm{k}}{(s + \mathrm{k})(s + 30\mathrm{k})} \bigg|_{s=0} = \frac{0 + 5\mathrm{k}}{(0 + \mathrm{k})(0 + 30\mathrm{k})} = \frac{1}{6\mathrm{k}} = 166.6\mathrm{u} \tag{2.62}$$

$$a_2 = (s + \mathrm{k}) \frac{1}{s} \frac{s + 5\mathrm{k}}{(s + \mathrm{k})(s + 30\mathrm{k})} \bigg|_{s=-1\mathrm{k}} = -\frac{1}{\mathrm{k}} \frac{-\mathrm{k} + 5\mathrm{k}}{-\mathrm{k} + 30\mathrm{k}} = -\frac{4\mathrm{k}}{\mathrm{k} \cdot 29\mathrm{k}} = -138\mathrm{u} \tag{2.63}$$

$$a_3 = (s + 30\mathrm{k}) \frac{1}{s} \frac{s + 5\mathrm{k}}{(s + \mathrm{k})(s + 30\mathrm{k})} \bigg|_{s=-30\mathrm{k}} = -\frac{1}{30\mathrm{k}} \frac{-30\mathrm{k} + 5\mathrm{k}}{-30\mathrm{k} + \mathrm{k}} = -\frac{25\mathrm{k}}{30\mathrm{k} \cdot 29\mathrm{k}} = -28.7\mathrm{u}$$
$$\tag{2.64}$$

用得到的系数重写式（2.61）会有

$$Y(s) = \frac{166\mathrm{u}}{s} - \frac{138\mathrm{u}}{s + \mathrm{k}} - \frac{28.7\mathrm{u}}{s + 30\mathrm{k}} \tag{2.65}$$

那么，前面这个方程的反拉普拉斯变换为

$$\mathcal{L}^{-1}\{Y(s)\} = \mathcal{L}^{-1}\left\{\frac{166\mathrm{u}}{s}\right\} - \mathcal{L}^{-1}\left\{\frac{138\mathrm{u}}{s + \mathrm{k}}\right\} - \mathcal{L}^{-1}\left\{\frac{28.7\mathrm{u}}{s + 30\mathrm{k}}\right\} \tag{2.66}$$

查看拉普拉斯反变换表来得到每一项

$$\mathcal{L}^{-1}\left\{\frac{166\mathrm{u}}{s}\right\} = 166\mathrm{u}\mathcal{L}^{-1}\left\{\frac{1}{s}\right\} = 166\mathrm{u} \tag{2.67}$$

$$\mathcal{L}^{-1}\left\{\frac{138\mathrm{u}}{s + \mathrm{k}}\right\} = 138\mathrm{u}\mathcal{L}^{-1}\left\{\frac{1}{s + \mathrm{k}}\right\} = 138\mathrm{u} \cdot \mathrm{e}^{-\mathrm{k}t} \tag{2.68}$$

$$\mathcal{L}^{-1}\left\{\frac{28.7\mathrm{u}}{s + 30\mathrm{k}}\right\} = 28.7\mathrm{u}\mathcal{L}^{-1}\left\{\frac{1}{s + 30\mathrm{k}}\right\} = 28.7\mathrm{u} \cdot \mathrm{e}^{-30\mathrm{k}t} \tag{2.69}$$

根据式（2.66）将这些项合并起来，得到时域表达式

$$y(t) = 166\mathrm{u} - 138\mathrm{u}\mathrm{e}^{-\mathrm{k}t} - 28.7\mathrm{u} \cdot \mathrm{e}^{-30\mathrm{k}t} \tag{2.70}$$

观察这个式子，①看到指数项的指数为 $H(s)$ 特征方程的根；②发现零点虽然会影响时域响应，但不会直接影响刚刚看到的响应信号的时间常数；③这些指数的符号都为负，这意味着当 $t \to \infty$ 时，所有的指数项都趋近 0，输出信号会到达由第一项决定的稳态值：对于 1V 的阶跃，输出会达到 $166\mu\mathrm{V}$。事实上，将式（2.17）整理成（2.18），G_0 作为直流增益，就是 $1/(6\mathrm{k})$ 或 $166\mathrm{u}$。如果在图 2.8 中画出式（2.70）的波形，也可以验证这个直流稳态值。

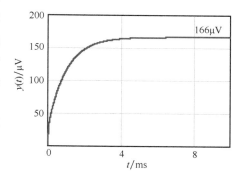

图 2.8　式（2.17）描述的传递函数的时域响应（当输入为 1V 的阶跃信号时）

通过这些推导过程，如果尝试获得特征方程包含正根的传递函数的阶跃响应，则时域响应将包含具有正指数的指数项。此时，当 $t \to \infty$ 时，这些指数项不

是趋近 0 而是继续增加，使得输出信号严重发散：系统响应不受限制，什么都控制不了。于是，很快想到的问题是：如果分析表明所有的根在给定工作点均为负数，但它们可能出现移动而突然变成正数吗？

2.3.1　根的变化

上述例子中，所有的根都为固定值（如 $-1k$ 或 $-30k$），它们不依赖于其他变量。只要这些根保持恒定，阶跃响应就不会变。现在考虑一个更实际的案例，如图 2.9 中出现的单位反馈控制器。

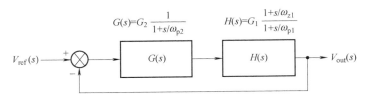

图 2.9　该电路模拟一个一阶变换器，由一个单极点 60dB 增益的补偿器 G 来补偿

传递函数 $H(s)$ 可以是一个工作在断续模式（DCM）的电压模式开关变换器（Buck-Boost）的简化表达式。可以证明零点 ω_{z1} 由输出电容及其等效串联电阻（ESR）决定

$$\omega_{z1} = \frac{1}{R_{ESR}C_{out}} \tag{2.71}$$

极点 ω_{p1} 取决于负载 R_{load} 和 C_{out}

$$\omega_{p1} = \frac{2}{R_{load}C_{out}} \tag{2.72}$$

为了稳定这个变换器，设计了补偿器 $G(s)$，它在 ω_{p2} 处有一个极点同时提供一些增益 G_2。这显然不是大家熟悉的补偿器，只是为了使这个例子容易理解。单位反馈系统的闭环响应 $T_{CL}(s)$ 会在第 3 章中详细介绍，这里仅列出其表达式：

$$T_{CL}(s) = \frac{T_{OL}(s)}{1 + T_{OL}(s)} = \frac{G(s)H(s)}{1 + G(s)H(s)} \tag{2.73}$$

其中 $1 + G(s)H(s)$ 是闭环传递函数的特征方程，$T_{OL}(s)$ 是开环传递函数，定义为

$$T_{OL}(s) = G(s)H(s) = G_2 G_1 \frac{1}{1 + s/\omega_{p2}} \frac{1 + s/\omega_{z1}}{1 + s/\omega_{p1}} \tag{2.74}$$

展开式（2.73），使其符合熟悉的格式，可以得到

$$T_{CL}(s) = \frac{G_2 G_1}{1 + G_2 G_1} \frac{1 + s/\omega_{z1}}{1 + s\left(\dfrac{\dfrac{1}{\omega_{p2}} + \dfrac{1}{\omega_{p1}} + \dfrac{G_2 G_1}{\omega_{z1}}}{1 + G_2 G_1}\right) + s^2\left(\dfrac{1}{\omega_{p1}\omega_{p2}(G_2 G_1 + 1)}\right)} \tag{2.75}$$

这个式子符合经典的二阶系统形式：

$$T_{CL}(s) = G_{CL} \frac{1 + s/\omega_{z1}}{1 + \dfrac{s}{\omega_0 Q} + \left(\dfrac{s}{\omega_0}\right)^2} \tag{2.76}$$

式中，

$$G_{CL} = \frac{G_2 G_1}{1 + G_2 G_1} \tag{2.77}$$

$$Q = \frac{\omega_0}{\omega_{p1} + \omega_{p2} + G_2 G_1 \omega_{p1} \dfrac{\omega_{p2}}{\omega_{z1}}} \tag{2.78}$$

$$\omega_0 = \sqrt{\omega_{p1}\omega_{p2}(G_2 G_1 + 1)} \tag{2.79}$$

式（2.76）的闭环极点由其分母 $D(s)$ 的根决定。值得注意的是 $H(s)$ 的开环零点 ω_{z1} 现在出现在特征方程中，会影响闭环极点。也就是说，系统传递函数或者补偿器的零点，都会体现在闭环的特征方程中。因此，如果放置低频零点来改善系统的相位裕量，一旦环路闭合，这些零点就会转变为低频极点，低频极点意味着系统响应变慢。所以当评估补偿策略的时候必须牢记：是选择放置一、两个低频零点来提高穿越频率，还是选择不同的穿越点以避免使用低频零点更好？

出于稳定性目的，需要找出式（2.76）分母根的表达式，已经将传递函数整理为已知的二阶形式，分母的根（极点）遵循式（2.10）的定义：

$$s_1, s_2 = \frac{\omega_{p1} + \omega_{p2} + G_2 G_1 \omega_{p1} \dfrac{\omega_{p2}}{\omega_{z1}}}{2}\left(\pm \sqrt{1 - 4Q^2} - 1 \right) \tag{2.80}$$

这个表达式中，品质因数 Q 是关键参数，并分以下三种情况：

（1）$Q < 0.5$：平方根下的表达式为正，系统具有两个独立实数根。

（2）$Q = 0.5$：平方根下的表达式为 0，系统具有两个重合的实数根。

（3）$Q > 0.5$：平方根下的表达式为负，系统具有一对带实数部分的共轭复数根。

在（2.78）给定的 Q 的表达式中，有些参数可能会改变。因此，在设计中必须确定这些参数变化是否会产生威胁，或者只有小幅变化不太可能影响最终结果。作为设计工程师，必须考虑参数可能发生较大变化的情况，不论它们是由于工作条件（如温度、偏置点）还是由于产品离散性（如公差、组件的变化）造成的，必须评估它们对于稳定性的影响。作为例子，这里仅考虑由式（2.71）描述的输出电容的（ESR）带来的功率级零点。该寄生参数不仅随电容器温度变化而改变（电阻随温度下降而增加），还受到产品离散性的影响。图 2.10 所示为一个典型的电容等效电路。当然，该模型还可以通过补充其他寄生效应来完善，例如漏电阻或等效串联电感（ESL），但目前以这个简单的等效方法来说明参数变化的影响。

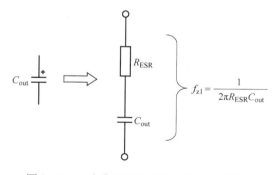

图 2.10　一个典型电容总是具有杂散参数（例如 ESR，它在传递函数中引入零点）

假设一个 $470\mu\text{F}$ 的输出电容，查看产品手册，发现它在 $25\,^\circ\!\text{C}$ 下的典型 ESR 为 $90\text{m}\Omega$。然而，如果考虑温度的变化范围是 $-40 \sim +105\,^\circ\!\text{C}$ 和产品生产的离散性，ESR 的变化范围是 $50 \sim 200\text{m}\Omega$。那么，式（2.71）中零点的变化范围是

$$f_{z1,\text{low}} = \frac{1}{2\pi \times 200\text{m} \times 470\text{u}} = 1.7\text{kHz} \tag{2.81}$$

和

$$f_{z1,\text{high}} = \frac{1}{2\pi \times 50\text{m} \times 470\text{u}} = 6.8\text{kHz} \tag{2.82}$$

例中，假设构成 H 和 G 的其他参数为下列值：

$$f_{p1} = 500\,\text{Hz}$$
$$f_{p2} = 1000\,\text{Hz}$$
$$G_1 = 0.05$$
$$G_2 = 1000$$

基于这些值，式（2.78）描述的品质因数 Q 将随着零点位置的改动而变化，而零点又和 ESR 的变化相关。对于最低的零点位置，则有

$$Q\,\big|_{f_{z1} = 1.7\,\text{kHz}} = 0.312 \tag{2.83}$$

当 ESR 在温度升高而减小时，品质因数最大变为

$$Q\,\big|_{f_{z1} = 6.8\,\text{kHz}} = 0.97 \tag{2.84}$$

通过求解 ω_{z1} 可以找到 $Q = 0.5$ 时的 ESR 的值：

$$\frac{\sqrt{\omega_{p1}\omega_{p2}(G_2 G_1 + 1)}}{\omega_{p1} + \omega_{p2} + G_2 G_1 \omega_{p1} \dfrac{\omega_{p2}}{\omega_{z1}}} = 0.5 \tag{2.85}$$

它发生在零点等于

$$f_{z1} = \frac{G_2 G_1 \omega_{p1} \omega_{p2}}{2\sqrt{\omega_{p1}\omega_{p2}(1 + G_2 G_1)} - \omega_{p1} - \omega_{p2}} \frac{1}{2\pi} = 2.9\,\text{kHz} \tag{2.86}$$

对于一个 $470\,\mu\text{F}$ 的电容，它对应一个 $116\,\text{m}\Omega$ 的 ESR。

ESR 的变化会影响品质因数并改变根的性质。如当 $Q = 0.312$ 时，有一个 $1.7\,\text{kHz}$ 的零点，根是纯实数，闭环系统的阶跃响应是非振荡的。根据式（2.80），此时的极点值如下：

$$\begin{cases} s_1 = -90\text{k} \\ s_2 = -11.1\text{k} \end{cases} \tag{2.87}$$

如果将式（2.75）乘以 $1/s$ 并且提取时域响应，便能获得这些条件下的阶跃响应信号如图 2.11 所示。请注意尽管 $Q < 0.5$，但仍存在轻微的超调，这是由于零点的存在影响了动态响应。此外，最终值不是 1V，这是因为式（2.77）定义的闭环增益小于 1（准确来说是 0.98）：存在恒定的 20mV 的静态误差。

当 ESR $= 116\text{m}\Omega$，两个根重合

$$s_1 = s_2 = -32\text{k} \tag{2.88}$$

阶跃响应如图 2.12 所示。由理论知具有重合极点的二阶系统，其阶跃响应不该有超调，但在图中却看到超调是存在的。这是因为理论分析时仅考虑了极点的影响，而这个系统还有一个额外的零点，零点的存在改变了系统的动态响应。

当 ESR 再变小时，根变成了共轭复数，例如：

$$\begin{cases} s_1 = -16.3\text{k} - \text{j}27.2\text{k} \\ s_2 = -16.3\text{k} + \text{j}27.2\text{k} \end{cases} \tag{2.89}$$

这种情况下，出现一个更加明显的超调，如图 2.13 所示。

如果出于某种原因 ESR 变得可忽略不计（例如选择了一种多层电容或者多个低 ESR 电容并联），根会变为如下形式：

$$\begin{cases} s_1 = -5.2\text{k} - \text{j}31.3\text{k} \\ s_2 = -5.2\text{k} + \text{j}31.3\text{k} \end{cases} \tag{2.90}$$

相应的阶跃响应相比之前信号出现了更大超调，但仍然稳定，如图 2.14 所示。

从式（2.90）可以计算出这时的振荡频率 ω_0 为

$$\omega_0 = |s_1| = |s_2| = \sqrt{5.2k^2 + 31.3k^2} = 31.73\text{krad/s 或 } 5.05\text{kHz} \tag{2.91}$$

如果采用式（2.79）或式（2.89），也能得到类似的值。

可以观察到，通过改变 ESR 值，根表现出不同的实部和虚部。减小 ESR 会令品质因数增大，也就是根的实部减小，根的实部意味着二阶系统的阻尼损耗。因此，由于 ESR 减小导致阻尼效应下降，从而使得品质因数 Q 增加。

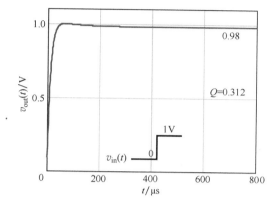

图 2.11　实根的阶跃响应
（非振荡且带有轻微超调的信号）

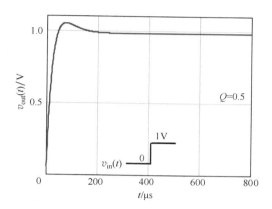

图 2.12　带有重合极点，响应快速
并且超调仍然较小

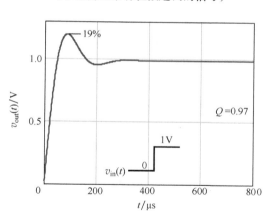

图 2.13　由于出现了复数极点，闭环
交流响应出现峰值和振荡

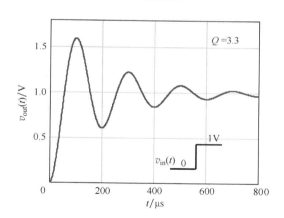

图 2.14　尽管明显超调，
响应仍然是稳定的

2.4　s 平面和动态响应

在稳定性分析中，可以通过画出根的轨迹来查看系统极点的移动与对应参数之间的关系。在前面的例子中，我们选择了输出电容的 ESR 作为变化的参数，在很多教材中选择的参数是增益系数 k。文献中展示的一个典型实例如图 2.15 所示。

这是一个单位增益反馈控制系统，容易推导出从输入到输出的传递函数为

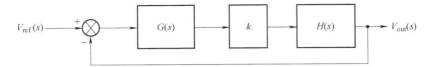

图 2.15　参数 k 作为增益插入控制环路，并在宽范围内变化

$$\frac{V_{out}(s)}{V_{in}(s)} = \frac{kG(s)H(s)}{1 + kG(s)H(s)} \tag{2.92}$$

G 和 H 是独立的传递函数，都由分子和分母构成

$$G(s) = \frac{N_G(s)}{D_G(s)} \tag{2.93}$$

$$H(s) = \frac{N_H(s)}{D_H(s)} \tag{2.94}$$

将这些定义代入式（2.92），可以得到

$$\frac{V_{out}(s)}{V_{in}(s)} = \frac{k \dfrac{N_G(s)}{D_G(s)} \dfrac{N_H(s)}{D_H(s)}}{1 + k \dfrac{N_G(s)}{D_G(s)} \dfrac{N_H(s)}{D_H(s)}} = \frac{kN_G(s)N_H(s)}{D_G(s)D_H(s) + kN_G(s)N_H(s)} \tag{2.95}$$

该式表明：当为了得到足够的穿越频率和相位裕度，在 $G(s)$ 中加入的极点和零点，会以 $N_G(s)$ 和 $D_G(s)$ 的形式出现在闭环传递函数中。特征方程通常用符号 $\chi(s)$ 表示，单独列出重写为

$$\chi(s) = D_G(s)D_H(s) + kN_G(s)N_H(s) \tag{2.96}$$

这是一个很有趣的公式，因为它表明：当环路闭合时，放到补偿器 G 的零点（例如为了提高低频下的相位裕度）会变成极点。低频开环零点变成了低频闭环极点，这会减慢系统对扰动或参考值变化的响应。现在来看一下参数 k，根据 k 的大小，能看到三种不同的情况：

- k 很小，那么特征方程可以简化为 $\chi(s) = D_G(s)D_H(s)$：闭环极点就是开环增益方程中的极点。

- k 开始增加，由于根是 k 的连续函数，系统闭环极点会从开环极点离开，移动到满足式（2.96）的位置。

- 如果 k 进一步增加，变得非常大，那么式（2.96）的第一项可以忽略，定义变为：$\chi(s) = kN_G(s)N_H(s)$，闭环极点现在由开环零点决定！

从式（2.70）发现极点会直接影响系统的时域响应。因此，检查 k 改变时闭环极点的变化情况非常重要。例如，是否存在一些条件使极点的实部减小，导致系统阻尼变差呢？这是非常危险的。更有甚者，这些极点的实部是否可能反转而变正，使得系统输出开始发散呢？

由线性网络理论可知，系统的完整或全部响应，可以由它的自然或自由响应 $r_n(t)$ 和稳态响应 $r_f(t)$ 组成。通过设置输入 $u(t)$ 为 0，并设置非零的初始条件可以得到其自由响应。比如，式（2.70）的稳态响应为 $166\,\mu V$ 而剩余项为自然响应，因此一个 SISO 系统的完整响应为

$$y(t) = r_n(t) + r_f(t) = \sum_{i=1}^{n} C_i e^{p_i t} + r_f(t) \tag{2.97}$$

式中，p_i 是特征方程的根；C_i 是指数项的系数。

极点的数量取决于分母多项式的阶数：二阶系统有两个极点，三阶系统有三个极点等。

研究这些极点最简单地方法就是把它们放到一个称为阿甘特图的专用平面上，通常也称为 s 平面。变量 s 的经典定义为

$$s = \sigma + j\omega \tag{2.98}$$

因此 s 平面是一个二维平面，纵轴表示 s 的虚部 $j\omega$，横轴表示 s 的实部 σ。纵轴的左侧称为左半平面（LHP），这个区域中根的实部为负数；而纵轴右侧的区域称为右半平面（RHP），对应根的实部为正数。在 s 平面上，极点用符号叉"×"表示，而零点用圆"O"表示。极点在 s 平面的位置与输出响应的关系如下：

（1）如果极点是实数，当表达式是 $p_i = -\sigma$ 时位于 LHP 中，称为 LHP 极点。它对响应的贡献为 $Ce^{-\sigma t}$，有着时间常数为 $1/\sigma$ 的衰减指数项。因此如果 s 平面上的极点离原点越远，其响应信号的衰减越快。相反，随着极点的位置越来越接近 0 点，响应变成一个缓慢衰减的信号。假设有一个看起来像 $5e^{-0.1t}$ 的时域表达式，那么信号在 10s 后从幅值 5V 衰减到约 60%。

（2）出现在原点的极点，表达式是 $p_i = 0$，其响应是恒值信号，幅值由初始条件决定，如：$5e^{-p_i t} = 5e^0 = 5V$。

（3）如果极点是实数但出现在 RHP，称为 RHP 极点，形式为 $p_i = \sigma$，它是一个正根。它对输出信号的贡献为 $Ce^{\sigma t}$，是一个持续增长的项。因此，具有 RHP 极点的闭环系统是不稳定的。

（4）当求解特征方程时，可能会发现共轭对的根，形式为 $p_i = -\sigma \pm j\omega$。它在时域信号中产生一个频率为 ω 的正弦衰减信号，形式为 $Ae^{-\sigma t}\sin(\omega t + \varphi)$。$A$ 和 φ 由初始条件确定，实部 σ 反映了响应的阻尼损耗。必须注意到如果实部为 0，形式变为 $p_i = \pm j\omega$ 的虚数极点对，这是一个频率为 ω 的非阻尼振荡分量。

（5）如果复数极点对在 RHP，表达式是 $p_i = \sigma \pm j\omega$，响应为指数增长的正弦信号。

以包括 2 个极点的二阶系统为例，图 2.16 所示为不同极点位置的响应图。二阶系统可以是一个 LC 滤波器，其中品质因数可以调节，例如添加一个电阻。其中图 2.16a 中的极点是 2 个独立的实数，品质因数很小，系统过阻尼，响应类似于两个级联的 RC 滤波器。图 2.16b 中的两个极点重合，品质因数等于 0.5，响应快一些，但是极点不包含虚部，系统没有超调。图 2.16c 中极点分开且为共轭根，品质因数超过 0.5。由于出现了虚部，系统出现了振荡。但极点实部提供了代表损耗的阻尼抑制了该振荡，形成一个衰减的信号。图 2.16d 中的根为虚数，没有实部（阻尼），也就是所有损耗都消失了，故系统响应是纯粹的振荡。图 2.16e 中的品质因数为负，极点跳到 RHP，指数项的指数为正，于是振荡加剧，系统发散。图 2.16f 中的根在 RHP，没有虚部，系统仍然发散但是没有振荡。

图 2.17 所示为由若干个零点、极点组成的系统实例，它们对应下面方程的根

$$H(s) = \frac{\left[(s+2)^2 + 4\right](s-1)}{\left[(s+1)^2 + 1\right](s+3)} \tag{2.99}$$

请注意一个零点 s_{z3}，位于 RHP，是一个正根。

式（2.97）是一个传递函数对于 1V 阶跃信号的时域响应，由三项（三个极点）自然响应加上稳态响应构成。通过计算式（2.99）的直流增益可以得到其稳态响应：

$$H(0) = \frac{(2)^2 + 4}{(1)^2 + 1} \times \frac{-1}{3} = -\frac{4}{3} \tag{2.100}$$

自然响应由一个纯衰减项（一个实极点）和其他两个阻尼正弦信号（共轭极点对）构成：

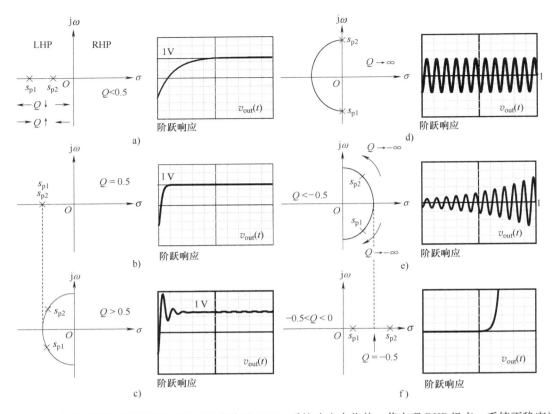

图 2.16　极点位置与系统影响（如果极点位于 LHP，系统响应会收敛；若出现 RHP 极点，系统不稳定）

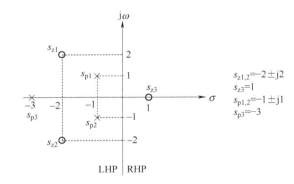

图 2.17　s 平面用于放置极点和零点，从而帮助查看它们的移动和某个参数的关系

$$\mathcal{L}^{-1}\left\{\frac{1}{s}H(s)\right\} = y_1(t) = \frac{4}{3}e^{-3t} + e^{-t}cost + 3e^{-t}sint - \frac{4}{3} \qquad (2.101)$$

　　当所有的自然响应项衰减到 0，输出变成 -1.33V。可以看到，零点不会明确地出现在这些项中，但是实际上它们影响了其系数和极性。另外输出稳态值为负，这是为什么呢？三个零点和三个极点中两个 LHP 极点和 2 个 LHP 零点的相位超前/滞后正好补偿。第三个极点滞后 90°，那么 RHP 零点（RHPZ）会怎样呢？它也会滞后 90°，因此，共有 180°滞后，也就是极性翻转，使得 1V 的阶跃输入得到一个负输出。需要注意的是，RHP 零点不会超前相位，反而会像极点一样进一步滞后相位，将会在后面几个段落中详细介绍。

假设 s_{z3} 变成 LHP 零点，响应将会变为

$$y_2(t) = \frac{2}{3}e^{-3t} + e^{-t}\cos t + e^{-t}\sin t + \frac{4}{3} \qquad (2.102)$$

由于系统零、极点总数为偶数，使得总相位变化为 $0°$，稳态值符号现在变为正数：一个正阶跃会得到正电压。请注意零点移动到 LHP 会影响系数 C，但指数项只和极点位置相关。

进一步，假设第三个极点变成 RHP 极点，如式（2.99）中 $s_{p3} = 3$，第三个零点仍然如式（2.103）位于 LHP。则时域响应可以表示如下：

$$y_3(t) = \frac{116}{51}e^{3t} + \frac{1}{17}e^{-t}\cos t - \frac{13}{17}e^{-t}\sin t - \frac{4}{3} \qquad (2.103)$$

第一项足够让系统不稳定了：指数为正，t 增大时表达式的值趋于发散，这是 RHP 极点效应。如果观察最后一项，它再次变为负数：两个 LHP 极点/零点对互相补偿，得到总共 $0°$ 相位。然而，第三个 LHP 零点引入了 $90°$ 超前相位，这通常可以由一个 LHP 极点滞后 $90°$ 相位来补偿，但这里的极点位于 RHP，它同样引入 $90°$ 超前相位，因此，总相位超前 $180°$，再次出现极性翻转。当然，由于第一个正指数项会迅速占据整个响应输出，并不会看到负输出。

图 2.18 给出了这三种不同响应。可见，RHP 极点会使输出发散；RHP 零点尽管会带来额外的滞后相位，却并不会让系统发散。因此，我们可以得到如下初步结论：在设计变换器补偿器时，RHP 零点只需要在设计补偿器时更加小心，而特征方程中的单个 RHP 极点（闭环极点）绝对是不可克服的。

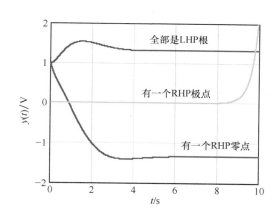

图 2.18　根据 s 平面的第三个极点和零点的位置变化得到不同的时域输出

2.4.1　复平面上的根轨迹

特征方程（闭环传递函数分母）的分析通常在某个工作点进行。但是影响特征方程的参数是有可能发生变化的，比较常见的如前一示例中的增益 k。科学家在 20 世纪 50 年代研究电力电子学时，发现阀基放大器在加热或在不同环境温度下可出现较宽的增益离散性，可能影响系统稳定性。因此，采用了一种通过改变电阻对反馈增益进行调整的方法，使总增益对放大器增益变化不敏感。除了增益变化，还可能存在扰动效应，例如输入电压或负载发生变化；另外，由于产品生产的离散性或运行条件不同，开环极点或零点也可能出现变动。例如在图 2.19 的示例中，扫描输出电容的 ESR 值会改变系统的瞬态响应。在数学上，这意味着不同 ESR 使得系统的特征根发生了改变。如果将这些根绘制在 s 平面中并将所有点连接在一起，将

获得所谓的埃文斯根轨迹图，以 20 世纪 50 年代对此方法做出重要贡献的 W. R. Evans 的名字命名。通过查看极点变化的路径，可以知道扫描参数的某些值是否会使特征根接近纵轴（纯虚根，没有阻尼），或者更糟糕地使它们移动到了 s 右半平面。

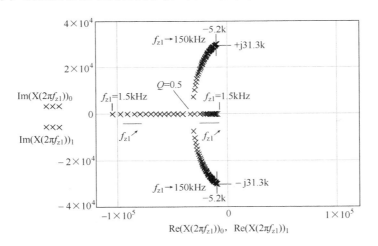

图 2.19　当 ESR 零点从 1.5kHz 扫描到 150kHz 时，特征根移动路径

　　当扫描给定参数时，可以使用一些数学软件来计算并绘制 s 平面上的极点或零点。Mathcad 就是其中之一，利用该工具可以很容易地获得根轨迹图。例如，图 2.19 绘制了式（2.80）当零点 s_{z1} 从 1.5kHz 扫描到超过 100kHz 的根轨迹图。本章末尾的附录展示了我们如何绘制这幅图。

　　参见图 2.16，如果根接近虚轴，甚至移动到右半部分，稳定性将受到威胁。幸运的是，在图上我们看到，即使当 ESR 零点趋于无穷大（ESR 消失为 0），根始终保持在左平面，保证了一些系统阻尼。计算表明，绝大部分条件下，Q 值不会超过 3.5。因此，可以预见其阶跃响应尽管会出现明显过冲，但仍然稳定。根轨迹可以揭示大量信息，但对该方法的研究超出了本书的范围。有兴趣对这种方法进行深入分析的读者可以在文献［6］的第 13 章和第 14 章中找到大量信息。

2.5　右半平面的零点

　　右半平面的零点通常出现在分两步向负载传递能量的开关变换器中：在导通期间，能量先被存储在电感中，此时，负载和输入端电源是隔离的；之后在关断期间电感上储存的能量被释放到负载上。Boost，Buck-Boost，以及 Flyback 变换器都以该模式工作，这三种变换器被称为间接能量传递变换器，它们都遵从两步变换过程。与之相对的 Buck 变换器则是一个直接能量传递变换器，在将能量传递给负载之前，无需储存能量的中间步骤。这一中间存储步骤实际上产生了延迟，因为当需要增加输出功率时，首先要经过一个能量存储步骤。假设功率需求增长很快，而存储能量需要时间，如果转换器不能维持它的输出功率，输出电压会随之下降。

　　输出在短时间内向控制所期望的相反方向变化，是传递函数具有 s 平面右半平面零点的典型特征。这种零点也被称为 RHP 零点或者是 RHPZ。

2.5.1　一个两步转换过程

图 2.20a 展示了一个典型的两开关 Boost 变换器：一个功率开关 SW（通常是 MOSFET），以及一个二极管 VD（有时也称为续流二极管）。在电流连续模式（CCM）下，在开关 SW 导通期间，即 DT_{sw} 期间，电感电流 i_L 流经功率开关 SW，其中 D 为占空比，T_{sw} 为开关周期。在关断期间，或者说 $(1-D)T_{sw}$ 期间，功率开关是开路的，输出二极管将电流引导到由电容和电阻构成的负载网络。无论控制方法是什么，或者是电流还是电压模式，这一拓扑都是先在导通期间将能量存储在电感中，然后在关断期间传递到输出侧。

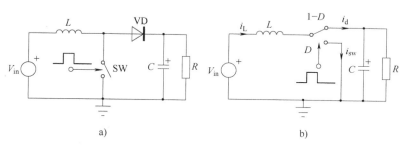

a)　　　　　　　　　b)

图 2.20　具有两个功率开关的 Boost 变换器，可以用单刀双掷开关来替换两个功率开关

图 2.20b 是 Boost 变换器的等效电路，将开关/二极管网络用一个单刀双掷开关替代，并轮流将电流导向两个不同分支，这两个分支分别为功率开关和输出二极管。观察输出二极管中的电流，会看到如图 2.21 中的加粗波形。使用 Boost 变换器向负载传递能量，感兴趣的是输出电流 I_{out}，而这一电流实际上是一个叠加很大开关纹波的直流量。理论上来说，纹波会进入电容，直流成分流向负载。因此，Boost 变换器传递的直流电流是二极管的平均电流 I_d，可以表示为

$$I_{out} = I_d = I_L(1-D) \tag{2.104}$$

式中，I_d 是二极管电流的平均值，等于直流输出电流 I_{out}；D 表示平均占空比。

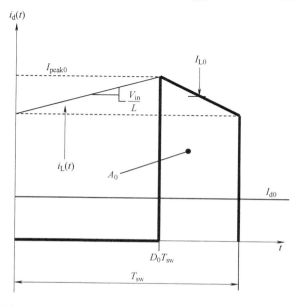

图 2.21　在事件起始时，观察到的输出二极管中的电流

41

如果绘制开关开路下的二极管电流，就得到图 2.21 所示波形。此时，电流不再流经功率开关，而是经过二极管导流到输出。流经负载的均值（或者说直流电流），是面积 A_0 在一个开关周期 T_{sw} 下的平均值

$$I_{out} = \frac{A_0}{T_{sw}} \tag{2.105}$$

现在，如果在输出端突然出现一个电流需求，控制器检测到这一瞬态，并且立刻将占空比增加一个小值 $\hat{d}$，来增加电感中的储能。如图 2.22 所示。

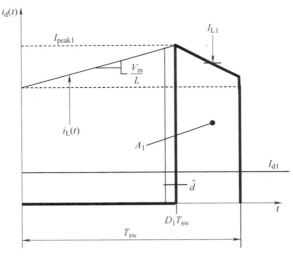

图 2.22　作为对输出电流需求的响应，控制器要求电感储存更多能量

理论上，新的面积 A_1 应该比 A_0 大，以应对输出功率需求的增加。然而，考虑到开关周期是固定的，导通时间的延长会缩短关断时间。因此，二极管电流要满足 $A_1 > A_0$，唯一可能的情况是新的峰值电流 I_{peak1} 大于之前的峰值电流 I_{peak0}。如图 2.23 所示。

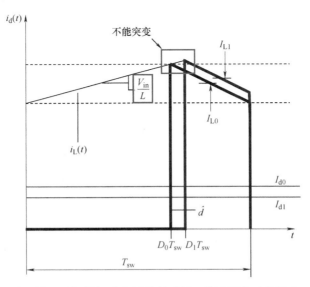

图 2.23　鉴于导通时间增加减小了关断时间，传递更多功率的唯一方法是
确保峰值电流增大，不幸的是，电感会阻碍电流变化

2.5.2　电感电流斜率的限制

电感平均电流可行的变化率为多少？由楞次定律可知，在电感中的电流变化率满足如下公式：

$$\frac{\mathrm{d}i_L(t)}{\mathrm{d}t} = \frac{v_L(t)}{L} \qquad (2.106)$$

在一个开关周期内取平均，平均电流变化率满足

$$\left\langle \frac{\mathrm{d}i_L(t)}{\mathrm{d}t} \right\rangle = \frac{\langle v_L(t) \rangle}{L} = \frac{V_L}{L} \qquad (2.107)$$

剩下的工作是计算电感上的周期平均电压，通过考虑电感 L 在 V_{in} 和 $V_{\mathrm{out}} - V_{\mathrm{in}}$ 电压下的周期加权平均电压，得到：

$$V_L = V_{\mathrm{in}}D - (V_{\mathrm{out}} - V_{\mathrm{in}})(1 - D) = V_{\mathrm{out}}(D - 1) + V_{\mathrm{in}} \qquad (2.108)$$

假设 Boost 变换器有如下运行参数：

$V_{\mathrm{in}} = 10\mathrm{V}$

$D_0 = 0.583$

$V_{\mathrm{out}} = V_{\mathrm{in}} / (1 - D_0) = 24\mathrm{V}$

$R_{\mathrm{load}} = 240\Omega$

$L = 1\mathrm{mH}$

$F_{\mathrm{sw}} = 100\mathrm{kHz}$

在 58.3% 的占空比下，变换器输出 24V，系统处于稳态，式（2.108）输出为零。现在占空比跳变到 $D_1 = 59\%$，或者说变化了 0.7%。在这种情况下，电感平均电流的斜率是多少呢？假设输出电容很大，输出电压在占空比变化时维持不变，由式（2.108），得到电感电压的周期平均值为

$$V_L = V_{\mathrm{out}}(D_1 - 1) + V_{\mathrm{in}} = [24 \times (0.59 - 1) + 10]\mathrm{V} = 0.16\mathrm{V} = 160\mathrm{mV} \qquad (2.109)$$

根据式（2.107），电感所允许的最大平均电流斜率为

$$\left\langle \frac{\mathrm{d}i_L(t)}{\mathrm{d}t} \right\rangle = \frac{V_L}{L} = \frac{160\mathrm{mV}}{1\mathrm{mH}} = 160\mu\mathrm{A/\mu s} \qquad (2.110)$$

这是一个比较小的值。

当占空比从 58.3% 变化到 59% 时，输出电压变为

$$V_{\mathrm{out}} = \frac{V_{\mathrm{in}}}{1 - D} = \frac{10\mathrm{V}}{1 - 0.59} = 24.39\mathrm{V} \qquad (2.111)$$

当负载为恒定的 240Ω 时，输出的电流会增加到

$$I_{\mathrm{out}} = \frac{V_{\mathrm{out}}}{R_{\mathrm{load}}} = \frac{24.39\mathrm{V}}{240\Omega} = 101.6\mathrm{mA} \qquad (2.112)$$

由式（2.113）计算的输出电流变化必然是电感电流变化引起的。因此，电感电流平均值变化如下：

$$\Delta I_L = \frac{V_{\mathrm{in}}}{R_{\mathrm{load}}}\left[\frac{1}{(1 - D_1)^2} - \frac{1}{(1 - D_0)^2}\right] = \frac{10}{240}\left[\frac{1}{(1 - 0.59)^2} - \frac{1}{(1 - 0.583)^2}\right]\mathrm{mA} = 8.25\mathrm{mA}$$

$$(2.113)$$

当电感平均电流变化率为 $160\mu\mathrm{A/\mu s}$ 时，这一电流变化至少需要耗时：

$$\mathrm{d}t = \frac{8.25\mathrm{mA}}{160\mathrm{uA/\mu s}} = 51.6\mu s \tag{2.114}$$

如果占空比在小于 $51.6\mu s$ 的时间内从 58.3% 变化到 59%，电感电流的增加速度就不足以支持输出电流的上升率。作为一个直接的结果，就是输出电流会下降而不是增加。另一方面，如果占空比变化速率足够慢，在电感上的电流增加就可以补偿（$1-D$）的时间减小，输出电压仍会增加。那么如何确保当一个迅速的暂态事件发生时，电感总是有足够时间来积累足够的电流呢？简单的方法是通过降低穿越频率，也就是，通过限制变换器的带宽使得快速的暂态需求不会变成迅速的占空比变化。如果不限制带宽，那么针对快速的输出功率暂态需求，即使占空比上升，输出电压也反而会下降。从控制理论的观点来看，此时控制极性被反转，从而产生振荡。这一情况会持续到电感中的电流积累到合适的值为止。为了防止这一情况发生，RHP 零点效应会自然限制给定变换器的可行带宽。直觉上，大电感会使变换器工作在深度 CCM，此时会有一个低频的 RHP 零点，严重限制其响应时间。

2.5.3 使用平均模型来显示 RHP 零点效应

采用平均模型，可以从线性控制理论的角度阐明 RHP 零点的效应。基于文献［7］的自动切换模型，可以建立一个开环 Boost 变换器，如图 2.24 所示。该变换器使用一个 1mH 电感在 100kHz 的开关频率下向负载（$V_{\mathrm{out}} = 24\mathrm{V}$）传递 100mA 电流。占空比先缓慢地在 58.3% ~ 59% 之间变化。如图 2.25 所示，电感电流很好地跟随着需求，并且输出电压的变化率总是正的。如果我们现在以更快的速率改变占空比，如图 2.26 所示。此时，尽管电感电流仍以恒定的速率上升，但其上升的速率不够快，无法满足输出电流的需求，于是 $v_{\mathrm{out}}(t)$ 和 $i_{\mathrm{out}}(t)$ 均下降。如果系统闭环工作，振荡就会产生，因为此时控制律被反转：占空比增加而输出电压下降。

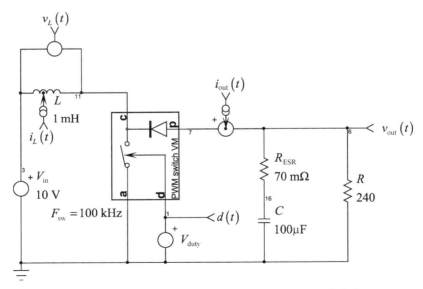

图 2.24 在电压平均模型中，占空比以两种不同速率变化，
用以展示 CCM 模式下 Boost 变换器的 RHPZ 效应

如何才能避免这类问题发生呢？一种解决方案是限制占空比的最大变化率，在这种方式下，就算在输出侧检测到突然的变化，补偿器产生的占空比变化量不会使电感伏秒达到限值，

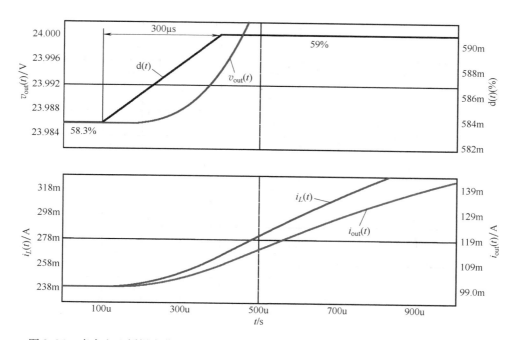

图 2.25　当占空比缓慢变化时，留给电感充足时间去积累电流，输出电压的变化是正的

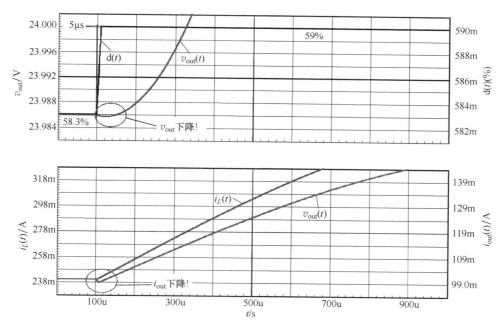

图 2.26　电感电流增加速度太慢，输出电压在电感电流上升到合适的值之前一直下降

从而给电感电流的增加留出足够的时间。那么如何限制占空比的变化率呢？通过降低系统的
穿越频率 f_c，使其远低于最坏情况下 RHP 零点的位置。

2.5.4　Boost 变换器的右半平面零点

前文展示了在 Boost 变换器中存在的 RHPZ 带来的后果，接下来是如何解析推导 Boost 变

45

换器的传递函数。为了简化分析，考虑电压模式的控制，对电流模式及其补偿感兴趣的读者可以在文献［8］中找到更多的信息。为了推导其传递函数，可以从式（2.104）的输出电流表达式出发，这是大信号（非线性）方程，必须将其转化成小信号形式。求小信号模型最快的方法是求每个变量（占空比 D 和电感电流 I_L）的偏微分系数

$$\hat{i}_{out} = \left(\frac{\partial I_{out}}{\partial I_L}\hat{i}_L\right)_D + \left(\frac{\partial I_{out}}{\partial D}\hat{d}\right)_{I_L} = \hat{i}_L(1-D) - \hat{d}I_L \tag{2.115}$$

在这个方程中，出现了交流电感电流 $\hat{i}_L$，交流电感电流的表达式是什么？简单来说，是交流电感电压除以电感感抗。而交流电感电压可以先推导其平均值大信号表达式，已经在（2.109）中求得

$$V_L = V_{out}(D-1) + V_{in} \tag{2.116}$$

对式（2.116）取周期平均，当变换器达到稳态时，该式会趋于零。然而，在一个交流激励下，电感电压的周期平均值会是 0 附近的交流值。通过计算偏微分，求得在这种情况下的交流电感电压可以表示为

$$\hat{v}_L = \hat{v}_{out}(D-1) + \hat{d}V_{out} \tag{2.117}$$

式中，输入项 V_{in} 消失了，因为输入电压在交流分析时被认为是恒定的。进一步，如果认为输出电容足够大，它在交流激励下的阻抗近似为零。也就是这种情况下，$\hat{v}_{out} \approx 0$，可以进一步简化表达式为

$$\hat{v}_L \approx \hat{d}V_{out} \tag{2.118}$$

求得了交流电感电压，就容易获得所求的交流电感电流了：

$$\hat{i}_L(s) = \frac{\hat{v}_L(s)}{Z_L} = \frac{\hat{d}(s)V_{out}}{sL} \tag{2.119}$$

将式（2.119）代入式（2.115），得到最终的交流输出电流表达式为

$$\hat{i}_{out}(s) = \frac{\hat{d}(s)V_{out}}{sL}(1-D) - \hat{d}(s)I_L \tag{2.120}$$

电感电流的平均值 I_L 是电源电流 I_{in}。假设变换器转换的效率为 100%，则

$$V_{in}I_{in} = V_{out}I_{out} = \frac{V_{out}^2}{R} \tag{2.121}$$

根据上式得到

$$I_{in} = I_L = \frac{V_{out}^2}{V_{in}R_{load}} = \frac{V_{out}}{V_{in}}\frac{V_{out}}{R_{load}} = \frac{V_{out}}{(1-D)R_{load}} \tag{2.122}$$

将式（2.122）代入式（2.120）中，得到

$$\frac{\hat{i}_{out}(s)}{\hat{d}(s)} = \frac{V_{out}D'}{sL} - \frac{V_{out}}{D'R_{load}} \tag{2.123}$$

将第一项当作因子提出，重新整理后得到

$$\frac{\hat{i}_{out}(s)}{\hat{d}(s)} = \frac{V_{out}D'}{sL}\left(1 - \frac{sL}{D'^2R_{load}}\right) = \frac{\left(1 - \frac{s}{\omega_{z2}}\right)}{\frac{s}{\omega_0}} \tag{2.124}$$

此处

$$\omega_0 = \frac{V_{out}D'}{L} \tag{2.125}$$

$$\omega_{z2} = \frac{R_{load}D'^2}{L} \tag{2.126}$$

这一表达式将输出电流和占空比联系在一起。可以看到由电感 L 造成的原点极点和一个根为正的零点：这就是寻找的 RHPZ，位置在 ω_{z2}。请注意这两个根都与占空比有关，并且位置根据输入/输出情况的变化而移动。

如果采用图 2.24 中的 Boost 变换器的参数，可得到如下值：

$$f_0 = 1.6\text{kHz} \tag{2.127}$$

$$f_{z2} = 6.6\text{kHz} \tag{2.128}$$

感兴趣的是这个传递函数的相位延迟，商的相位为分子的相位减去分母的相位

$$\arg\left[\frac{\hat{i}_{out}(\omega)}{\hat{d}(\omega)}\right] = \arg[N(\omega)] - \arg[D(\omega)] = \arctan\left(-\frac{\omega}{\omega_{z2}}\right) - \arctan(\infty) \tag{2.129}$$

直流下，$\omega = 0$，此式变成

$$\lim_{\omega \to \infty}\arg\left[\frac{\hat{i}_{out}(\omega)}{\hat{d}(\omega)}\right] = \arctan(0) - \arctan(\infty) = -90° \tag{2.130}$$

原点极点引入了恒定 90° 相位延迟。如果在一个常规零点作用下，随着频率的增加，它的幅角会达到 90°，与原点极点的相位抵消。不幸的是，这是一个 RHP 零点，在 $\omega = \infty$ 时的总相位延迟变成

$$\lim_{\omega \to \infty}\arg\left[\frac{\hat{i}_{out}(\omega)}{\hat{d}(\omega)}\right] = \arctan(-\infty) - \arctan(\infty) = -90° - 90° = -180° \tag{2.131}$$

这就是 RHPZ 的效果：与带来 90° 相位超前的 LHP 零点相比，它带来 90° 的相位延迟。为了得到更清晰的认识，可以根据图 2.24 中的平均模型以及根据式（2.124），采用计算软件，比如 Mathcad，对式（2.124）的相位进行计算和画图，图 2.27 即为所得的结果。图 2.27 中两条曲线的重合证明了推导的解析方程是正确的。同时正如预期，总的相位延迟达到了 180°，这是由原点极点和 RHP 零点所造成的。RHP 零点带来额外 -90° 相位延迟，而不是像常规零点，带来 90° 相位超前。

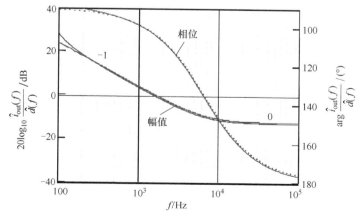

图 2.27 总的相位延迟达到了 180°，而如果零点位于 s 平面的左半平面，总相位延迟应该是 0°

在本例中，如果需要稳定变换器的话，RHPZ 的位置限定了最大的穿越频率。为了避免稳

定性问题，通常建议将穿越频率 f_c 限制在最小的 RHPZ 位置的 30% 以下。在本例中，这意味着穿越频率为

$$f_c < 30\% f_{z2} < 0.3 \times 6.6\,\text{kHz} < 2\,\text{kHz} \qquad (2.132)$$

因此，补偿模块必须设计成让穿越频率低于该值。

关于 RHPZ 的最后一点说明是：前述例子是假定在电流连续模式下阐明 RHPZ 的存在。少有人知的是，RHPZ 也可以出现在电流断续模式下（DCM）。然而，鉴于它存在于高频段，对于穿越频率较低的系统来说，影响可以忽略不计。

2.6 结论

理解传递函数是设计快速而稳定的闭环系统的关键。即使从来不做根轨迹计算，意识到极点位置可以随着有些运行参数的变化而移动也是很重要的。一旦确定了这些参数（例如输出电容 ESR），就会知道如何有效地在电源寿命期间内补偿这些变化，以保证设计的鲁棒性。RHP 零点的存在有时候会束缚变换器的带宽，例如在 Boost 或者 Flyback 结构的变换器中。因此，能够解析地定位它在最坏情况下的位置，并在伯德图上画出它的影响，对于选择安全的穿越频率非常重要。最后，快速分析技术可以大大提高分析速度，能在几分钟内揭示极点和零点。当然，这需要熟练度和练习，但是一旦掌握了这项技术，再回头用经典的代数计算就难了！

参 考 文 献

[1] Middlebrook, R. D., "Methods of Design-Oriented Analysis: Low-Entropy Expressions," New Approaches to Undergraduate Education IV, University of California, Santa Barbara, 1992.

[2] Middlebrook, R. D., V. Vorpérian, and J. Lindal, "The N Extra Element Theorem," *IEEE Transactions on Circuits and Systems, Fundamental Theory and Applications*, Vol. 45, No. 9, September 1998.

[3] Cochrun, B., and A. Grabel, "A Method for the Determination of the Transfer Function of Electronic Circuits," *IEEE Transactions on Circuit Theory*, Vol. 20, No. 1, January 1973.

[4] Erickson, R. W., "The n Extra Element Theorem," http://ecee.colorado.edu/copec/publications.php.

[5] Vorpérian, V., *Fast Analytical Techniques for Electrical and Electronic Circuits*, Cambridge: Cambridge University Press, 2002.

[6] DiStefano, J., A. Stubberud, and I. Williams, *Feedback and Control Systems*, New York: McGraw-Hill, 1990.

[7] Basso, C., *Switch Mode Power Supplies: SPICE Simulations and Practical Designs*, New York: McGraw-Hill, 2008.

[8] Basso, C., "Understanding the RHPZ," Parts I, II, III, and IV, *Power Electronics and Technology*, April, May, June, and July 2009.

附录2A 确定桥式输入阻抗

使用 Vatché Vorpérian 博士在文献［1］中第 12 页给出的例子，电路如图 2.28 所示。接下来确定从图 2.28 左侧看过去的输入阻抗

$$Z_{\text{in}}(s) = \frac{V_{\text{in}}(s)}{I_{\text{in}}(s)} \tag{2.133}$$

Vatché Vorpérian 博士采用额外元素定理（EET）来获得输入阻抗，这里将使用在本章中介绍的技术来获得结果。这里有一个储能元件——电容 C；因此这是一个一阶系统。首先将其写成如下通式，再通过分析来确定是否存在零极点

$$Z_{\text{in}}(s) = R_0 \frac{1 + s/\omega_{z1}}{1 + s/\omega_{p1}} \tag{2.134}$$

首先，推导直流下的输入阻抗 R_0：如果存在电容或电感，则将电容开路，将电感短路。于是，电路简化为如图 2.29 所示。

输出阻抗是 R_1 与余下的串并联元素串联

$$R_0 = R_1 + (R_3 + R_4) \parallel R_2 \tag{2.135}$$

然后，观察是否存在零点。在电路中，零点会阻止激励信号到达输出。由于要推导的是阻抗表达式，激励信号是输入电流 I_{in}，响应是输入电压 V_{in}。那么，在图 2.28 中有什么会抵消 V_{in}？答案是电容 C 所在支路的短路。

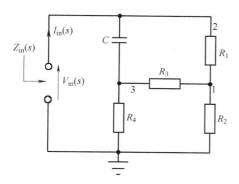

图 2.28 当使用观察法时，该桥式输入
阻抗可以在几步内推导出来

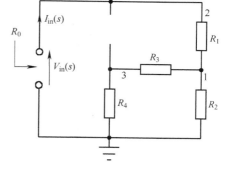

图 2.29 当移除电容后，直流输入
阻抗很容易计算

如果存在短路，那么 $V_{\text{in}} = 0$，节点 2 接地，R_1 与 R_2 并联。电路变成如图 2.30 所示。

此时，输入阻抗的表达式为

$$Z_{\text{in}}(s) = \frac{1}{sC} + R_4 \parallel (R_3 + R_2 \parallel R_1) = \frac{1 + sCR_4 \parallel (R_3 + R_2 \parallel R_1)}{sC} \tag{2.136}$$

为了抵消这一表达式，将其分子设为零，并求其根

$$1 + sCR_4 \parallel (R_3 + R_2 \parallel R_1) = 0 \tag{2.137}$$

得到零点：

$$\omega_{z1} = \frac{1}{CR_4 \parallel (R_3 + R_2 \parallel R_1)} \tag{2.138}$$

现在，已经确定了零点，再来看看极点。为了推导出分母表达式 $D(s)$，需要将输入激励设为零，并找到这个网络的时间常数。在这种情况下，激励是输入电流 I_{in}。这是一个电流源，当设成零时，它转变成开路，电路图更新为如图 2.31 所示。

下一步确定驱动电容的电阻 R。同样地，观察图 2.31 的开端口，可以得到一个简单的电阻组合

$$R = R_1 + R_3 \parallel (R_4 + R_2) \tag{2.139}$$

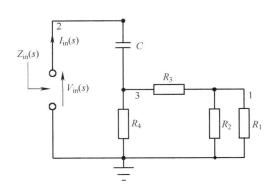

图 2.30 零点的表达式可以通过将响应信号，
也就是 V_{in} 归零得到

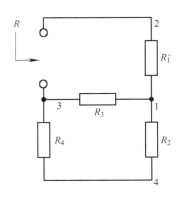

图 2.31 时间常数可以通过设置
激励信号 I_{in} 为零得到

因此，时间常数是

$$\tau = \left[R_1 + R_3 \parallel (R_4 + R_2) \right] C \tag{2.140}$$

极点表达式为

$$\omega_{p1} = \frac{1}{\tau} = \frac{1}{\left[R_1 + R_3 \parallel (R_4 + R_2) \right] C} \tag{2.141}$$

在小于十步内推导出了输入阻抗表达式！当联立方程（2.135），（2.138）和（2.141）时，得到

$$Z_{in}(s) = R_1 + (R_4 + R_2) \parallel R_2 \frac{1 + sC\left[R_4 \parallel (R_3 + R_2 \parallel R_1) \right]}{1 + sC\left[R_1 + R_3 \parallel (R_4 + R_2) \right]}$$

从上式出发，可以轻松地确定直流成分和零极点。

参考文献

[1]　Vorpérian, V., *Fast Analytical Techniques for Electrical and Electronic Circuits*, Cambridge: Cambridge University Press, 2002.

附录 2B　使用 Mathcad 绘制埃文斯轨迹

在计算机上绘制根轨迹有几种方式，其中一种是使用流行的数学软件 Mathcad。假设要绘制如下的二阶状态方程的根轨迹

$$H(s) = \frac{1}{\left(\dfrac{s}{\omega_0} \right)^2 + \dfrac{s}{\omega_0 Q} + 1} \tag{2.142}$$

表达式的分母包含了传递函数的极点，这些极点通过求解以下方程获得

$$\left(\frac{s}{\omega_0} \right)^2 + \frac{s}{\omega_0 Q} + 1 = 0 \tag{2.143}$$

为了使用 Mathcad 求解，打开一张新的表单并输入如下的公式

$$\begin{cases} Y(s, Q) := \dfrac{1}{\left(\dfrac{s}{\omega_0} \right)^2 + \dfrac{s}{\omega_0 Q} + 1} \\[2em] \omega_0 := 20008 \\[0.5em] Q := 0.1 \end{cases}$$

在本例中，Q 和 ω_0 是任意选择的。鉴于分母的表达式满足二阶多项式的通式 $f(s) = as^2 + bs + c$，通过使用函数 denom 并以 Q 为变量，可以让软件来确定每一个系数。如果要绘制传递函数的零点，可以在下面的表达式中把 denom 用 numer 取代：

$$b(Q) := (\,\text{denom}(Y(s,Q))\,)\,\text{coeffs}, s \rightarrow \begin{pmatrix} 400320064Q & \rightarrow c \\ 20008 & \rightarrow b \\ Q & \rightarrow a \end{pmatrix}$$

根据这一结果，求解的分母方程可写成如下形式：

$$f(s) = Qs^2 + 20008s + 400320064Q = 0 \tag{2.144}$$

Mathcad® 可以通过关键词 ployroots 来求解该方程，将结果赋予二维向量 $\boldsymbol{X}$

$$\boldsymbol{X}(Q) := \text{ployroots}(b(Q))$$

还可以通过两个专门的关键字 Im 和 Re，来提取实部与虚部

$$\text{Im}(\boldsymbol{X}(Q)) = \begin{pmatrix} 0 \\ 0 \end{pmatrix} \qquad \text{Re}(\boldsymbol{X}(Q)) = \begin{pmatrix} -1.981 \times 10^5 \\ -2.021 \times 10^3 \end{pmatrix}$$

这些二维向量包括一对共轭根 s_1，s_2，可以使用下标访问。请注意在 Mathcad 中矢量的下标是通过在向量名后键入 "[" 得到的：

$$\begin{array}{ll} s1 & s2 \\ \text{Im}(\boldsymbol{X}(Q))_0 & \text{Im}(\boldsymbol{X}(Q))_1 \\ \text{Re}(\boldsymbol{X}(Q))_0 & \text{Re}(\boldsymbol{X}(Q))_1 \end{array}$$

一切就绪，现在 Q 从 $0.1 \sim 10$ 变化，并且画出以 $\text{Re}(\boldsymbol{X}(Q))_{0 \text{ orl}}$ 作为横坐标和 $\text{Im}(\boldsymbol{X}(Q))_{0 \text{ orl}}$ 作为纵坐标的图像。完整的计算表单和极点图如图 2.32 所示。

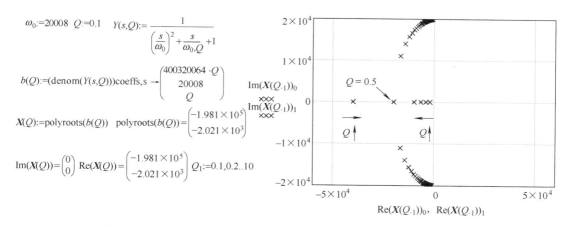

图 2.32　本图包含所有符号，绘制的图展示了根随着 Q 的变化而移动

为了标记极点为 ×，在图上单击右键，然后选择 traces/symbols。为两个变量均选择十字即可。如果是零点的话，就选择 ○ 作为标记。还可以自己选择颜色。

可以看到，随着 Q 的增加，首先两个极点都为实数，向对移动；当 $Q = 0.5$ 时，两个极点重合；随着 Q 继续增加，极点分离，产生虚部；Q 再继续增大，实部（阻尼）趋于消失；当 $Q \rightarrow \infty$，极点最终到达虚轴。

在 Mathcad 中绘制根轨迹有很多方式，这种方法简单而易于实现；缺点是很难在图中将极点组与 Q 值对应起来。可以使用光标来选定，但事实上也是不切实际的。更易于理解的方式

是采用编程的方法，当根在图中被选中后，搜索出 Q 的值并显示出来，但其代价是程序的复杂度增加。

附录2C　亥维赛展开公式

已经知道当输入为阶跃函数，且已知系统的传递函数时，如何求得时域响应。需要将公式分解为部分分式的形式，然后求每一个分式的反拉普拉斯变换，再累加起来。这种方法简单明了，但该过程还是需要两个步骤：将分式分解成部分分式，以及求得每个部分分式的拉普拉斯逆变换。亥维赛在文献［1］中提出了一种可以在单步内得到时域响应的方法，这种方法并不著名，在网上也找不到很多信息。该方法指出，拉普拉斯反变换可以用如下通用形式表示

$$\mathcal{L}^{-1}\left\{\frac{N(s)}{D(s)}\right\} = \sum_{k=1}^{n} \frac{N(s_k)}{D'(s_k)} e^{s_k t} \tag{2.145}$$

为了得到这个表达式：首先确定分母的根，比如有 n 个根，即 s_1，s_2，$\cdots s_n$；接着求分母的导数。一旦得到了这些元素，就可以简单地使用如下的公式来获得时域表达式

$$\mathcal{L}^{-1}\left\{\frac{N(s)}{D(s)}\right\} = \frac{N(s_1)}{D'(s_1)} e^{s_1 t} + \frac{N(s_2)}{D'(s_2)} e^{s_2 t} + \cdots + \frac{N(s_n)}{D'(s_n)} e^{s_n t} \tag{2.146}$$

以式（2.60）中的频域响应为例，它表示系统的传递函数乘以阶跃函数 $1/s$

$$\frac{N(s_k)}{D(s_k)} = \frac{s+5k}{s(s+k)(s+30k)} \tag{2.147}$$

$D(s)$ 有三个根，这些根为

$$\begin{cases} s_1 = 0 \\ s_2 = -k \\ s_3 = -30k \end{cases} \tag{2.148}$$

展开分母

$$D(s) = s^3 + 31000s^2 + 30000000s \tag{2.149}$$

对其求导

$$\frac{dD(s)}{ds} = 3s^2 + 62000s + 30000000 \tag{2.150}$$

现在计算

$$\begin{cases} N(0) = 5k \\ N(-k) = 4k \\ N(-30k) = -25k \end{cases} \tag{2.151}$$

和

$$\begin{cases} D'(0) = 3 \times 10^7 \\ D'(-k) = -2.9 \times 10^7 \\ D'(-30k) = 8.7 \times 10^8 \end{cases} \tag{2.152}$$

通过使用式（2.146），可以立刻得到如下的时域响应：

$$\mathcal{L}^{-1}\left\{\frac{N(s)}{D(s)}\right\} = \frac{N(0)}{D'(0)} e^{0t} + \frac{N(-k)}{D'(-k)} e^{-1000t} + \frac{N(-30k)}{D'(-30k)} e^{-30000t} \tag{2.153}$$

代入这些系数, 得到

$$\mathcal{L}^{-1}\left\{\frac{N(s)}{D(s)}\right\} = 166\mathrm{u} - 138\mathrm{u}\mathrm{e}^{-1000t} - 28.7\mathrm{u}\mathrm{e}^{-30000t} \qquad (2.154)$$

这和式 (2.70) 中得出的结论是一致的, 并且不用承受部分分式分解的痛苦, 简单而又优雅, 不是吗?

现在来看另一个小例子。假设有如下的传递函数:

$$H(s) = \frac{1+s}{s^2+4} = \frac{N(s)}{D(s)} \qquad (2.155)$$

分母 $D(s)$ 有如下两个根:

$$\begin{cases} s_1 = -2\mathrm{j} \\ s_2 = 2\mathrm{j} \end{cases} \qquad (2.156)$$

对 $D(s)$ 求导

$$\frac{\mathrm{d}D(s)}{\mathrm{d}s} = 2s \qquad (2.157)$$

可以计算得到

$$\begin{cases} N(-2\mathrm{j}) = 1 - 2\mathrm{j} \\ N(2\mathrm{j}) = 1 + 2\mathrm{j} \end{cases} \qquad (2.158)$$

和

$$D'(-2\mathrm{j}) = -4\mathrm{j}$$
$$D'(2\mathrm{j}) = 4\mathrm{j} \qquad (2.159)$$

通过使用式 (2.148), 几乎可以立刻得到如下的时域响应

$$\mathcal{L}^{-1}\left\{\frac{1+s}{s^2+4}\right\} = -\frac{1-2\mathrm{j}}{4\mathrm{j}}\mathrm{e}^{-2\mathrm{j}t} + \frac{1+2\mathrm{j}}{4\mathrm{j}}\mathrm{e}^{2\mathrm{j}t} \qquad (2.160)$$

重新排列并进行因式分解, 得到

$$\mathcal{L}^{-1}\left\{\frac{1+s}{s^2+4}\right\} = \frac{1}{2}\left(\frac{\mathrm{e}^{2\mathrm{j}t} - \mathrm{e}^{-2\mathrm{j}t}}{2\mathrm{j}}\right) + \left(\frac{\mathrm{e}^{2\mathrm{j}t} + \mathrm{e}^{-2\mathrm{j}t}}{2}\right) \qquad (2.161)$$

找出式 (2.161) 中对应的正弦和余弦函数, 最后的表达式是

$$\mathcal{L}^{-1}\left\{\frac{1+s}{s^2+4}\right\} = \frac{1}{2}\sin(2t) + \cos(2t) \qquad (2.162)$$

参考文献

[1]　Spiegel, M. R., *Schaum's Outline of Laplace Transforms*, New York: McGraw-Hill, 1965.

附录 2D　使用 SPICE 画出右半平面零点

已经了解到 RHPZ 是指传递函数的分子中有正实部根。一个 RHPZ 可以用如下的形式表示:

$$H(s) = 1 - s/\omega_{z1} \qquad (2.163)$$

负号表示存在着正根, 位于 s 平面的右半平面。为了展示 RHPZ 在伯德图中的作用, 可以试着用 SPICE 模拟制造一个, 如图 2.33 所示。可以迅速地求得在这种设置下的传递函数为

$$V_{out}(s) = V_{in}(s) - V_{in}(s)\frac{R_1}{\frac{1}{sC_1}} = V_{in}(s)(1 - s/\omega_{z1}) \tag{2.164}$$

此处 $\omega_{z1} = \dfrac{1}{R_1 C_1}$。

图 2.34 给出了该传递函数的交流扫描图。不出所料，相位与典型零点下的情况相同：它随着频率的增加而增加。但是相位并不趋于 $+90°$，而是滞后了 $90°$，就像一个极点一样。

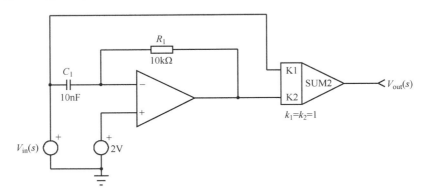

图 2.33　采用基于运算放大器的差分器和加法器，模拟制造一个 RHPZ

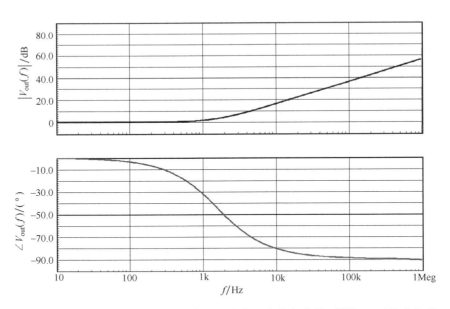

图 2.34　仿真结果显示增益与典型零点情况下相似，但是相位并不增加，而是减小到 $-90°$

第3章
控制系统的稳定性判据

从前面的章节中，了解到闭环系统是通过不断地将系统的输出值与控制的设定值进行比较来工作的。这两个变量之间的差值作为控制系统的误差信号 ε，进一步传输到补偿模块进行处理，得到控制信号 V_c，来改变系统输出。通过这一系列传输链来控制输出值与输入值匹配。为了正常工作，控制信号的变化必须与输出相反，比如：如果输出信号增加并超过了目标值，则会减少控制信号值，这会自然地指引系统减小输出，将其恢复到可以接受的范围内。如果因为任何原因导致控制信号不再与输出信号反向变化，而变成正向放大，则系统将会变得不稳定而失去控制，出现不可预知的后果。稳定性是设计一个稳固可靠的控制系统的关键，第3章将专注这个目标，介绍诸如相位裕度、穿越频率等参数，以及其他较少提及的稳定性判据，如增益裕度、延迟裕度等。

3.1 建立一个振荡器

在电子领域，振荡器是一个能够自激产生正弦信号的电路。许多振荡器电路的启动牵涉电子电路的固有噪声。在电路上电时，随着噪声增加，振荡器自激并保持。这种类型的电路可以用如图3.1所示的方框图来表示。可以看到，这个结构看起来非常类似于控制系统的配置。

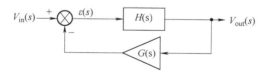

图3.1 振荡器实际上是一种误差信号与输出信号同向变化的控制系统

在这个示例中，输入激励不是噪声而是一个电平 V_{in}，作为启动振荡器的输入变量。前向通道由传递函数 $H(s)$ 组成，而返回路径包含模块 $G(s)$。为了分析系统，写出输出电压对输入信号的传递函数

$$V_{out}(s) = \varepsilon(s)H(s) = [V_{in}(s) - G(s)V_{out}(s)]H(s) \tag{3.1}$$

展开式（3.1）并提取因子 $V_{out}(s)$，可以得到

$$V_{out}(s)[1 + G(s)H(s)] = V_{in}(s)H(s) \tag{3.2}$$

因此，系统传递函数可以表示为

$$\frac{V_{out}(s)}{V_{in}(s)} = \frac{H(s)}{1 + G(s)H(s)} \tag{3.3}$$

在式（3.3）中，乘积 $G(S)H(s)$ 被称为环路增益，记作 $T(s)$。要将系统转化为一个自

激振荡器：即使输入信号消失了，输出信号也会一直存在。为了达到这个目标，需要满足如下条件：

$$\lim_{V_{in}(s) \to 0} \left[\frac{H(s)}{1 + G(s)H(s)} V_{in}(s) \right] \neq 0 \tag{3.4}$$

为了满足 V_{in} 消失时的这个条件，式（3.4）中的分式需要趋于无穷大。分式趋于无穷大就要求它的特征方程，即分母 $D(s)$ 等于0，即

$$1 + G(s)H(s) = 0 \tag{3.5}$$

为了满足这个条件，$G(s)H(s)$ 这一项必须等于 -1。也就是环路开环增益的幅值为1，且符号为负。对于正弦信号来说，符号为负表示相位为 $-180°$。这两个条件下的数学表示如下：

$$| G(s)H(s) | = 1 \tag{3.6}$$

$$\arg G(s)H(s) = -180° \tag{3.7}$$

当完全满足式（3.6）和式（3.7）时，就有了稳态振荡的条件。这就是所谓的巴克豪森准则（由德国物理学家巴克豪森于1921年提出）。通俗来讲，这意味着在控制回路中，控制信号不再与输出相反，而变成与输出反馈信号相位相同、幅值相同。在伯德图中，式（3.6）和式（3.7）表示环路增益曲线穿越0dB的频率点，相位正好滞后180°。在奈奎斯特分析中（也就是将环路增益的虚部和实部作为坐标值，将其随频率变化的轨迹绘制在平面图中），该频率点对应坐标是 $(-1, j0)$。图3.2展示了满足振荡条件的这两条曲线；如果系统稍微偏离这些值（例如，温度漂移、增益变化），输出振荡将指数地减小到零，或振荡发散直到达到上/下电源限幅。在振荡器设计中，设计人员需要尽可能减小增益裕度，以便在各种工作条件下满足振荡条件。

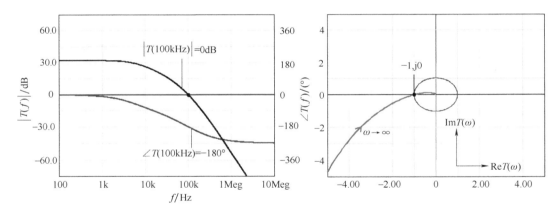

图3.2　振荡条件可以在伯德图或奈奎斯特图中说明

3.1.1　工作原理

一个采用SPICE的仿真电路可以帮助理解，振荡是如何形成的。图3.3展示了一个基于3个 RC 网络级联的振荡器结构。这种三阶配置的交流响应如图3.4所示。其幅值响应曲线在1kHz以下是一个平坦的0dB增益；大于1kHz之后，以 $-60dB$ 的斜率下降；相位响应曲线在1kHz左右开始下降并且在39kHz频率到达 $-180°$。在这一频率点，RC 网络传递函数的幅值是 $-29.32dB$。通过补偿模块 $G(s)$ 补偿这种衰减，补偿模块 $G(s)$ 仅由简单的增益构成，与频率无关。这样，系统模块 H 与补偿模块 G 级联：模块 H 在39kHz时衰减 $-29.32dB$，而模块 G 具有恒定增益29.32dB，那么在39kHz时产生的环路增益幅值将为0dB。此时，满足了振荡器

的条件，即 $T(39\text{kHz}) = 1$ 和 $\arg T(39\text{kHz}) = -180°$。补偿方案采用理想运算放大器连接成反相放大电路，并可以通过电阻器 R_f 调节增益。图 3.3 左下侧的加法器 X_1 用于形成闭环并注入起动激励 V_1。激励电压源遵循式（3.4），在短时间内等于 1V，并立即变为 0。

接下来进行仿真，可以通过调整运算放大器的补偿增益来改变环路增益 $T(s)$。选择 3 个参数进行仿真，得到交流响应如图 3.5 所示，3 个案例中 0dB 处的相位滞后分别是小于 180°（$G = 27\text{dB}$），恰好 180°（$G = 29.32\text{dB}$），或超过 180°（$G = 33\text{dB}$）。

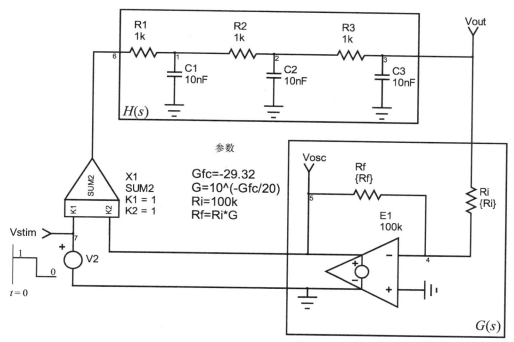

图 3.3　建立一个 RC 网络，其累积相位滞后超过 180°，为其设计一个运算放大器用于补偿衰减，使总环路增益接近 1

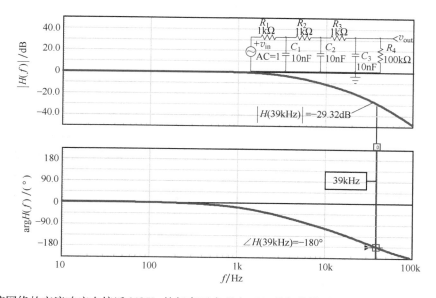

图 3.4　该网络的交流响应在接近 39kHz 的频率下表现出 180° 的相位滞后，此时网络的衰减为 29.32dB

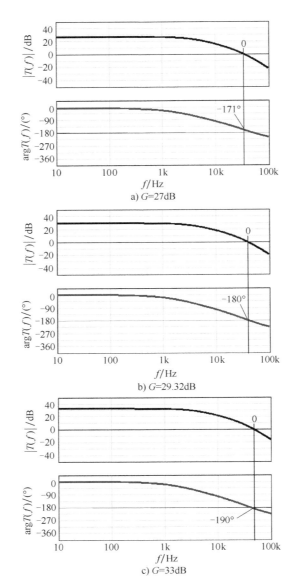

图 3.5　使用 3 种不同的环路增益和相位来查看相应的暂态响应

3 种补偿方案的瞬态响应波形如图 3.6 所示，揭示了 3 种截然不同的响应类型。

● 图 3.6a 中，补偿增益为 27dB。此时，幅值曲线以 33.85kHz 的频率穿过 0- dB 轴，该频率总相位滞后为 171°，不满足振荡条件，它的瞬态响应是以指数包络线衰减的振荡信号。

● 当增益精确设置为 29.32dB 时，增益曲线与 0dB 交叉点为 39kHz，相位滞后正好为 -180°，满足振荡条件，在 39kHz 频率下有一个很好的自激正弦波形。

● 图 3.6c，运放增益被调整为 33dB。此时，环路增益穿越频率的相位滞后为 -190°。其输出发散并呈指数增长，直到运算放大器达到其上限电压，或者随着一声巨响，冒出一股青烟。

通过这些仿真，可以看到只有在符合巴克豪森准则时才能获得振荡并维持。若不满足，则振荡就会衰减或者加剧。

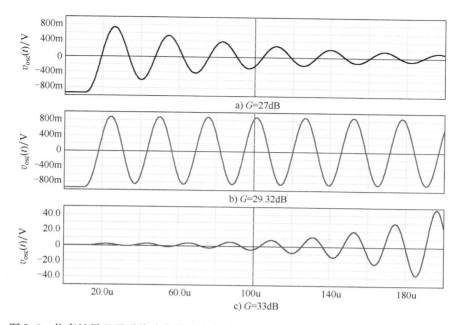

图 3.6　仿真结果显示系统响应分别为衰减、自励或发散，这取决于穿越频率的位置

3.2　稳定性判据

　　当然，对控制系统的目标不是构建振荡器，而是需要一种具有快速、准确和无振荡响应的控制系统。因此，必须远离满足振荡或发散的条件，一种方法是限制系统频率响应的范围，根据定义，频率响应范围（或带宽）对应于从输入到输出的闭环传输系统增益下降 3dB 的频率值。闭环系统的带宽可以看作是这个系统可以令人满意地响应其输入的频率范围（比如：跟随设定值或有效地抑制扰动）。此外，在设计阶段，一般不直接设计闭环带宽，而是设计穿越频率 f_c，这是一个开环分析相关的参数。虽然这两个量只在特定条件下完全相等，但它们彼此相距并不遥远，在讨论中一般可以互换。

　　已经看到开环增益是控制系统的一个重要参数。当存在开环增益时（$T(s) > 1$），系统在动态闭环调节下可以补偿出现的扰动或跟随设定值变化。但是，系统响应也存在限制：系统必须在扰动信号中涉及的频率上具备增益。如果扰动或设定值变化太快，激励信号的频率成分超出系统的带宽，这意味着在这些频率上没有增益，此时，系统显得缓慢而无法响应，就好像环路不能感知正在改变的波形。那么能否设计一个无限带宽的系统呢？答案是否定的，因为增加带宽就像扩大漏斗的直径一样，肯定会收集到更多信息并对进入的各种扰动做出反应。比如，系统会接收到如噪声和寄生数据这样的虚假信号，以及变换器自己在某些情况下产生的噪声（例如，开关电源的输出纹波）。因此，必须将带宽限制为应用系统真正需要的带宽，采用太宽的带宽将不利于系统的抗噪性（比如系统对外部寄生信号的鲁棒性）。

　　那么如何限制控制系统的带宽呢？通过补偿模块 G 调整环路增益曲线。该模块将确保在特定频率 f_c 之后，环路增益 $|T(f_c)|$ 下降到小于 1dB（或 0dB）。根据之前的解释，这个频率大致是闭环控制系统的带宽，称为穿越频率，记为 f_c。那么这样是否已经可以获得鲁棒的系统？答案是否定的。需要确保另一个重要参数，也就是 $T(s)$ 在其幅度为 1 的频率点的相位必

须大于 – 180°。从仿真中已经看到，当环路相位在穿越频率处大于 – 180°时，可以获得趋于稳定的收敛响应，这显然是控制系统非常想要的特性。为了确保在穿越频率处不会达到 – 180°的极限，补偿器 $G(s)$ 的设计还必须考虑在选定的穿越频率处留有一定的相位裕度，即 PM 或 φ_m。相位裕度可以认为是一种鲁棒性设计，用以确保在外部扰动或产品离散性等因素造成环路增益变化时，不会使系统稳定性处于危险之中。稍后也能看到，相位裕度也将影响系统的瞬态响应，因此它的选择并不完全取决于稳定性因素，还取决于想要的瞬态响应类型。数学形式上，相位裕度定义如下（单位:°）：

$$\varphi_m = 180° + \angle T(f_c) \tag{3.8}$$

式中，T 代表开环增益，由被控对象 H 和补偿器 G 组成的级联系统。

一个典型的补偿后的环路频率特性曲线如图 3.7 所示，穿越频率是 6.5kHz，相位为 – 90°。如果在 6.5kHz 频率处计算从 – 180°到相频曲线之间的相位差，可以得到 90°相位裕度。这是一个鲁棒性非常好的系统，称为"无条件稳定"：即使在穿越频率点附近存在适度的环路增益变化，也不太可能移动到相位裕度太小的频率上。如何理解相位裕度太小，通常认为当相位裕度小于 30°时，系统就可能产生不可接受的振铃响应。这就是为什么你在学校学到 45°是相位裕度极限的原因，相对 30°给出了额外的裕量，稍后会看到对于这些数字来由的分析。

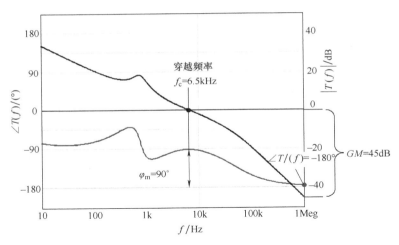

图 3.7　0dB 穿越频率位于 6.5kHz 处，在这一频率处的总相位滞后提供 90°的相位裕度

3.2.1　增益裕度和条件稳定

图 3.8 展示了另一种变换器补偿后的典型频率响应，图中标出了 0dB 的穿越频率及其相位裕度。根据经验，变换器的构成元件可能在产品生命周期中出现变化。这些变化可能与产品生产的离散性挂钩（例如电阻器或电容器容差受批次的影响），也可能受到运行环境和条件的影响。在这些变量中，温度起着重要作用，它影响很多无源或有源元件的参数。比如，电容器或电感器的等效串联电阻（ESR）、光电耦合器的电流传输比（CTR）和双极型晶体管的电流放大系数 β 等。这些参数变化会影响环路的增益向上或向下漂移，如果增益曲线发生偏移，则 0dB 穿越频率也会改变，变换器的带宽也随之发生变化。在这些变化下，变换器的稳定性会受到怎样的影响呢？如果新的穿越频率发生在相位裕度较小的位置，那么会引起瞬态

响应变差,从而导致过冲变大。因此,设计补偿器时需要确保不会在接近 $-180°$ 频率处突然增加增益。也就是,控制器需要有足够的增益裕度,其定义如下:

$$GM = \frac{1}{\mid T(f_\pi) \mid} \tag{3.9}$$

式中,f_π 对应于 $\angle T(s)$ 正好为 $-180°$(或 $-\pi rad$)的频率点(图 3.7 中的 1MHz 点)。

图 3.8 描绘了典型的 $\pm 10dB$ 增益变化的影响,这种增益变化可能是某元件生产差异造成。它会导致穿越频率在 $1.5 \sim 30kHz$ 之间变化,在这个区域,相位裕度从 70°变化到 45°。根据理论,这仍然是安全的。那什么是最坏情况?当穿越频率出现在相位滞后 180°的位置时就会满足振荡条件,这种情况发生在 1MHz 处,相当于增益增加了 35dB。

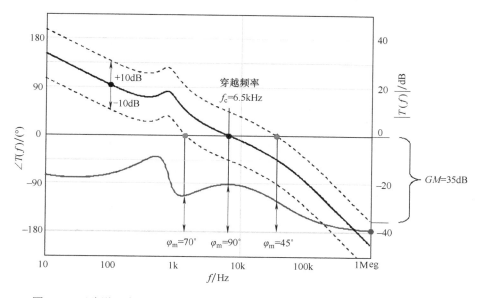

图 3.8 环路增益会对外部参数(如温度)的敏感度(当一个变量发生变化时,相位裕度必须始终保持在安全限度内)

幸运的是,在现代电子电路中不太可能出现 35dB 的偏差,但在以前使用基于真空管的放大器或自动控制装置时,上电过程中的预热次数,则可能导致非常大的环路增益变化。因此,必须具有一定的增益裕量来避免可能的稳定性问题,这就是所谓的增益裕度,是环路增益曲线在相位滞后 $-180°$频率处的值与 0dB 之间的距离,记为 GM,如图 3.7 中所示。在现代电子电路中,超过 10dB 的增益裕度通常就足够了,除非你的环路增益对外部参数表现出极高的灵敏度。

增益漂移的另一个例子如图 3.9 所示,它展示了另一个经过补偿的变换器,在 10kHz 时的相位裕度为 80°。基于前文讨论,知道会发生增益变化,从而引起增益曲线的上升或下降。在该示例中,可以确定在 2kHz 附近,其相位裕度小至 18°。因此,如果一个增益降低 $20 \sim 25dB$ 的事件发生,那么得到的控制系统就可能会在 2kHz 频率左右有危险的低相位裕度。它会导致振荡响应,有可能超过超调的要求,这种系统被称为有条件稳定系统。幸运的是,25dB 的增益变化是不寻常的,因此,具有这样增益裕度的系统可以被认为是鲁棒的。但是,有时候最终用户(你的客户)在规范中明确规定"有条件稳定"不被接受,穿越频率之前所有点的相位裕度都必须大于 60°。在这种情况下,必须对变换器进行进一步补偿,以便在任何工作条件下都不存在低于穿越频率时相位裕度的情况。

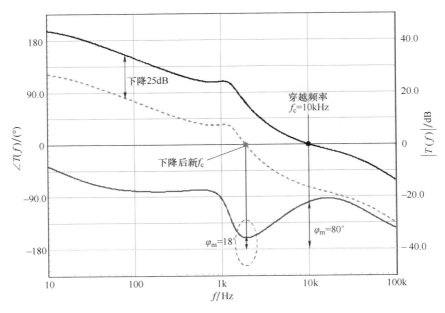

图 3.9 如果增益向下移动 25dB，穿越频率处相位裕度仅为 18°（这种低相位裕度将产生
非常容易振荡的响应，且会出现大的过冲，这是条件稳定性的一种情况）

通常认为在穿越频率之前相位曲线低于 −180° 的系统是不稳定的，这种情况如图 3.10 所示。相位曲线在 1kHz 后迅速下降，并在 1.5kHz 时穿过了 −180° 的限制，并持续了几千赫兹范围；然后它再次上升，在 10kHz 时提供 50° 的相位裕度。是的，这个系统是稳定的，因为在 0dB 处不满足式（3.7）。要消掉式（3.3）的分母，必须使增益幅度正好等于 1 且相位滞后为 180° 或更高。在图中，可以看到图中任何一点都不满足这个条件。但是，值得注意的是该环路是高度 "有条件稳定"。如果增益减少几分贝，相位裕度就会小于 45°；再下降 10dB，甚至会进入一个零相位裕度的危险区域，此时振荡的条件将被满足。

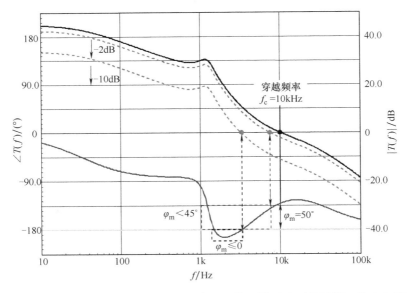

图 3.10 相位滞后超过 180°，但是发生在增益大于 1 的区域（这不是问题，其响应是可接受的）

3.2.2　最小和非最小相位系统

在本书中，主要使用伯德图进行稳定性分析，由于其简单性，该技术在控制工程，特别在功率变换领域中广泛采用。但是，读者必须意识到，在确定闭环稳定性时，伯德图有时也会误导设计者。当传递函数中出现纯延迟或右半平面极点或零点时，必须多加小心。因为直观来说，如果在伯德图中看到 +1 斜率的幅值变化，则零点正在起作用，此时相位会增加并在某个频率点达到 +90°。同样的道理也适用于极点，−1 斜率的幅值变化，应该会使相位在某个频率点达到 −90°。如果将极点和零点组合在一起，可以看到相位首先走向 −90°，然后在零点起作用后返回到 0。在数学上，你可以写出最小相位系统具有的高频相位渐近线，定义为

$$\varphi_{\max} = -90°(n - m) \tag{3.10}$$

式中，n 是极点数量；m 是零点数量；例如：5 个极点和 4 个零点给出 −90° 的相位渐近线。

图 3.11 显示了两个例子。两个函数具有相似的极点和零点位置，但是图 3.11a 包含一个左半平面零点，而图 3.11b 包含一个右半平面零点。不看幅值曲线，由于知道 −90° 相位对应于 −1 斜率，0° 相位对应于 0 斜率（平坦曲线），因此根据左侧系统的相位曲线，就能轻松地重建幅值的渐近线。但是对图 3.11b，如果遵循相同的方法，相位曲线从 −90° 开始，意味着 −1 斜率，然后接触 −180°，这意味着第二个 −1 斜率，与第一个斜率结合成为 −2 斜率；它可能是两个级联极点的结果，但由于右半平面零点存在，这显然是错误的。

数学上，Hendrik Bode 证明了当传递函数的极点和零点都位于左半平面时，传递函数频率特性的虚部和实部是相互关联的，对应的，其幅值与相位也是相互关联的。也就是，能够从幅值图重建相位图，反之亦然，如图 3.11a 曲线所示，传递函数满足这种情况的系统称为"最小相位系统"。但如果传递函数中出现右半平面零点或右半平面极点，则它们会像图 3.11b 所示的那样扭曲相位信息，这违背了伯德定律，这样的系统称为"非最小相位系统"。此外，当传递函数中包括纯延迟环节时也会出现类似的情况，延迟不会改变传递函数的幅值，但随着频率的增加其相位滞后增加，从而改变相位响应，违背了伯德定律。在许多理论书籍中，明确指出在非最小相位系统中应谨慎使用伯德图，而应当改用奈奎斯特图。奈奎斯特图不会将实部和虚部组合起来用幅值和相位来表示，而是将实部和虚部单独绘制在平面上。因此，即使存在右半平面零点或极点（也称为不稳定极点或零点），它也可以分析和预测系统的稳定性，而不会产生歧义。

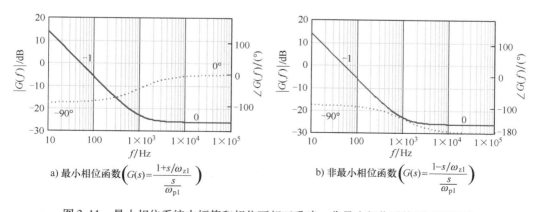

a) 最小相位函数$\left(G(s) = \dfrac{1 + s/\omega_{z1}}{\dfrac{s}{\omega_{p1}}}\right)$　　　b) 非最小相位函数$\left(G(s) = \dfrac{1 - s/\omega_{z1}}{\dfrac{s}{\omega_{p1}}}\right)$

图 3.11　最小相位系统中幅值和相位可相互重建；非最小相位系统则不可重建

3.2.3 奈奎斯特图

虽然伯德图在设计界广泛使用，但了解奈奎斯特图也很重要。正如刚刚解释的那样，在某些情况下，必须应用奎斯特图才能得到正确的答案，因为伯德图无法预测系统的不稳定性。本节对奈奎斯特图给出一个简短和不太完整的介绍，如果需要使用这种技术分析线性或开关调节器，它应该可以提供一些基础。读者也可以搜索文献和网络资料来进一步了解奈奎斯特图广阔的应用领域。

对传递函数中的角频率从 $0 \to \infty$ 变化，得到的每个点的实部和虚部标记在一个平面图上，并将这些点连接起来得到奈奎斯特图，其中 x，y 坐标分别是所研究函数的实部和虚部。典型示例如图3.12所示。曲线从角频率较低的右侧开始（这是你在交流扫描中的起始频率，理论上为直流或0）。然后，随着角频率的增加，可以分别标记由环路增益函数 T 的实部和虚部组成的 x 和 y 坐标点：

$$T(j\omega) = x + jy = \mathrm{Re}\,T(j\omega) + j\mathrm{Im}\,T(j\omega) \tag{3.11}$$

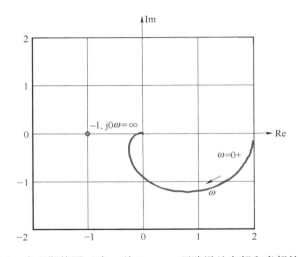

图3.12 奈奎斯特图（当 ω 从 $0 \to \infty$，环路增益实部和虚部的轨迹）

图3.12上的每个点对应于某个角频率 ω，可以通过计算获得传递函数在该频率下的幅值和相位：

$$|T(\omega)| = \sqrt{\mathrm{Re}^2 T(\omega) + \mathrm{Im}^2 T(\omega)} \tag{3.12}$$

$$\angle T(\omega) = \arctan \frac{\mathrm{Im}\,T(\omega)}{\mathrm{Re}\,T(\omega)} \tag{3.13}$$

在图3.12中，有一个特定点，其函数的幅值为1，相位为 $-\pi$。这一点，称为"-1"点，出现在图中（-1，j0）位置：当开环增益曲线正好通过这一点时，得到了如式（3.6）和式（3.7）所描述、如图3.2所展示的振荡条件。接近这一点也意味着式（3.3）中的分母 $D(s)$ 危险地接近零。

现在假设坐在摩托车上沿着如图3.13所示的路径按照规定的方向行驶，右手边看到的所有点都被认为是"被包围"的。例如，位于（1，$-j$）的点是被包围的，而"-1"点则不是。

对于最小相位系统，在路径上沿规定方向滑动时，如果"-1"点不是"被包围"的，则系统是稳定的。也就是，如果你沿着规定的方向滑动的时候让"-1"点始终在你的左边，

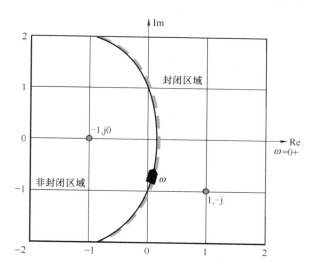

图 3.13　位于沿规定方向移动的路径右侧的所有点都称为封闭的点

系统就会稳定。该规则也称为奈奎斯特左手准则。图 3.14 给出了一个包含两个函数 a 和 b 的应用示例。

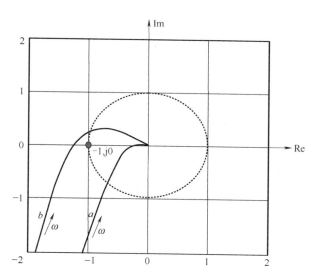

图 3.14　奈奎斯特左手准则（在这个例子中，曲线 b 包围"－1"点，因而函数是不稳定的；
而曲线 a 在沿着指定方向行进时让"－1"点始终在左侧，函数是稳定的）

　　沿着规定的方向行进时，函数 b "包围"了"－1"点，因而是不稳定的。相反，函数 a 在沿路径滑动时让"－1"点始终在左侧：函数是稳定的。奈奎斯特图的这种简单稳定性判据仅适用于最小相位函数。对于非最小相位函数，需要应用更复杂的柯西辐角原理，其用法超出了本节的范围。

3.2.4　从奈奎斯特图中提取基本信息

　　从奈奎斯特图中，可以提取的第一个信息是穿越角频率 ω_c。观察图 3.15 可以看到，针对每个坐标：$\mathrm{Re}\,T(\omega)$ 和 $\mathrm{Im}\,T(\omega)$，都可以建立一个从原点开始，斜边为 h 的直角三角形。根据三角形几何原理的毕达哥拉斯定理，可以写出：

$$h(\omega) = \sqrt{\mathrm{Re}^2 T(\omega) + \mathrm{Im}^2 T(\omega)} = |T(\omega)| \qquad (3.14)$$

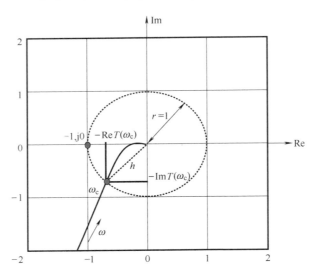

图 3.15　当曲线穿过原点为圆心的单位圆时，交点对应 T 的幅值为 1 的点

这是环路增益的幅值定义。当曲线穿过圆心为原点、半径为 1 的圆时，该斜边等于 1，这个频率点就是穿越角频率 ω_c。奈奎斯特图的缺点是穿越角频率没有显示在图表上，需要检查曲线与圆交叉点的频率值，这一点它没有伯德图方便。

由式（3.8）知，相位裕度是开环增益在穿越频率的相位到 $-180°$（或 $-\pi$）的距离（见图 3.7）。在奈奎斯特图上，当 x 轴的正半轴顺时针旋转 $-180°$（或 $-\pi$）是 x 轴的负半轴。因此，开环增益 $T(s)$ 穿越频率处的相角是顺时针旋转 x 的正半轴到斜边 h 的角度。图 3.16 详细描述了如何建立这个角度。由此，相位裕度 φ_m 就是由斜边 h 和 x 轴的负半轴形成的角度。$\angle T(\omega_c)$ 和 φ_m 的总和等于 $-180°$，如式（3.8）所定义。

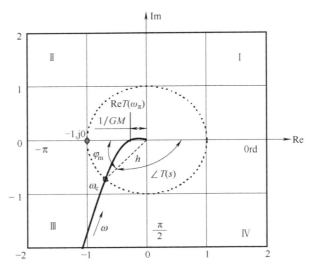

图 3.16　开环增益的相位是在曲线穿过单位圆的点处，从 x 轴到三角形斜边的角度

再来看增益裕度，它与环路增益相位为 – 180°（或 – π）时的环路增益幅值相关（见图 3.7）。可以将增益裕度看作，需要将环路增益幅值曲线向上移动多少距离来达到临界振荡条件，这个条件的数学表达式为

$$| T(f_\pi) | x = 1 \tag{3.15}$$

被乘的比例 x 正是之前定义的增益裕度 GM

$$GM = \frac{1}{| T(f_\pi) |} \tag{3.16}$$

在奈奎斯特图中，能找到环路增益相位为 – 180°的点吗？如图 3.16，恰好是曲线在图的左侧穿过 x 轴的交点。此时，$T(s)$ 的虚部正好为 0，因此幅值表达式可简化为

$$GM = \frac{1}{\mathrm{Re}\, | T(f_\pi) |} \tag{3.17}$$

实部的值可在图上直接测量，如图 3.16 所示。假设你发现曲线与 x 轴的交叉点的幅值为 0.25，那么，其增益裕度就是

$$GM = \frac{1}{0.25} = 4 = 12\mathrm{dB} \tag{3.18}$$

3.2.5　模值裕度

仅仅增益裕度还不足以保证系统的鲁棒性，鲁棒性即它能够在电压调节系统中（线性或开关）能有效地抑制各种扰动，如输入电压或输出电流的扰动。在本章介绍与奈奎斯特图相关的段落开头，说奈奎斯特曲线不能包围 "– 1" 点，应始终远离它。现在的兴趣是检查在任何角频率下从曲线到 "– 1" 点的最短距离，该距离由图 3.17 中绘制的新斜边 h 表示。

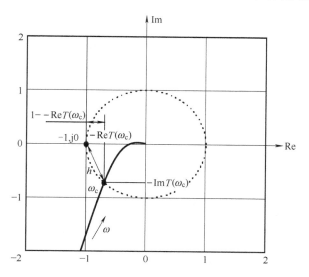

图 3.17　"– 1" 点和曲线之间的距离由斜边 h 表示

再次应用毕达哥拉斯几何定理，并考虑三角形的高度为环路的增益虚部 $\mathrm{Im}T(\omega)$，可以写出

$$h = \sqrt{[1 + \mathrm{Re}T(\omega)]^2 + [\mathrm{Im}T(\omega)]^2} \tag{3.19}$$

这个表达式就是式（3.3）中定义的闭环增益表达式中 $D(s)$ 的大小：

$$h = |1 + T(s)| \qquad (3.20)$$

当这个斜边长度减小时，曲线就会危险地接近 "-1" 点，抑制扰动的能力就可能变差。观察图 3.18，一个简单的单位反馈闭环系统，可以推导出误差变量 ε 与输入设定值 u 的关系为

$$\frac{\varepsilon(s)}{U(s)} = \frac{1}{1 + T(s)} = S \qquad (3.21)$$

此函数称为灵敏度函数，标注为 S。理想情况下，S 应该非常小，这意味着误差 ε 可变得忽略不计，此时输出与设定值相匹配。

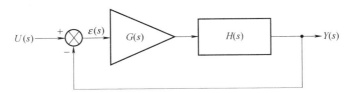

图 3.18　误差 ε 与设定值 U 之间的比率称为灵敏度函数 S

假设一个输入扰动被加入到系统中，如图 3.19 所示，扰动信号 u_2 可以是变换器的输入电压或输出电流。

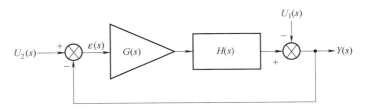

图 3.19　能否抑制控制系统中的扰动，取决于灵敏度函数

处理线性系统时，可以应用叠加定理导出闭环系统的传递函数。首先，如果将扰动输入 U_1 接地，则可以得到

$$Y(s)\,|_{U_1 = 0} = U_2(s)\frac{T(s)}{1 + T(s)} \qquad (3.22)$$

然后，将 U_2 接地，获得如下表达式：

$$Y(s)\,|_{U_2 = 0} = -U_1(s)\frac{1}{1 + T(s)} \qquad (3.23)$$

因此，完整的表达式是式（3.22）和式（3.23）的和，即

$$Y(s) = U_2(s)\frac{T(s)}{1 + T(s)} - U_1(s)\frac{1}{1 + T(s)} \qquad (3.24)$$

可以看到，扰动抑制取决于 S，它是 $|1 + T(s)|$ 的倒数。随着 $|1 + T(s)|$ 变小，抑制扰动的能力减弱并且系统鲁棒性变差。在穿越频率之后，环路增益小于 1，系统环路不能抑制大于穿越频率的扰动。理想情况下，自然增益随频率降低，平滑没有尖峰。然而，如果隐藏的谐振突然使 $|1 + T(s)|$ 变的非常小，$\ll 1$，则灵敏度函数出现峰值，此时扰动被放大而不是衰减。灵敏度函数的峰值，也就是 $|1 + T(s)|$ 的最小值对应于图 3.17 中斜边 h 的最短值，它也是奈奎斯特曲线和 "-1" 点之间的最短距离。因此系统需要设计 h 的最小值，称为是模值裕度，记为 ΔM，术语 "模值"，也可以用 "幅值" 表代替。它在数学上被定义为以点（-1，j0）

为圆心，与环路增益轨迹相切的圆的最小可接受半径，通常采用 0.5 作为该圆半径。通过计算可以得到：$\Delta M > 0.5$ 可确保增益裕度优于 6dB 且相位裕度大于 30°。

轨迹线上任何点进入圆圈都违反了最小模值裕度。该原则的图解说明如图 3.20 所示，其中图 3.20a 显示：只要属于奈奎斯特轨迹上的点不进入圆圈，就是遵守模值裕度原则，也满足增益裕度的要求；图 3.20b 则显示：虽然很好地满足了增益裕度，但并不是稳定性的充分条件，隐藏的谐振将轨迹线短暂地引入圆圈中，然后返回。可以想象，虽然系统满足了增益裕度要求，但是这种短暂的变小会使系统的鲁棒性受到威胁。作为一般性陈述：如果满足模值裕度，也一定满足增益裕度。在大多数教科书中，采用模值裕度而不是增益裕度作为系统鲁棒性的准则。

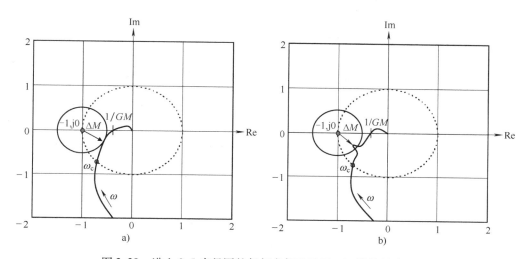

图 3.20　进入 0.5 半径圆的任何点都违反了 6dB 模值裕度规则

举一个实际例子：仿真一个降压变换器，采用双极点/双零点配置的补偿器结构，并故意保留了未经处理的次谐波极点（弱斜率补偿）。从控制输入到误差放大器输出的奈奎斯特图如图 3.21a。可以看到增益裕度在圆圈内，意味着增益裕度值小于 6dB（4.4dB）——不是很好。然而，这还不足以安全地表征系统，因为轨迹在 26.3kHz 频率处更接近“−1”点，其距离进一步减小，这里的模值裕度太小了。

伯德图也可用于检查模值裕度准则，可以导出灵敏度函数 S 并以分贝为单位绘制其幅值。可以在 SPICE 中通过环路增益 T 的实部和虚部来计算 S 的幅值：

$$|S| = \frac{1}{|1 + T(s)|} = \frac{1}{\sqrt{[1 + \mathrm{Re}\,T(s)]^2 + [\mathrm{Im}\,T(s)]^2}} \tag{3.25}$$

一些图形分析工具接受编程的方式。例如，使用 Intusoft 的 IntuScope 图形查看器，代码如下所示：

```
* Sensitivity for a transfer function
assertvalid vin vout
phase = phaseextend(phase(vout)-phase(vin)
gain = db(vout)-db(vin)
mag = 10^(gain/20)
real = -mag*cos(phase)
```

```
imag = -mag * sin(phase)
Re2 = (real + 1)^2
Imag2 = (imag)^2
D = sqrt(Re2 + Imag2)
sens = db(1/D)
plot sens
```

如果峰值超过 6dB 限制，则会违反模值裕度。可以在图 3.21b 清楚地看到此峰值。

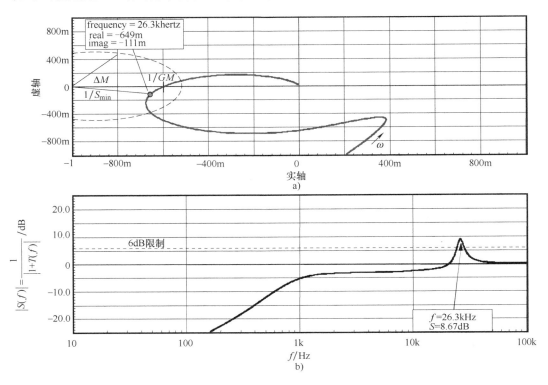

图 3.21　奈奎斯特图显示违反了 0.5 半径圆准则（灵敏度函数确认其明显超过 6dB，
证实了设计的问题：模值裕度太小）

3.3　动态（暂态）响应、品质因数和相位裕度

为了构建一个鲁棒系统，需要如何表征其增益裕度和模值裕度。对于其他重要参数，如相位裕度，需要采用什么样的设计策略呢？换句话说，应该设计的最小相位裕度是多少？在大多数常见的教科书中，也是我在学生时代所学到的：在穿越频率下相位裕度不应小于 45°。然而，正如 David Middlebrook 博士在他的设计导向分析课程中强调的那样，这既不是正确的问题，也不是正确的答案。相位裕度的选择取决于期望从控制系统获得的瞬态响应的类型。如果回头看图 3.6a，可以看到一个波形，其振幅一直衰减并最终到稳态值。这个振荡信号提醒了什么？是的，RLC 电路阶跃响应。振荡信号衰减的快慢取决于网络的品质因数 Q 或阻尼比 ζ（发音为 "zeta"），如果在某一点上取消阻尼比，则会产生永久振荡，如图 3.6b 所示。本节，探讨二阶系统（如 RLC 网络）提供的响应，揭示其与闭环品质因数和开环相位裕度的关系。

3.3.1　二阶 RLC 电路

图 3.22 显示了一个 RLC 电路，输入在很短的时间内从 0V 跳变到 1V，观察其输出。

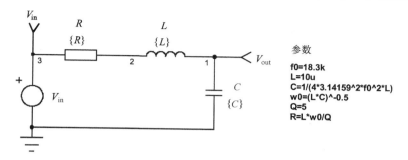

图 3.22　一个 RLC 网络接收输入阶跃电压，在高的 Q 值下带来振荡的响应

为获得这个电路的时域响应，首先计算它的传递函数。采用经典的阻抗比分压法，得到传递函数为

$$V_{out}(s) = V_{in}(s) \frac{\frac{1}{sC}}{R + sL + \frac{1}{sC}} \tag{3.26}$$

重新整理此式，得到如下形式

$$\frac{V_{out}(s)}{V_{in}(s)} = \frac{1}{LCs^2 + RCs + 1} \tag{3.27}$$

将该二阶系统表达式采用品质因数 Q 或阻尼比 ζ 来表示

$$\frac{V_{out}(s)}{V_{in}(s)} = \frac{1}{\frac{s^2}{\omega_0^2} + 2\zeta \frac{s}{\omega_0} + 1} = \frac{1}{\frac{s^2}{\omega_0^2} + \frac{s}{\omega_0 Q} + 1} \tag{3.28}$$

对比式（3.27）和式（3.28），可以求得 ω_0、Q 和 ζ

$$\omega_0 = \frac{1}{\sqrt{LC}} \tag{3.29}$$

$$f_0 = \frac{\omega_0}{2\pi} = \frac{1}{2\pi \sqrt{LC}} \tag{3.30}$$

$$\zeta = \frac{1}{2Q} = \frac{R}{2}\sqrt{\frac{C}{L}} = \frac{RC\omega_0}{2} = \frac{R}{2L\omega_0} \tag{3.31}$$

$$Q = \frac{1}{2\zeta} = \frac{1}{R}\sqrt{\frac{L}{C}} = \frac{1}{RC\omega_0} = \frac{L\omega_0}{R} \tag{3.32}$$

LC 网络可以看作两个储能元件：电容器 C 和电感器 L 的线性组合，这是一个二阶系统。当输入 V_{in} 上出现一个阶跃电压时，在网络中各元件上产生电流和电压。通过电感的电流表示了电感 L 中存储的能量，加在电容 C 上的电压表示了电容存储的能量。在例子中，当输入信号不再变化时，能量在两个元件之间就像钟摆来回摆动一样保持循环，称之为振荡。意味着这个过程是无损失地，能量在两个存储元件 C 和 L 之间的无止境地传递。如果在路径中引入电阻器 R，则部分能量在从 C 到 L 循环的时候以热量的形式损失，反之亦然。当存储的能量在

从一个元件摆动到另一个元件时有所减小，那么所产生的振荡信号就以指数方式衰减，直到它完全停止。在 RLC 电路中，采用品质因数（或与之对应的阻尼比）来量化网络中的欧姆损耗：

- Q 高或 ζ 低→低损耗，弱阻尼，高振铃；
- Q 低或 ζ 高→高损耗，高阻尼，低振铃或无振铃。

对于图 3.22 所示的电路，由于电阻的存在而被阻尼。

为了进一步了解 RLC 网络的响应，研究式（3.28）的分母 $D(s)$，它具有以下形式：

$$D(s) = \frac{s^2}{\omega_0^2} + \frac{s}{\omega_0 Q} + 1 \tag{3.33}$$

通过求解满足方程 $D(s) = 0$ 的根，可以找到系统的极点或特征方程的根。

$$\frac{s^2}{\omega_0^2} + \frac{s}{\omega_0 Q} + 1 = 0 \tag{3.34}$$

在第 2 章中已经介绍过，应用经典代数公式，能得到以下根：

$$s_1, s_2 = \frac{\omega_0}{2Q} \left(\pm \sqrt{1 - 4Q^2} - 1 \right) \tag{3.35}$$

采用阻尼比来表示为

$$s_1, s_2 = \omega_0 \zeta \left(\pm \sqrt{1 - \frac{1}{\zeta^2}} - 1 \right) \tag{3.36}$$

该表达式与第 2 章所述的闭环带补偿环节的变换器的表达式接近。实际上，关于 Q 的讨论与处理二阶系统类似：

- $Q < 0.5$ 或 $\zeta > 1$：二次方根中的表达式是正的，根是负实数且不重合，解中没有虚数。有完全非振铃的响应，系统过阻尼，这种情况的一种典型电路是两个 RC 滤波器级联。
- $Q = 0.5$ 或 $\zeta = 1$：二次方根等于 0，两个根都是负实数且重合，这个系统则被称为临界阻尼。仍然有非振荡响应，因为根中没有出现虚数。

$$s_{1,2} = -\omega_0 \tag{3.37}$$

- $Q > 0.5$ 或 $\zeta < 1$：二次方根中的表达式变为负值，两个根都包括虚数部分；有一个振荡响应，并由于实部的存在而衰减，实部相当于电路中的欧姆损耗。这时的两个极点是具有负实部的共轭复数

$$s_{1,2} = -\frac{\omega_0}{2Q} \pm j\omega_0 \sqrt{1 - \frac{1}{4Q^2}} \tag{3.38}$$

也等于

$$s_{1,2} = -\zeta\omega_0 \pm j\omega_0 \sqrt{1 - \zeta^2} \tag{3.39}$$

在前面的表达式中，表达式 $1/\zeta\omega_0$ 或 $2Q/\omega_0$ 定义了系统的时间常数。

- 随着 $Q \to \infty$，或 ζ 达到零，根的实部逐渐消失（欧姆损耗减小），直到根变为纯虚数：有一个完全无阻尼的系统，也称为振荡器。

为了帮助弄清楚究竟发生了什么，采用第 2 章中介绍的在 s 平面上画根轨迹的方法。如图 3.23 所示，如果按照箭头的方向移动，可以看到：低 Q 值时两个根是分开的，没有虚数部分；随着 Q 的增加，根沿 x 轴移动，直到它们在 $Q = 0.5$ 时相遇；在这一点上，根是相等的实根；然后，随着 Q 继续增加，虚部开始出现，而实部的作用开始减少，根沿半径为 ω_0 的半圆滑动；当 Q 到达无穷大时，代表阻尼或损耗的实数部分消失，根变成纯虚数，系统开始振荡并且永不停止。

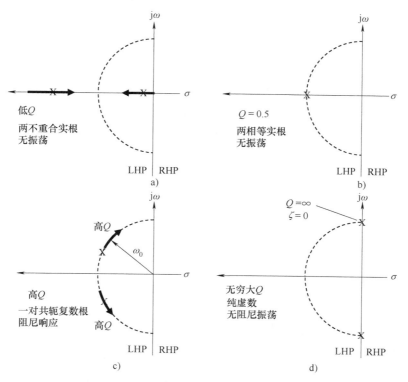

图 3.23　s 平面有助于定位根的位置并查看其实部或虚部各自的作用

3.3.2　二阶系统的瞬态响应

通过 RLC 网络的 s 域传递函数，可以推导出相应的时域响应。在这一过程中，首先需要确定系统输入激励的形式，由于期望得到系统的阶跃响应，所以输入激励的拉普拉斯域表达式为 $1/s$，因此可以得到系统响应为

$$v_{\text{out}}(t) = L^{-1}\left(\frac{1}{s} \frac{1}{\dfrac{s^2}{\omega_0^2} + 2\zeta \dfrac{s}{\omega_0} + 1} \right) \tag{3.40}$$

当 $\zeta < 1$ 时，上述表达式的结果为

$$v_{\text{out}}(t) = 1 - \frac{1}{\sqrt{1 - \zeta^2}} e^{-\zeta \omega_0 t} \sin(\omega_{\text{d}} t + \theta) \tag{3.41}$$

其中，阻尼角频率等于

$$\omega_{\text{d}} = \omega_0 \sqrt{1 - \zeta^2} \tag{3.42}$$

$$\theta = \arccos \zeta \tag{3.43}$$

值得注意的是，阻尼角频率 ω_{d} 和固有角频率 ω_0 在阻尼比为 0 或品质因数无穷大时相等。式（3.41）所表示的输出响应可以通过 Mathcad 等专用求解软件画出，或通过对图 3.22 所示电路进行仿真获得。图 3.24 显示了不同 Q 值情况下的响应曲线。

式（3.41）的右半部分为一个振幅受指数函数 $e^{-\zeta \omega_0 t}$ 影响的正弦响应。如果指数为负值，随着 t 的增加，正弦波的幅值在 $t = \infty$ 时衰减为 0。对于某些品质因数，输出响应完全是非振

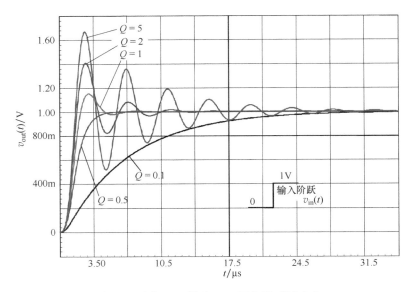

图 3.24　图 3.22 所示 RLC 网络的时域响应

荡的（如 $Q = 0.1$ 和 $Q = 0.5$）。当 $Q = 0.1$ 时，响应速度非常慢；而当 $Q = 0.5$ 时，响应速度稍快。在这两种情况下，响应都没有超调。当品质因数 $Q > 0.5$ 时，输出响应存在振荡，并且在系统欠阻尼时（Q 值从 $1 \sim 5$）振荡会导致较大的欠/超调。请注意，尽管输出响应存在较大的振荡，信号最终稳定到 1V，即输入信号的设定值，因此，响应是振荡但稳定的。一个不稳定系统的输出会发散（例如当阻尼为 0 或品质因数变为无穷大时，这种情况显示在图 3.23d 中）。

考虑到品质因数对阶跃响应的影响，必须根据期望的控制系统性能去选择合适的 Q 值。典型的二阶系统响应如图 3.25 所示，其关键参数受 Q 值影响。对这些参数的定义和说明如下：

- 上升时间 t_r：对于过阻尼系统，上升时间是指输出从其稳态值的 10% 上升到 90% 所需的时间；对于欠阻尼系统，上升时间为输出第一次到达稳态值（如 1V）所需的时间，在图 3.25 中，这一时间为 $17\mu s$。

- 峰值时间 t_p：当 $Q > 0.5$ 时，响应信号会超过稳态电平，在 t_p 时刻达到最大值，随后再次减小。

- 最大超调百分比 M_p：M_p 为信号在 t_p 时刻的最大值超过稳态电平的百分比。

- 调节时间 t_s：t_s 时刻之后，输出信号都在所规定的误差范围内，可以认为输出信号在 t_s 时刻达到稳定状态。

如图 3.24 所示，在不同 Q 值下，系统具有不同特性的输出响应。例如，当你需要一个绝对没有超调的响应时，必须选择小于 0.5 的 Q 值。同样的，根据客户要求，你也可以设计一个具有一定超调但上升速度更快的响应。因此，对若干个指标进行权衡分析来确定参数十分重要。需要注意的是，图 3.25 中有关时间的等式是在 $Q > 0.5$ 的情况下得到的，此时响应的根为复数（具有实部和虚部）。

图 3.25 中的 t_{del} 是延迟时间，为输出信号达到稳态值的 50%，即 0.5V 所需的时间。根据式（3.41）可得到如下等式：

$$0.5 = \frac{1}{\sqrt{1 - \zeta^2}} e^{-\zeta \omega_0 t_{del}} \sin(\omega_d t_{del} + \theta) \qquad (3.44)$$

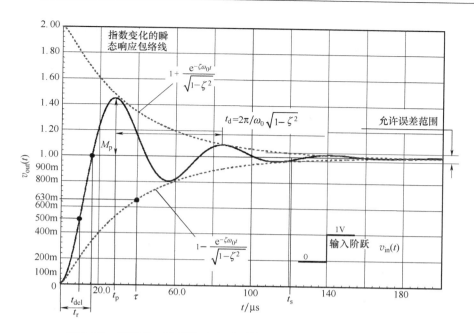

图 3.25　典型的二阶系统响应及系统关键参数（$Q=2$，$\zeta=0.25$）

　　求解上述方程需要一些的数学技巧，这对于工程人员来说较为困难。幸运的是，以往的研究已经推导出了方程解的近似表达式

$$t_{\text{del}} \approx \frac{1+0.7\zeta}{\omega_0} \tag{3.45}$$

　　在图 3.25 中，RLC 网络的固有频率为 18.3kHz、品质因数为 2。将数值代入式（3.45）中，求出的近似解为 10.22μs，而通过 Mathcad® 数值求解器所求得的数值解为 10.064μs。

　　对于过阻尼系统，上升时间 t_{r} 是响应信号从稳态终值的 10% 上升到 90% 所需的时间。对于欠阻尼系统，例如具有 10%~30% 的超调，上升时间 t_{r} 是响应信号第一次上升到稳态终值所需的时间。在后一种情况下，计算上升时间的方程如下：

$$v_{\text{out}}(t_{\text{r}}) = 1 = 1 - \frac{1}{\sqrt{1-\zeta^2}} e^{-\zeta\omega_0 t_{\text{r}}} \sin(\omega_{\text{d}} t_{\text{r}} + \theta) \tag{3.46}$$

或

$$0 = \frac{1}{\sqrt{1-\zeta^2}} e^{-\zeta\omega_0 t_{\text{r}}} \sin(\omega_{\text{d}} t_{\text{r}} + \theta) \tag{3.47}$$

　　上式中的指数项 $\dfrac{1}{\sqrt{1-\zeta^2}} e^{-\zeta\omega_0 t_{\text{r}}}$ 决定了波形的包络线，且其不为 0，因此求解上述方程相当于求解下面方程

$$0 = \sin(\omega_{\text{d}} t_{\text{r}} + \theta) = \sin\left[\omega_0 t_{\text{r}} \sqrt{1-\zeta^2} + \arccos\zeta\right] \tag{3.48}$$

重新整理后的方程为

$$\sin\left[\omega_0 t_{\text{r}} \sqrt{1-\zeta^2} + \arccos\zeta\right] = 0 \tag{3.49}$$

因为只有当 $x = n\pi$ 时 $\sin(x)=0$ 成立。考虑 $n=1$ 的情况并代入求解 t_{r}，可得

$$t_{\text{r}} = \frac{\pi - \arccos\zeta}{\omega_0 \sqrt{1-\zeta^2}} \tag{3.50}$$

当品质因数为 2（或阻尼比为 0.25）时，通过上式计算所得的上升时间为 16.4μs，这与图 3.25 中所示一致。当阻尼比很小时，上述式子可以进一步化简为

$$\lim_{\zeta \to 0} \frac{\pi - \arccos\zeta}{\omega_0 \sqrt{1 - \zeta^2}} \approx \frac{\pi - \frac{\pi}{2}}{\omega_0} \approx \frac{1.6}{\omega_0} \tag{3.51}$$

所采用的例子中，系统的固有频率为 18300Hz，因此可以计算出上升时间近似为

$$t_r \approx \frac{1.6}{2\pi \times 18300} \approx 14\mu s \tag{3.52}$$

现在再来计算输出达到最大值的峰值时刻 t_p。为了获得这一数值，需要计算输出 $v_{out}(t)$ 的导数为 0 的时刻，即

$$\frac{d}{dt}\left[1 - \frac{1}{\sqrt{1 - \zeta^2}}e^{-\zeta\omega_0 t}\sin(\omega_d t + \theta)\right] = 0 \tag{3.53}$$

乘积函数 uv 的导数为 $uv' + vu'$，因此有

$$\frac{dv_{out}(t)}{dt} = \frac{\zeta\omega_0 e^{-\zeta\omega_0 t}\sin(\omega_d t + \theta)}{\sqrt{1 - \zeta^2}} - \frac{\omega_d e^{-\zeta\omega_0 t}\cos(\omega_d t + \theta)}{\sqrt{1 - \zeta^2}} = 0 \tag{3.54}$$

化简后得到

$$\zeta\omega_0 e^{-\zeta\omega_0 t}\sin(\omega_d t + \theta) - \omega_d e^{-\zeta\omega_0 t}\cos(\omega_d t + \theta) = 0 \tag{3.55}$$

另外，根据式（3.43）可以得到

$$\zeta = \cos\theta \tag{3.56}$$

代入式（3.42），可以得到，当 $0 \leqslant \theta \leqslant \pi$ 时，ω_d 可以表示为

$$\omega_d = \omega_0 \sqrt{1 - \cos^2\theta} = \omega_0\sin\theta \tag{3.57}$$

将式（3.56）和式（3.57）代入式（3.55）后有

$$\sin(\omega_d t + \theta)\cos(\theta)\omega_0 - \omega_0\cos(\omega_d t + \theta)\sin\theta = 0 \tag{3.58}$$

将上式两边除以 ω_0，得到的等式满足如下形式：

$$\sin a\cos b - \cos a\sin b = \sin(a - b) \tag{3.59}$$

因此式（3.58）变为

$$\sin(\omega_d t + \theta - \theta) = 0 \tag{3.60}$$

当 $x = 0$ 或 $x = n\pi$ 时 $\sin x = 0$。在此，$x = 0$ 表示系统的起始时间，因此，接下来的可能时刻是 $x = \pi$，即

$$\omega_d t = \pi \tag{3.61}$$

如果求解 t_p，则有

$$t_p = \frac{\pi}{\omega_d} = \frac{\pi}{\omega_0 \sqrt{1 - \zeta^2}} = \frac{1}{2f_0 \sqrt{1 - \zeta^2}} \tag{3.62}$$

当品质因数为 2（或阻尼比为 0.25）时，可以求出 $t_p = 28.2\mu s$。从图 3.25 可以看出，这一值接近振荡周期的一半。因此阻尼周期 t_d 可以通过将上式乘以 2 获得，即同式（3.42）：

$$t_d = \frac{2\pi}{\omega_0 \sqrt{1 - \zeta^2}} = \frac{1}{f_0 \sqrt{1 - \zeta^2}} \tag{3.63}$$

既然已经知道函数达到峰值的时间 t_p，就可以将其代入式（3.41），同时用式（3.42）的定义替换 ω_d，得到

$$v_{\text{out}}(t_p) = 1 - \frac{1}{\sqrt{1-\zeta^2}} e^{-\zeta\omega_0\left(\frac{\pi}{\omega_0\sqrt{1-\zeta^2}}\right)} \sin\left[\omega_0\sqrt{1-\zeta^2}\left(\frac{\pi}{\omega_0\sqrt{1-\zeta^2}}\right) + \theta\right]$$

(3.64)

$$= 1 + \frac{e^{-\frac{\zeta\pi}{\sqrt{1-\zeta^2}}}}{\sqrt{1-\zeta^2}} \sin\theta$$

根据式（3.56），当 $0 \le \theta \le \pi$ 时，式（3.64）的右边后一项的分母可以重新整理为

$$\sqrt{1-\zeta^2} = \sqrt{1-\cos^2\theta} = \sqrt{\sin^2\theta} = \sin\theta$$

(3.65)

因此，式（3.64）进一步化简为

$$v_{\text{out}}(t_p) = 1 + e^{-\frac{\zeta\pi}{\sqrt{1-\zeta^2}}}$$

(3.66)

最大超调百分比 M_p 的数学定义为

$$M_p = \frac{V_{\text{out}}(t_p) - V_{\text{out}}(\infty)}{V_{\text{out}}(\infty)}$$

(3.67)

因为稳态值为 1V，所以式（3.66）中的右侧额外项即为超调量

$$M_p(\%) = e^{-\frac{\zeta\pi}{\sqrt{1-\zeta^2}}} \times 100$$

(3.68)

如果将阻尼比用品质因数 Q 表示，则上述公式变为

$$M_p(\%) = e^{-\frac{\pi}{\sqrt{4Q^2-1}}} \times 100$$

(3.69)

根据式（3.68）和式（3.69），可以绘制出二阶系统的超调量和品质因数（或阻尼比）之间的关系，如图 3.26 所示。

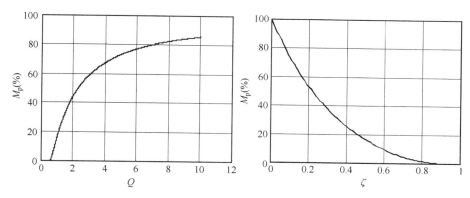

图 3.26　当品质因数大于 0.5 或阻尼比小于 1 时，超调量与两者的关系

当品质因数为 2（或阻尼比为 0.25）时，通过上式计算所得的超调百分比为 44%。那么，输出可能达到的最大超调量是多少呢？当阻尼比为 0（或品质因数无穷大）时有

$$\lim_{Q\to\infty} e^{-\frac{\pi}{\sqrt{4Q^2-1}}} = 100\%$$

(3.70)

在这种情况下，输出值为输入的 2 倍。这也能从图 3.25 看出，图中包络线的顶部是 2V，即对应了 100% 的超调。

应用上述公式，可以找到各种条件下的峰值。第一种情况是

$$V_{\text{peak1}} = (1 + e^{-\frac{\pi}{\sqrt{4Q^2-1}}}) \times 1\text{V} = (1 + 0.444) \times 1\text{V} = 1.444\text{V}$$

(3.71)

即如图 3.25 中实线所示的结果。

其余的峰值可以通过选择不同的 $n\pi$ 获得，如 $n=2$（负值），$n=3$（正值）等等。例如第 2 个峰值为负向过冲，在给定 1V 阶跃输入的情况下，可以计算得到

$$V_{\text{peak2}} = (1 - e^{-\frac{2\pi}{\sqrt{4Q^2-1}}}) \times 1\text{V} = (1 - 0.197) \times 1\text{V} = 802\text{mV} \tag{3.72}$$

这同样可以在图 3.25 中看出。当 $n=3$ 时有第 3 个峰值

$$V_{\text{peak3}} = (1 + e^{-\frac{3\pi}{\sqrt{4Q^2-1}}}) \times 1\text{V} = (1\text{V} + 87.7\text{mV}) \times 1 = 1.087\text{V} \tag{3.73}$$

这也正是图中所显示的值。

一种更有意思的方法是根据观察到的波形来推导阻尼比（或品质因数）和谐振频率。如图 3.27 所示的波形，获得这些参数的最佳方法是测量两个连续峰值之间的衰减水平，设图中两个正过冲之间的比率为 α

$$\alpha = \frac{V(t_0)}{V(t_0+t_\text{d})} = \frac{e^{-\frac{\pi}{\sqrt{4Q^2-1}}}}{e^{-\frac{3\pi}{\sqrt{4Q^2-1}}}} \tag{3.74}$$

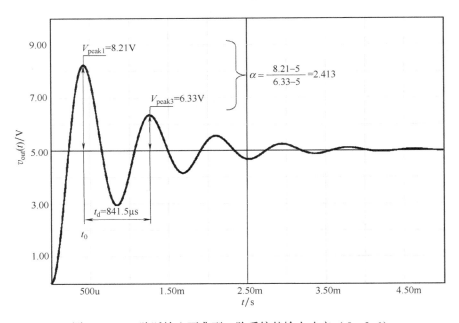

图 3.27   5V 阶跃输入下典型二阶系统的输出响应（$Q=3.6$）

从图 3.27 中可以看出这一值为 2.413。需要注意，确保只读取了正向超调部分，必须从读数中去除最终稳态值（图中为 5V）。如果对上述等式等号两边取自然对数，并定义变量 δ，称为对数衰减

$$\delta = \ln(\alpha) = \ln\left(\frac{e^{-\frac{\pi}{\sqrt{4Q^2-1}}}}{e^{-\frac{3\pi}{\sqrt{4Q^2-1}}}}\right) = \ln(e^{-\frac{\pi}{\sqrt{4Q^2-1}}}) - \ln(e^{-\frac{3\pi}{\sqrt{4Q^2-1}}})$$

$$= \frac{1}{\sqrt{4Q^2-1}}(-\pi+3\pi) = \frac{2\pi}{\sqrt{4Q^2-1}} \tag{3.75}$$

即

$$\delta = \frac{2\pi}{\sqrt{4Q^2-1}} \tag{3.76}$$

因此，品质因数 Q 可表示为

$$Q = \sqrt{\frac{4\pi^2 + \delta^2}{4\delta^2}} = \sqrt{\left(\frac{\pi}{\delta}\right)^2 + \frac{1}{4}} \tag{3.77}$$

如果更喜欢采用阻尼比，则有

$$\zeta = \frac{1}{\sqrt{\left(\frac{2\pi}{\delta}\right)^2 + 1}} \tag{3.78}$$

将图 3.27 所示数值代入式（3.77）和式（3.78），得到

$$Q = \sqrt{\left(\frac{3.14}{\ln 2.413}\right)^2 + 0.25} = 3.6 \tag{3.79}$$

和

$$\zeta = \frac{1}{\sqrt{\left(\frac{6.28}{\ln 2.413}\right)^2 + 1}} = 0.139 \tag{3.80}$$

此外，测量两个尖峰之间的时间，还可以通过式（3.63）计算谐振频率。图中两个尖峰之间的时间为 841.5μs，因此有

$$f_0 = \frac{1}{t_d \sqrt{1 - \zeta^2}} = \frac{1}{841.5\mu s \times \sqrt{1 - 0.139^2}} = 1.2 kHz \tag{3.81}$$

由于上述计算是基于观察到的两个连续的正振幅峰值，因此你可能会发现对于阻尼系统的响应（即品质因数小于 1），这样的参数提取方法获得的可能只是近似值。比如，当 $Q = 0.5$ 时，在任何情况下，系统的两个极点重合并且超调为零，无法进行上述计算。

现在，除了调节时间之外，已经获得了其他所有关于时间的定义。调节时间 t_s 表示输出到达允许公差范围内所需的时间。假设允许误差为输出稳态值的 2%。根据式（3.41），输出瞬态响应是一个幅值包络线呈指数衰减的正弦信号。其幅值包络线可以表示为

$$1 \pm e^{-\zeta\omega_0 t} \tag{3.82}$$

在 $t = 0$ 时指数项为 1，信号从 0 开始，如图 3.25 所示。在 $t = t_s$ 时，信号的包络线必须减小到设定数值以内，使其保持在允许公差限定的"隧道"内。若考虑允许公差为输出稳态值的 2%，则有

$$1 \pm e^{-\zeta\omega_0 t} = 1 \pm 0.02 \tag{3.83}$$

进一步简化上式以求解 t_s

$$e^{-\zeta\omega_0 t} = 0.02 \tag{3.84}$$

通过取对数，得到

$$t_s = -\frac{\ln 0.02}{\omega_0 \zeta} \approx \frac{3.9}{\omega_0 \zeta} \tag{3.85}$$

如果采用绘制图 3.25 的电路参数（$\omega_0 = 11.4$ krad/s），则有

$$t_s = \frac{3.9 s}{0.25 \times 114.4 k} = 136\mu s \tag{3.86}$$

从这些方程中，可以发现品质因数（或阻尼比）对许多参数都有影响。因此，它的选择取决于各种要求的组合，如超调量是否可以接受，调节时间是否合理等。

表 3.1 总结了欠阻尼二阶系统（$Q > 0.5$）的参数定义和计算。

表 3.1　欠阻尼二阶系统的参数定义总结

参　　数	定　　义	计　算　公　式
ω_d	与固有角频率相关的阻尼角频率	$\omega_d = \omega_0\sqrt{1-\zeta^2}$
t_{del}	延迟时间，系统输出到达稳态值50%所需时间	$t_{del} \approx \dfrac{1+0.7\zeta}{\omega_0}$
δ	对数衰减	$\delta = \ln(\alpha) = \ln\left[\dfrac{x(t_0)}{x(t_0+t_d)}\right] = \dfrac{2\pi}{\sqrt{4Q^2-1}}$
t_r	上升时间，系统输出到达稳态值100%所需时间	$t_r = \dfrac{\pi - \arccos\zeta}{\omega_0\sqrt{1-\zeta^2}}$
t_p	峰值时间，系统输出到达最大值的时刻	$t_p = \dfrac{\pi}{\omega_0\sqrt{1-\zeta^2}}$
$M_p(\%)$	超调量	$M_p = e^{-\frac{\zeta\pi}{\sqrt{1-\zeta^2}}} \times 100$
t_s	调节时间，系统输出到达所设定的稳态值$x\%$的公差带内所需时间	$t_s = -\dfrac{\ln x}{\omega_0\zeta}$

在图 3.6 中发现相位裕度会改变系统特性，如同 RLC 系统的 Q 值一样。因此，在开环系统中测量的相位裕度和闭环系统中观察到的品质因数之间必然存在联系。如果能找到这一联系，就能够根据期望的瞬态响应去选择相位裕度的设计目标。

3.3.3　相位裕度和品质因数

假设有一个如图 3.28 所示的变换器系统，其中具有表示被控对象特性的传递函数 $H(s)$ 和处理误差信号 ε 的补偿器 $G(s)$。

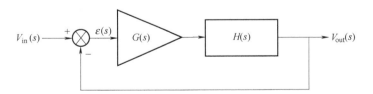

图 3.28　具有单位增益反馈的带补偿变换器系统

该系统的闭环传递函数可以简单推导得到

$$V_{out}(s) = \left[V_{in}(s) - V_{out}(s)\right]G(s)H(s) \tag{3.87}$$

环路增益 $G(s)H(s)$ 通常表示为 $T(s)$，将其代入式（3.87）后有

$$\frac{V_{out}(s)}{V_{in}(s)} = \frac{T(s)}{1+T(s)} \tag{3.88}$$

式（3.88）即为图 3.28 中单位反馈系统的闭环增益表达式。现在，假设它的开环响应 $T(s)$ 如图 3.29 所示，系统需要在低频段存在一定的开环增益，才能对这些频率段的扰动产生抑制作用。但为了保证系统的稳定性，还需要限制带宽，使得频率增加时减少开环增益。此外，为了获得足够的相位裕度，需要减少穿越频率处的相位滞后，通常设计环路增益在穿越频率处具有 -1 的斜率，也就是系统在穿越频率 f_c 前后具有单极点响应特性。但同时，当相位

滞后达到180°时，环路增益必须足够低以保证良好的增益裕度。因此，为了加快系统在穿越频率f_c后的增益衰减以确保足够的增益裕度，通常在穿越频率点后设置系统的第二极点。如果放大观察穿越频率附近的增益曲线（见图3.29中的方框区域），可以看到双极点的配置。它包括一个0-dB的穿越极点ω_0和一个高频极点ω_2。这种级联极点的传递函数可以表示为

$$T(s) \approx \frac{1}{\dfrac{s}{\omega_0}\left(1 + \dfrac{s}{\omega_2}\right)}$$

(3.89)

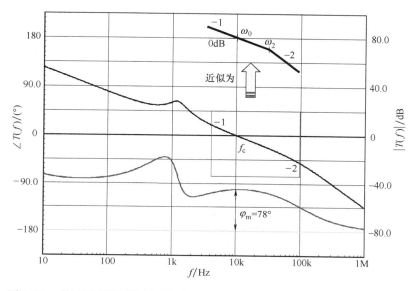

图3.29　穿越频率附近可以近似为二阶系统的带补偿变换器的典型开环响应

在这个近似表达式中，不考虑远离f_c的其他极点和零点，因此，在传递函数中将其略去。下面重点关注这个近似表达式的闭环系统响应，将式（3.89）代入闭环传递函数式（3.88），整理后有

$$\frac{T(s)}{1 + T(s)} = \frac{\dfrac{1}{\dfrac{s}{\omega_0}\left(1 + \dfrac{s}{\omega_2}\right)}}{1 + \dfrac{1}{\dfrac{s}{\omega_0}\left(1 + \dfrac{s}{\omega_2}\right)}} = \frac{1}{\dfrac{s^2}{\omega_0\omega_2} + \dfrac{s}{\omega_0} + 1}$$

(3.90)

等式（3.90）的右边项十分熟悉，它与式（3.28）类似，可以建立这两个表达式之间的关系

$$\frac{1}{\dfrac{s^2}{\omega_0\omega_2} + \dfrac{s}{\omega_0} + 1} = \frac{1}{\dfrac{s^2}{\omega_r^2} + \dfrac{s}{\omega_r Q_c} + 1}$$

(3.91)

闭环系统的品质因数Q_c和谐振频率ω_r可以直接表示为

$$Q_c = \sqrt{\frac{\omega_0}{\omega_2}}$$

(3.92)

$$\omega_r = \sqrt{\omega_0\omega_2}$$

(3.93)

现在得到了包含品质因数 Q_c 的变换器闭环响应方程。下一步，需要推导 Q_c 与关键设计参数——开环相位裕度 φ_m 之间的关系。首先，基于式（3.89）计算穿越频率，它由 0-dB 穿越极点 ω_0 及其相关的高频极点 ω_2 决定。在穿越频率 f_c 处，$T(s)$ 的增益等于 1（或者 0dB）。因此，如果假设在穿越频率处有一个谐波激励，可以用 $j\omega_c$ 代替 s 写入式（3.89）

$$\left| \frac{1}{\dfrac{j\omega_c}{\omega_0}\left(1 + \dfrac{j\omega_c}{\omega_2}\right)} \right| = 1 \tag{3.94}$$

即

$$\left| \frac{j\omega_c}{\omega_0}\left(1 + \frac{j\omega_c}{\omega_2}\right) \right| = \left| \frac{j\omega_c}{\omega_0} \right| \left| \left(1 + \frac{j\omega_c}{\omega_2}\right) \right| = 1 \tag{3.95}$$

化简后有

$$\frac{\omega_c}{\omega_0}\sqrt{1 + \left(\frac{\omega_c}{\omega_2}\right)^2} = 1 \tag{3.96}$$

为了去掉平方根，表达式的两边取平方得

$$\left(\frac{\omega_c}{\omega_0}\right)^2 \left[1 + \left(\frac{\omega_c}{\omega_2}\right)^2\right] = 1 \tag{3.97}$$

根据式（3.92）算出 ω_0，代入式（3.97）有

$$\frac{\omega_c^2(\omega_2^2 + \omega_c^2)}{(Q_c\omega_2)^4} = 1 \tag{3.98}$$

求解 ω_c 得

$$\omega_c = \frac{\omega_2}{\sqrt{2}}\sqrt{\sqrt{1 + 4Q_c^4} - 1} \tag{3.99}$$

式（3.99）给出了闭环系统品质因数和开环系统穿越频率的关系。需要注意的是，这种方法是基于穿越频率附近零极点近似法获得，因此式中 Q_c 表示的闭环响应品质因数也是近似的。

进一步分析，可以评估 $T(s)$ 在穿越频率处 ω_c 的相角

$$\arg T(\omega_c) = -\left(\arctan\frac{\omega_c/\omega_0}{0} + \arctan\frac{\omega_c}{\omega_2}\right) = -\frac{\pi}{2} - \arctan\frac{\omega_c}{\omega_2} \tag{3.100}$$

从图 3.7 可见，相位裕度是相位曲线在穿越频率处与 -180° 之间的距离，即

$$\arg T(\omega_c) = -180° + \varphi_m \tag{3.101}$$

整理上式并用 π 表示 180°，有

$$\varphi_m = \pi + \arg T(\omega_c) \tag{3.102}$$

将式（3.100）代入式（3.102），得到

$$\varphi_m = \pi - \frac{\pi}{2} - \arctan\frac{\omega_c}{\omega_2} = \frac{\pi}{2} - \arctan\frac{\omega_c}{\omega_2} \tag{3.103}$$

根据三角函数关系有

$$\arctan x + \arctan\frac{1}{x} = \frac{\pi}{2} \tag{3.104}$$

将式（3.103）中的 π/2 用式（3.104）代替有

$$\varphi_{\mathrm{m}} = \arctan\frac{\omega_{\mathrm{c}}}{\omega_2} + \arctan\frac{\omega_2}{\omega_{\mathrm{c}}} - \arctan\frac{\omega_{\mathrm{c}}}{\omega_2} \tag{3.105}$$

整理获得相位裕度与第二极点及穿越频率之间的关系为

$$\varphi_{\mathrm{m}} = \arctan\frac{\omega_2}{\omega_{\mathrm{c}}} \tag{3.106}$$

已经在式（3.99）中给出了穿越角频率和闭环系统品质因数的关系，如果将这一关系代入式（3.106），得到

$$\varphi_{\mathrm{m}} = \arctan\left(\sqrt{\frac{2}{\sqrt{1 + 4Q_{\mathrm{c}}^4} - 1}}\right) \tag{3.107}$$

接着从式（3.107）中提取闭环品质因数并简化，得到

$$Q_{\mathrm{c}} = \frac{\sqrt[4]{1 + \tan^2\varphi_{\mathrm{m}}}}{\tan\varphi_{\mathrm{m}}} \tag{3.108}$$

由于三角函数公式

$$1 + \tan^2\varphi_{\mathrm{m}} = \frac{1}{\cos^2\varphi_{\mathrm{m}}} \tag{3.109}$$

将上式代入式（3.108），得到

$$Q_{\mathrm{c}} = \frac{\sqrt[4]{\dfrac{1}{\cos^2\varphi_{\mathrm{m}}}}}{\tan\varphi_{\mathrm{m}}} = \frac{1}{\sqrt{\cos\varphi_{\mathrm{m}}}}\frac{\cos\varphi_{\mathrm{m}}}{\sin\varphi_{\mathrm{m}}} = \frac{\sqrt{\cos\varphi_{\mathrm{m}}}}{\sin\varphi_{\mathrm{m}}} \tag{3.110}$$

如果已经测得了闭环系统的品质因数，这个表达式也同样可以用于求相位裕度

$$\varphi_{\mathrm{m}} = \arccos\left(\frac{\sqrt{4Q_{\mathrm{c}}^4 + 1} - 1}{2Q_{\mathrm{c}}^2}\right) \tag{3.111}$$

到此，已经有了主要设计指标——开环相位裕量 φ_{m} 和闭环品质因数 Q_{c} 之间的关系。图 3.30 绘制了在设计阶段选择不同的相位裕度时，闭环系统所具有的品质因数。

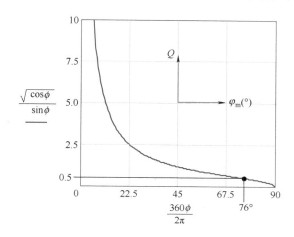

图 3.30　选择不同的相位裕量 φ_{m} 时闭环系统的品质因数 Q_{c}

同样也可以绘制二阶系统在不同的开环相位裕度下，闭环后的幅频响应，如图 3.31 所示。明显地，系统幅频响应具有与 RLC 滤波器类似的峰值。

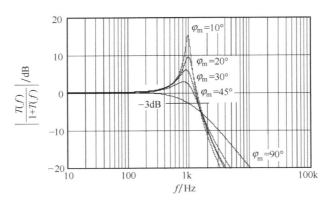

图 3.31　不同开环相位裕度下闭环系统的交流响应

对幅频响应的峰值进行分析，记其为 M_m。回到二阶系统的传递函数式（3.28），用 $j\omega$ 代替 s 来表示它的频率响应

$$T(j\omega) = \frac{s}{\dfrac{(j\omega)^2}{\omega_0^2} + 2\zeta\dfrac{j\omega}{\omega_0} + 1} = \frac{1}{1 - \left(\dfrac{\omega}{\omega_0}\right)^2 + j2\zeta\dfrac{\omega}{\omega_0}} \tag{3.112}$$

幅值的计算表达式为

$$|T(j\omega)| = \frac{1}{\sqrt{\left[1 - \left(\dfrac{\omega}{\omega_0}\right)^2\right]^2 + \left(2\zeta\dfrac{\omega}{\omega_0}\right)^2}} \tag{3.113}$$

为了获得峰值处的频率，即谐振频率，需要求解上式导数为 0 时所对应 ω

$$\frac{d|T(j\omega)|}{dt} = 0 \tag{3.114}$$

求解得

$$\omega_m = \omega_0\sqrt{1 - 2\zeta^2} \qquad \zeta < \frac{1}{\sqrt{2}} \tag{3.115}$$

将式（3.115）代入式（3.113）可以得到最大超调量为

$$M_m = \frac{1}{2\zeta\sqrt{1 - \zeta^2}} \tag{3.116}$$

因此，如果想综合考虑响应速度和超调量，根据图 3.23，Q 可以取 0.5。此时的两个极点相同且没有虚部。根据图 3.30，可以确定当 $Q = 0.5$ 时最佳的相位裕度大约为 76°。这离大多数教科书中的 45°目标很远！那么这意味着什么呢？应当根据实际需求确定所需的瞬态响应，然后选择与之对应的相位裕度。一个闭环系统在负载阶跃变化时，开环相位裕度主要影响系统输出的下跌幅度和恢复速度。如果响应需要快速恢复且可以接受一定程度的超调，那么可以选择较小的相位裕度。相反的，如果不允许响应有任何超调，那只能够增加相位裕度并牺牲一些恢复速度。无论选择哪种方案，都必须保证无论工作条件如何变化（比如输入/输出电压或负载、环境温度和产品寄生参数（如电容的等效串联电阻）等），系统的相位裕度大于45°，确保系统不会振荡。在某些军事或航天的应用中，对系统最小相位裕度的要求可能会超过 90°。并且，系统必须通过蒙特卡洛分析以证明参数离散性也是可控的。一般应用中，一个设计良好的系统，其相位裕度在 70°左右。

3.3.4　开环系统相位裕度测量

闭环系统的频率响应可以从其瞬态响应中推导出来，但是提取诸如穿越频率或相位裕度之类的参数就复杂得多了。因此，为了研究一个闭环系统，必须在适当的点上人为地打开环路来获得所需的传递函数：被控对象的传递函数 $H(s)$，补偿器的传递函数 $G(s)$，以及开环增益 $T(s)$。传递函数 $H(s)$ 是控制环路研究的出发点：必须首先知道想要稳定的系统的频率响应；然后基于所获得的数据和期望的响应来设计补偿器 $G(s)$：希望使系统的穿越频率在设计的位置内，同时确保在穿越频率处有足够的相位裕度。最后对实际原型电路进行环路增益的研究，确定 $G(s)$ 是否设计良好，是否获得所期望的穿越频率和相应的相位裕度，此后也会看到整个系统也可以通过理论分析或者 SPICE 仿真进行研究。

一个典型的开环系统如图 3.32 所示：这是教科书中的经典例子，在图的左侧输入端注入信号，通过观察 A 点、B 点和输出的波形，可以得到传递函数 $H(s)$，$G(s)$，或者 $T(s)$ 的特性，这个图表示的是一个输出跟随输入的控制系统。在第 1 章中也见过其他类型的控制系统，称为调节器，其输入为一个固定的控制量，并且不论工作状况如何变化，输出都保持不变出量。DC-DC 变换器系统就属于这种调节器：无论输入电压和输出负载电流如何变化，都需要输出固定的电压。

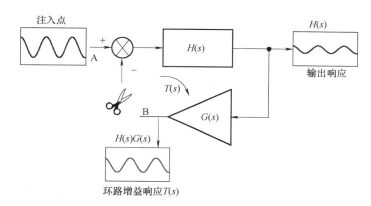

图 3.32　环路在反向输入端开路（反向负的符号没有包括在研究路径中）

在调节器系统中，参考值（通常记为 V_{ref}）代表了系统在不论何种干扰下都努力保持的输出值。其中的干扰通常来源于输入电压变化、输出电流变化或所需考虑的温度变化。系统的环路增益可以表示为

$$T(s) = H(s)G(s) \tag{3.117}$$

因为在 B 点打开环路，所以上述公式不包含反向输入端。当 B 点输出信号与 A 点输入信号幅值相同，并且滞后 $180°$ 时，系统开始不稳定。这种情况下，相位裕度可以通过测量相位滞后与 $-180°$ 之间的距离来获得，系统不稳定的条件是

$$\angle T(j\omega) = -180° \tag{3.118}$$

为了使该例子更接近现实，将图 3.32 重画为图 3.33。

在图 3.33 中，设定值由固定的参考电压 V_{ref} 代替，将该参考电压减去输出获得误差信号 ε，输入到补偿器 $G(s)$。补偿器 $G(s)$ 的输出用于控制功率级被控对象 $H(s)$，使其提供正确的输出电压。正如前文所述，输出电压会受到输入电压或者输出电流等扰动的影响。图 3.33

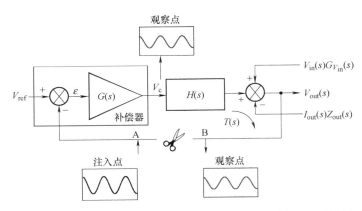

图 3.33　在外部扰动下都保持恒定输出的调节器（环路在反馈路径中打开，并观察其中的几个信号）

中，这些扰动被建模为直接和装置输出相加减的干扰源，稍后会看到这些干扰源，特别是输出阻抗，可以表示为不同的形式。在这个例子中，断开反馈回路来注入测试信号，如果在 A 点注入信号，可以观察 V_c 信号以验证所设计的传递函数 $G(s)$

$$G(s) = \frac{V_c(s)}{V_A(s)} \tag{3.119}$$

如果在 A 点注入信号并观察 V_c 和 V_{out}，则可以得到被控对象的传递函数 $H(s)$

$$H(s) = \frac{V_{out}(s)}{V_c(s)} \tag{3.120}$$

最后，如果在 A 点注入信号并观察 B 点输出，则可以获得整个系统的开环增益 $T(s)$

$$T(s) = \frac{V_B(s)}{V_A(s)} \tag{3.121}$$

考虑负反馈的反向动作，环路增益为

$$T(s) = -H(s)G(s) \tag{3.122}$$

此时，系统不稳定的条件是 B 点输出信号相位与 A 点相同（当然幅值也相等）。这一表示系统不稳定的完全滞后条件可以表示为

$$\angle T(j\omega) = -360° \text{或} 0° \tag{3.123}$$

这种情况下，相位裕度需要参照 $-360°$ 或 $0°$ 来测量。因此，图 3.34 中的 3 条曲线具有相同的相位裕度。通常，可以通过网络分析仪或 SPICE 仿真软件来获得图中所示的开环相位曲线。

值得注意是，只有当输入电压或输入电流在交流扫描期间保持恒定时，这种交流分析才有意义。因此，在交流分析时应当选定一个变换器所需分析的工作点，并且在交流扫描期间不再改变此工作点。

本节给出的例子中，环路被人为打开，这表示系统不处于闭环工作。但为了使系统能代表闭环的工作条件，需要在交流扫描期间创建其闭环工作点。如果变换器被调节输出为 19V/3A，而输入电压为 100V，那么意味着需要人为增加外部偏置，使输出保持在 19V，并提供 3A 的电流。这样做也许能够获得给定变换器的传递函数，但并不能获得系统的开环增益。由于环路的直流增益极高，直流信号中非常小的变化（如噪声、电源的热漂移等）都会导致输出到达其下限或上限。当运行大功率系统时，这是不希望看到的。幸运的是，存在替代方法可以在不打开环路的情况下获得开环测量结果，将在第 9 章研究实际案例时学习这一技巧。

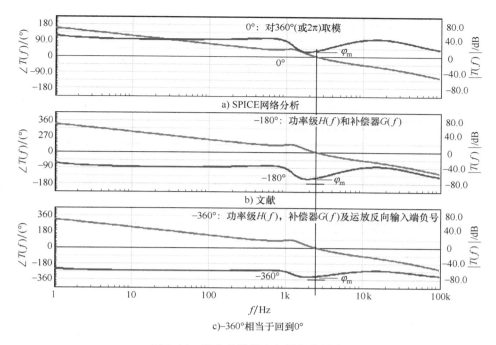

a) SPICE网络分析

b) 文献

c)–360°相当于回到0°

图 3.34　所有曲线具有相同相位裕度

3.3.5　开关变换器的相位裕度

在进行理论推导之前来看一个实际案例：电压模式控制的 Buck 变换器的平均模型[1]如图 3.35 所示。运算放大器周围的补偿元件通过 k 因子法自动给出，这一方法将会在下一章中讲述。根据这个自动计算模板，可以很容易地选择穿越频率处的相位裕度，并检验系统负载突变时的瞬态响应。

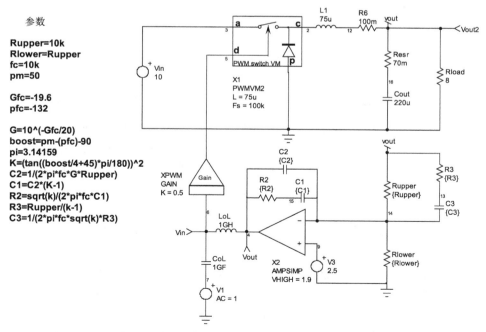

图 3.35　用以说明相位裕度对瞬态响应影响的电压模式控制的 Buck 变换器

　　系统的负载在 $1\mu s$ 内由 1A 阶跃到 2A，对应的输出电压响应如图 3.36 所示。图中纵坐标每格 20mV，当相位裕度为 76°时，输出超调仅为 0.05%；当相位裕度为 49°时，系统超调量提升到前面的 3 倍，但这个值仍然较低。可以发现相位裕度为 49°的系统比相位裕度为 76°的系统恢复的更快（$70\mu s$ 和 $227\mu s$）。为什么当相位裕度为 76°时，系统响应存在理论计算所没有的超调呢？这是因为仅有两个极点而没有零点的式（3.89）是系统传递函数的简化形式，仅在穿越频率附近近似。如果传递函数中还有额外的零点或更低的开环增益，那推导的近似品质因数 Q 不再有效。需要通过文献［2］中所述的方法进一步推导。那么以前的推导有何意义呢？这些推导解析地显示了开环传递函数的相位裕度对闭环系统瞬态响应的影响，指出相位裕度的选择是满足特定系统要求的关键。如图 3.36 所示，小的相位裕度会导致较大的闭环响应尖峰，大的相位裕度意味着没有超调但迟缓的响应。选择一个参数时需要与其他参数进行权衡：是选择迟缓但没有超调的响应，还是快速调整但具有超调的响应？

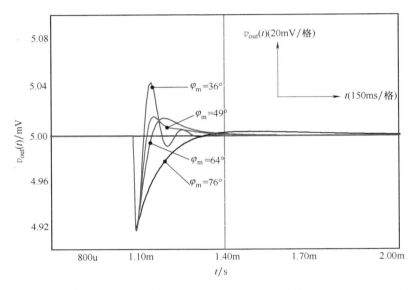

图 3.36　穿越频率一定、相位裕度不同时，系统输出瞬态响应的恢复时间和超调

3.3.6　变换器的控制延时

　　相位裕度是控制系统设计中的一个重要参数，不仅因为它必须根据所需的瞬态响应来选择，而且还因为传递函数的频率特性会随时间和产品的离散性而变化。这些变化主要归咎于温度漂移、元件老化、生产批次不同、或仅仅是一个元件的替换。作为设计工程师，必须确保这些变化不会危及变换器的稳定性。换言之，必须给总环路延迟一定范围内能安全变动的自由度，即"稳定裕度"。

　　系统环路由各种元件组成，它们可以是属于补偿器 G、被控对象 H、或是传感器。一些是无源器件，它们的杂散参数会劣化/变化。一个典型例子就是电容器的等效串联电阻（ESR），它会使系统传递函数增加零点进而影响变换器的小信号响应。当等效串联电阻随温度和其他许多因素变化而变化时，相应的零点位置也会发生改变。因此，必须采取措施使控制环路能够应对这些变化的产生。其他一些为有源器件如比较器、模数转换器、逻辑门等，一个简单例子是开关变换器中的脉宽调制器（PWM），这个调制器依据功率需求确定功率开关的导通时间。一个典型的 PWM 电路如图 3.37 所示。

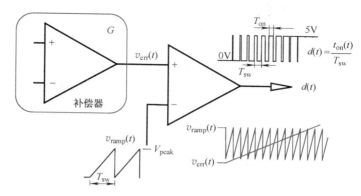

图 3.37　脉宽调制器——使用比较器在每次误差信号穿过斜坡时翻转输出

这个 PWM 电路通过比较误差电压信号 $v_{\mathrm{err}}(t)$ 和周期为 T_{sw} 的斜坡信号确定输出。当误差信号（+）高于斜坡信号（−）时，比较器输出高电平并使开关导通。这个高电平阶段即为开关导通时间（即 T_{on}），这个状态保持至斜坡信号超过误差，比较器输出再次变低。开关导通时间 T_{on} 和开关周期 T_{sw} 的比值被称为占空比，并记为 D

$$D = \frac{T_{\mathrm{on}}}{T_{\mathrm{sw}}} \tag{3.124}$$

由于 T_{on} 随时间变化。因此，占空比也可以表示为瞬时值

$$d(t) = \frac{t_{\mathrm{on}}(t)}{T_{\mathrm{sw}}} \tag{3.125}$$

根据误差信号调节占空比，控制系统就具有调节功率变换器的能力。为了进行交流分析，需要对这一模块进行建模以研究变换器从 $V_{\mathrm{c}}(s)$ 到 $V_{\mathrm{out}}(s)$ 的环路增益。调制器的时域方程非常简单：当锯齿波和误差信号相等时，输出切换。锯齿波信号在一个周期内是时间的线性函数，从 0 上升至 V_{peak}：

$$v_{\mathrm{ramp}}(t) = V_{\mathrm{peak}} \frac{t}{T_{\mathrm{sw}}} \tag{3.126}$$

在 $t = T_{\mathrm{on}}$ 时刻，v_{err} 和锯齿波相等，因此

$$v_{\mathrm{err}}(t) = V_{\mathrm{peak}} \frac{T_{\mathrm{on}}(t)}{T_{\mathrm{sw}}} = d(t) V_{\mathrm{peak}} \tag{3.127}$$

式中，$T_{\mathrm{on}}(t)$ 是 $v_{\mathrm{err}}(t)$ 等于锯齿波的开通时刻。

整理后有

$$d(t) = \frac{v_{\mathrm{err}}(t)}{V_{\mathrm{peak}}} \tag{3.128}$$

如果对这个方程在一个开关周期内求平均值，可以得到大信号方程

$$D(V_{\mathrm{err}}) = \frac{V_{\mathrm{err}}}{V_{\mathrm{peak}}} \tag{3.129}$$

再通过微分得到这个方程的交流传递函数：通过求取 $D(V_{\mathrm{err}})$ 对 V_{err} 的微分可以获得其对 V_{err} 的灵敏度，这一灵敏度即为小信号增益

$$\hat{d} = \frac{\mathrm{d}D(V_{\mathrm{err}})}{\mathrm{d}V_{\mathrm{err}}} = \frac{1}{V_{\mathrm{peak}}} \hat{v}_{\mathrm{err}} \tag{3.130}$$

这样，就获得了 PWM 调制器的增益 K_{PWM}

$$K_{\mathrm{PWM}} = \frac{1}{V_{\mathrm{peak}}} \qquad (3.131)$$

假设锯齿的峰值为 2V，则 PWM 调制器的小信号增益为 0.5 或 $-6\mathrm{dB}$。当研究功率级平台（例如 Buck 电路）的传递函数时，必须将脉宽调制器的小信号增益加到控制系统中，如图 3.35 中所使用的 XPWM 模块。如果想单独建立包括调制器增益的功率级模型，可以得到图 3.38 所示的方框图。

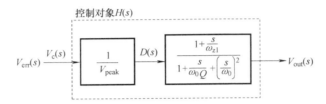

图 3.38　包含 PWM 调制器的被控对象传递函数

比较器会受到其响应时间的影响，当两个输入之间存在电压差时，实际输出的翻转需要一段处理时间，包括对寄生电容充电、开关切换等。对于一个比较器如 LM311，处理时间可以高达 250ns。这意味着，补偿器根据操作条件调节占空比变化会发生在 250ns 之后；这就是控制环中的延迟，也称为传输或传播延迟。直观地说，如果是在慢带宽系统（如 1kHz）中出现 250ns 的延迟，对控制环路的影响很小；但如果将控制带宽扩展到 100kHz（如应用于无线场合的微型高频 DC-DC 变换器），这 250ns 的延时就会影响到整个控制环路。

图 3.39 描述了信号 $u(t)$ 经过延迟为 τ 的模块的示意图。其输出信号 $y(t)$ 在经过 τ 秒的延迟之后才出现。因此，当你观察到输出信号 $y(t)$ 时，可以说你所看到的实际上是一个 τ 秒之前的信号（即图上的 $t_2 - \tau$ 时刻）。在数学上这个模块可以表示为

$$y(t) = u(t - \tau) \qquad (3.132)$$

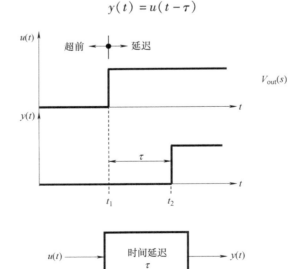

图 3.39　通过对输入信号的时域移位表示的延迟

现在，为了进行小信号分析，将这个延迟模块变换到拉普拉斯域中。对式（3.132）的拉

普拉斯变换可以表示为

$$L[y(t)] = L[u(t-\tau)] \tag{3.133}$$

粗略一看，不知道这个方程的结果，但是可以想其他方法来求解它。假定 $u(t)$ 是振幅为 A 的正弦波。根据 Euler（欧拉）公式，能将这个信号表示为

$$u(t) = Ae^{j\omega t} \tag{3.134}$$

当该信号通过延迟模块，其幅值不受影响，但会受到如式（3.132）所述的延迟。延迟的影响就是将式（3.134）中的 t 变成 $t-\tau$

$$y(t) = Ae^{j\omega(t-\tau)} = Ae^{j\omega t - j\omega\tau} \tag{3.135}$$

由于 $e^a e^b = e^{a+b}$，因此有

$$y(t) = Ae^{j\omega(t-\tau)} = Ae^{j\omega t}e^{-j\omega\tau} \tag{3.136}$$

式（3.136）第一项为 $u(t)$，第二项延迟的影响。对上述方程采用拉普拉斯变换，得到

$$Y(s) = U(s)e^{-s\tau} \tag{3.137}$$

因此延迟模块的传递函数为

$$\frac{Y(s)}{U(s)} = e^{-s\tau} \tag{3.138}$$

回到频域中，延迟模块的频率特性是

$$\frac{Y(j\omega)}{U(j\omega)} = e^{-j\omega\tau} = e^{j\varphi} \tag{3.139}$$

根据 Euler 表达式，可以将 $Ae^{j\varphi}$ 表示为正弦波形式

$$Ae^{j\varphi} = Ae^{j\omega t} = A[\cos(\omega t) + j\sin(\omega t)] \tag{3.140}$$

因为指数中有负号，$\varphi = -\omega\tau$，所以有

$$\arg e^{-j\omega\tau} = \arctan\left[\frac{\sin(-\omega\tau)}{\cos(\omega\tau)}\right] = -\omega\tau \tag{3.141}$$

和

$$|e^{-j\omega\tau}| = \sqrt{\sin^2(\omega\tau) + \cos^2(\omega\tau)} = 1 \tag{3.142}$$

为了检查模块的频率特性，可以基于文献［3］中建议的设置利用 SPICE 软件进行仿真。这个延时的设置如图 3.40 中的虚线框所示，负载为匹配的特征阻抗（示例中为 50Ω）。

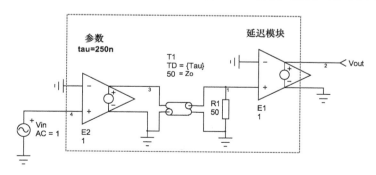

图 3.40   一个用于模拟功率变换器中延迟的简单延时线电路

图 3.41 给出了这种具有 250ns 延迟的子电路的频率特性，图中整个扫描频率段的幅度都为 1。随着频率的提高，相位开始滞后：在频率为 1kHz 时，由延迟导致的相位滞后是可以忽略的；但在 100kHz 时，根据式（3.141）计算的相位滞后为

$$\varphi = -\omega\tau = -100k \times 6.28 \times 250n \times \frac{180°}{\pi} = -9° \qquad (3.143)$$

与图 3.41 中所示吻合。而在 200kHz 时相位延时下降到 $-18°$。250ns 的延迟似乎不多，但如果考虑整个传输链，这个延时就可能很长。延迟不仅取决于 PWM 模块，还取决于内部逻辑电路，包括关断功率开关的方式。逻辑传输延迟可以很小，但是如果为了 EMI 而慢慢地关断 MOSFET，就会造成额外的延时，通常 $300 \sim 400$ns 的总传输延迟并不少见。

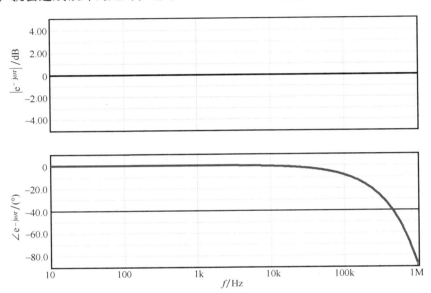

图 3.41 整个频谱的幅度为 0dB，但相位随着频率的增加而滞后

3.3.7 拉普拉斯域中的延时

已知在信号传输链中存在延时，将延时模块代入图 3.38 后可以得到包含延时成分的图 3.42。因此，电压模式 Buck 变换器的传递函数可以表示为

$$H(s) = \frac{e^{-s\tau}}{V_{\text{peak}}} \frac{1 + \dfrac{s}{\omega_{z1}}}{1 + \dfrac{s}{\omega_0 Q} + \left(\dfrac{s}{\omega_0}\right)^2} \qquad (3.144)$$

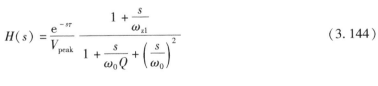

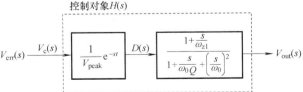

图 3.42 包含 PWM 延迟的信号传输链

现在的问题是如何在考虑延时项 $e^{-s\tau}$ 的情况下进行零极点分析或根轨迹分析。显然，需要用一个零极点表达式来代替这个延时表达式，它能够再现图 3.41 的频率特性。在图中看到随着 x 轴频率的增加，相位延迟不断加大。那么什么样的传递函数能够使相位延迟随着频率增

加而增加呢？一个极点就可以做到。但是，单极点传递函数的幅值会随着频率变化而变化。为了抵消频率增加时幅度的下降，能否再引入一个零点呢？一个零点虽然能够抵消幅值的下降，但同时它也会抵消相位的滞后，除非引入一个右半平面（RHP）零点。这样的零点具有与左半平面零点相同的幅值，但相位变成滞后，并与极点的滞后累积起来。于是，这个系统具有与延迟环节接近的频率特性，其幅值保持不变而相位延迟随频率增加。因此，延迟环节可以用下式来近似：

$$e^{-s\tau} \approx \frac{1 - s/\omega_\tau}{1 + s/\omega_\tau} \tag{3.145}$$

应该如何选择 ω_τ 来匹配所对应的延时函数呢？式（3.145）左右两边表达式的相位必须相等，也就是

$$\arg(e^{-s\tau}) = \arg\left(\frac{1 - s/\omega_\tau}{1 + s/\omega_\tau}\right) \tag{3.146}$$

根据式（3.141），可以将式（3.146）进一步整理为

$$-\omega\tau = \arg(1 - s/\omega_\tau) - \arg(1 + s/\omega_\tau) \tag{3.147}$$

用 $j\omega$ 取代 s 后进行复数运算

$$-\omega\tau = \arctan\left(-\frac{\omega}{\omega_\tau}\right) - \arctan\left(\frac{\omega}{\omega_\tau}\right) = -2\arctan\left(\frac{\omega}{\omega_\tau}\right) \tag{3.148}$$

运用 $\arctan(x)$ 的泰勒级数展开式 $x - \dfrac{x^3}{3} + \dfrac{x^5}{5} + \cdots$ 代入到式（3.148）的等式右边项中得

$$-\omega\tau \approx -2\left[\frac{\omega}{\omega_\tau} - \frac{(\omega/\omega_\tau)^3}{3} + \frac{(\omega/\omega_\tau)^5}{5}\right] \tag{3.149}$$

如果只讨论 $\omega_\tau \gg \omega$ 的情况，那么所含的高次方项都可以忽略，上式简化为

$$\omega\tau \approx 2\frac{\omega}{\omega_\tau} \tag{3.150}$$

于是，可以得到 ω_τ 的表达式为

$$\omega_\tau \approx \frac{2}{\tau} \tag{3.151}$$

对应地，式（3.145）可以被改写为

$$e^{-s\tau} \approx \frac{1 - \dfrac{s\tau}{2}}{1 + \dfrac{s\tau}{2}} \tag{3.152}$$

实际上这个表达式就是指数表达式的一阶 Pade 级数逼近

$$e^x \approx \frac{1 + \dfrac{x}{2}}{1 - \dfrac{x}{2}} \tag{3.153}$$

采用上述近似表达式时需要注意到，已假设了 $\omega_\tau \gg \omega$。因此，当频率 ω 增加时，近似表达式的结果会偏离实际值。如果偏差太大，就需要采用更高阶的 Pade 级数，这种情况超出了本书的讨论范围，有兴趣的读者可以查看文献［4］，里面有更为全面的讨论。

如图 3.43 所示，延迟可以在 SPICE 中用延时线建立。SPICE 中的延时线通常会增加计算时间，有时可能会导致收敛问题。此外，一些简单的仿真软件在其器件列表中不包括延时线

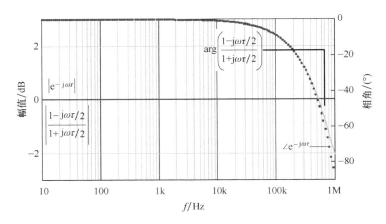

图 3.43　延时的指数表达式与近似表达式的频率特性对比（$\tau = 250\text{ns}$）

模块，这没有关系，第 2 章已经给出了如何用运算放大器和加法器来构造一个右半平面零点。再增加一个与零点对应的极点，就可以得到需要的延时模块！如图 3.44 所示。

这个 250ns 的延时模块的频率特性如图 3.45 所示。虽然是一阶近似，但它与图 3.43 所示的频率特性非常一致。

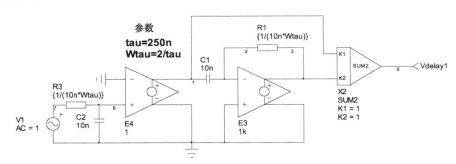

图 3.44　一个极点和一个右半平面零点组合构成的延时模块

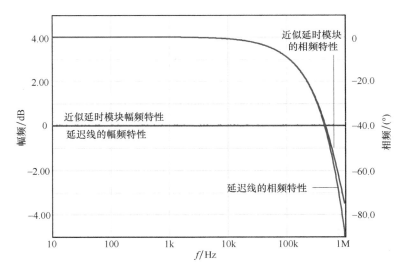

图 3.45　基于运算放大器的近似延时模块与延时线的频率特性对比

3.3.8　延时裕度与相位裕度

由延时模块的定义可以看出，在插入延时模块后，环路增益的幅值不变，仅相位发生变化。对单位反馈系统的稳定性分析时，需要在其特征方程 $1 + T(s) = 0$ 中考虑延时的影响

$$\chi(s) = 1 + e^{-s\tau}T(s) = 0 \tag{3.154}$$

现在重要的是检查延时 τ 在不危及系统稳定性的情况下能安全地变化多少。如果定义最大延迟为 τ_{max}，则式（3.154）可以重写为

$$\chi(s) = 1 + e^{-s\tau_{max}}T(s) = 0 \tag{3.155}$$

$\chi(s) = 0$ 的条件没有发生改变，在穿越频率处有

$$|e^{-s\tau_{max}}T(\omega_c)| = 1 \tag{3.156}$$

由于 $|e^{-s\tau_{max}}| = 1$，式（3.156）可以近似为

$$|T(\omega_c)| = 1 \tag{3.157}$$

引入延时后，相位条件变化为

$$-\pi = \arg(e^{-s\tau_{max}}) + \arg T(\omega_c) = -\omega\tau_{max} + \arg T(\omega_c) \tag{3.158}$$

根据式（3.8）对相位裕度的定义

$$\varphi_m = \pi + \arg T(\omega_c) \tag{3.159}$$

可以将 T 提取出来，并将其代入（3.158）以求解 $\omega\tau_{max}$

$$\tau_{max} = \frac{\varphi_m}{\omega_c} \tag{3.160}$$

式中，ω_c 为系统开环增益的穿越频率；φ_m 是没有相位延迟情况下的相位裕度。

如果系统实际存在延时 τ，则延迟裕度可以定义为

$$\Delta\tau = \tau_{max} - \tau \tag{3.161}$$

现在通过一个降压变换器的例子来分析 PWM 模块中延迟的影响，将延时模块与 PWM 模块级联，更新图 3.35 中所示的 Buck 变换器原理图，如图 3.46 所示。设定的转换延迟为 250ns，开关频率为 1MHz。

环路增益 $T(s)$ 的频率特性在图 3.47 中给出，系统设定的穿越频率为 100kHz。这样的穿越频率看起来很高，但在手机制造商所采用的小功率 DC-DC 变换器中十分常见。补偿器在穿越频率 100kHz 处有 49.5° 的相位裕度，应用式（3.160），在测量 $\arg T(s)$ 时已经考虑了 250ns 的延迟，进一步计算在调制环节或其他环节中还可以接受的延时值为

$$\Delta\tau = \frac{\varphi_m}{\omega_c} = \frac{49.5}{2\pi \times 100k} \frac{\pi}{180} = 1.375\mu s \tag{3.162}$$

考虑到原有 250ns 的延时，系统可以接受的最大延时为

$$\tau_{max} = \tau + \Delta\tau = 1.375\mu s + 250ns = 1.625\mu s \tag{3.163}$$

为了核实这个结果，将延时增加到 1.625μs，然后更新系统伯德图如图 3.48 所示。正如预期的那样，相位裕度下降为 0：系统不能稳定。

通过对延迟裕度的分析，得到如下结论：当控制环路存在延迟时，必须时刻对照相位裕度与穿越频率；当穿越频率高时，一个小的附加延时就可能导致系统不稳定；仅仅相位裕度的分析有时会导致系统鲁棒性结论的错误，特别是在高带宽系统中更加明显；因此，在高速 DC-DC 变换器中，考虑延迟裕度比相位裕度更好。

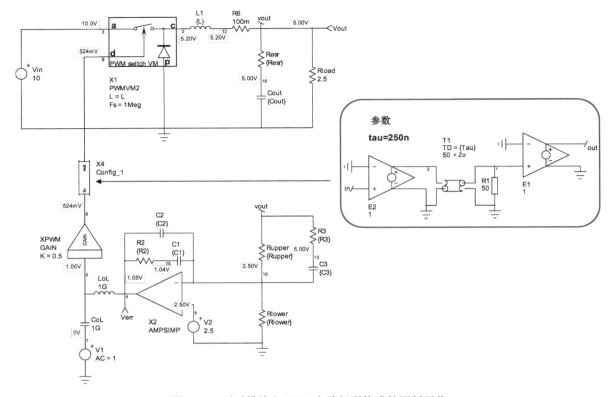

图 3.46　延时模块和 PWM 电路级联构成的调制环节

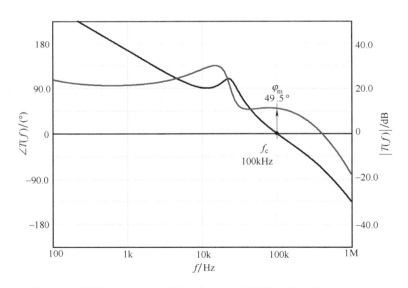

图 3.47　补偿后，1MHz 开关频率 Buck 变换器穿越频率为 100kHz，
相位裕度为 49°，PWM 延时为 250ns

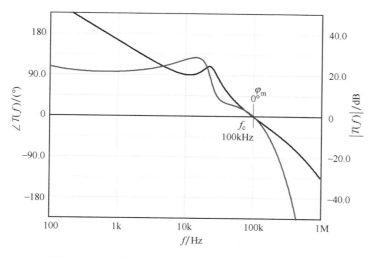

图 3.48　延时增加到最大值 $1.62\mu s$ 时相位裕度变为 0

3.4　选取穿越频率

如图 3.28 所示的闭环控制系统，希望输出能够完全跟随输入的设定值。在单位增益系统中，输入信号和输出信号在幅值和相位上完全匹配。但是，这种匹配可以在任何频率下成立吗？答案是否定的，系统的频率响应会有一个物理极限，当频率超过这个极限之后，系统反应的时间就会显著影响其响应，这个频率的物理极限称为带宽。也就是，如果输入信号变化太快，控制系统将无法跟随设定的输入信号。类似地，如果扰动的频率或其频谱分量比系统的带宽高，那么系统就不能保证对其的抑制性能，输出会出现漂移或失真。一种解决方案是尽可能地增大系统带宽，但是这会让系统对噪声过于敏感，特别在考虑开关电源时，其输出纹波是很大的噪声来源。因此必须对闭环带宽加以限制，由开环传递函数的穿越频率 f_c 来设定。

根据前面的介绍，在某些场合，系统的闭环响应可以近似为二阶传递函数，其品质因数 Q 取决于开环下的相位裕度。和其他任何传递函数一样，二阶系统受到带宽的影响，如同一个滤波器。所谓带宽，指系统的幅值相对于零频率处幅值（或直流增益）下降 3dB 的频率。如果零频率处幅值为 1 （或者说为 0dB），如图 3.49 所示，那么，幅值变为 0.707 （或者 $-3dB$）处的频率称为控制系统的带宽，也称为截止频率。如何选择闭环控制系统的带宽（或者截止频率）呢？一般可以通过设定系统开环传递函数的穿越频率 f_c 的方法进行选择，而穿越频率通过补偿器 G 来设计（如配置 G 的零点、极点和增益来补偿被控对象传递函数 H）。图 3.49 示例展示了这个方法。

在图 3.49a 中，被控对象传递函数为 $H(s)$，设计 1kHz 的穿越频率时，观察被控对象在该频率点的幅值和相位，可以得到此处幅值衰减为 $-6dB$，相位滞后 37°。图 3.49b 为补偿器的频率响应，在 1kHz 处的幅值为 6dB，相位抬升 37°。画出图 3.49c 所示的 $T(s) = H(s)G(s)$ 传递函数时，可以看到，其穿越频率为 1kHz，相位裕度为 90°。如果按照式（3.90），在图 3.49d 中画出其闭环增益，可以看到，在 1kHz 以前，增益曲线是平的；在 1kHz 处，其增益衰减了 3dB，这就是截止频率。此外，如图 3.31 所示，改变相位裕度也会影响系统的截止频

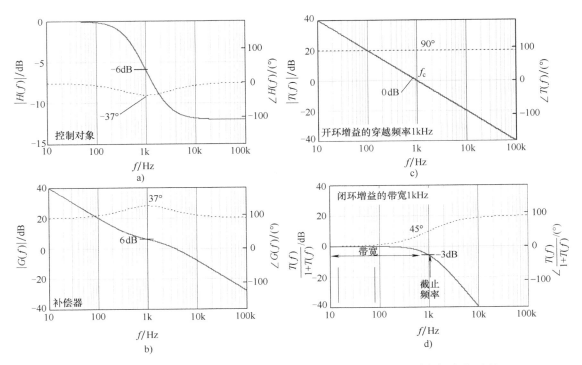

图 3.49 穿越频率一般是系统的近似带宽，当相位裕度为 90° 时它们完全匹配

率和带宽，穿越频率和截止频率刚好相等的情况只发生在相位裕度为 90° 时。对于其他情况可以认为，欠阻尼系统的闭环带宽大约等于开环穿越频率的 1.5 倍，这可以在图 3.31 中得到验证。

在大多数的开关变换器设计案例中，通常会将穿越频率放置在开关频率的 1/5 或者 1/10 处。但是很少有人知道，穿越频率实际上还影响着变换器的其他参数，例如其输出阻抗：这两者之间是有关联的。因此，一旦选好了输出电容（取决于其运行参数，例如电流有效值、温度或者要求的电压纹波），设计者可以分析并选出合适的穿越频率来满足输出跌落的要求。同样的道理适用于相位裕度如何影响瞬态响应（输出过冲和恢复时间）。下面探讨穿越频率和输出阻抗之间的联系。

在线性变换器中，穿越频率也影响着输出阻抗。因此，如果将输出跌落幅度作为设计要求，就需要通过选择合适的穿越频率来减小该参数。相反，如果调整时间更重要，就需要选择合适的穿越频率来优先满足调整时间的要求。本节的设计案例将回到线性情况下进行分析。

3.4.1 简化的 Buck 电路

Buck 变换器是降压开关变换器（例如，输入电源为 10V，转换后输出为 5V），通常可以建模为一个低阻抗方波发生器，后面跟一个 LC 网络，如图 3.50 所示。

通过短路输入激励，可以得到网络的输出阻抗，是电感和电容的并联网络

$$Z_{out} = (sL_{out} + r_L) \parallel \left(r_C + \frac{1}{sC_{out}} \right) \tag{3.164}$$

通过观察可以看出：直流情况下，电感电阻支路中的 r_L 占网络阻抗的主导地位（直流时 L_{out} 短路、C_{out} 开路），当频率升高时，电感开始起作用。频率继续升高，电容器支路开始取代

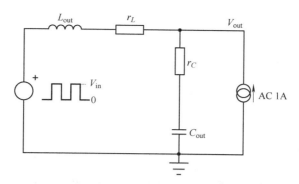

图 3.50　一种简化的 Buck 电路表示法，其中电流源用来交流扫描输出阻抗

电感支路，直到电容可以被认为短路，只剩下其串联损耗电阻 r_C。如果用 SPICE 交流扫描这个无源网络的输出阻抗，可以得到图 3.51 所示的曲线。

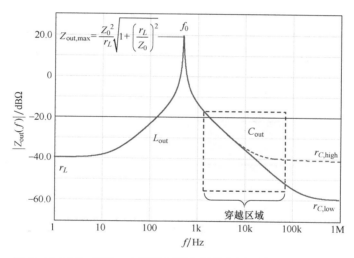

图 3.51　如式（3.164）所示，在图的两端电阻都主导了输出阻抗（$f = 0$ 和 $f = \infty$）

如图，在谐振频率 f_0 处出现了一个尖峰。如果忽略掉电容 ESR，可以得到这个谐振尖峰的最大值，如文献［1］所描述的

$$Z_{\text{out,max}} = \frac{Z_0^2}{r_L} \sqrt{1 + \left(\frac{r_L}{Z_0}\right)^2} \tag{3.165}$$

式中，Z_0 是滤波器的特征阻抗，$Z_0 = \sqrt{\dfrac{L_{\text{out}}}{C_{\text{out}}}}$；$r_L$ 是电感的串联电阻。

这种尖峰是 Buck 电路输出阻抗的典型特征。假设 LC 滤波器已经以损耗最小化进行了优化（损耗会增大滤波器的阻尼），因此品质因数很高，阻抗曲线具有严重的尖峰。引入反馈回路的目的之一就是最小化输出阻抗，使得负载发生阶跃时，输出电压的跌落保持最小。在图 3.51 中，滤波器的自然输出阻抗在谐振频率处急剧上升。因此，如果选择的穿越频率在 LC 滤波器谐振频率以下，将没有足够的增益来消除谐振。并且，即使具有良好的相位裕度，系统也将严重振荡。如果想要获得良好的瞬态响应，必须确保环路增益足够高，来抑制谐振尖峰。换句话讲，选择穿越频率 f_c 时，必须明显高于 f_0，以便在峰值处有足够的增益，通常 5 倍就足够了，但这取决于闭环阻抗中是否还存在峰值。如果尖峰依然存在，就必须提高谐振

99

频率处的增益，或者说选择一个更高的穿越频率。

在图 3.51 中，如果选择的穿越频率高于谐振频率，可以看到阻抗主要由输出电容 C_{out} 和它的电阻损耗 r_C 决定（除非 r_C 值非常小）。在穿越频率处，考虑这二者的近似输出阻抗为

$$|Z_{out}(f_c)| \approx \sqrt{\left(\frac{1}{2\pi f_c C_{out}}\right)^2 + r_C^2} \tag{3.166}$$

这个近似等式，有意忽略了电容的复杂模型，没有考虑电容的寄生电感，即等效串联电感（ESL）。等效串联电感在很大 $di/(dt)$ 的负载突变时起作用，给系统带来剧烈的瞬态响应，控制环路无法抑制这种响应。唯一的解决方法是选择（或组合）低 ESL 类型的电容，例如多层电容。在主板的 DC-DC 变换器中，每微秒几十安培的电流变化率是很常见的。这种情况下，计算变换器输出跌落时，考虑 ESL 的影响就至关重要了。

图 3.52 展示了电源受到剧烈负载变化时的典型响应。输出电容包含了两种杂散参数：ESR 和 ESL。第一次下降时由于 ESL 的存在，它的幅值一般是 $Ldi_{out}(t)/(dt)$，其中 L 是输出电容的 ESL，$di_{out}(t)/(dt)$ 是输出电流的变化率。在 ESL 电压的顶部，能看到 ESR 上电压，而且简单计算的话，等于 $r_C\Delta I_{out}$，斜率就是电流的变化率。当电流达到最大值，然后变得平坦时，ESL 上的电压下冲也随即消失。但电压还会继续下冲，直到控制环路调整回来。因此可以看到电压下冲值取决于输出电容和穿越频率。文献［5］详细研究了杂散参数在专门为主板供电的 DC-DC 变换器设计中的影响。

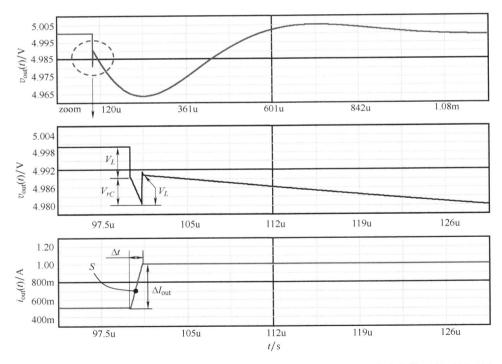

图 3.52　考虑所有寄生参数时，电流的阶跃响应中每个杂散参数作用的不同区域

如果假设电流变化率比上文所述慢很多（例如大约为 $1A/\mu s$，对于隔离型变换器和通用电源来讲的典型值），ESL 的影响就很弱了，通常可以忽略。此时，电压的暂态响应只由电容和电阻构成，如图 3.53 所示。

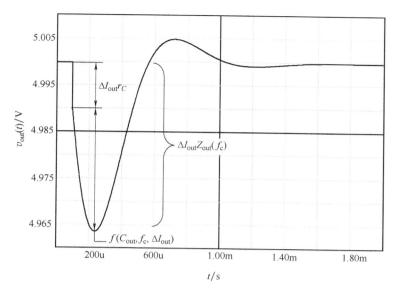

图 3.53　电压跌落是电容负尖峰和 ESR 压降之和（带宽会影响电容部分的作用，
但不会影响 ESR 部分的作用）

因此，在没有 ESL 的情况下，第一次电压下冲是电容的 ESR 造成的，它看起来是竖直的。将图 3.52 缩放后也可以得到类似的波形。同样，除了选择低 ESR 电容外，无法采取任何措施来减小它。第二次电压下降就纯粹是电容的作用了，它的幅度取决于若干因素，例如穿越频率、输出电容本身和电流变化的幅度。这一项，可以通过改变穿越频率来达到希望的值，下面来看看怎么实现。

3.4.2　闭环下的输出阻抗

电源总是可以用戴维南（Thevenin）等效电路来表示，该电路包含了一个直流发生器 V_{th}，输出阻抗 R_{th}。为了得到这些参数，可以首先将变换器运行在开环模式下，如图 3.54 所示。变换器由电压 V_c 控制，给负载提供电流。输出包含电容 C_{out}，受 ESR r_c 的影响。

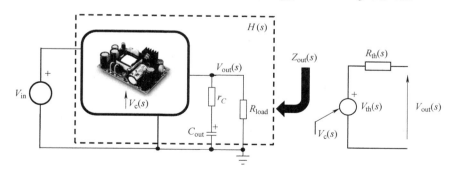

图 3.54　电源总是可以用戴维南等效电路来表示

图 3.55 给出了一种简化的表示方法。可以看到，控制电压 V_c 驱动功率级传递函数 H，注意 H 包含了给定 V_{in} 下向负载提供电流的整个被控对象的传递函数。功率级的输出阻抗通过串联一个输出阻抗（和 R_{th} 等价，命名为 $Z_{out,OL}$，OL 表示开环）来模拟。

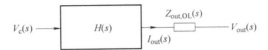

图 3.55　简化的示意图（受输出阻抗 $Z_{\text{out,OL}}$ 影响，输出电流在输出阻抗上产生压降）

稍加计算，可以获得输出电压的表达式：

$$V_{\text{out}}(s) = V_{\text{c}}(s)H(s) - I_{\text{out}}(s)Z_{\text{out,OL}}(s) \tag{3.167}$$

式（3.167）右侧的第二项表示降落在输出阻抗 $Z_{\text{out,OL}}$ 上的压降。假设想将此开环系统变为闭环的变换器，需要插入一个"比较"模块和一个补偿器 $G(s)$。新的框图如图 3.56 所示，其中反馈回路增益为 1。不同于图 3.19，这是一种更加物理化的表示方法，但它们是等价的。新的控制变量不再是 V_{c}，而是 V_{ref}。

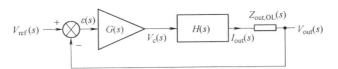

图 3.56　简化示意 3.55 的闭环系统

沿着信号传输路径，可以推导出该简化控制框图中 $V_{\text{out}}(s)/V_{\text{ref}}(s)$ 的传递函数为

$$V_{\text{out}}(s) = [V_{\text{ref}}(s) - V_{\text{out}}(s)]G(s)H(s) - Z_{\text{out,OL}}(s)I_{\text{out}}(s) \tag{3.168}$$

$$V_{\text{out}}(s)[1 + G(s)H(s)] = V_{\text{ref}}(s)G(s)H(s) - Z_{\text{out,OL}}(s)I_{\text{out}}(s) \tag{3.169}$$

$$V_{\text{out}}(s) = V_{\text{ref}}(s)\frac{G(s)H(s)}{1 + G(s)H(s)} - \frac{Z_{\text{out,OL}}(s)}{1 + G(s)H(s)}I_{\text{out}}(s) \tag{3.170}$$

定义开环回路增益 $T(s)$ 为 $G(s)H(s)$，可以将闭环的表达式改写为

$$V_{\text{out}}(s) = V_{\text{ref}}(s)\frac{T(s)}{1 + T(s)} - \frac{Z_{\text{out,OL}}(s)}{1 + T(s)}I_{\text{out}}(s) \tag{3.171}$$

在式（3.171）中等号右侧有两项，第一项表示：不管给定的 V_{ref} 有多精准，即使输出阻抗为 0，输出电压也不能完全达到给定值。在设定值和输出电压间总有一个小的误差称为直流静态误差，如果忽略闭环下输出阻抗上的直流压降，那么设定值（V_{ref}）和输出值之间的偏差可以表示为

$$\varepsilon_0 = V_{\text{ref}} - V_{\text{ref}}\frac{T_{(0)}}{1 + T_{(0)}} = V_{\text{ref}}\left(1 - \frac{T_{(0)}}{1 + T_{(0)}}\right) = V_{\text{ref}}\left(\frac{1}{1 + T_{(0)}}\right) \tag{3.172}$$

如果直流增益 $T_{(0)}$ 变为无穷大，那么误差 ε_0 就没有了，输出完全等于设定值 V_{ref}。因此，在设计控制器时，应当尽量增大直流增益来减小变换器的静态误差。一种方法是对误差电压进行积分，来使得在 $s=0$ 处的增益无穷大，这种方法在第一章中已经进行了描述。那么积分的 Laplace 变换是什么呢？相当于在传递函数 $G(s)$ 中引入了一项 $1/s$。后面会看到传递函数分母中单独的 s 被称为原点极点，当 $s=0$ 时，这项系数就变成了无穷大，正是期望得到的特性！

再来看式（3.171）右侧第二项，发现闭环阻抗是开环阻抗除以环路增益，因此直流增益能够用于减小闭环直流阻抗。此外，类似于式（3.24），将输出电流看作为扰动时，分母中的环路增益也能够抑制输出电流扰动。总之，新的输出阻抗的表达式，即闭环下的输出阻抗 $Z_{\text{out,CL}}$ 变为

$$Z_{\text{out,CL}}(s) = Z_{\text{out,OL}}(s)\frac{1}{1+T(s)} \tag{3.173}$$

计算上式的幅值，可以得到

$$\left|Z_{\text{out,CL}}(s)\right| = \left|Z_{\text{out,OL}}(s)\right|\left|\frac{1}{1+T(s)}\right| \tag{3.174}$$

可见，闭环输出阻抗是开环输出阻抗乘以一个和环路增益相关的矫正项。如果在补偿器 $G(s)$ 中增加了一个原点极点，环路增益在直流点（$s=0$ 处）处无穷大，使得闭环的直流输出阻抗几乎为 0。图 3.50 所示的滤波器中，由于控制系统的作用，闭环直流输出阻抗会远远小于 r_L。随着频率增加，$T(s)$ 会在穿越频率 f_c 处穿过 0dB。如果现在 $T(s)$ 的幅值随频率上升而下降，那么它对输出阻抗的作用逐渐变弱，直到在穿越频率处矫正项近似为 1，闭环输出阻抗已经回到其开环值

$$\left|Z_{\text{out,CL}}(f_c)\right| = \left|Z_{\text{out,OL}}(f_c)\right| \tag{3.175}$$

为了说明这一道理，在图 3.51 的 Buck 变换器开环输出阻抗曲线中，加入闭环输出阻抗和环路增益曲线，如图 3.57 所示。

在图 3.57 中，可以清楚地看到环路增益下降的影响：在 10kHz 频率处，开环输出阻抗和闭环输出阻抗曲线开始重合，在这一点，输出阻抗几乎和没有反馈时的一样。下面试着解释"几乎一样"的一些含义。

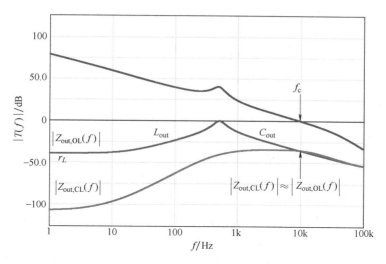

图 3.57 当频率增加时环路增益下降，这明显影响了输出阻抗

3.4.3　穿越频率处的闭环输出阻抗

为了得到输出阻抗在穿越频率处的准确值，需要推导式（3.174）右边项的幅值。实际上一直在观察穿越频率附近的环路增益，比如图 3.29。

$$\left|\frac{1}{1+T(j\omega_c)}\right| = \left|\frac{1}{\dfrac{1}{j\dfrac{\omega_c}{\omega_0}\left(1+j\dfrac{\omega_c}{\omega_2}\right)}+1}\right| = \sqrt{\frac{(\omega_c\omega_2)^2+\omega_c^4}{(\omega_c\omega_2)^2+(\omega_c^2-\omega_c\omega_2)^2}} \tag{3.176}$$

用式（3.99）的定义来替代 ω_c，用式（3.92）的定义来替代 ω_0，则上式变为

$$\left|\frac{1}{1+T(\mathrm{j}\omega_\mathrm{c})}\right| = \sqrt{\frac{Q^4\omega_2^2}{\omega_0^2 + Q^4\omega_2^2 + \omega_0\omega_2 - \omega_0\omega_2\sqrt{4Q^4+1}}} \tag{3.177}$$

$$= \frac{1}{2Q\sqrt{\dfrac{2Q^2+1-\sqrt{1+4Q^4}}{\left(1+\sqrt{1+4Q^4}\right)\left(\sqrt{1+4Q^4}-1\right)}}}$$

现在，用式（3.110）中的定义来替换 Q，简化结果后为

$$\left|\frac{1}{1+T(\mathrm{j}\omega_\mathrm{c})}\right| = \frac{1}{\sqrt{\dfrac{1}{\cos\varphi_\mathrm{m}}\left[2\cos\varphi_\mathrm{m}+\left(\dfrac{1+\cos^2\varphi_\mathrm{m}}{\sin^2\varphi_\mathrm{m}}\right)(\cos^2\varphi_\mathrm{m}-1)+1-\cos^2\varphi_\mathrm{m}\right]}} \tag{3.178}$$

整理上式，可以得到

$$\left|\frac{1}{1+T(\mathrm{j}\omega_\mathrm{c})}\right| = \frac{1}{\sqrt{2-2\cos\varphi_\mathrm{m}}} \tag{3.179}$$

这就是闭环增益幅值的表达式。因此，对于 90°相位裕度，可以得到 0.707（或者 -3dB）的闭环增益幅值。在上述情况下，开环穿越频率和闭环截止频率是相等的。对于不同的相位裕度，闭环增益可能出现尖峰，截止频率会偏离开环的穿越频率，如图 3.31 所示。

回到式（3.166）中表示的近似输出阻抗，如果按照准确定义，输出阻抗表达式为

$$|Z_\mathrm{out}(f_\mathrm{c})| = \sqrt{\left(\frac{1}{2\pi f_\mathrm{c}C_\mathrm{out}}\right)^2 + r_C^2}\,\frac{1}{\sqrt{2-2\cos\varphi_\mathrm{m}}} \tag{3.180}$$

根据这个表达式，就可以将穿越频率与输出阻抗联系起来了。同样地，也可以将穿越频率和闭环调整时间联系起来。在下面的例子中，将根据变换器输出电压跌落这个重要指标来设计穿越频率。假设选择 $1000\mu\mathrm{F}$ 的输出电容（电容选择的依据包括：高温下的通流能力、体积和成本等），从生产商的数据手册中，了解到其 ESR 值为 $30\mathrm{m}\Omega$。假设设计要求是：当输出电流突然变化 2A 时，输出电压最大跌落 V_p 为 90mV。首先，计算 ESR 的影响：

$$V_\mathrm{ESR} = \Delta I_\mathrm{out} r_C = 2\mathrm{A} \times 30\mathrm{m}\Omega = 60\mathrm{mV} \tag{3.181}$$

显然，如果这个压降超过了允许的最大压降值，那么只有选择一个拥有较小 ESR 的更大电容，或者采用多个电容器并联。当然，这个例子的情况不同，将尝试选择穿越频率来满足对电压下跌的要求。根据简化的阻抗表达式，可以选择合适的穿越频率，使得在 ESR 上的 60mV 压降加上 $1000\mu\mathrm{F}$ 电容的影响，输出电压总下跌低于 90mV。对于 2A 的跳变，闭环下的输出阻抗必须低于

$$Z_\mathrm{out}(f_\mathrm{c}) < \frac{V_\mathrm{p}}{\Delta I_\mathrm{out}} < \frac{90\mathrm{mV}}{2\mathrm{A}} = 45\mathrm{m}\Omega \tag{3.182}$$

式（3.180）用起来比较复杂，由于电容值及其 ESR 值的离散性会达到 30%或者 40%，计算小数点后第 3 位这样的精度没有意义。由经验知采用式（3.175）的计算结果在工程上是可以接受的。因此，穿越频率可以通过解下述方程获得

$$\sqrt{\left(\frac{1}{2\pi f_\mathrm{c}C_\mathrm{out}}\right)^2 + r_C^2} \approx Z_\mathrm{out}(f_\mathrm{c}) \tag{3.183}$$

求解得到对穿越频率 f_c 的要求为

$$f_\mathrm{c} > \frac{1}{2\pi C_\mathrm{out}\sqrt{Z_\mathrm{out}(f_\mathrm{c})^2 - r_C^2}} = \frac{1}{6.28 \times 1\mathrm{mF} \times \sqrt{45^2 - 30^2}\,\mathrm{m}\Omega} = 4.7\mathrm{kHz} \tag{3.184}$$

显然，这是一个近似值，需要在实验中进行验证。但经验表明，最终结果和预期的结果相差不远。上述推导对穿越频率选择具有良好的指导作用。

3.4.4 缩放参考值以获得所需要的输出

在大多数绘图示例中，为了简单起见，将输出直接与设定值进行比较（如在图 3.56 中）。实际上，该设定值由参考源给定，与实际的输出值相比，参考源的电压可能很低。例如，绝大多数参考源是基于带隙的电压基准，其电平为 1.25V。因此，在输出电压远高于 1.25V 的高压应用中（如功率因数校正电路中的输出电压为 400V），并不直接观察 V_{out}，而是观察它缩小后的值，这是通过在被测变量和误差放大器的输入之间安装电阻分压器来实现。图 3.58 显示了这种带运算放大器的典型电路。

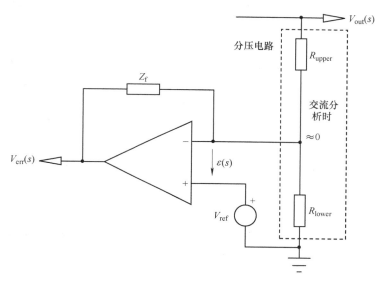

图 3.58　在功率变换器中，会在被观测电压和参考电压间加入分压器

这种电阻分压器引入了一个比例项

$$\alpha = \frac{R_{lower}}{R_{lower} + R_{upper}} \tag{3.185}$$

在前面的例子中，运算放大器通过元件 Z_f 进行反馈。运算放大器具有众所周知的特征，称为虚拟接地（虚短）。其机理是：由于运算放大器的开环增益 A_{OL} 无穷大或者非常大，正向输入端和反向输入端之间的电压 ε 为 0，或者说极小，也就是两个输入电平在稳态时必须相等。如果不是这样，运算放大器会在其动态范围内进行调节。如果它不能调节到两端电平相等，则会输出其上限值或者下限值。需要指出的是，虚拟接地会对交流分析产生影响，在交流分析中，当考虑电压调节器应用时，关注变换器抑制输入扰动（例如输入电压或输入电流）的能力。在测试中，参考电压不会改变，它的交流分量为 0。由于虚拟地的原因，运算放大器的两个输入端有相同的电平，因此低侧电阻 R_{lower} 上没有交流电压分量，交流分析时可以忽略，可以通过几个方程来快速说明这一点。

在图 3.58 中，输出电压可以通过叠加原理得到

$$V_{err}(s)\,\big|_{V_{out}=0} = V_{ref}(s)\left(\frac{Z_f}{R_{upper}\parallel R_{lower}} + 1\right) \tag{3.186}$$

$$V_{\mathrm{err}}(s)\mid_{V_{\mathrm{ref}}=0} = -V_{\mathrm{out}}(s)\frac{Z_{\mathrm{f}}}{R_{\mathrm{upper}}} \tag{3.187}$$

将此两式相加，可以得到误差电压方程为

$$V_{\mathrm{err}}(s) = V_{\mathrm{ref}}(s)\left(\frac{Z_{\mathrm{f}}}{R_{\mathrm{upper}}\parallel R_{\mathrm{lower}}}+1\right) - V_{\mathrm{out}}(s)\frac{Z_{\mathrm{f}}}{R_{\mathrm{upper}}} \tag{3.188}$$

V_{ref}保持恒定，可以得到V_{out}的交流小信号响应，其中低侧电阻不起作用

$$V_{\mathrm{err}}(s) = -\frac{Z_{\mathrm{f}}}{R_{\mathrm{upper}}} \tag{3.189}$$

需要注意的是，在进行直流分析时，低侧电阻是起作用的，它与R_{upper}和V_{ref}一起确定了式（3.188）的工作点。但是由于虚拟接地的作用，只有R_{upper}在零/极点计算中起作用。

总是这样吗？答案是否定的。当虚拟地的假设不成立时，例如当运算放大器是跨导型运放（OTA）时，虚拟地不再存在，R_{upper}和R_{lower}在交流分析中都起作用，在用OTA做补偿器的章节中会有专门分析。如果Z_{f}不是电阻，而是由电阻、电容串联构成的阻抗，也需要特别注意。在这种情况下，交流分析中虚拟地是成立的（电容提供了一定的阻抗），R_{lower}不用于计算。但是，在直流分析中，当$s=0$时，估计输出静态误差时，此时电容的阻抗为无穷大，虚拟地不存在，电阻分压器就需要和运算放大器的开环增益一起考虑了。幸运的是，大多数情况下，使用电容与电阻串联作为Z_{f}，引入一个原点极点，并且主要是进行交流扫描。所以，虚拟地仍然是有效的，可以简单地忽略R_{lower}。

考虑电阻分压网络，可以加入分压系数修改图3.56，它会影响参考电压但不影响环路其余部分，如图3.59所示。

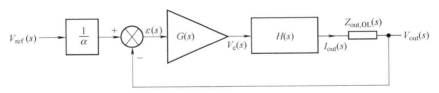

图3.59 电阻分压器没有出现在输出阻抗表式中，它只影响V_{ref}

由于考虑的仍然是单位负反馈系统，因此，到目前为止得出的所有公式依然适用。重新推导输出电压表达式为

$$V_{\mathrm{out}}(s) = \frac{V_{\mathrm{ref}}(s)}{\alpha}\frac{G(s)H(s)}{1+G(s)H(s)} - \frac{Z_{\mathrm{out,OL}}(s)}{1+G(s)H(s)}I_{\mathrm{out}}(s) \tag{3.190}$$

忽略输出阻抗的影响，将$s=0$代入上式中的第一项，得到理论上的变换器直流输出值为

$$V_{\mathrm{out}} \approx \frac{V_{\mathrm{ref}}(s)}{\alpha}\frac{G_{(0)}H_{(0)}}{1+G_{(0)}H_{(0)}} \tag{3.191}$$

如果开环下的直流增益$G_{(0)}H_{(0)}$很大，这个等式可以简化为

$$V_{\mathrm{out}} = \frac{V_{\mathrm{ref}}}{\alpha} \tag{3.192}$$

从这个表达式中可以看到，分压比例α允许将输出电压缩放到合适的值，而与其他的环路参数无关。这就是反馈的全部内容：希望输出与输入的设定值呈一定比例关系，这个比例与控制系统的前向通道无关。比如参考电压为2.5V，比例系数为0.5，则输出电压预计为5V，当然这是理论值。式（3.191）表明，必须增加补偿环节来提高开环增益，开环增益设计

得尽可能大，但预期输出和最终实际得到的值之间也总是有一个小的偏差。在开环增益极大（90dB 或更高）的情况下，如在 $G(s)$ 中存在原点极点时，误差会变得非常小。如果忽略闭环输出阻抗影响，由式（3.192）与式（3.191）得到的值之间的稳态误差变为

$$\varepsilon_0 \approx \frac{V_{\mathrm{ref}}}{\alpha} - \frac{V_{\mathrm{ref}}}{\alpha} \frac{G_{(0)} H_{(0)}}{1 + G_{(0)} H_{(0)}} = V_{\mathrm{ref}} \left(\frac{1}{\alpha} - \frac{1}{\alpha \left(1 + \frac{1}{T_{(0)}} \right)} \right) \tag{3.193}$$

根据这个等式可以看出，即使具有极其精确的参考电压，当应用到环路增益低的场合时，输出也会偏离式（3.192）希望达到的目标值。

为了验证这些新的公式和结果，搭建了一个 Buck 变换器，将 10V 直流电源转换为 5V 电压输出。

图 3.60 给出了电路的线性表示，采用了 PWM 平均开关模型，这是开关电源交流分析中非常有用的方法。要了解此模型的工作原理，请查看本章末尾的参考文献［1］。图 3.60 给出了变换器的偏置工作点，负载为 2Ω 电阻（2.5A）。

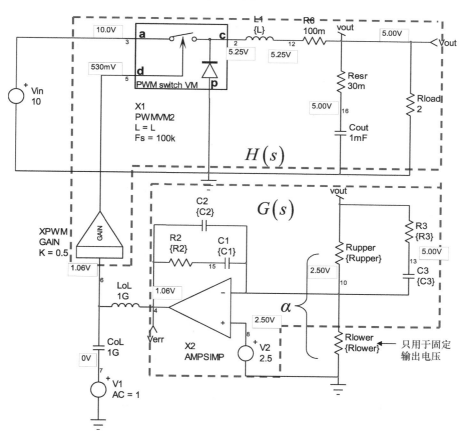

图 3.60　简单的 Buck 平均模型可以用来检验本章方法

假设系统中参数如下：

参考电压：$V_{\mathrm{ref}} = 2.5\mathrm{V}$；

功率级的直流增益：$H_0 = 4.7$；

误差放大器的直流增益：$G_0 = 2000$。

在这种情况下，参考式（3.193）可以得到如下输出误差：

$$\varepsilon_0 \approx 2.5 \times \left(\frac{1}{0.5} - \frac{1}{\left(\frac{1}{4.71 \times 2000} + 1 \right) \times 0.5} \right) \mu V = 530 \mu V = 0.53 mV \qquad (3.194)$$

得到输出电压为 $5V - 0.53mV = 4.99947V$。图 3.60 仿真的输出波形文件（.OUT），显示电压为 4.9993V，非常接近推导出的值。

在没有展开具体细节的情况下，根据式（3.184）的建议对稳压器进行了补偿，提供了 4.7kHz 的带宽和 71° 的相位裕度，得到的伯德图如图 3.61 所示。

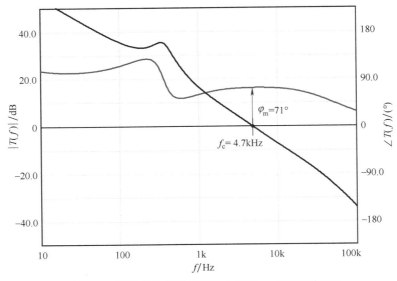

图 3.61　补偿后的电源带宽为 4.7kHz，相位裕度 71°

评估负载动态响应时，负载电阻用电流源取代，输出电流从 0.5A 阶跃变化到 2.5A，斜率为 $1A/\mu s$。观察输出，如图 3.62 所示，电压偏离了 90mV，很接近设计目标。当然，必须基于所选择的电容进行实际实验，来检查实验结果是否与计算匹配。这是每个严谨的设计师都要遵循的做法：理论假设是否正确，结果是否可以接受，一定要在实验平台上进行验证。

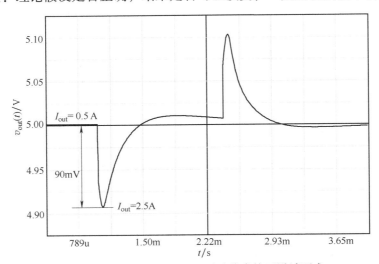

图 3.62　阶跃响应显示电压下跌非常接近设计要求

3.4.5　进一步提高穿越频率

在前面的示例中，通过选择合适的穿越频率来降低容性电压跌落的影响，并使得总体电压跌落达到设计要求。这种方法适用于慢速变换器，例如用于笔记本电脑或上网用的交流/直流适配器，其中的穿越频率经常介于 1 ~ 5kHz 之间。输出电容的选择根据其允许流过的电流有效值和输出纹波来确定。确定了 ESR 值后，设计者可以使用环路设计来减小容性电压跌落。但是，对于高速变换器（比如用于通信领域 DC-DC 开关电源），电压跌落必须降到很接近 ESR 造成的电压跌落。唯一的方法就是增大穿越频率，直到容性电压跌落的影响降低到可以忽略，只剩下 ESR 的作用。这就是图 3.63 中所做的，特意增加了变换器的带宽，而开环相位裕度特意保持在 60°。

随着穿越频率的增加，由电容带来的电压跌落会随着变换器响应更快而降低。因此，可以通过选择穿越频率来使容性的电压跌落忽略不计，仅留下 ESR 上的电压跌落。这要求将穿越频率设计得足够大，以减小电容器带来的电压跌落。但又不超出实际需的范围，以降低寄生参数带来的噪声，以及环路不稳定的风险。先不考虑具体参数，假设希望将电容的影响降低到 r_C 影响的 20% 以下，则根据新的输出阻抗计算希望的穿越频率为

$$\sqrt{\left(\frac{1}{2\pi f_c C_{out}}\right)^2 + r_C^2} = 1.2 r_C \tag{3.195}$$

求解 f_c 得

$$f_c \approx \frac{0.24}{C_{out} r_C} \tag{3.196}$$

图 3.63 曲线中，电容值为 1000μF，ESR 为 20mΩ。根据式（3.196），将电压跌落减小到几乎只剩 ESR 的作用，可以选择穿越频率 12kHz，如图中的 6 曲线。将在第 9 章中设计 LDO 的补偿案例中应用此公式。

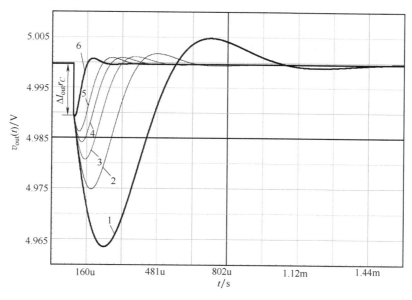

图 3.63　当穿越频率增加时，电容性电压跌落减小，最后只取决于 ESR（相位裕度保持为 60°）
1—f_c = 1kHz　2—f_c = 2kHz　3—f_c = 3kHz　4—f_c = 4kHz　5—f_c = 5kHz　6—f_c = 10kHz

3.5 总结

本章展示了通过设计相位裕度和穿越频率来满足项目技术指标的方法。将开环相位裕度和闭环品质因数联系起来的简单公式为设计者提供了设计准则和最终响应之间的关系。这种方法不像教科书中经常出现的那样，凭空选择最小相位裕度的设计准则，而是探索一种分析方法来揭示它与闭环瞬态响应之间的关系，从而使设计人员可以根据系统响应速度或者过冲要求对补偿器进行调整。最后，开关变换器输出阻抗的推导给出了穿越频率和输出电压跌落之间的关系。不再需要根据经验来选择穿越频率，避免选择过高的穿越频率；确认电压跌落要求，确定输出电容，然后设计穿越频率。

在设计准则中，相位裕度和增益裕度是最常用的设计变量，但我们证明了它们并不是系统鲁棒性的充分条件。我们应该考虑模值裕度和延迟裕度，尤其在系统传递函数有可能谐振，又需要高带宽的情况下。

所用的分析方法中，描述的相位裕度、瞬态响应以及输出阻抗等，都是近似值。可以在设计阶段将其用作经验法则，但如果想获得系统的准确瞬态特性，则必须采用经典的方法：将阶跃信号转换到拉普拉斯域，计算其阶跃激励响应，再将其结果转换为时域信号，如文献［2］所述。毋庸置疑，当有多个极点和零点需要考虑时，大多数设计师都从未进行如此复杂的工作，这种近似的方法是非常有效的。此外还需要注意，这是小信号模型下的分析结果，模型实际上是非线性的，因此，分析结果也是近似的。

参 考 文 献

[1] Basso, C., *Switch Mode Power Supplies: SPICE Simulations and Practical Designs*, New York: McGraw-Hill, 2008.

[2] Peretz, M. M., and S. Ben-Yaakov, "Revisiting the Closed Loop Response of PWM Converters Controlled by Voltage Feedback," APEC 2008, Austin, TX.

[3] Adar, D., and S. Ben-Yaakov, "Generic Average Modeling and Simulations of Discrete Controller," APEC 2001, Anaheim, CA.

[4] Özbay, H., *Feedback Control Theory*, Boca Raton, FL: CRC Press, 2000.

第4章
补　偿

控制系统的性能取决于很多参数，其中补偿环节的传递函数 $G(s)$ 尤为关键。它利用零极点的设计来塑造所需要的开环频率响应特性，同时确保系统满足鲁棒性的要求。这样，系统在闭环运行时，就能得到需要的瞬态响应性能。例如，有些场合注重系统的精度和无超调特性，有些场合需要系统改变设定值或者对扰动作出最快速的响应，这时就要牺牲输出的精度。补偿器的设计需要综合考虑这些因素，本章将探讨各种补偿策略以及如何应用到实际范例中（如线性电源或开关电源）中。

4.1　PID 补偿

文献和互联网上关于 PID 的讨论很多。通过浏览如参考文献 [1] 中的页面，就会发现在 19 世纪末人们第一次尝试将这种类型的补偿器应用于调速器设计。在 20 世纪 20 年代，PID 开始初步应用于海军舰艇。一般来说，机械/气动系统中人们广泛使用基于 PID 的设计，然而电力电子工程师则更倾向于使用极点和零点配置的方法。

简单地和大家回顾一下 PID 的特点，以及如何将其与功率变换器联系起来。诚然，在第 1 章中已经介绍过，PID 由三个不同的模块组成，每个模块分别通过比例、积分和微分的数学运算来处理误差信号。通过单独调整每个模块的系数，PID 的设计者可以改变控制系统的特性如上升时间、阻尼比或者响应时间。

这几个数学模块的组合可以写成不同的形式，标准形式的 PID 控制方程如下式所示：

$$v_c(t) = k_p\Big[\varepsilon(t) + \frac{1}{\tau_i}\int_0^t \varepsilon(t)\,\mathrm{d}t + \tau_d\frac{\mathrm{d}\varepsilon(t)}{\mathrm{d}t}\Big] \tag{4.1}$$

式中，$v_c(t)$ 是补偿器 G 输出的控制信号；ε 是输出变量 y 和输入变量 u 之间的误差部分。

● 第一项 $P = k_p\varepsilon(t)$ 是比例项，用以生成一个与误差幅度成正比的控制信号。它的出发点是产生一个与输入/输出信号幅值成比例的误差校正信号：如果误差很大，就得到一个相对较大的校正信号；如果误差信号较小，对应的校正信号就较小。k_p 是调整比例项的参数，如果 k_p 较大，则响应速度较快，但存在超调的风险；如果 k_p 较小，则系统响应速度较慢，但是不容易发生超调。

● 第二项 $I = \frac{1}{\tau_i}\int_0^t \varepsilon(t)\,\mathrm{d}t$ 与误差信号的积分有关。它可以被当作是长期误差或偏移在时间上的积累或积分，只要输入和输出之间存在误差，就会生成一个校正信号，因此积分项可以消除设定值和输出值之间的静态误差。在瞬态过程中，积分项会减缓响应速度并增大过冲。可以通过系数 τ_i（具有时间常数的量纲）调整积分环节对 PID 的影响。有时，因为误差的积累，积分模块可能会饱和，因此必要时需要增加抗饱和措施。

- 第三项 $D = \tau_\mathrm{d} \dfrac{\mathrm{d}\varepsilon(t)}{\mathrm{d}t}$ 与误差信号的微分有关。换句话说，与扰动或设定值变化的斜率有关。如果斜率非常陡，则该模块会产生较大的幅值。相反，缓慢变化的扰动会产生较低幅度的校正信号。同样，可以通过具有时间常数量纲的系数 τ_d 来调整微分环节的作用。微分环节反映的是扰动的预期，在静态中，因为信号的导数为零，所以导数项对输出信号没有影响；动态过程中微分环节有助于稳定输出并提高响应速度。

图 4.1 展示了 PID 补偿器的常用结构。

如果化简式（4.1），可以得到一个不同的表达式，称为并行 PID 公式

$$v_\mathrm{c}(t) = k_\mathrm{p}\varepsilon(t) + k_\mathrm{i}\int_0^t \varepsilon(t)\,\mathrm{d}t + k_\mathrm{d}\frac{\mathrm{d}\varepsilon(t)}{\mathrm{d}t} \tag{4.2}$$

在这个表达式中，参数 k_i 和 k_d 不再具有时间常数的量纲：

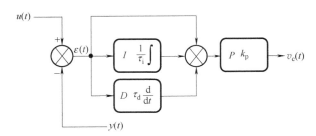

图 4.1　典型的含三个不同的模块的 PID 实现

$$k_\mathrm{i} = \frac{k_\mathrm{p}}{\tau_\mathrm{i}} \tag{4.3}$$

$$k_\mathrm{d} = k_\mathrm{p}\tau_\mathrm{d} \tag{4.4}$$

此时 k_p 分散到各项中，其实现方式也会略有不同，如图 4.2 所示。

在某些情况下，所有的模块并不都是必不可少的，某些模块可以忽略。比如将一个比例与一个积分结合可以得到 PI 补偿器，如图 4.3 所示。

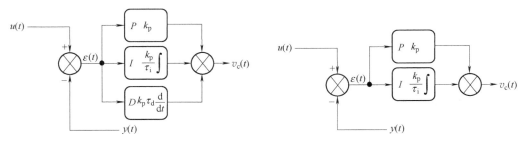

图 4.2　PID 的并行表达式（式（4.1））　　　图 4.3　没有微分项的 PI 模块

在这个特例中，式（4.2）可简化为

$$v_\mathrm{c}(t) = k_\mathrm{p}\varepsilon(t) + k_\mathrm{i}\int_0^t \varepsilon(t)\,\mathrm{d}t \tag{4.5}$$

可以有很多不同的组合，比如比例环节只需要一个增益为 k_p 的模块。类似地，积分环节只需要选择一个积分模块就可以了。

4.1.1 拉普拉斯域的 PID 表达式

式（4.1）和式（4.2）中给出的 PID 控制方程是一个基于连续时间域的表达式。在频域中往往需要采用小信号分析方法。因此，将拉普拉斯变换应用于式（4.1），前面的章节已经做过讲解，乘以 s 意味着微分，除以 s 意味着积分

$$G(s) = \frac{v_c(s)}{\varepsilon(s)} = k_p\left(1 + \frac{1}{s\tau_i} + s\tau_d\right) \tag{4.6}$$

在这个等式中，微分环节 $s\tau_d$ 在物理上是不合理的。如果单独研究这个微分项，由于存在 $+1$ 斜率，随着频率的增加，输出电压随着 s 的变化而趋于无穷。如果 V_D 仅仅是输出电压的微分，则可以得到

$$V_D(s) = \varepsilon(s)\tau_d s = \varepsilon(s)\frac{s}{\omega_{z1}} \tag{4.7}$$

式中，$\omega_{z1} = 1/\tau_d$。

式（4.6）中的微分项对噪声或扰动非常敏感，可能会影响反馈控制回路。为防止高频噪声的影响，通常的做法是引入一个极点，利用极点的 -1 斜率抵消高频部分的 $+1$ 斜率。图 4.4 给出了两者的频率响应曲线，虚线所表示的传递函数通过增加一个频率为五倍零点频率的极点避免了增益无限增大（$N = 5$）。通过引入这个极点，可以得到滤波 PID（filtered-PID）方程如式（4.8）所示

$$G(s) = \frac{V_c(s)}{\varepsilon(s)} = k_p\left(1 + \frac{1}{s\tau_i} + \frac{s\tau_d}{1 + \frac{s\tau_d}{N}}\right) \tag{4.8}$$

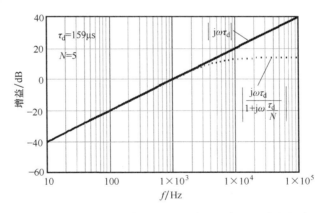

图 4.4 微分环节本身的 $+1$ 斜率会使传递函数趋于无穷大；增加一个高频极点可以抵消增益无限增大

同样地，也可以通过把 k_p 移入括号内，得到与图 4.2 类似的并行表达式（见图 4.5）。它和前面得到的传递函数 G 的表达式类似，但引入了可以单独调整的参数如 k_i 和 k_d。

$$G(s) = \frac{v_c(s)}{\varepsilon(s)} = k_p + \frac{k_i}{s} + \frac{sk_d}{1 + s\frac{k_d}{Nk_p}} \tag{4.9}$$

各个系数之间的关系为

$$k_i = \frac{k_p}{\tau_i} \tag{4.10}$$

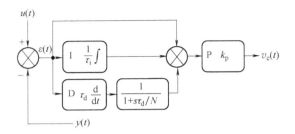

图 4.5 包含一个高频极点的并行形式滤波 PID 结构

$$k_d = k_p \tau_d \tag{4.11}$$

同样，对式（4.8）重新整理如下：

$$G(s) = k_p \left(1 + \frac{1}{s\tau_i} + \frac{s\tau_d}{1 + s\frac{\tau_d}{N}} \right) = \frac{1 + s\left(\frac{\tau_d}{N} + \tau_i \right) + s^2 \left(\frac{\tau_d \tau_i}{N} + \tau_d \tau_i \right)}{s \frac{\tau_i}{k_p} \left(1 + \frac{\tau_d}{N} s \right)} = \frac{(1 + s/\omega_{z1})(1 + s/\omega_{z2})}{\frac{s}{\omega_{p0}} \left(1 + \frac{s}{\omega_{p1}} \right)} \tag{4.12}$$

从中可以看出滤波 PID 控制的补偿器包括了两个零点，一个位于原点的极点和一个高频极点。这样一个方程，对电源工程师而言就变得非常熟悉，这样就从时间常数的设计变成了零极点配置，接下来需要运用一些代数分析的方法。

4.1.2 PID 补偿器的实际实现

相对而言，作为电力电子工程师，更习惯于零极点配置而非式（4.12）那样设计系数。然而从研究的角度，还是要理解如何将 PID 补偿器和运算放大器电路联系起来，如何从一种结构转换到另一种结构。首先，对式（4.12）的右边进行调整，可得

$$G(s) = \frac{(1 + s/\omega_{z1})(1 + s/\omega_{z1})}{\frac{s}{\omega_{p0}} \left(1 + \frac{s}{\omega_{p1}} \right)} = \frac{1 + s\left(\frac{1}{\omega_{z1}} + \frac{1}{\omega_{z2}} \right) + s^2 \left(\frac{1}{\omega_{z1} \omega_{z2}} \right)}{\frac{s}{\omega_{p0}} \left(1 + \frac{s}{\omega_{p1}} \right)} \tag{4.13}$$

结合式（4.12）可得

$$\frac{1 + s\left(\frac{\tau_d}{N} + \tau_i \right) + s^2 \left(\frac{\tau_d \tau_i}{N} + \tau_d \tau_i \right)}{s \frac{\tau_i}{k_p} \left(1 + \frac{\tau_d}{N} s \right)} = \frac{1 + s\left(\frac{1}{\omega_{z1}} + \frac{1}{\omega_{z2}} \right) + s^2 \left(\frac{1}{\omega_{z1} \omega_{z2}} \right)}{\frac{s}{\omega_{p0}} \left(1 + \frac{s}{\omega_{p1}} \right)} \tag{4.14}$$

根据各次项系数相同，可以通过解四元方程组得到各个系数。

$$\frac{\tau_d}{N} + \tau_i = \frac{1}{\omega_{z1}} + \frac{1}{\omega_{z2}} \tag{4.15}$$

$$\frac{\tau_d \tau_i}{N} + \tau_d \tau_i = \frac{1}{\omega_{z1} \omega_{z2}} \tag{4.16}$$

$$\frac{\tau_i}{k_p} = \frac{1}{\omega_{p0}} \tag{4.17}$$

$$\frac{\tau_d}{N} = \frac{1}{\omega_{p1}} \tag{4.18}$$

通过求解上面的方程组，可以得到从零极点计算 PID 各个系数的表达式

$$\tau_{\mathrm{d}} = \frac{(\omega_{\mathrm{p1}} - \omega_{\mathrm{z1}})(\omega_{\mathrm{p1}} - w_{\mathrm{z2}})}{(\omega_{\mathrm{p1}}\omega_{\mathrm{z1}} + \omega_{\mathrm{p1}}\omega_{\mathrm{z2}} - \omega_{\mathrm{z1}}\omega_{\mathrm{z2}})\omega_{\mathrm{p1}}} \tag{4.19}$$

$$N = \frac{\omega_{\mathrm{p1}}^2}{(\omega_{\mathrm{p1}}\omega_{\mathrm{z1}} + \omega_{\mathrm{p1}}\omega_{\mathrm{z2}} - \omega_{\mathrm{z1}}\omega_{\mathrm{z2}})\omega_{\mathrm{p1}}} - 1 \tag{4.20}$$

$$\tau_{\mathrm{i}} = \frac{\omega_{\mathrm{z1}} + \omega_{\mathrm{z2}}}{\omega_{\mathrm{z1}}\omega_{\mathrm{z2}}} - \frac{1}{\omega_{\mathrm{p1}}} \tag{4.21}$$

$$k_{\mathrm{p}} = \frac{\omega_{\mathrm{p0}}}{\omega_{\mathrm{z1}}} - \frac{\omega_{\mathrm{p0}}}{\omega_{\mathrm{p1}}} + \frac{\omega_{\mathrm{p0}}}{\omega_{\mathrm{z2}}} \tag{4.22}$$

为了检验这些计算结果是否正确，绘制了两个补偿电路，对其响应进行对比。一个是基于运放的经典 3 型补偿器，由下文中可以看到，3 型补偿器是由两个零点、两个极点和一个位于原点的极点组成。另一个补偿电路是滤波 PID 补偿器，其中添加了第二个高频极点 f_{p2}，该极点的位置与 3 型补偿中的配置相同，目的是使增益在穿越频率之后快速下降，以便得到良好的增益裕度，同时通过滤除高频杂散噪声来确保抗噪能力。

两个电路的 SPICE 原理图如图 4.6 所示，压控源用于模拟运算放大器。对于这种纯交流仿真来说不存在直流偏置点的选择问题。

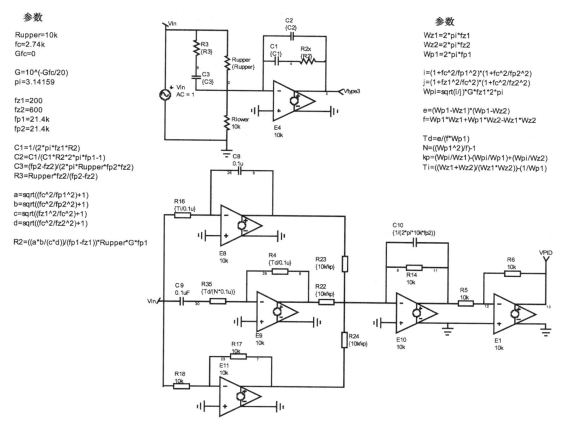

图 4.6 将基于运放的经典 3 型补偿器的频率响应和具备第 2 个高频极点的
滤波 PID 补偿电路的频率响应进行比较

围绕运算放大器 E4 搭建的 3 型补偿器设置了两个零点、一个位于原点的极点和两个其他位置极点，其中一个通常在高频处。PID 补偿器包括 E8 组成的积分环节和 E9 组成的微分环节。为了保持比例环节的反相效果，在 E10 的比例模块之后增加了 E1 组成的反相器，这样 PID 补偿器的输出信号极性与 3 型补偿器的输出极性相同。在 V_{in} 节点处注入交流信号后，可以对传递函数进行比较，如图 4.7 所示，两个电路的响应曲线完全相同，验证了前述的分析结论。

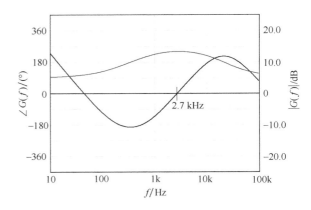

图 4.7 滤波 PID 补偿电路的传递函数与基于运放的 3 型补偿器的传递函数曲线完全吻合，证明了前述计算的有效性

同样，利用 PID 系数来计算零极点的位置也是可行的，计算公式如下：

$$f_{z1} = \frac{\tau_d - \sqrt{-4N^2\tau_d\tau_i + N^2\tau_i^2 - 2N\tau_d\tau_i + \tau_d^2} + N\tau_i}{2\tau_d\tau_i(1+N)2\pi} \qquad (4.23)$$

$$f_{z2} = \frac{\tau_d + \sqrt{-4N^2\tau_d\tau_i + N^2\tau_i^2 - 2N\tau_d\tau_i + \tau_d^2} + N\tau_i}{2\tau_d\tau_i(1+N)2\pi} \qquad (4.24)$$

$$f_{p1} = \frac{N}{2\pi\tau_d} \qquad (4.25)$$

$$f_{p0} = \frac{k_p}{2\pi\tau_i} \qquad (4.26)$$

这里需要注意的是式（4.23）和式（4.24）在满足以下条件时，f_{z1} 与 f_{z2} 为实数零点

$$N\tau_i - \tau_d \geqslant 2N\sqrt{\tau_i\tau_d} \qquad (4.27)$$

如果根据式（4.23）和式（4.24）得到包含虚部的根，那么意味着 PID 补偿器包含了两个复数零点。本章后面章节将研究它们的影响。

4.1.3 PI 补偿器的实际实现

对于如图 4.3 所示的 PI 补偿环节，传递函数没有微分项后，通过拉普拉斯变换可以得到

$$G(s) = \frac{V_c(s)}{\varepsilon(s)} = k_p + \frac{k_p}{s\tau_i} = k_p\left(\frac{1+s\tau_i}{s\tau_i}\right) = \frac{1+s\tau_i}{s\dfrac{\tau_i}{k_p}} = \frac{1+s/\omega_z}{s/\omega_{p0}} \qquad (4.28)$$

如果提取公因式 s/ω_z 并重写公式，可以得到

$$G(s) = G_0\left(1 + \frac{\omega_z}{s}\right) \qquad (4.29)$$

和完整的 PID 表达式不同，它的增益、零点和极点非常直观，如下所示：

$$G_0 = \frac{\omega_{p0}}{\omega_z} \qquad (4.30)$$

$$\omega_z = \frac{1}{\tau_i} \qquad (4.31)$$

$$\omega_{p0} = \frac{k_p}{\tau_i} \tag{4.32}$$

文献中，这样的 PI 补偿器被称为 2a 型补偿器。

式（4.28）所示的 PI 表达式包含一个零点，以及一个在原点处的极点，图 4.8 是其一种实现电路，它的 PI 参数也很容易计算。图 4.9 给出了仿真结果，可以看出 PI 补偿电路和 2a 型补偿器的频率响应特性同样完全吻合。

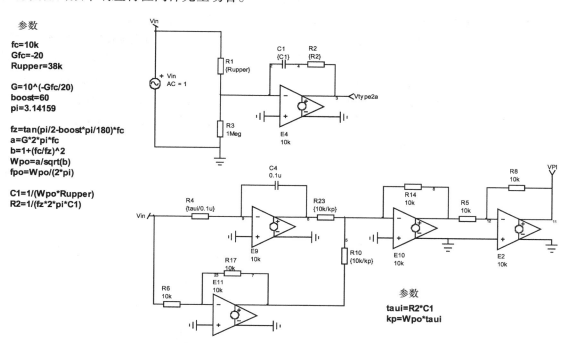

图 4.8 由于没有微分项，PI 补偿器的电路结构被简化了

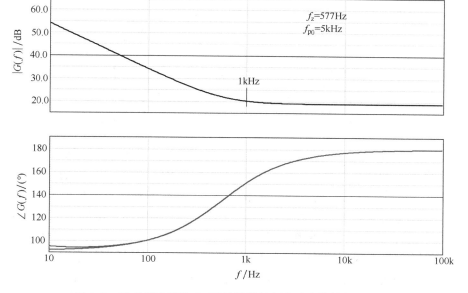

图 4.9 PI 补偿电路和 2a 型补偿器的频率响应特性相互吻合

4.1.4 PID 在 Buck 变换器中的应用

学会如何构建 PID 补偿网络后，下面将给大家介绍如何将它们应用在实际电路中。以电压模式控制的降压变换器（Buck 电路）为例，其电路的原理图如图 4.10 所示，该电路的原理大家已经十分熟悉。开关 SW 以内部时钟模块生成的固定频率断开与闭合，对于绝大多数变换器而言，其典型的工作频率在 50kHz 至 1 ~ 2MHz 之间。开关控制信号是由 PWM 脉宽调制器产生的，此部分在第 3 章中已做阐述。在该技术中，误差电压直接控制占空比并且根据运行条件持续调整开通时间 t_{on}。通常来说，当误差电压增大时，占空比也随之增加，使得 SW 的闭合时间更长。如果 SW 闭合，则在二极管阴极位置电压为 V_{in}。相反，如果 SW 断开，则电压为 0。因此二极管阴极上的电压是 V_{in} 和 0 之间切换的方波信号。当需要直流输出电压时，由 L 和 C 构成的低通滤波器衰减掉所有不需要的谐波，并且输出的直流电压等于方波信号的平均值。需要注意，L 和 C 实际还会受到其寄生电阻的影响，它们标记为 r_L 和 r_C（图 4.10 中没有标出）。输出电压满足以下关系：

$$V_{out,avg} = \frac{1}{T_{SW}}\int_0^{t_{on}} V_{in}\mathrm{d}t = dV_{in} \tag{4.33}$$

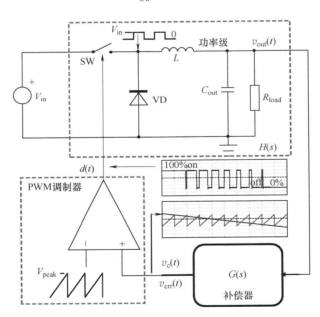

图 4.10 通过调整开关占空比，降压变换器实现 5V 输出

如果把占空比 D 控制在 0 ~ 1 之间，就能实现输出电压在 0 ~ V_{in} 之间变化。

要设计变换器的 PID 补偿，首先需要推导出变换器的控制输入 V_c 到输出 V_{out} 的小信号传递函数，即图 4.10 中的 $H(s)$。这个传递函数可以通过实验测量获取，也可以用小信号分析推导，或者用平均模型仿真获得。这里采用最后一个方法来绘制功率电路的频率响应曲线。测试点如图 4.11 所示，其中电容和电感分别与它们各自的寄生电阻串联，图中有两个不同的储能元件（代表两个状态变量），因此，这是一个二阶系统。前面已经介绍了 PWM 调制器的小信号模型可以简单等效为锯齿波峰值的倒数，例如，对一个 2V 的锯齿波幅度，则 PWM 增益为 0.5 或 -6dB。补偿环节会相应调整输出电压，再通过与锯齿波比较来达到所需要的工作点。本例中补偿器输出 $V_c = 1.05\text{V}$，输出电压5V，图4.12给出了频率响应曲线，从图中可以看出，它是一个二阶系统的响应。

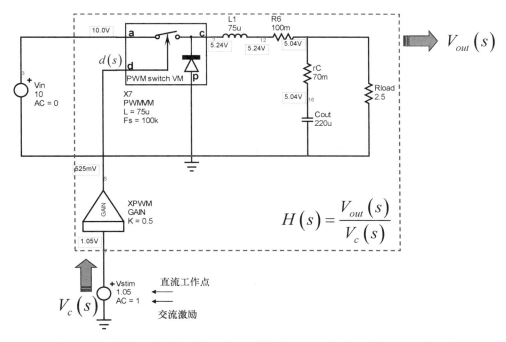

图4.11　运用平均模型得到工作于电压模式控制的 Buck 变换器的小信号模型

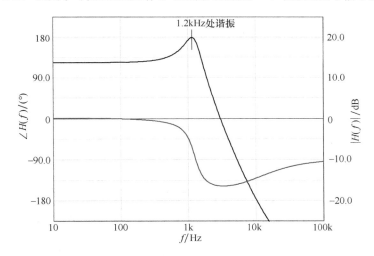

图4.12　LC 滤波器在交流传递函数中引入谐振

对电压模式控制的 Buck 变换器进行小信号分析可以得到

$$H(s) = \frac{V_{\text{out}}(s)}{V_c(s)} = H_0 \frac{1 + s/\omega_{z1}}{\left(\dfrac{s}{\omega_0}\right)^2 + \dfrac{s}{Q\omega_0} + 1} \tag{4.34}$$

其中

$$\omega_{z1} = \frac{1}{r_C C} \tag{4.35}$$

$$\omega_0 = \frac{1}{\sqrt{LC}} \tag{4.36}$$

$$Q = R \sqrt{\frac{C}{L}} \tag{4.37}$$

$$H_0 = \frac{V_{in}}{V_{peak}} \tag{4.38}$$

式中 L 和 C 分别是图 4.11 中的负载电阻（R_{load}）、输出电感（L_1）和输出电容（C_{out}）；r_C 是电容的寄生电阻 ESR；V_{in} 是输入电压；V_{peak} 是 PWM 锯齿波峰值。

　　理想情况下，希望系统具有快速动态响应、无超调，以及精确的输出。换句话说，在系统带宽内，希望输入到输出具有平滑无尖峰的闭环增益曲线。例如，要求上述示例中的系统带宽为 10kHz，为了满足这一要求，必须在图 4.11 变换器中增加一个 PID 补偿网络，新的原理图如图 4.13 所示。此时，所研究的系统传递函数常定义为

$$\frac{Y(s)}{U(s)} = \frac{V_{out}(s)}{V_{ref}(s)} \tag{4.39}$$

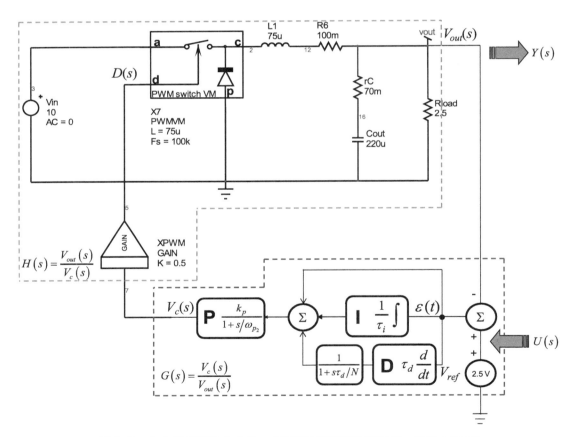

图 4.13　包含补偿网络在内的一个完整的降压变换器系统，输出电压 5V

　　为了获得平滑的交流信号闭环响应，先研究有补偿网络的 Buck 变换器开环表达式。它由式（4.34）中推导的功率回路传递函数 $H(s)$ 与式（4.12）中给出的滤波 PID 传递函数 $G(s)$ 相乘得到

$$T_{\mathrm{OL}}(s) = H(s)G(s) = H_0 \frac{1 + s/\omega_{z1}}{\left(\dfrac{s}{\omega_0}\right)^2 + \dfrac{s}{Q_0 \omega_0} + 1} \cdot \frac{1 + s\left(\dfrac{\tau_{\mathrm{d}}}{N} + \tau_{\mathrm{i}}\right) + s^2\left(\dfrac{\tau_{\mathrm{d}}\tau_{\mathrm{i}}}{N} + \tau_{\mathrm{d}}\tau_{\mathrm{i}}\right)}{s\dfrac{\tau_{\mathrm{i}}}{k_{\mathrm{p}}}\left(1 + \dfrac{\tau_{\mathrm{d}}}{N}s\right)} \tag{4.40}$$

这是一个相当复杂的表达式，可以对其进行简化。如文献［3］中所提到的，如果调整 $G(s)$ 分子多项式中的一对零点，让它们匹配 $H(s)$ 分母多项式中出现的双极点，则表达式可以大大简化，即如果满足下式

$$\left(\frac{s}{\omega_0}\right)^2 + \frac{s}{Q\omega_0} + 1 = 1 + s\left(\frac{\tau_{\mathrm{d}}}{N} + \tau_{\mathrm{i}}\right) + s^2\left(\frac{\tau_{\mathrm{d}}\tau_{\mathrm{i}}}{N} + \tau_{\mathrm{d}}\tau_{\mathrm{i}}\right) \tag{4.41}$$

则环路增益表达式可以简化为

$$T_{\mathrm{OL}}(s) = H_0 \frac{1 + s/\omega_{z1}}{s\dfrac{\tau_{\mathrm{i}}}{k_{\mathrm{p}}}\left(1 + \dfrac{\tau_{\mathrm{d}}}{N}s\right)} \tag{4.42}$$

单位反馈控制系统的闭环表达式如下：

$$T_{\mathrm{CL}}(s) = \frac{T_{\mathrm{OL}}(s)}{1 + T_{\mathrm{OL}}(s)} \tag{4.43}$$

将式（4.42）代入式（4.43）可得

$$T_{\mathrm{CL}}(s) = \frac{H_0 \dfrac{1 + s/\omega_{z1}}{s\dfrac{\tau_{\mathrm{i}}}{k_{\mathrm{p}}}\left(1 + \dfrac{\tau_{\mathrm{d}}}{N}s\right)}}{1 + H_0 \dfrac{1 + s/\omega_{z1}}{s\dfrac{\tau_{\mathrm{i}}}{k_{\mathrm{p}}}\left(1 + \dfrac{\tau_{\mathrm{d}}}{N}s\right)}} = \frac{1 + s/\omega_{z1}}{1 + s\left(\dfrac{1}{\omega_{z1}} + \dfrac{\tau_{\mathrm{i}}}{H_0 k_{\mathrm{p}}}\right) + s^2\dfrac{\tau_{\mathrm{d}}\tau_{\mathrm{i}}}{N H_0 k_{\mathrm{p}}}} \tag{4.44}$$

这样当两个极点被 PID 补偿网络的两个零点抵消时，就得到了如上式所示的闭环系统表达式。仔细观察分母可以看出它是一个二阶传递函数

$$1 + s\left(1/\omega_{z1} + \frac{\tau_{\mathrm{i}}}{H_0 k_{\mathrm{p}}}\right) + s^2\frac{\tau_{\mathrm{d}}\tau_{\mathrm{i}}}{N H_0 k_{\mathrm{p}}} = 1 + \frac{s}{\omega_{\mathrm{c}} Q_{\mathrm{c}}} + \left(\frac{s}{\omega_{\mathrm{c}}}\right)^2 \tag{4.45}$$

如果希望得到一个平直的交流频率响应曲线，那么需要调整 PID 参数，使得闭环系统的品质因数等于 0.5（极点与零点抵消，没有尖刺），同时系统带宽为 10kHz（$\omega_{\mathrm{c}} = 62.8\mathrm{krad/s}$）。这里有四个未知量 τ_{d}，τ_{i}，k_{p} 和 N，由此需要列出四个方程。前两个方程来自于式（4.41）中的极点和零点对消的计算；另两个方程则来自于式（4.45）中对 Q_{c} 和 ω_{c} 的限制

$$\frac{\tau_{\mathrm{d}}}{N} + \tau_{\mathrm{i}} = \frac{1}{\omega_0 Q_0} \tag{4.46}$$

$$\frac{\tau_{\mathrm{d}}\tau_{\mathrm{i}}}{N} + \tau_{\mathrm{d}}\tau_{\mathrm{i}} = \frac{1}{\omega_0^2} \tag{4.47}$$

$$\frac{1}{\omega_{z1}} + \frac{\tau_{\mathrm{i}}}{H_0 k_{\mathrm{p}}} = \frac{1}{\omega_{\mathrm{c}} Q_{\mathrm{c}}} \tag{4.48}$$

$$\frac{\tau_{\mathrm{d}}\tau_{\mathrm{i}}}{N H_0 k_{\mathrm{p}}} = \frac{1}{\omega_{\mathrm{c}}^2} \tag{4.49}$$

综上，可以得到以下 4 个比较复杂的表达式

$$\tau_d = \frac{Q_0 Q_c^2 \omega_{z1}^2 \omega_0^2 + Q_c^2 \omega_{z1} \omega_0 \omega_c^2 + Q_0 Q_c^2 \omega_c^4 - Q_c \omega_{z1}^2 \omega_0 \omega_c - 2Q_0 Q_c \omega_{z1} \omega_c^3 + Q_0 \omega_{z1}^2 \omega_c^2}{\omega_0 \omega_c (Q_c \omega_c - \omega_{z1})(Q_c \omega_c^2 - \omega_{z1} \omega_c + Q_0 Q_c \omega_{z1} \omega_c)} = 1.116 \text{ms} \tag{4.50}$$

$$\tau_i = -\frac{Q_c \omega_c^2 - \omega_{z1} \omega_c + Q_0 Q_c \omega_{z1} \omega_c}{Q \omega_{z1} \omega_0 \omega_c - Q_0 Q_c \omega_0 \omega_c^2} = 14.6 \text{us} \tag{4.51}$$

$$N = \frac{Q_0 Q_c^2 \omega_{z1}^2 \omega_0^2 + Q_c^2 \omega_{z1} \omega_0 \omega_c^2 + Q_0 Q_c^2 \omega_c^4 - Q_c \omega_{z1}^2 \omega_0 \omega_c - 2Q_0 Q_c \omega_{z1} \omega_c^3 + Q_0 \omega_{z1}^2 \omega_c^2}{\omega_0 \omega_c \omega_{z1} (Q_c \omega_c^2 - \omega_{z1} \omega_c + Q_0 Q_c \omega_{z1} \omega_0)} = 72.4 \tag{4.52}$$

$$k_p = \frac{Q_c \omega_{z1} (\omega_{z1} \omega_c + Q_c Q_0 \omega_{z1} \omega_0 - Q_c \omega_c^2)}{H_0 Q_0 \omega_0 (\omega_{z1} - Q_c \omega_c)^2} = 0.178 \tag{4.53}$$

得到 PID 参数后，现在可以分别绘制补偿网络传递函数和主电路传递函数的频率响应，如图 4.14 所示。直观来说，该补偿网络频率响应曲线有一些不一样的地方，它有一个位于原点的极点（$s = 0$ 时的增益无穷大），同时恰好在 LC 谐振频率点出现一个凹陷（陷波）。

根据式（4.23）~式（4.26），可计算零点位置如下：

$$f_{z1} = \frac{\tau_d - \sqrt{-4N^2 \tau_d \tau_i + N^2 \tau_i^2 - 2N\tau_d \tau_i + \tau_d^2 + N\tau_i}}{2\tau_d \tau_i (1+N) 2\pi} = 144.7 - j1.23k \tag{4.54}$$

$$f_{z2} = \frac{\tau_d - \sqrt{-4N^2 \tau_d \tau_i + N^2 \tau_i^2 - 2N\tau_d \tau_i + \tau_d^2 + N\tau_i}}{2\tau_d \tau_i (1+N) 2\pi} = 144.7 + j1.23k \tag{4.55}$$

为何 $G(s)$ 的传递函数中会出现凹陷（陷波）呢？这是因为 $G(s)$ 的传递函数中有两个共轭的零点。这其实也是很容易理解的。为了消除 ω_0 处的两个共轭极点的影响，一个有效的方法就是在 ω_0 处放上同样的两个共轭零点。如果共轭极点引起了 $H(s)$ 中的尖峰，那么对偶的零点就会造成 $G(s)$ 中的凹陷（陷波），如图 4.14 显示的那样。

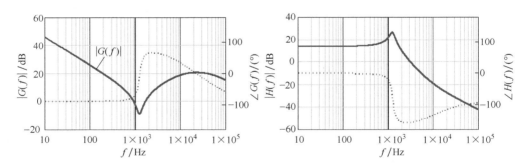

图 4.14 补偿网络和被控对象传递函数的 MathCAD 伯德图绘制

对于 G 所带来的另外两个极点，可以计算如下

$$f_{p1} = \frac{N}{\tau_d 2\pi} = 10.3 \text{kHz} \tag{4.56}$$

$$f_{p0} = \frac{k_p}{\tau_i 2\pi} = 1.9 \text{kHz} \tag{4.57}$$

如前所述，这些计算也非常容易理解。首先补偿环节必须让环路增益下降，从而使穿越频率正好落在希望的频率点。根据式（4.35）计算出功率回路传递函数的零点 ω_{z1} 位于 10.3kHz，它使功率回路传递函数幅值随着频率的增加不再减小。显然，可以在这一频率点放

置一个极点 f_{p1} 来抵消这个零点（实数零点，位于左半平面）。最后，0dB 穿越极点 f_{p0} 确保了闭环曲线在 10kHz 前都表现为一条平直的直线，这样最终的补偿结果如图 4.15 所示。

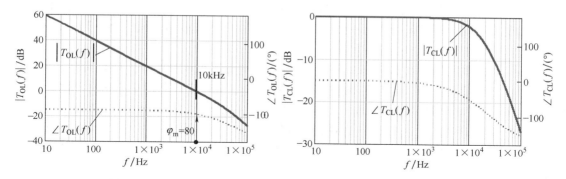

图 4.15　补偿后的控制系统响应为平直的直线，穿越频率在 10kHz

如此得到了一个设计优良的开环传递函数，它的相位裕度为 80°。闭环响应同样非常完美，增益曲线在低频段都是一条平直的直线，一直到 11.8kHz 的截止频率；同时响应曲线没有尖峰，可以保证系统的动态响应性能。

4.1.5　具有 PID 补偿的 Buck 变换器瞬态响应

加入了补偿网络的系统瞬态响应可以通过多种方式进行评估。最简单的是使用式（4.43）得到的闭环传递函数，它描述了参考电压 v_{ref} 和输出电压 v_{out} 之间的关系。对式（4.43）施加一个阶跃信号，对结果采用拉普拉斯反变换，然后可以用 Mathcad 绘制其响应曲线。然而，这样得到的是一个交流小信号时域表达式，不能表达直流工作点的信息。假设有一个 5V 输出，如果希望考察参考电压 v_{ref} 上 300mV 电压阶跃所带来的影响，时域表达式如下：

$$v_{out}(t) = 5 + \mathcal{L}^{-1}\left(\frac{0.3}{s}\frac{T_{OL}(s)}{T_{OL}(s)+1}\right) \tag{4.58}$$

输出波形如图 4.16 所示。正如预期的那样，该波形没有任何振荡，与图 4.15 相符合。由

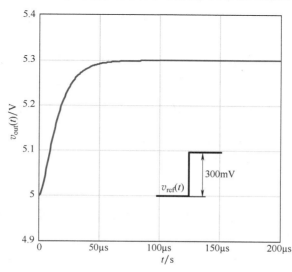

图 4.16　参考电压 300mV 阶跃的输出瞬态响应曲线证实该补偿方案的优越性能

于传递函数的增益为 1 （或 0dB），所以 v_{ref} 上的 300mV 阶跃产生了 300mV 的输出阶跃。

这是一个纯理论的分析预测，要将其与基于平均模型的 Buck 电路 SPICE 模型进行对比才具有指导意义。毕竟在调节器应用中，例如 DC-DC/AC-DC 变换器或线性稳压器，由于需要保持输出电压不变，所以基准电压不会阶跃。相反，输出电流或输入电压会受到扰动，此时，要求调节器根据工作条件抑制这些扰动。

更新的仿真电路如图 4.17 所示，可以看到 Buck 电路平均模型的输入信号来自电压源 B2，该电源钳位 PID 输出信号，使占空比电压不超过 100%。PID 实现与图 4.6 略有不同，但结果相似。由子电路 X6 增加的第二极点 ω_{p2} 处于高频段，它不会影响系统响应。该第二极点也存在于 3 型补偿器中，用于对高频段幅值进行衰减。事实上，观察式 (4.13)，即使 s 趋于无穷大，其幅值也不会到 0，增加这个额外的极点，可确保分母阶数大于分子，这样的传递函数为正则传递函数。

为了测试瞬态响应，负载用电流源取代，在 1μs 内将电流从 1A 升至 2A。结果如图 4.18 所示，可以看到输出趋于稳定但存在振荡的波形。它与图 4.15 所示的低 Q 值平滑的闭环传递函数相矛盾，根据瞬态结果，可以运用第 3 章中的公式计算品质因数

$$Q = \sqrt{\left(\frac{\pi}{\ln k}\right)^2 + \frac{1}{4}} = \sqrt{\left(\frac{\pi}{\ln \frac{48.4}{21.5}}\right)^2 + \frac{1}{4}} = 3.9 \qquad (4.59)$$

这与品质因数 0.5 的设计目标相去甚远，另外，如果仔细观察，振荡并没有对应于 10kHz 信号（设计的穿越频率点），而是对应于 LC 网络谐振频率 1.2kHz。因此，原因是什么？

4.1.6　设定值固定：调节器

第 1 章已经详细介绍了控制系统的定义，输出必须能够精确跟踪设定值的变化。在开关或线性变换器中，设定值就是参考电压 V_{ref}，输出电压通过一个分压电路与之匹配。在工作时，V_{ref} 保持不变（除非是可调输出），系统必须提供稳定和精确的输出，且不受输入干扰的影响。这就是第 1 章中所阐述的调节器，并介绍了考虑扰动的建模方法，建立的简化模型也已经在前述章节中进行了阐述。本章进一步将输入电压作为另一种扰动加入到模型中，得到如图 4.19 所示的控制框图。

在前面的章节中提到，在类似图 4.19 的系统中，所有的扰动都乘以灵敏度函数 S。因而采用叠加定理，就可以直接写出图 4.19 中系统的输出电压方程

$$V_{out}(s) = V_{ref}(s)\frac{T(s)}{1+T(s)} - Z_{out}(s)I_{out}(s)\frac{1}{1+T(s)} + V_{in}(s)G_{V_{in}}\frac{1}{1+T(s)} \qquad (4.60)$$

实际上，由于参考电压 V_{ref} 是固定的，其交流成分 $\hat{v}_{ref}$ 为 0。当输出变化时，假设输入电压 V_{in} 不变。因此，上述输出电压表达式可以被重写为

$$V_{out}(s)\,\big|_{\hat{v}_{ref}=0,\hat{v}_{in}=0} = -Z_{out}(s)I_{out}(s)\frac{1}{1+T(s)} \qquad (4.61)$$

这是负载阶跃变化时输出的小信号偏差。可以看出，它由输出阻抗与灵敏度函数共同作用，而与 V_{ref} 到 V_{out} 的传递函数无关。在上述例子中，尽管闭环传递函数伯德图给出了很好的响应曲线，但忽略了调节器中很重要的一点，即输出阻抗 Z_{out} 决定负载阶跃时的瞬态响应。因此仅仅研究传递函数 $V_{out}(s)/V_{ref}(s)$ 是不够的；必须关注 $Z_{out}(s)$ 带来的影响。

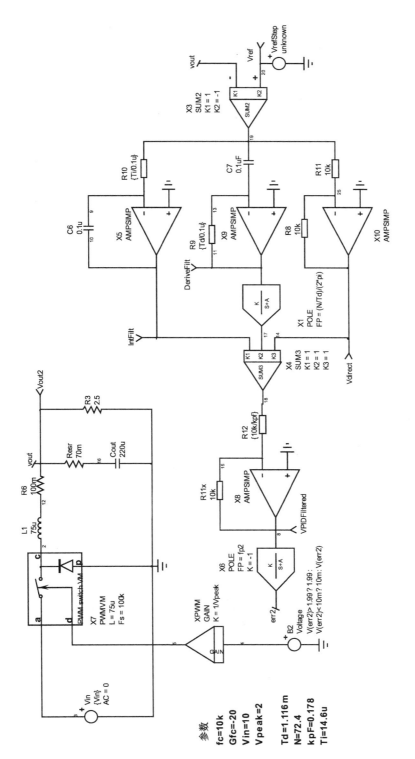

图 4.17　加入 PID 补偿网络的 Buck 变换器仿真原理图（所有系数已计算得到）

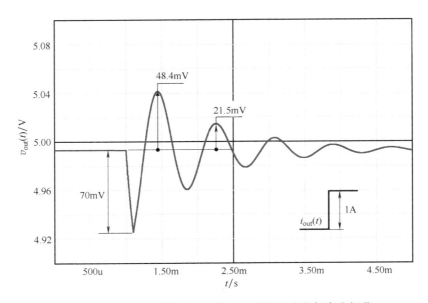

图 4.18　输出电流阶跃响应，输出电压趋于稳定但存在振荡

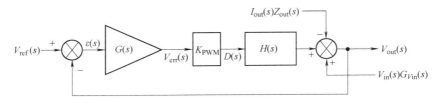

图 4.19　调节器的设定值固定，持续抑制输入扰动的影响

4.1.7　具有谐振峰的输出阻抗响应曲线

借助图 4.17 中的 SPICE 电路，可以绘制出开环或闭环条件下的输出阻抗曲线。只需在负载上并联 1 A 的交流电流源，基于测得的输出电压矢量就可以直接获得输出阻抗，如图 4.20 所示。

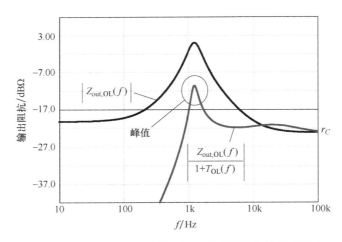

图 4.20　尽管加入 PID 补偿，闭环输出阻抗尖峰仍然很高

尽管加入了 PID 补偿，输出阻抗的谐振峰（$Z_{\text{out,OL}}$）仍旧非常明显。直接从图示的幅频特性中测量品质因数比较困难，附录 4B 揭示了品质因数 Q 与群延时 τ_{g} 存在某种关系。想要利用这种关系，必须首先得到闭环输出阻抗的相频特性并计算其相应的群延时。扫描结果如图 4.21 所示，显示具有 1.015ms 的群延时。应用附录 4B 中式（4.62），估计品质因数的值为

$$Q = \tau_{\text{g}}\pi f_0 = 1200 \times 1.015\text{m} \times 3.14159 = 3.82 \tag{4.62}$$

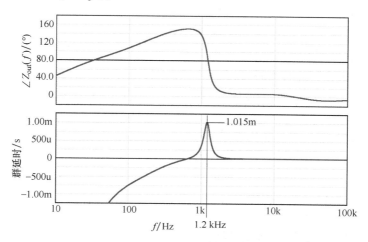

图 4.21　交流扫描输出阻抗并确定其群延时来得到品质因数

这与图 4.18 中根据瞬态阶跃响应测量的 Q 值非常接近，区别在于式（4.62）是基于线性系统的小信号模型作图获得，而式（4.59）是通过实际电路的瞬态响应仿真波形获得，但这种情况下实际电路有可能工作在非线性区，由此得到的结果可能不一定完全准确。

这些测量结果证实，闭环变换器的输出阻抗是一个 Q 值为 3.9 的二阶系统，因而产生振荡！将图 4.17 中的 PID 控制 Buck 变换器与 Q 值为 3.9 的 RLC 电路的响应进行比较，如图 4.22 所示，两者波形完全一致。也就是说选择的 PID 补偿器并未抑制 Buck 变换器开环阻抗的峰值。来看看这是为什么以及如何来解决这个问题。

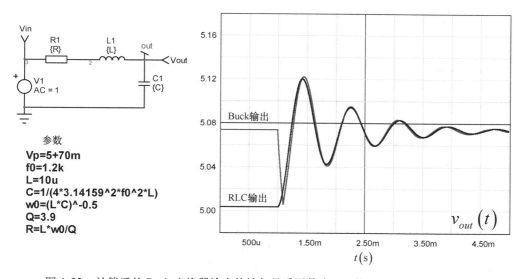

图 4.22　补偿后的 Buck 变换器输出特性与品质因数为 3.9 的无阻尼 RLC 网络类似

从式（4.61）可以看出开关变换器的瞬态响应直接取决于其闭环输出阻抗特性。为了使它们尽可能低，需要增加环路增益 $T(s)$ 以抑制扰动，在这个例子中是输出电流阶跃。更确切地说，必须确保在谐振频率处存在足够的增益从而产生有效的阻尼。不幸的是，在 PID 补偿器中，为了完全补偿 f_0 处的双极点，需通过补偿器 G 在该频率处设置双零点。当品质因数大于 0.5 时，双极点为一对复共轭极点，要求一对复共轭零点来抵消。这对复共轭极点使幅值达到峰值，而对应的复共轭零点对此进行抵消：使增益在谐振处下降，但实际上需要在此处加大增益来提高补偿力度，如图 4.23 圆圈区域所示。

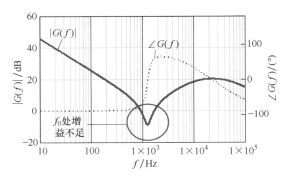

图 4.23　补偿网络中的共轭零点对降低了
谐振频率处的增益，不符合预期

从图 4.23 清楚可见，对于降压变换器，应用严格意义上的经典 PID 方法并不能给出正确的结果（快速、无振荡的响应）。可以尝试其他更通用的方法来获得更好的结果。

4.2　基于零极点配置补偿变换器

PID 控制器经过特定系数计算通常用于控制复杂系统（例如利用齐格勒和尼科尔斯实验过程，具体参照文献［4］）。工程实践当中很少使用前面提到的 PID 方法去设计线性或开关电源。如果通过计算 PID 补偿器的各个系数，从而基于式（4.54）~式（4.57）得到极点和零点位置，设计人员更愿意直接通过零、极点配置来获得所需的系统响应。例如，无需经过上述复杂的多项式分析，可以通过合理配置极点和零点来选择穿越频率和期望的相位裕度，然后可以改变一个零点或极点位置来观察其对响应速度或恢复时间的影响，并最终得到一套类似于 PID 方法设计得到的参数，但更为简单和快速。

4.2.1　简易参数设计步骤

首先需求出被控对象的传递函数 $H(s)$。在前几页已经阐述过如何从 Buck 变换器中得到传递函数（如通过应用图 4.11 中描述的方法），还有其他方法如理论分析法（基于方程的小信号建模）、基于网络分析仪的实测方法，或者齐格勒- 尼科尔斯（Ziegler- Nichols）近似法（适用于阻尼系统）。基于图 4.11 表中需要确定两个参数：被控对象在选定穿越频率处的幅值和相位，即 $|H(f_c)|$ 和 $\angle H(f_c)$。这些参数将告诉如何调整补偿器频率响应，以便获得所需的穿越频率，并具有足够的相位裕度和幅值裕度。同时还需观察伯德图中的尖峰或凹陷，确保选定的穿越频率远离谐振点，或者穿越频率位于相位滞后影响较小的区域。如果 PID 补偿网络不能很好地抑制谐振峰值则会导致系统振荡，如同上一节中所示的基于 PID 补偿的 Buck 变换器。

补偿器需要配置极点、零点和增益/衰减从而得到期望的环路增益 T，补偿器包含有源元件，通常是一个运算放大器。但实际电路中也采用其他类型的运算放大器，如 TL431（带有参考电压的集电极开路运算放大器），分流调节器（一种有源稳压电路），甚至是一个跨导型运算放大器（OTA）。在实际工业应用中，这些处理模块通过隔离器件（如光电耦合器）传输误差信号，这增加了最终传递函数的复杂性，将在后面的章节中详细介绍这些结构。

尽管运算放大器的种类很多，但补偿器交流频率响应设计的步骤类似：

（1）确定被控对象传递函数 $H(s)$ 在选择的穿越频率 f_c 处的幅值和相位。

（2）在补偿器网络的原点处引入一个极点，以提高直流增益并有效抑制干扰。在开关和线性调节器中，输入电压和输出电流作为干扰项。高直流增益确保对输入扰动的抑制，同时还保证输出端的最低（理论上为零）直流静态误差。这就是 PID 表达式中的积分环节。在原点处引入极点的方法被应用于大多数补偿网络中，但也有例外，如高频 DC/DC 的输出阻抗调节器是一个没有原点处极点的纯比例环节。

（3）除了原点位置的极点，确定其他极点、零点的位置和增益/衰减值，以实现：①使得穿越频率在选定频率 f_c 处；②通过局部相位提升以校正被控对象的相位响应；③确保期望的开环相位裕度。根据所需补偿要求，可以选择三种补偿器类型，分别定义为 1、2 和 3 型，可带来 $0° \sim 180°$ 的相位提升。这些补偿器可以通过运算放大器、TL431 等来实现。

（4）设计完补偿器后，绘制出环路增益响应曲线 $T(s)$，并检查穿越频率和对应的稳定裕度（幅值和相位）是否在可接受的范围内；再通过扫描输入电压、负载以及寄生参数（如电容 ESR）是否会造成严重的相位裕度损失；最后通过负载阶跃响应来验证系统是否达到了预期控制效果。

4.2.2　被控对象传递函数

通过 SPICE 仿真，图 4.24 和图 4.25 给出了两个不同控制对象的伯德图。图 4.24 是以连续导通模式（CCM）下电流模式控制的反激变换器。首先确定穿越频率 f_c：在上一章中已经提到 f_c 的选定是基于对负载突变瞬态响应的要求，在此选择 5kHz 作为穿越频率，图中没有看到幅频曲线上出现谐振尖峰，并且相位持续保持在 $-90°$ 以上（高频段依然满足要求）。因此，5kHz 的穿越频率应该不难实现，图中 5kHz 时对应增益为 -6.8dB。由于需要 5kHz 的穿越频率，这意味着在 5kHz 处的补偿器的幅值 $|G|$ 必须为 6.8dB，从而可以保证 $|G(5\text{kHz})| \cdot |H(5\text{kHz})|$ 在这一点恰好为 1 或 0dB，因此需要上移幅频曲线以补偿选定穿越频率处的增益不足。

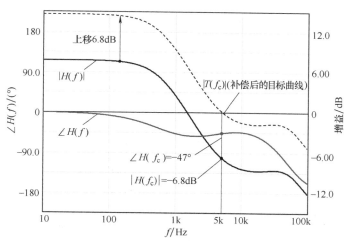

图 4.24　CCM 下电流模式控制的反激变换器频率响应图（G 需要补偿穿越频率 5kHz 处的增益不足）

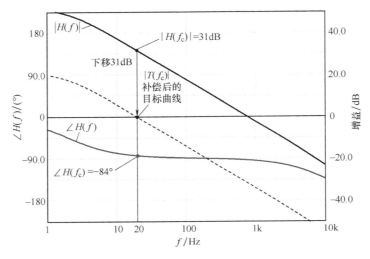

图 4.25   BCM 下功率因数校正升压变换器传递函数的伯德图
（设计人员必须调整补偿器 G 来补偿 20Hz 穿越频率处过大的增益）

但是在某些情况下观察到穿越频率处的增益也可能过大。图 4.25 所示是临界导通模式（BCM）的功率因数校正变换器（PFC）的传递函数伯德图。穿越频率通常选择较低的值以抑制 100/120Hz 的输出纹波，否则会在误差信号中引入额外的纹波，PFC 的穿越频率通常设置在 20Hz。从图中可知，20Hz 处的增益为 31dB。因此必须将曲线下移 31dB：20Hz 时的补偿器幅度 $|G|$ 必须为 -31dB，才能得到 $|G(20\text{Hz})| \cdot |H(20\text{Hz})|$ 为 1 或 0dB。

4.2.3   积分环节消除静态误差

已经知道穿越频率处的相位滞后必须远离 360° 极限值，否则会得到一个超调明显的振荡响应。相位与极限相位之差记为相位裕度 φ_m。大部分情况下相位裕度代表设计目标（例如 70°，可以由客户或项目经理提出）。事实上，90° 的相位裕度也是太空或者军用场合的常见设计目标。有时候，不能发生条件稳定的情况，客户会要求进行实地测量来确定设计的产品是否符合要求。因此，作为设计工程师设计的补偿器除了达到穿越频率这个目标外，还要满足其他要求，如相位裕度等。要获得这些参数，首先必须了解经典补偿器是由什么构成的。静态误差一般越低越好，所以需要积分环节。但也并非总是如此，因为有时会需要一定大小的静态误差以避免积分环节。之前所讲的 PID 部分提到，积分环节在补偿器传递函数中就是原点处极点，原点处极点在补偿器传递函数中简单表示为

$$\frac{V_\text{out}(s)}{V_\text{in}(s)} = G(s) = \frac{1}{s} \tag{4.63}$$

对于直流信号（或者 x 轴原点处），当 $s=0$ 时，增益是无限大。理论分析可知，在直流无限增益下，静态误差（输出和设定值之间的直流或稳态误差）被消除。实际上，运算放大器开环增益 A_OL 是有限的（例如 80~90dB），从而引起静态误差，但通常这个误差可以忽略不计。此外，一些设计中会需要静态误差，因而不需要在原点处引入极点。主板供电的高频 DC-DC 变换器就是这种情况，将在后面的例子中看到。在原点处引入极点的情况下，由式（4.63）带来的相位滞后计算如下：

$$\lim_{\omega \to 0} \arg \frac{V_{\text{out}}(j\omega)}{V_{\text{in}}(j\omega)} = \lim_{\omega \to 0} \arg \left(-j\frac{1}{\omega} \right) = \arctan(-\infty) = -\frac{\pi}{2} \tag{4.64}$$

在这个等式中，可以看到引入原点极点带来了90°的永久相位滞后，与频率无关。也就是说，传递函数中原点处的一个极点，就会出现90°的相位滞后，会与其他零极点产生的相位叠加。如果原点处有双重极点，则会出现180°的相位滞后。

图 4.26 所示的积分器是由一个简单的压控电压源构成。假设增益无穷大，则传递函数可简单表示为

$$G(s) = -\frac{Z_{\text{f}}}{Z_{\text{i}}} = -\frac{\frac{1}{sC_1}}{R_1} = -\frac{1}{sR_1C_1} \tag{4.65}$$

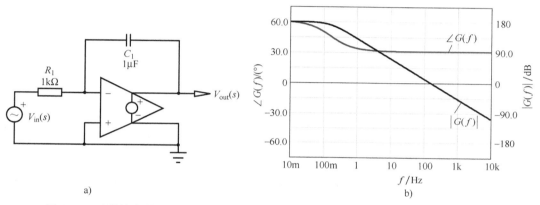

图 4.26 运算放大器反相接法构建简易积分器会带来总相位滞后270°或相位超前90°

如果考虑截止角频率 ω_{p0} 为 $1/R_1C_1$，则式（4.65）可以重写为

$$G(s) = -\frac{\omega_{\text{p0}}}{s} \tag{4.66}$$

用 $j\omega$ 替代 s，可以得出该式的幅值表达式为

$$|G(j\omega)| = \left| 0 + j\frac{\omega_{\text{p0}}}{\omega} \right| = \frac{\omega_{\text{p0}}}{\omega} = \frac{f_{\text{p0}}}{f} \tag{4.67}$$

相位也可以从式（4.66）得出，考虑运算放大器带来的负号，可得

$$\arg G(j\omega) = \arg \left(0 + j\frac{\omega_{\text{p0}}}{\omega} \right) = \arctan(\infty) = \frac{\pi}{2} \tag{4.68}$$

当 ω 接近零时，增益变得无穷大。当 ω 达到 ω_{p0}，即所谓的0dB穿越极点处，增益为1或0dB。实际上，考虑运算放大器有限的开环增益 A_{OL}，根据附录4D的推导，传递函数变成了

$$G(s) = \frac{A_{\text{OL}}}{1 + s/\omega_{\text{p1}}} \tag{4.69}$$

其中 A_{OL} 是运算放大器的开环增益，ω_{p1} 定义为

$$\omega_{\text{p1}} = \omega_{\text{p0}}/A_{\text{OL}} \tag{4.70}$$

用 $j\omega$ 替代 s，得到该积分器的幅值表达式为

$$|G(j\omega)| = \frac{A_{\text{OL}}}{\sqrt{1 + \left(\frac{\omega}{\omega_{\text{p1}}} \right)^2}} \tag{4.71}$$

当 s 接近 0 时，积分器增益未达到无穷大而被钳位到 A_{OL}，如图 4.26b 所示。在这幅图中还可以看到相位存在 90° 超前或 270° 滞后。这两个角度是等效的，在一个角度上加减 $\pm 2k\pi$ 不会影响其值。如果从 90° 中减去 360°，就得到了 $-270°$。传统意义上负相位表示滞后，在时域中更易于理解，因为运放的输出只能在其输入的激励之后出现，反相积分器使其相位延迟 270°。但在分析相位图时，$-270°$ 和 90° 是指相同的角度。

这些角度计算有时可能会非常棘手，具体请参阅附录 4C。

4.2.4 积分调节器：1 型补偿器

在前述章节已经讨论过 0dB 穿越极点的概念。式（4.67）中的 f_{p0} 是增益幅值为 1dB 或 0dB 时的频率，可以通过改变它来设计系统穿越频率。假设需要将一个系统的穿越频率设计为 20Hz，而补偿前的增益为 23dB，以简单积分环节作为补偿器。则需要调整 f_{p0} 使得 20Hz 处增益衰减 -23dB 或者 $10^{-\frac{23}{20}} = 70.8\text{m}$。换句话说，必须使得

$$\frac{f_{p0}}{20} = 0.0708 \tag{4.72}$$

这意味着将 0dB 穿越极点置于

$$f_{p0} = 20 \times 0.0708\text{Hz} \approx 1.4\text{Hz} \tag{4.73}$$

这是功率因数校正电路中的典型补偿方法，如图 4.27 所示，穿越频率一般较低以避免将输出纹波引入控制环。在文献中，它被称为 1 型补偿器：无相位提升作用，原点处引入极点以获得高直流增益，并在设定频率下获得足够的增益或衰减。此外，如前所述，该电路会引入 270° 的相位滞后。

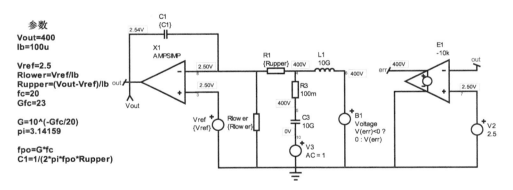

图 4.27 该电路自动计算 1 型补偿器参数，根据偏置电流计算分压电阻网络
（截止频率通过电容器 C_1 进行调整）

图 4.27 中包括一个自适应偏置电路，它由压控电压源 E_1 实现。其目的是调整偏置点使得误差放大器的输出在其线性区范围内，远离其下限或上限饱和区，可以通过调整 V_2 来调节这个输出电压，在这个例子中，它等于 2.5V。在图中，参数基于输出电压 400V 来自动计算，电容值由式（4.65）计算获得，如下：

$$C_1 = \frac{1}{2\pi R_{\text{upper}} f_{p0}} \tag{4.74}$$

$R_{\text{upper}} = 4\text{M}\Omega$ 时，电容值为 28nF 或 33nF。图 4.28 给出了其小信号伯德图，证实了计算的准确性。相位为 90° 或 $-270°$，无相位提升。

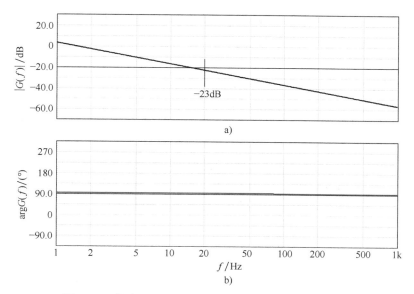

图 4.28 伯德图验证了在选定的 20Hz 频率下衰减 23dB

在这个例子中，0dB 穿越极点放置法是一种将选定频率处增益调整到任何值的方法。在下面的示例中，将看到如何将此运用到其他表达式中。

4.2.5 穿越频率处相位补偿

如果想把直流输出静差降到最低，则需要一个原点处的极点。然而图 4.26 表明，这种方式下的相位完全是平的。这意味着，如果在现有的设计中添加积分器，只会带来额外的 270° 相位滞后和直流上的无限增益。如果需要在某个特定的点（例如穿越频率点）改进相位，单独的积分器是没有任何帮助的。通常相位裕度不够是由于控制环路在穿越频率附近存在较大的相位滞后，为了改善这种情况，必须通过在环路中添加一些相位超前补偿来抵消相位滞后，这即是补偿器 G 需要做的事。

图 4.29 上图显示了被控对象的相频特性，在选定的 4kHz 穿越频率下，相位滞后 71°。

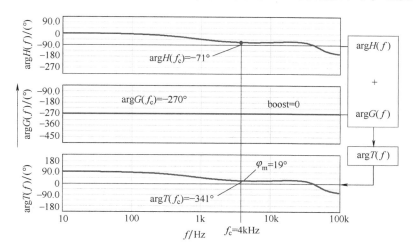

图 4.29 相位补偿是指在穿越频率处提供一个超前的相位去补偿原本的相位滞后

为了获得最小静态误差，在原点处插入一个极点。从前面分析可知，通过反相积分器增加这个极点会产生270°的相位滞后，因此该积分器与被控对象串联后，总的相位滞后为

$$\arg T(4\text{kHz}) = -71° - 270° = -341°\qquad(4.75)$$

如果使用该积分环节进行闭环控制，相位裕度为

$$\varphi_{\text{m}} = 360° - 341° = 19°\qquad(4.76)$$

如图4.29最下面这幅图所示。注意这里的相位裕度是环路相位与-360°极限或0°之间的距离，可以测得结果为19°。

如果设计目标是70°，相差很远。为此，需要减少系统在穿越频率处的相位滞后，使其到-360°线（或0°）的距离等于要求的相位裕度。也就是，需要提升的相位满足下式所示：

$$\arg H(f_{\text{c}}) - 270° + \text{boost} = -360° + \varphi_{\text{m}}\qquad(4.77)$$

求解boost，得到

$$\text{boost} = -360° + \varphi_{\text{m}} - \arg H(f_{\text{c}}) + 270° = \varphi_{\text{m}} - \arg H(f_{\text{c}}) - 90°\qquad(4.78)$$

代入例子中的数值，得到需要提升的相位是

$$\text{boost} = \varphi_{\text{m}} - \arg H(f_{\text{c}}) - 90° = 70° + 71° - 90° = 51°\qquad(4.79)$$

这意味着补偿器G在穿越频率（4kHz）处的相位不再是-270°（由单积分环节提供），而应该是

$$\arg G(4\text{kHz}) = -270° + 51° = -219°\qquad(4.80)$$

按照上述要求设计相应补偿器进行相位补偿，补偿后的仿真结果如图4.30所示，验证了相关设计的正确性，提高了系统的鲁棒性。

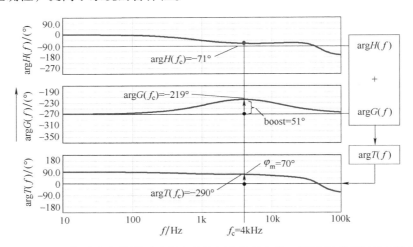

图4.30　通过局部减小相位滞后或增大穿越频率处的相位，即可得到理想的相位裕度

4.2.6　配置极点和零点进行相位补偿

在积分器传递函数中，相位稳定在-270°。为了改善相位裕度，或者需要在某些频率点减少相位滞后，如何来实现呢？可以在补偿器中放置零点，零点产生一个斜率为+1的幅值上升，并伴随着相位从0线性上升到90°，用这个相位超前来部分抵消积分器的相位滞后。假设引入的零点由下式定义

$$G(s) = 1 + \frac{s}{\omega_{\text{z}}}\qquad(4.81)$$

用 $j\omega$ 替换 s，求其幅值和相角为

$$|G(j\omega)| = \left|1 + s\frac{\omega}{\omega_z}\right| = \sqrt{1 + \left(\frac{\omega}{\omega_z}\right)^2} \tag{4.82}$$

$$\arg G(j\omega) = \arctan\left(\frac{\omega}{\omega_z}\right) \tag{4.83}$$

基于式（4.82）和式（4.83）可以绘制出其交流频率响应，如果零点在 1.4kHz 处，其频率响应如图 4.31 所示。

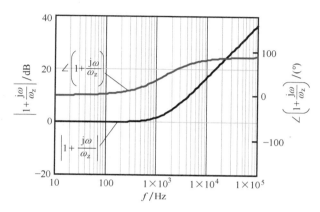

图 4.31　引入 1.4kHz 的零点使得相位在该点处开始增大直至 90°

从图 4.31 中可见，零点可以带来相位超前，从而补偿系统的相位延迟，提高系统的稳定性。但是，在图 4.30 的例子中，需要将相位提升一个确定的数值 51°，也并不是提升得越多越好，而且，仅仅引入零点会使增益随频率的增加而趋于无穷。为此，还需要增加一个极点。

极点的表达式如下：

$$G(s) = \frac{1}{1 + s/\omega_p} \tag{4.84}$$

同样用 $j\omega$ 代替 s 来计算其幅值和相位

$$|G(j\omega)| = \sqrt{1 + \left(\frac{\omega}{\omega_p}\right)^2} \tag{4.85}$$

$$\arg G(j\omega) = \arg(1) - \arg\left(1 + j\frac{\omega}{\omega_p}\right) = \arctan\left(\frac{\omega}{\omega_p}\right) \tag{4.86}$$

绘制式（4.85）和式（4.86）频率响应，如图 4.32 所示。可以看出相位从 0 开始，线性减小到 $-90°$ 渐近线。

因此，当引入零点，相位正向增长（相位超前），而极点带来负相位（相位滞后）。当需要特定的相位补偿或者相位提升时，可以将一个零点和一个极点相结合，以获得想要的相位补偿量。

把一个极点和一个零点联系起来，也称为零极点对，在这对零极点起作用之前，相位为 0。如果随频率的增加，零点首先起作用，则相位正向增长，如图 4.31 所示。如果极点开始起作用，它的相位滞后抵消零点的作用，相位开始下降，如图 4.32 所示。最终，由于零点的相位渐近线为 90°，而极点为 $-90°$，组合之后的相位为 0°。零极点组合的传递函数如下：

$$G(s) = \frac{1 + s/\omega_z}{1 + s/\omega_p} \tag{4.87}$$

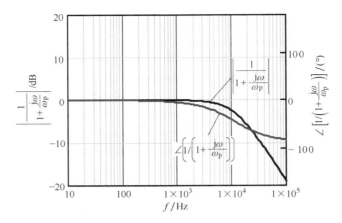

图 4.32　11.4kHz 处极点的频率响应：相位在极点位置开始滞后，并逐渐趋向 $-90°$

用 $j\omega$ 代替 s 来计算它的频率响应幅值，可以写成分子幅值和分母幅值商的形式：

$$|G(j\omega)| = \frac{\sqrt{1+\left(\dfrac{\omega}{\omega_z}\right)^2}}{\sqrt{1+\left(\dfrac{\omega}{\omega_p}\right)^2}} \tag{4.88}$$

相位可以表示为式（4.83）和式（4.86）之差

$$\arg G(j\omega) = \arctan\left(\frac{\omega}{\omega_z}\right) - \arctan\left(\frac{\omega}{\omega_p}\right) \tag{4.89}$$

式（4.87）的伯德图如图 4.33 所示，其中零点在 1.4kHz，极点在 11.4kHz。正如预期，极点和零点联合作用，获得了一定频率下局部化的相位超前。如果极点和零点位置重叠，则它们完全相互抵消：幅值和相位补偿均为 0。若把极点和零点分开，就能在两者之间建立相位超前补偿。当达到零点相位的渐近线后，相位最大超前 90°。在图 4.34 中，把一个极点放在距零点 x 倍的位置，观察 x 取不同值时的相位变化为

$$f_p = f_z x \tag{4.90}$$

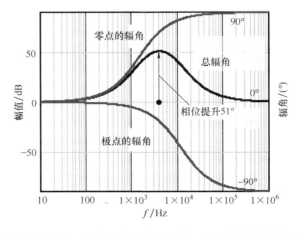

图 4.33　通过一对零极点组合时创建一个相位超前的校准量

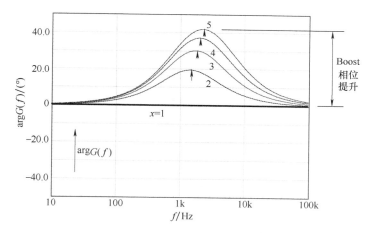

图 4.34 通过放置极点和零点在不同位置，可以得到不同的相位补偿

可以看到当极点远离零点时相位的超前量变大。

那么，应该在哪里配置极点和零点，使得相位提升正好发生在穿越频率上呢？换句话说，当放置一个极点和一个零点时，相位提升的峰值发生在什么频率处？通过对式（4.89）进行微分，求其等于 0 时的频率，可得

$$\frac{\mathrm{d}}{\mathrm{d}f}\Big(\arctan \frac{f}{f_z} - \arctan \frac{f}{f_p} \Big) = \frac{1}{f_z\Big(1 + \frac{f^2}{f_z^2} \Big)} - \frac{1}{f_p\Big(1 + \frac{f^2}{f_p^2} \Big)} = 0 \tag{4.91}$$

求解这个方程，得到最大相位提升处的频率是配置的零极点频率的几何平均数为

$$f_{max} = \sqrt{f_z f_p} \tag{4.92}$$

因此，当零点在 1.4kHz，极点在 11.4kHz，相位提升的峰值出现在

$$f_{max} = \sqrt{1.4k \times 11.4k}\, \mathrm{Hz} = 4kHz \tag{4.93}$$

如图 4.33 所示。

4.2.7 用一对零/极点实现 90°相位提升

一个极点和一个零点的组合能提供 0°～90°之间可调节的相位提升。当需要在穿越频率处提升相位以局部补偿相位裕度不足时，可以建立方程组来计算放置零点和极点的位置。由于有两个未知数，因此需要两个方程：

$$boost = \arctan\Big(\frac{f_c}{f_z}\Big) - \arctan\Big(\frac{f_c}{f_p}\Big) \tag{4.94}$$

$$f_c = \sqrt{f_z f_p} \tag{4.95}$$

由式（4.95），可得零点表达式为

$$f_z = \frac{f_c^2}{f_p} \tag{4.96}$$

将其代入式（4.94）得

$$boost = \arctan\Big(\frac{f_p}{f_c}\Big) - \arctan\Big(\frac{f_c}{f_p}\Big) \tag{4.97}$$

为了更好地求解这个方程，可以引入系数 k，并设 $k = f_p / f_c$，重写式（4.97）得

$$\text{boost} = \arctan(k) - \arctan\left(\frac{1}{k}\right) \tag{4.98}$$

引入反正切三角公式：

$$\arctan(k) + \arctan\left(\frac{1}{k}\right) = \frac{\pi}{2} \tag{4.99}$$

提取 $\arctan(1/k)$ 的表达式，并代入式（4.98）得到

$$2\arctan(k) = \frac{\pi}{2} + \text{boost} \tag{4.100}$$

求解出 k

$$k = \tan\left(\frac{\pi}{4} + \frac{\text{boost}}{2}\right) \tag{4.101}$$

这个 k 的表达即是 Dean Venable 在 20 世纪 90 年代引入的"k 因子"[5]。

由 $k = f_p/f_c$，可得到极点表达式为

$$f_p = kf_c = \tan\left(\frac{\pi}{4} + \frac{\text{boost}}{2}\right)f_c \tag{4.102}$$

零点表达式可从式（4.96）获得

$$f_z = \frac{f_c}{k} = \frac{f_c}{\tan\left(\dfrac{\pi}{4} + \dfrac{\text{boost}}{2}\right)} \tag{4.103}$$

至此，如果确定了穿越频率以及穿越频率处的相位补偿量，就可以使用上述方法来选择极点和零点的位置。但是该方法需要穿越频率正好处于所配置零极点的几何平均值上，因此，如果需要特别放置极点来抵消传递函数中的零点，就不能再运用上述手段了。这种情况下，式（4.94）仍然可以用来配置剩余的极点或零点。假设必须在 800Hz 处放置零点，而穿越频率是 8kHz，当需要的相位提升为 55°时，应该把极点放在哪里呢？只需从式（4.94）中分离出 f_p：

$$\arctan\left(\frac{f_c}{f_p}\right) = \arctan\left(\frac{f_c}{f_z}\right) - \text{boost} \tag{4.104}$$

为了求解这个方程，可以使用以下三角函数关系：

$$\tan(A - B) = \frac{\tan A - \tan B}{1 + \tan A \tan B} \tag{4.105}$$

将式（4.105）代入式（4.104）得

$$\frac{f_c}{f_p} = \frac{\dfrac{f_c}{f_z} - \tan(\text{boost})}{1 + \dfrac{f_c}{f_z}\tan(\text{boost})} \tag{4.106}$$

由此得到 f_p 的表达式为

$$f_p = \frac{f_z f_c - \tan(\text{boost})f_c^2}{f_c - f_z\tan(\text{boost})} \tag{4.107}$$

若零点在 800Hz 处，穿越频率是 8kHz，需要的相位提升为 55°，则极点位置为

$$f_p = \frac{800 \times 8k + \tan(55°) \times 8k^2}{8k - 800 \times \tan(55°)} = 14.2\text{kHz} \tag{4.108}$$

结果如图 4.35 所示。如果首先固定的是极点，则零点将位于

$$f_z = \frac{f_p f_c - \tan(\text{boost}) f_c^2}{f_c + f_p \tan(\text{boost})} \tag{4.109}$$

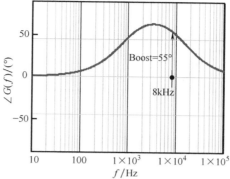

图 4.35 穿越频率不再是零/极点频率的几何平均值，但仍可以获得相应的相位提升

4.2.8 用一对零/极点调整中频段增益：2 型补偿器

已经知道如何通过放置一对零/极点来满足穿越频率处相位提升的需求，现在来分析如何调整补偿器获得穿越频率处的增益或衰减？首先将零/极点对与一个原点极点（如式 4.66）相结合。在这种情况下，式（4.87）变成

$$G(s) = -\frac{1 + s/\omega_z}{\dfrac{s}{\omega_{p0}}(1 + s/\omega_p)} \tag{4.110}$$

请注意"–"符号的存在，因为这是一个基于运算放大器反相端输入的补偿器。

式（4.110）不符合第 2 章中所描述的传递函数格式，提出分子中的因子 s/ω_z，重写得

$$G(s) = -\frac{s}{\omega_z} \frac{\left(1 + \dfrac{\omega_z}{s}\right)}{\dfrac{s}{\omega_{p0}}(1 + s/\omega_p)} \tag{4.111}$$

0dB-穿越极点 ω_{p0} 可以写入分子表达式中，简化得

$$G(s) = -\frac{s}{\omega_z} \frac{\omega_{p0}\left(\dfrac{\omega_z}{s} + 1\right)}{s(1 + s/\omega_p)} = -\frac{\omega_{p0}}{\omega_z} \frac{1 + \omega_z/s}{1 + s/\omega_p} = -G_0 \frac{1 + \omega_z/s}{1 + s/\omega_p} \tag{4.112}$$

在这个表达式中，G_0 称为中频段增益（或中频增益），表示为

$$G_0(s) = \frac{\omega_{p0}}{\omega_z} \tag{4.113}$$

其中 ω_z 由所需的相位提升量决定，再根据期望的穿越频率点增益/衰减来设计 ω_{p0}，这样就得到一个 2 型补偿器。其设计流程相当简单：首先根据穿越频率点相位的提升需求来选择极点和零点，然后使用（4.113）式调整 f_c 处的增益或衰减。图 4.36 显示了它的渐近线。

2 型补偿器可以采用多种不同的方式实现，例如：使用运算放大器、TL431、分流调节器等，教科书中采用的经典类型是围绕运算放大器进行的，如图 4.37 所示。

本章先用一个例子来快速熟悉 2 型补偿器，在第 5 章会更详细地阐述。

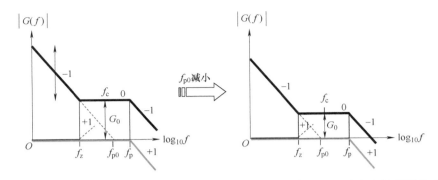

图 4.36 调整 0dB 穿越极点的位置（此时零/极点对不重合）可以改变中频段增益 G_0。
本例中，将 0dB 穿越极点变低以降低中频段增益 G_0

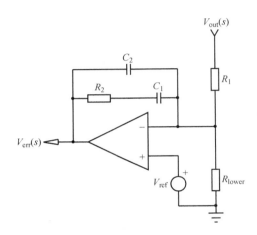

图 4.37 基于运放的 2 型补偿器

4.2.9 2 型补偿器的设计实例

假设要对一个选定 5kHz 作为穿越频率的电源补偿 18dB 增益和提升 68° 相位。根据式（4.101）和式（4.102），分别引入一个极点和一个零点

$$f_P = \tan\left(\frac{\pi}{4} + \frac{\text{boost}}{2}\right)f_c = \tan\left(45° + \frac{68°}{2}\right) \times 5k = 25.7\text{kHz} \tag{4.114}$$

$$f_z = \frac{f_c}{\tan\left(\frac{\pi}{4} + \frac{\text{boost}}{2}\right)} = \frac{5\text{kHz}}{\tan\left(45° + \frac{68°}{2}\right)} = 972\text{Hz} \tag{4.115}$$

现在考虑 0dB 穿越极点的位置，由于变换器在 5kHz 处需要 18dB 的增益补偿，由式（4.113）和式（4.115）可知，0dB 穿越极点需要放置在

$$f_{p0} = f_z \times 10^{G_0/20} = 972 \times 8 \approx 7.8\text{kHz} \tag{4.116}$$

图 4.37 中参数的具体计算方法在第 5 章中会详细给出，这里不做赘述。图 4.38 为输出幅频响应的渐近线。使用软件对这个 2 型补偿器进行仿真，图 4.39 给出了这种补偿器的典型频率响应。

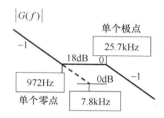

图 4.38 2 型补偿器的渐近线响应

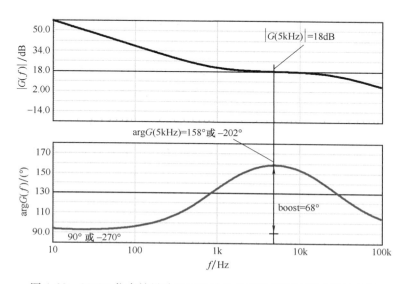

图 4.39 SPICE 仿真结果验证了设计的 2 型补偿器达到了设计目标

4.2.10 使用双重零/极点对实现 180°的相位提升

从图 4.33 中很容易得到单/极点对带来的最大相位提升是 90°，且只有零/极点相距很远时才能实现，但实际设计时可能需要超过 90°的相位提升。在这种情况下，需要将两个零点和两个极点组合，也称作双零/极点对。设计原则与单零/极点对相同，唯一的不同是，两个零点的相位渐近线趋近于 180°，而两个极点的相位渐近线趋近于 –180°。当它们相距很远时，最大的相位提升为 180°。

双零/极点对组合的传递函数如下所示

$$G(s) = \frac{\left(1 + \dfrac{s}{\omega_{z1}}\right)\left(1 + \dfrac{s}{\omega_{z2}}\right)}{\left(1 + \dfrac{s}{\omega_{p1}}\right)\left(1 + \dfrac{s}{\omega_{p2}}\right)} \tag{4.117}$$

用 $j\omega$ 代替 s 可以得到传递函数的幅值表达式，即分子幅值和分母幅值的商

$$|G(j\omega)| = \frac{\sqrt{1 + \left(\dfrac{\omega}{\omega_{z1}}\right)^2}\sqrt{1 + \left(\dfrac{\omega}{\omega_{z2}}\right)^2}}{\sqrt{1 + \left(\dfrac{\omega}{\omega_{p1}}\right)^2}\sqrt{1 + \left(\dfrac{\omega}{\omega_{p2}}\right)^2}} \tag{4.118}$$

该传递函数的相角等于分子相角与分母相角之差，计算公式如下：

$$\arg G(\mathrm{j}\omega) = \arctan\left(\frac{\omega}{\omega_{z1}}\right) + \arctan\left(\frac{\omega}{\omega_{z2}}\right) - \arctan\left(\frac{\omega}{\omega_{p1}}\right) - \arctan\left(\frac{\omega}{\omega_{p2}}\right) \tag{4.119}$$

如果两个零点和两个极点分别重合（双重极点和双重零点），式（4.91）可以以频率 f 表示为

$$\frac{\mathrm{d}}{\mathrm{d}f}\left(2\arctan\left(\frac{f}{f_{z1,2}}\right) - 2\arctan\left(\frac{f}{f_{p1,2}}\right)\right) = \frac{2}{f_z\left(\dfrac{f^2}{f_{z1,2}^2}+1\right)} - \frac{2}{f_p\left(\dfrac{f^2}{f_{p1,2}^2}+1\right)} = 0 \tag{4.120}$$

求解 f 可得：在频率为双重零点和双重极点的几何平均数处，相位提升达到最大值

$$f_{\mathrm{maxboost}} = \sqrt{f_{z1,2}\,f_{p1,2}} \tag{4.121}$$

和单个零/极点对的处理一样，这样组合带来的相位提升也是可以计算出来的。根据式（4.119），考虑到双重零/极点对，对其进行重新整理可得

$$\mathrm{boost} = 2\tan\left(\frac{f_c}{f_{z1,2}}\right) - 2\tan\left(\frac{f_c}{f_{p1,2}}\right) = 2\left(\arctan\left(\frac{f_c}{f_{z1,2}}\right) - \arctan\left(\frac{f_c}{f_{p1,2}}\right)\right) \tag{4.122}$$

这个表达式的求解类似于式（4.99）和式（4.100）。区别仅仅是右边项多除了 2，由此可以得到双重零/极点情况下 k 的表达式

$$k = \tan\left(\frac{\mathrm{boost}}{4} + \frac{\pi}{4}\right) \tag{4.123}$$

这与文献［5］给出的定义不同，它将式（4.123）的右边项进行了平方。这样选择的目的是简化计算，此时的极点和零点位置表示为

$$f_{p1,2} = k f_c \tag{4.124}$$

$$f_{z1,2} = \frac{f_c}{k} \tag{4.125}$$

在前面的例子中，单个零/极点对在 8kHz 处有 51° 的相位提升。当在 1.4kHz 处放置一个双重零点、在 11.4kHz 处放置一个双重极点，这样相位提升将翻倍至 102°，如图 4.40 所示。

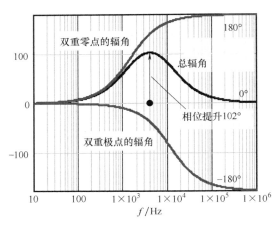

图 4.40　双重零/极点对相比单个零/极点对的相位提升翻倍

在某些情况下，双重零点位置不可调，并且只能调整其中一个极点来满足相位提升要求。例如，对于电压模式控制的 Buck 变换器，设计者通常将双重零点 $f_{z1,2}$ 放置于 LC 滤波器的谐振频率处，同时为了增强其抗干扰能力，将极点 f_{p2} 放置在开关频率一半处。最后，调整剩余的极点以满足相位提升的要求。由式（4.119）可知，此极点可由下式得到

$$f_{p1} = \frac{f_c}{\tan\left(2\arctan\left(\dfrac{f_c}{f_{z1,2}}\right) - \text{boost} - \arctan\left(\dfrac{f_c}{f_{p2}}\right)\right)} \qquad (4.126)$$

假设穿越频率为 10kHz，双重零点位于 1.2kHz 处，一个高频极点位于 50kHz 处。考虑到此处需要 120° 的相位提升，根据式（4.126），第二个极点为

$$f_{p1} = \frac{10\text{k}}{\tan\left(2\arctan\left(\dfrac{10\text{k}}{1.2\text{k}}\right) - 120° - \arctan\left(\dfrac{10\text{k}}{50\text{k}}\right)\right)} = 14.3\text{kHz} \qquad (4.127)$$

把式（4.119）输入到 Mathcad，并基于之前的零/极点位置绘制其相频特性曲线，如图 4.41 所示。

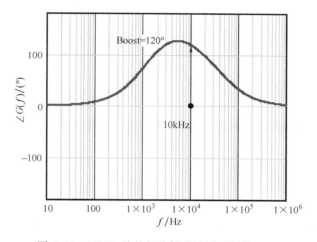

图 4.41　10kHz 处的相位提升达到目标的 120°

4.2.11　使用双重零/极点调整中频段增益：3 型补偿器

2 型补偿器中的中频段增益调整是通过改变 0dB 点穿越极点位置实现的。在双重零/极点对中也可以用同样的方法：在式（4.117）中插入原点处极点，构建 3 型补偿器

$$G(s) = -\frac{\left(1 + \dfrac{s}{\omega_{z1}}\right)\left(1 + \dfrac{s}{\omega_{z2}}\right)}{\dfrac{s}{\omega_{p0}}\left(1 + \dfrac{s}{\omega_{p1}}\right)\left(1 + \dfrac{s}{\omega_{p2}}\right)} \qquad (4.128)$$

请注意"－"号，因为这是一个基于运算放大器反相端输入的补偿器。

这个公式并不满足第 2 章描述的传递函数形式，对分子提取因式 s/ω_{z1} 可得到

$$G(s) = -\frac{s}{\omega_{z1}}\frac{\left(\dfrac{\omega_{z1}}{s} + 1\right)\left(1 + \dfrac{s}{\omega_{z2}}\right)}{\dfrac{s}{\omega_{p0}}\left(1 + \dfrac{s}{\omega_{p1}}\right)\left(1 + \dfrac{s}{\omega_{p2}}\right)} \qquad (4.129)$$

经过化简，可以将 0dB 穿越极点 ω_{p0} 移到分子上，并消去 s 得

$$G(s) = -\frac{\omega_{p0}}{s}\frac{s}{\omega_{z1}}\frac{\left(\dfrac{\omega_{z1}}{s}+1\right)\left(1+\dfrac{s}{\omega_{z2}}\right)}{\left(1+\dfrac{s}{\omega_{p1}}\right)\left(1+\dfrac{s}{\omega_{p2}}\right)} = -G_0\frac{\left(\dfrac{\omega_{z1}}{s}+1\right)\left(1+\dfrac{s}{\omega_{z2}}\right)}{\left(1+\dfrac{s}{\omega_{p1}}\right)\left(1+\dfrac{s}{\omega_{p2}}\right)} \tag{4.130}$$

其中，

$$G_0 = \frac{\omega_{p0}}{\omega_{z1}} \tag{4.131}$$

图 4.42 给出了 3 型补偿器幅频响应的渐近线。

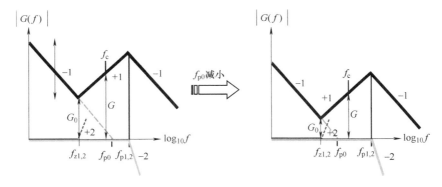

图 4.42　通过改变 0dB 穿越极点的位置，可以调整中频段增益值来获得期望的穿越频率

其中 ω_{z1} 由需要的相位提升来确定，而 ω_{p0} 可以根据穿越点处需要的增益/衰减来确定。这样就得到一个 3 型补偿器。其设计过程也相当简单：首先基于在穿越频率处需要的相位提升选择零/极点，再调整 f_c 处的增益/衰减。然而，式（4.131）并不能单独计算出 0dB 穿越极点的位置，原因分析如下：如图 4.42 所示，穿越点出现在两个零点之后，位于斜率为 +1 部分的中间，这与 2 型补偿器有所不同，在 2 型补偿器中，零点之后的斜率是不变的（其值为 0）。而图 4.42 中该点的增益 $G \neq G_0$，而是与双重零/极点对的位置有关，由式（4.130）可以推导出

$$\omega_{p0} = G\omega_{z1}\frac{\sqrt{1+\left(\dfrac{\omega_c}{\omega_{p1}}\right)^2}\sqrt{1+\left(\dfrac{\omega_c}{\omega_{p2}}\right)^2}}{\sqrt{1+\left(\dfrac{\omega_{z1}}{\omega_c}\right)^2}\sqrt{1+\left(\dfrac{\omega_c}{\omega_{z2}}\right)^2}} \tag{4.132}$$

如果考虑两个分别重合的零/极点对，则变为

$$\omega_{p0} = G\omega_{z1,2}\frac{(\omega_{p1,2}^2+\omega_c^2)}{\omega_{p1,2}^2\sqrt{1+\left(\dfrac{\omega_{z1,2}}{\omega_c}\right)^2}\sqrt{1+\left(\dfrac{\omega_c}{\omega_{z1,2}}\right)^2}} \tag{4.133}$$

在上式中，G 是在穿越点处需要的增益或衰减值。

3 型补偿器可以用很多方式实现，例如运放、TL431、分流调节器等。教科书中的经典实现方式是使用运放来实现，如图 4.43 所示。

基于运放实现的 3 型补偿器参数计算将在第 5 章中详细介绍，这里不做赘述。

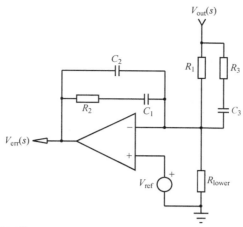

图 4.43 3 型补偿器使用了和 2 型补偿器同样的原理，将 RC 支路和电阻 R_1 并联

4.2.12 3 型补偿器的设计实例

在这个例子中，假设需要对一个变换器进行控制，其穿越频率要求设置在 5kHz。在这个频率下，被控对象表现出 10dB 的增益不足，需要的相位提升是 158°。根据式（4.124）可以计算双重极点的位置

$$f_{p1,2} = \tan\left(\frac{boost}{4} + \frac{\pi}{4}\right)f_c = \tan\left(\frac{158°}{4} + 45°\right) \times 5k \approx 52\text{kHz} \tag{4.134}$$

双重零点的位置可根据式（4.125）得到

$$f_{z1,2} = \frac{f_c}{\tan\left(\dfrac{boost}{4} + \dfrac{\pi}{4}\right)} = \frac{5k}{\tan\left(\dfrac{158°}{4} + 45°\right)} \approx 480\text{Hz} \tag{4.135}$$

5kHz 处的增益 G 必须是 10dB。应用式（4.132）或式（4.133）可得到 0dB 穿越极点应当放置的位置为

$$
\begin{aligned}
f_{p0} &= Gf_{z1,2}\frac{(f_{p1,2}^2 + f_c^2)}{f_{p1,2}^2\sqrt{\left(\dfrac{f_{z1,2}}{f_c}\right)^2 + 1}\sqrt{\left(\dfrac{f_c}{f_{z1,2}}\right)^2 + 1}}\\
&= 10^{10/20} \times 480 \times \frac{52k^2 + 5k^2}{52k^2 \times \sqrt{1 + \left(\dfrac{480}{5k}\right)^2} \times \sqrt{1 + \left(\dfrac{5k}{480}\right)^2}} \approx 146\text{Hz}
\end{aligned} \tag{4.136}
$$

补偿器频率响应渐近线如图 4.44 所示。对该补偿器进行仿真，频率响应如图 4.45 所示，其仿真结果与计算结果相同。

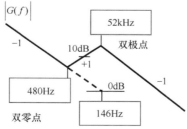

图 4.44 3 型补偿器响应的渐近线表明了零/极点对的位置

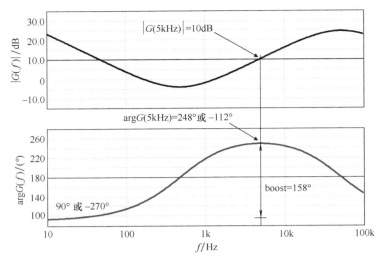

图 4.45　使用 SPICE 对补偿器进行仿真，在 5kHz 处显示了所需的增益和相位提升

4.2.13　选择合适的补偿器类型

图 4.46 给出了不同类型补偿器的频率响应特性，可以根据实际变换器的需求来选择合适的补偿器类型。

- 1 型补偿器：由于它的相位提升为 0，只适合被控对象穿越频率处的相位延迟很小的情况。假设被控对象存在 40°相位延迟，1 型补偿器会加入 270°延迟，则最终得到了 310°的相位延迟，即相位裕度为 50°。然而，由于积分项的存在，有时会带来很严重的超调。这种类型的补偿器广泛使用在 PFC 中。

- 2 型补偿器：这是电流模式控制 AC- DC 或 DC- DC 变换器中最常用的类型。由于其相位提升最大可达 90°，能满足反激、正激、Boost 和 Buck- Boost 等电流模式控制的变换器的补偿需求。此外，它在电压模式控制类型的变换器中也能工作。但由于其相位提升有限，主要用于电流断续模式的变换器。有时候 2 型补偿器会退化为 2a 或 2b 型，也就是 PI 或滤波比例补偿器，将在第 5 章中进一步介绍。

- 3 型补偿器：由于其相位提升可以达到 180°，该补偿器经常应用在电压模式控制或直接占空比控制的变换器中。这种类型在基于运放的结构中容易实现，但当采用跨导型运算放大器（OTA）或 TL431 实现时会变得很复杂。

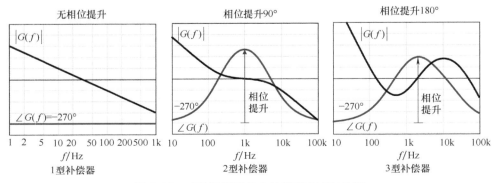

图 4.46　三种补偿器各自的频率响应对比图

4.2.14　用于 Buck 变换器的 3 型补偿器

已经掌握如何在调整 PID 参数之外独立地放置零/极点，现在尝试将这个技术应用到图 4.11 所示的 Buck 变换器中。PID 补偿器的主要问题在于：谐振极点的抵消需要采用一对共轭零点，进而导致补偿器在谐振频率处的增益有所减少（图 4.23 中的凹陷处）。此时，即使控制到输出的响应很好（见图 4.16），但由于输出阻抗的阻尼很差，对扰动的抑制仍表现出振荡响应。为了保证输出阻抗有合适的阻尼，需要确保谐振频率处存在足够的增益（如果传递函数中存在谐振频率的话），这样才能得到闭环输出阻抗的品质因数小于 1。在电压模式变换器中，经典的补偿方法如下所述：

（1）选择一个穿越频率 f_c，至少是谐振频率 f_0 的 3 ~ 5 倍（绝对不能在 f_0 之前，否则会导致在谐振处增益不足等类似问题出现）。

（2）在谐振频率处放置一对实数零点。这次的零点都是实数而不是共轭复数，将这些零点分散后，可以提升轻载状况下的稳定性。

（3）如果 ESR 相关的零点在穿越频率之前出现，像之前设计 PID 时所做的，在它的位置上放置一个极点来将其抵消。如果零点离带宽很远，就简单地把极点放置在开关频率一半处。如果需要的话，这第一个极点也可以移动，用于把相位裕度调整到想要的值。

（4）为了迫使增益在高频时降低，且保证合适的增益裕度，把第二个极点放置到足够高频的位置，这样它就不会影响相位裕度。通常将其放置在开关频率的一半处。

图 4.12 中的变换器传递函数表明其谐振频率为 1.2kHz。为了满足（1），选择的穿越频率必须超过 5kHz，简单起见，仅考虑一定的设计裕度，在本例中使用 10kHz。由于被控对象的相位延迟将近 180°，如果想要较好的相位裕度，则需要大于 90°的相位提升，需采用上文中提到的 3 型补偿器。

这个补偿器的传递函数如下所示：

$$G(s) = -G_0 \frac{\left(1 + \dfrac{\omega_{z1}}{s}\right)\left(1 + \dfrac{s}{\omega_{z2}}\right)}{\left(1 + \dfrac{s}{\omega_{p1}}\right)\left(1 + \dfrac{s}{\omega_{p2}}\right)} \tag{4.137}$$

式中，$G_0 = \omega_{p0}/\omega_{z1}$。

将该补偿策略应用到电压模式控制的 Buck 变换器中，考虑在 1.2kHz 处放置双重零点，然后将第一个极点的位置调整在零点周围，和式（4.56）所述类似，用于将相位裕度调整到需要的目标值。在 100kHz 的开关频率下，第二个极点可以放置在 50kHz 处。这个极点是用于保证高频时增益减小，提高抗干扰能力。现在，考虑设计 0dB 穿越极点的位置。它的位置取决于选择的穿越频率和这个频率下需要的增益（或衰减），即 ω_{p0} 确保穿越频率位于 f_c 处。原则是根据控制对象 H 在 f_c 处的幅值上调（或下调）需求，调整补偿器 G 在 f_c 处的幅值，保证 $|G(f_c)H(f_c)| = 1$，与图 4.24 和图 4.25 中所示相同。

为了使穿越频率位于 10kHz，观察图 4.14 所示的被控对象传递函数 $H(s)$。从图中可以发现，10kHz 处存在 20dB 左右的增益不足，相位延迟大约在 130°。可以根据式（4.34）精确地计算这些值：

$$\mid H(10\text{k})\mid = H_0 \frac{\sqrt{1+\dfrac{f_c}{f_{z1}}}}{\sqrt{\left(1-\dfrac{f_c^2}{f_0^2}\right)^2+\left(\dfrac{f_c}{f_0 Q}\right)^2}} = \frac{10}{2.5}\frac{\sqrt{1+\dfrac{10\text{k}}{10.3\text{k}}}}{\sqrt{\left(1-\dfrac{10\text{k}^2}{1.24\text{k}^2}\right)^2+\left(\dfrac{10\text{k}}{1.24\text{k}}\times 1.45\right)^2}}$$

$$=0.108\text{dB} \ \text{或} \ -19.3\text{dB} \tag{4.138}$$

$$\angle H(10\text{k}) = \arctan\left(\frac{f}{f_{z1}}\right) - \arctan\left[\frac{f_c}{f_0 Q}\frac{1}{1-\dfrac{f_c^2}{f_0^2}}\right]$$

$$= \arctan\left(\frac{10\text{k}}{10.3\text{k}}\right) - \arctan\left[\frac{10\text{k}}{1.24\text{k}\times 1.45}\frac{1}{1-\dfrac{10\text{k}^2}{1.24\text{k}^2}}\right] = -134° \tag{4.139}$$

既然变换器在 10kHz 处的增益衰减为 -19.3dB，补偿器 G 必须在这个频率处提供 19.3dB 的增益。由于希望在 10kHz 处得到 70° 的相位裕度，此时补偿器需要的相位提升值可根据式（4.78）计算

$$\text{boost} = \varphi_m - \arg H(f_c) - 90° = 70° + 134° - 90° = 114° \tag{4.140}$$

根据上文对补偿策略的描述可知，需要在 LC 网络的谐振频率（1.2kHz）处放置双重零点。

$$f_{z1} = f_{z2} = 1.2\text{kHz} \tag{4.141}$$

为了抗干扰目的，在 50kHz 处放置一个极点

$$f_{p2} = 50\text{kHz} \tag{4.142}$$

剩余的极点可以直接放置在 ESR 相关的零点（10.3kHz）位置，需要检查设计结果是否满足相位裕度的需求。也可以根据 114° 相位提升的需要，用式（4.140）计算这个极点的位置。如果采用第二种方法，则使用式（4.119）所示的相位提升公式进行计算

$$\arg G(f_c) = \text{boost} = \arctan\left(\frac{f_c}{f_{z1}}\right) + \arctan\left(\frac{f_c}{f_{z2}}\right) - \arctan\left(\frac{f_c}{f_{p1}}\right) - \arctan\left(\frac{f_c}{f_{p2}}\right) \tag{4.143}$$

$$\arctan\left(\frac{10\text{k}}{f_{p1}}\right) = 2\arctan\left(\frac{10\text{k}}{1.2\text{k}}\right) - \arctan\left(\frac{f_c}{f_{p2}}\right) - 114° = 166.3° - 11.3° - 114° = 41° \tag{4.144}$$

由上式可以得到极点的位置

$$f_{p1} = \frac{f_c}{\tan(41°)} = \frac{10\text{kHz}}{0.87} = 11.5\text{kHz} \tag{4.145}$$

可以使用图 4.17 中使用过的仿真电路进行验证，PID 参数调整为上述实数极点和零点。0dB 的穿越极点根据积分常数 k_i 计算，这个参数显然取决于穿越频率处需要的增益，本例中为 19.3dB。在这个例子中，考虑将极点分离，因此对式（4.136）进行修正：

$$f_{p0} = G f_{z1}\frac{\sqrt{\left(\dfrac{f_c}{f_{p1}}\right)^2+1}\sqrt{\left(\dfrac{f_c}{f_{p2}}\right)^2+1}}{\sqrt{\left(\dfrac{f_{z1}}{f_c}\right)^2+1}\sqrt{\left(\dfrac{f_c}{f_{z2}}\right)^2+1}} = 10^{20/20}\times 1.2\text{kHz}\times\frac{\sqrt{\left(\dfrac{10\text{k}}{11.3\text{k}}\right)^2+1}\sqrt{\left(\dfrac{10\text{k}}{50\text{k}}\right)^2+1}}{\sqrt{\left(\dfrac{1.2\text{k}}{10\text{k}}\right)^2+1}\sqrt{\left(\dfrac{10\text{k}}{1.2\text{k}}\right)^2+1}} \approx 1.9\text{kHz}$$

$$\tag{4.146}$$

更新后的仿真电路如图 4.47 所示，PID 参数是根据确定好的零/极点位置得到的，可以使用式（4.19）~式（4.22）来计算。

补偿器和补偿后的环路增益的频率响应分别如图 4.48 和图 4.49 所示。

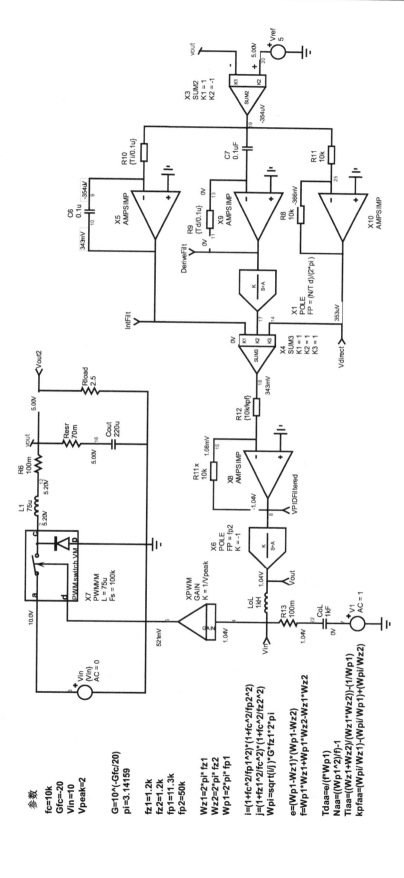

图 4.47 仿真电路表明滤波-PID 补偿器的参数是依据确定好的真实零/极点计算得到

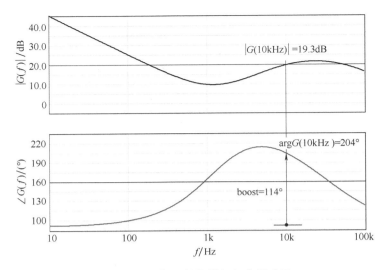

图 4.48　按照预期，补偿器把相位提升了 114°

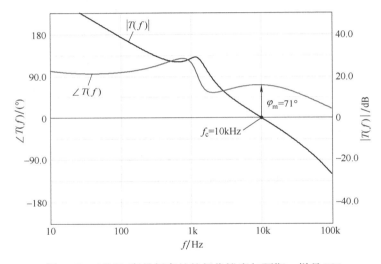

图 4.49　10kHz 穿越频率处的相位裕度如预期一样是 70°

　　现在再来观察闭环系统的输出阻抗，如图 4.50 所示，负载发生阶跃变化时的暂态响应由这个曲线决定。可以发现，传统 PID 补偿中出现的谐振峰已经消失，曲线非常平滑，说明系统具有良好的暂态响应，没有明显超调。

　　将 Buck 变换器的输出在 100μs 内从 1A 变为 2A，其瞬态响应如图 4.51 所示。可以看出失调现象很小（0.74%），寄生振荡也消失了，说明这就是一个很好的补偿设计。

　　到现在为止，暂态响应和交流分析都是针对 CCM（连续）工作模式下的变换器进行的。简单来说，CCM 模式是指电感电流在一个开关周期内不会降到零。当负载电流变小时，电感在一个周期内可能会被完全消磁，此时称变换器工作在 DCM（断续）模式下。对于一个电压模式控制的变换器来说，这种新的工作模式极大改变了它的交流频率响应特性，如图 4.52 中所示。其增益减小，特征频率从 CCM 中的 3kHz 下降到 DCM 中的约 150Hz。相位滞后的渐近线，在 CCM 工作时变换器接近 180°，但在 DCM 工作下一直低于 90°。那么这些变化会带来什

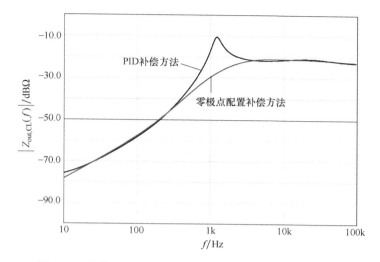

图 4.50　补偿过的 Buck 变换器的闭环输出阻抗无谐振峰值

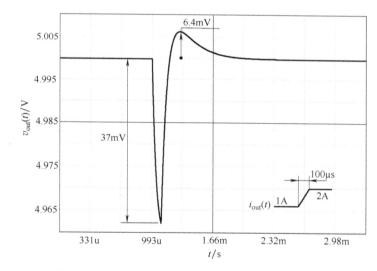

图 4.51　当补偿过的 Buck 变换器在负载的阶跃变化时，超调量一直很小

么样的问题？目前已经根据最差的负载情况（输入电压最低）对 Buck 变换器进行了补偿设计，使相位裕度达到设计目标。如果变换器现在转换为 DCM 工作模式，会发生什么？对此，采用 SPICE 仿真是非常有帮助的，利用文献［6］给出的自动切换模型，可以实现变换器在 CCM 和 DCM 之间自动转换，在不同负载情况下可以得到正确的频率响应。图 4.53 给出了 CCM 补偿后的 Buck 变换器在 DCM 模式下运行时的环路增益交流频率响应。

　　从图 4.53 可以看到，当 Buck 变换器进入 DCM 模式时，相位裕度明显下降。对于 500Ω 的负载（输出电流 10mA），相位裕度会下降到 40°。那么如何改善这种状况？可以通过分离位于谐振频率处的零点对加以改善，把一个零点提高到谐振频率之上，如 3kHz；而将另一个零点配置在谐振频率之下，如 300Hz。这些值可以通过分析得出，但本质上是一个迭代过程，因为将这些零点分离会同时影响 CCM 和 DCM 的频率响应：如果在 DCM 中调整相位裕量，则必须验证其在 CCM 下的变化。SPICE 仿真软件是快速验证的最佳选择，在几毫秒内就能检查

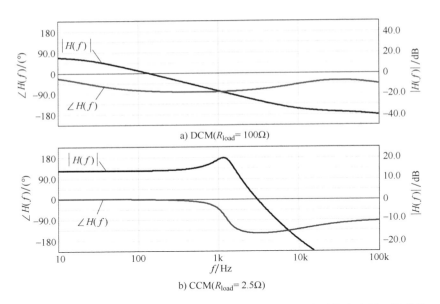

a) DCM(R_{load} = 100Ω)

b) CCM(R_{load} = 2.5Ω)

图 4.52 当工作在 DCM 模式，CCM 的 Buck 变换器从二阶系统变为了一阶系统

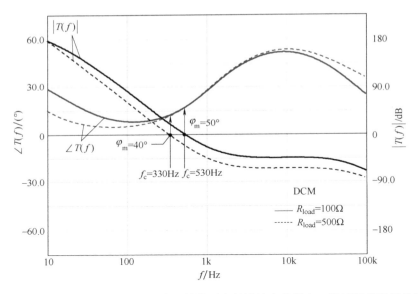

图 4.53 当进入 DCM 模式时，由于被控对象的增益变化很大，穿越频率降低并且在这个工作点上，相位裕度可能存在问题

不同参数在 CCM 和 DCM 两种模式下的响应。

使用新的零点（300Hz 和 3kHz）对变换器进行仿真，如图 4.54 所示，结果表明 DCM 中的相位裕度有很大改善，但是 CCM 模式下的频率响应特性会变差，相位裕度下降了 6°（见图 4.49），但仍然保持在 65°左右的一个合适值。

图 4.55 展示了 1A 负载阶跃情况下三种不同的瞬态响应，并将它们与零点对位于 1.2kHz 的情况进行比较。当零点沿着频率轴向左移动，能改善相位裕度并减少超调，但是会延长恢复时间。相反，如果向右移动，则变换器恢复速度更快，但存在超调。其原因在第 2 章中已

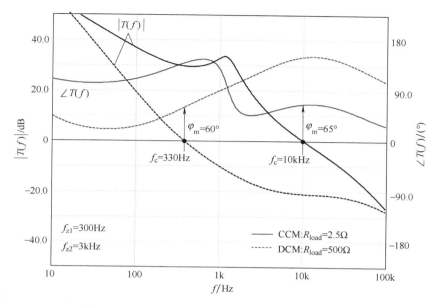

图 4.54 通过分离零点可以改善 DCM 下的相位裕度

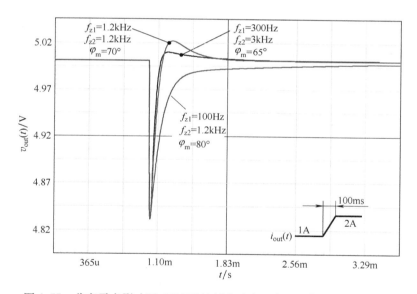

图 4.55 分离零点影响了 CCM 下的暂态响应，主要是恢复时间和超调

经介绍过，开环零点（补偿器配置的那些，本例中的 f_{z1}、f_{z2}）变成了闭环极点。因此，如果把零点放在低频段以提升相位，自然会减慢瞬态响应。图 4.56 说明了零点的移动是如何影响闭环性能的。

该补偿方案得到的暂态响应不同于前面用计算法获得的 PID 补偿器下的暂态响应，响应是非振荡的，但有一个相当大的跌落超调，这是包含积分项系统的典型特征。某些应用场合不能承受这种跌落，对输出电压有严格的限制，如主板上的高速 DC-DC 变换器就是这种情况。对于这种应用，上文描述的两种补偿设计方法均无法实现。

	频率	过冲	调节时间	相位裕度
f_{z1}	↗	↗	快	↘
	↘	↘	慢	↗
f_{z2}	↗	↗	快	↘

图 4.56 这个列表展示了分离零点会如何改变变换器的暂态响应

4.3 输出阻抗整形

在之前的方法中，已经描述了变换器如何应对电流的突然增大或减小：正负超调是感性输出阻抗的典型表现。重新观察图 4.50 所示输出阻抗，可以看到阻抗随着频率的增加而增大，证实了输出阻抗呈现感性。基于这个性质，文献［7］提供了一个简化的闭环控制 Buck 变换器阻抗表示方式，将等效电感与输出电容 ESR 并联，如图 4.57 所示。

闭环控制的变换器输出阻抗通常体现为电感和电阻的组合，这是因为典型的补偿环节包含了积分项。超调会相当大，甚至超过了允许的范围，如图 4.58 所示，裕度很小。

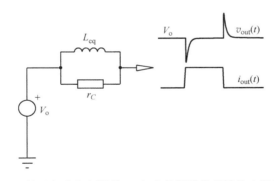

图 4.57 基于电感和电阻的 Buck 变换器简化等效输出阻抗模型

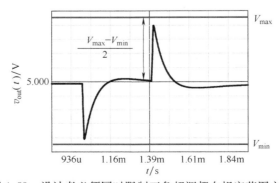

图 4.58 设计者必须同时限制正负超调都在规定范围之内

要消除输出电压的这些大的偏移,需要抑制图 4.57 中的电感项,如图 4.59 所示。

在这种设计中,不同于将输出电压放置在偏差允许范围的中间位置,目标电压被有意叠加了一个偏移量,以便将输出电压始终控制在偏差允许范围内。与以前的方法相比,这样可以使允许的电压偏移加倍。图 4.60 给出了相应的结果波形。该方法称为自适应电压定位方法。

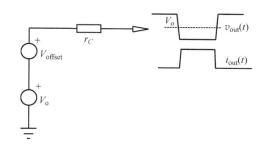

图 4.59　如果输出阻抗变为纯阻性,输出信号不再出现很大的超调现象

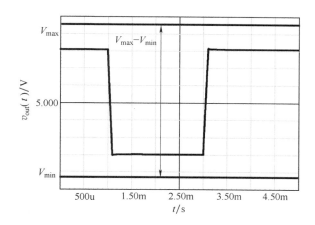

图 4.60　限制电压偏移的一种方法是对输出阻抗进行整形,使感性部分消失

4.3.1　使输出阻抗呈阻性

电压模式控制的变换器闭环输出阻抗 $Z_{\text{out,CL}}$ 为

$$Z_{\text{out,CL}}(s) = \frac{Z_{\text{out,OL}}(s)}{1 + T_{\text{OL}}(s)} \tag{4.147}$$

开环输出阻抗的推导参见附录 4A,满足下面的表达式

$$Z_{\text{out,OL}}(s) = R_0 \frac{\left(1 + \dfrac{s}{\omega_{\text{z1}}}\right)\left(1 + \dfrac{s}{\omega_{\text{z2}}}\right)}{\left(\dfrac{s}{\omega_0}\right)^2 + \dfrac{s}{\omega_0 Q} + 1} \tag{4.148}$$

环路增益 T_{OL} 是由被控对象传递函数 $H(s)$ 和补偿器传递函数 $G(s)$ 组合得到

$$T_{\text{OL}}(s) = H(s)G(s) \tag{4.149}$$

Buck 变换器的传递函数是一个二阶系统,包含一个与输出电容 ESR 相关的零点

$$H(s) = H_0 \frac{1 + \dfrac{s}{\omega_{z1}}}{\left(\dfrac{s}{\omega_0}\right)^2 + \dfrac{s}{\omega_0 Q} + 1} \tag{4.150}$$

通过对闭环输出阻抗整形，使其在频谱上看起来呈阻性。为了实现这个目标，可以通过补偿器 G 来实现。通过在其中配置合适的零/极点，使闭环输出阻抗呈阻性。那么阻值应该是多少呢？可以选择等于输出电容的等效串联电阻（ESR）r_C，因为它也是输出阻抗在高频率下的极限值（见图 4.61）。选择该阻值后，可以将式（4.147）进行改写为

$$r_C = \frac{Z_{\text{out,OL}}(s)}{1 + T_{\text{OL}}(s)} = \frac{Z_{\text{out,OL}}(s)}{1 + H(s)G(s)} \tag{4.151}$$

将式（4.148）和式（4.150）代入式（4.151），可以得到

$$r_C = R_0 \frac{\left(1 + \dfrac{s}{\omega_{z1}}\right)\left(1 + \dfrac{s}{\omega_{z2}}\right)}{\left(\dfrac{s}{\omega_0}\right)^2 + \dfrac{s}{\omega_0 Q} + 1} \frac{1}{1 + H_0 \dfrac{1 + \dfrac{s}{\omega_{z1}}}{\left(\dfrac{s}{\omega_0}\right)^2 + \dfrac{s}{\omega_0 Q} + 1} G(s)} \tag{4.152}$$

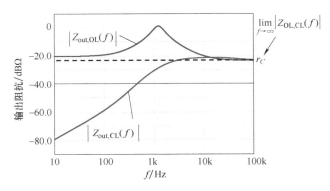

图 4.61　对 Buck 变换器开环和闭环输出阻抗进行比较，它们在高频时都变为一个固定值，即输出电容的 ESR，r_C

上式中必须对 $G(s)$ 进行设计以达到输出阻抗呈阻性的目标。如果从式（4.152）中提取出补偿器的传递函数，可以得到

$$G(s) = \frac{R_0 \left(1 + \dfrac{s}{\omega_{z2}}\right)}{r_C H_0} - \frac{\left(\dfrac{s}{\omega_0}\right)^2 + \dfrac{s}{Q\omega_0} + 1}{H_0 \left(1 + \dfrac{s}{\omega_{z1}}\right)} \tag{4.153}$$

初看之下无法得到这种传递函数的频率响应。为了深入了解这个表达式，可以用 Mathcad 绘制其频率响应。参数如下：

$L = 75\mu\text{H}$

$r_L = 300\text{m}\Omega$

$r_C = 30\text{m}\Omega$

$C_{\text{out}} = 220\mu\text{F}$

$R_{\text{load}} = 2.5\Omega$

$$\omega_{z1} = r_L/L = 4\,\mathrm{krad/s},\ f_{z1} = 636\,\mathrm{Hz}$$

$$\omega_{z2} = 1/(r_C C_{\mathrm{out}}) = 151\,\mathrm{krad/s},\ f_{z2} = 24.1\,\mathrm{kHz}$$

$$R_0 = r_L \parallel R_{\mathrm{load}} = 268\,\mathrm{m}\Omega$$

$$\omega_0 \approx 1/\sqrt{LC_{\mathrm{out}}} = 7.78\,\mathrm{krad/s},\ f_0 \approx 1.2\,\mathrm{kHz}$$

$$Q \approx \sqrt{L/C_{\mathrm{out}}}/(r_L + r_C) = 1.77$$

$$H_0 = V_{\mathrm{in}}/V_{\mathrm{peak}} = 10/2 = 5$$

绘制的幅频特性如图 4.62 所示。

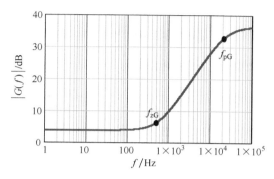

图 4.62 需要的传递函数有一个极点和一个零点，但是没有原点处极点（即没有积分项）

虽然式（4.153）看似与得到的幅频特性不太相符，但事实上的确就是使用这个式子画出的曲线。在图中可以看到直流增益小于 5dB，并在约 500Hz 处出现一个零点，幅值以斜率 1 上升，然后在 20kHz 左右出现一个极点，幅值斜率由 1 变成 0。该波形符合以下传递函数的特征

$$G(s) = K_0 \frac{1 + \dfrac{s}{\omega_{zG}}}{1 + \dfrac{s}{\omega_{pG}}} \tag{4.154}$$

现在需要确定极点和零点的位置，以及增益 K_0。根据这些定义，文献［8］的作者做了很好的前期工作，并提出了以下关系：

$$K_0 = \frac{r_L - r_C}{H_0 r_C} = 1.8 \tag{4.155}$$

$$a = \frac{r_L}{\omega_{z1}\omega_{z2}} - \frac{r_C}{\omega_0^2} = 47.7\mathrm{p} \tag{4.156}$$

$$b = r_L\left(\frac{1}{\omega_{z1}} + \frac{1}{\omega_{z2}}\right) - \frac{r_C}{Q\omega_0} = 74.2\mathrm{u} \tag{4.157}$$

$$c = r_L - r_C = 0.27 \tag{4.158}$$

$$\omega_{pG} = \omega_{z1} = 151\,\mathrm{krad/s},\ f_{pG} = f_{z1} = 24.1\,\mathrm{kHz} \tag{4.159}$$

$$\omega_{zG} = \frac{b - \sqrt{b^2 - 4ac}}{2a} = 3.64\,\mathrm{krad/s},\ f_{zG} = 580\,\mathrm{Hz} \tag{4.160}$$

根据计算所得的增益、极点和零点位置绘制式（4.154），得到图 4.63，将其与图 4.62 中的原始图进行比较，一致性很好。

基于上述补偿器的传递函数，可以设计具体的电路来实现。图 4.64 给出了基于运算放大

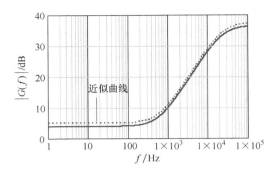

图 4.63　原曲线和近似曲线之间的一致性很好

器的实现电路，能够实现上述补偿器的传递函数。

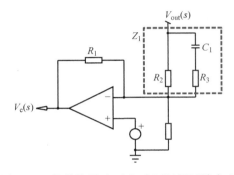

图 4.64　简单的零/极点组合可以用运放实现

为了计算各个元件的值，需要得到这个补偿器的传递函数。考虑反相接法，表达式是

$$G(s) = \frac{V_c(s)}{V_{out}(s)} = -\frac{R_1}{Z_1(s)} \tag{4.161}$$

阻抗 Z_1 是由 R、C 串并联组成

$$Z_1 = \frac{R_2\left(R_3 + \dfrac{1}{sC_1}\right)}{R_2 + \left(R_3 + \dfrac{1}{sC_1}\right)} \tag{4.162}$$

如果将这个定义代入式（4.161），可得

$$G(s) = -\frac{R_1}{R_2}\frac{[1 + sC_1(R_2 + R_3)]}{1 + sR_3C_1} = -K_0\frac{1 + \dfrac{s}{\omega_{zG}}}{1 + \dfrac{s}{\omega_{pG}}} \tag{4.163}$$

其中

$$K_0 = \frac{R_1}{R_2} \tag{4.164}$$

$$\omega_{zG} = \frac{1}{C_1(R_2 + R_3)} \tag{4.165}$$

$$\omega_{pG} = \frac{1}{R_3C_1} \tag{4.166}$$

如果把 R_1 选为 $10\text{k}\Omega$（为例），可解出三个未知量 C_1、R_2 和 R_3，结果如下：

$$R_3 = \frac{R_1 \omega_{zG}}{K_0 (\omega_{pG} - \omega_{zG})} = 137\Omega \tag{4.167}$$

$$R_2 = \frac{R_1}{K_0} = 5.5\text{k}\Omega \tag{4.168}$$

$$C_1 = \frac{K_0 (\omega_{pG} - \omega_{zG})}{R_1 \omega_{pG} \omega_{zG}} = 48\text{nF} \tag{4.169}$$

如果将这些值代入式（4.163），可以得到图 4.65 中所示的伯德图，与图 4.63 所示是相同的。

得到了补偿器传递函数，就可以绘制出式（4.147）定义的输出阻抗，如图 4.66 所示。正如所观察到的，闭环输出阻抗沿着频率轴呈现出完全的阻性，显示的电阻值为 $-30.4\text{dB}\Omega$，约为 $30\text{m}\Omega$，也就是输出电容的 ESR 值。可见，所提出的补偿方案起到了预期的作用，将感性开环输出阻抗转换为阻性闭环输出阻抗。

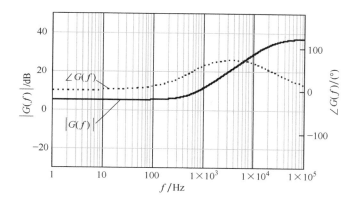

图 4.65　补偿器的伯德图不包含积分项（没有原点极点）

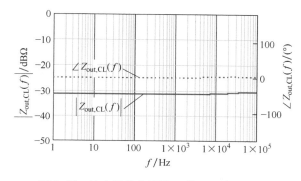

图 4.66　输出阻抗如预期一样呈现完全阻性

仿真可以用来检查设计的有效性，仿真原理图如图 4.67 所示。在左边，补偿器的参数是根据式（4.159）和式（4.160）设计的极点和零点自动计算获得的。通过观察交流小信号传递函数来检查穿越频率以及该点的相位裕度。频率响应如图 4.68 所示，可以发现穿越频率略高于 20kHz，相位裕度为 $90°$，说明这种设计十分可靠！

为了检查这种补偿对闭环阻抗的影响，需要添加一个 1A 的交流源，与负载并联，同时移

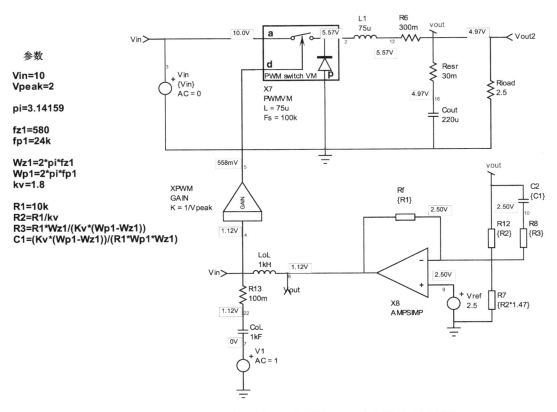

图 4.67　利用图 4.64 补偿电路闭环控制的 Buck 变换器仿真原理图

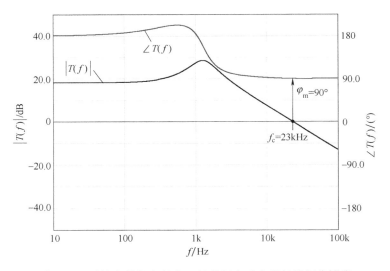

图 4.68　虽然穿越频率很高，但是仍表现出很好的相位裕度

除由 L_{oL} 和 C_{oL} 组成的使得交流小信号下环路开路的阻抗网络。图 4.69 中给出的输出阻抗频率特性曲线表明其电阻特性。然后，再测试整个变换器的暂态响应，图 4.70 给出了负载 1A 阶跃响应，是一个完美的方波，其振幅恰好等于 $30m\Omega$ 的 ESR 乘以 1A 阶跃电流。

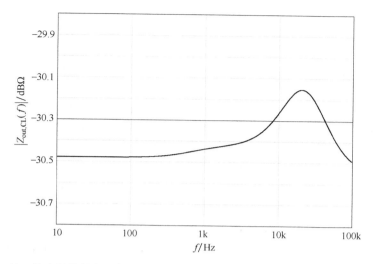

图 4.69　输出阻抗的交流仿真验证了文中的分析计算：大约为 −30dBΩ 的常数

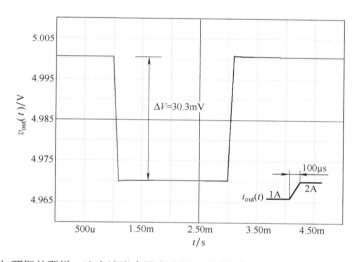

图 4.70　如预期的那样，这个波形中没有失调现象或超调，总偏离值就是电流值乘 ESR

这个设计方案是万能的吗？如果仔细研究图 4.68 中的开环频率响应，可以发现其直流增益很低，低于 20dB。直流增益会直接影响输出静态误差，虽然参考电压很精确，如果设计输出采样的分压电阻网络，使得输出电压为 5V，由于开环直流增益值仅为 10，并不能保证得到准确的 5V 输出。为了解决这个问题，可以通过改变仿真原理图中的电阻 R_7，有意提高目标值，仿真获得的直流偏置表明这是有效的。但如果改变输入状态，低直流增益就不能保证输出电压不变。因此，只有输入电压稳定时，这种阻性输出阻抗的电压模式控制变换器才能工作。这种情形适用于给主板供电的高速 DC-DC 变换器场合，设计人员可直接从 12V 电源得到 3.3V 或 1.5V 输出。在输入电压变化范围较大的应用场合下，这种电压模式控制方法不是很有效，此时需要考虑电流模式控制。这是文献 [8，9] 讨论的问题，其建立的方程虽不同于电压模式控制下的形式，但原理是一样的。

4.4 结论

作者在大学期间学习的 PID 比较复杂，与作者现在更熟悉的零/极点放置没有直接联系。在本章中，经过一些代数运算可以发现，滤波 PID 实际上就是 3 型补偿器，它在功率变换器中被广泛使用。如果仅仅根据参考电压到输出的传递函数对开关变换器进行补偿，实际上对于整个系统来说是不完整的。大多数变换器实际上都工作在稳压模式，也就是当变换器经历投切载时，设定值（参考电压）是固定不变的。因此输出阻抗对暂态响应至关重要，它决定了系统的输出特性，反映设计的控制器能否得到没有振荡的响应。随后，将传统 PID 的设计方法用于电压模式 Buck 变换器时，结果显示系统出现振荡；而如果通过经典的零/极点配置技术来获得无谐振峰的输出阻抗，那么最终得到了阻尼良好的阶跃响应。这两种方法都把关注点集中在设定点到输出的传递函数稳定上，而没有特别注意输出阻抗。在第三个例子中，观察输出阻抗的表达式，通过补偿器使输出阻抗呈现完全阻性，在负载突变时，使得到的输出结果呈现为方波信号，没有超调现象。这种技术广泛用于个人计算机中主板供电的高速 DC-DC 变换器，以及其他对负载阶跃响应要求严格的应用场合。

至此，回顾了各种可行的补偿技术，下面将探讨如何使用运算放大器构建这些补偿器。

<h2 style="text-align:center">参 考 文 献</h2>

[1] Wikipedia contributors, "PID Controller," http://en.wikipedia.org/wiki/PID_controller, last accessed June 3, 2012.

[2] Besançon-Voda, A., and S. Gentil. "Régulateurs PID Analogiques et Numériques," *Techniques de l'ingénieur*, R7416, 1999.

[3] Retif, J.-M. "Automatique Regulation," 4ième année GE, Institut National des Sciences Appliquées, 2008.

[4] Ziegler, J. G., and N. B. Nichols. "Optimum Settings for Automatic Controllers," *Trans. ASME*, Vol. 64, 1942, pp. 759–768.

[5] Venable, D. "The k-Factor: A New Mathematical Tool for Stability Analysis and Synthesis," *Proceedings of Powercon 10*, 1983, pp. 1–12.

[6] Basso, C. *Switch-Mode Power Supplies: SPICE Simulations and Practical Designs*, New York: McGraw-Hill, 2008.

[7] Erisman, B., and R. Redl. "Modify Your Switching Supply Architecture for Improved Transient Response," *EDN Magazine*, November 11, 1999.

[8] Yao, K., M. Xu, Y. Meng, and F. Lee. "Design Considerations for VRM Transient Response Based on the Output Impedance," *IEEE Proceedings*, Vol. 18, No. 6, November 2003.

[9] Erisman, B., and R. Redl. "Optimizing the Load Transient Response of the Buck Converter," *APEC'1998 Proceedings*, Vol. 1, pp. 170–176.

附录 4A　利用快速分析技术得到 Buck 变换器的输出阻抗

输出阻抗实际也是一个传递函数。它的激励信号是电流源，在其经过的阻抗两端产生电压，即响应信号来决定，原理如图 4.71 所示。

输出阻抗表达式遵循图中所示的形式：一个静态欧姆表达式乘一个无量纲的 s 分式。首先，从 DC 项 R_0 开始分析。通过把所有储能元件放置在直流状态下：电容开路，电感短路，可以获得图 4.72 的简化电路。

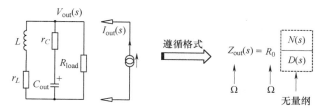

图 4.71 输出阻抗是六种可能的传递函数之一

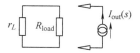

图 4.72 当所有电容器都开路且电感器短路时，电路极大简化

从这幅图中，可以很快找出直流项

$$R_0 = r_L \parallel R_{load} \tag{4.170}$$

继续观察图 4.71，是否有可以阻止激励到达输出的支路？换句话说，什么可以阻止激励电流在 R_{load} 上产生压降？答案是当 R_{load} 被并联网络短路时压降为零。那么，在这个并联网络中，哪个支路会短路呢？可能是 RL 或者 RC 支路。于是，在数学上可以写出如下两个方程：

$$sL + r_L = r_L \left(1 + s \frac{L}{r_L} \right) = 0 \tag{4.171}$$

$$rc + \frac{1}{sC} = \frac{sr_C C + 1}{sC} = 0 \tag{4.172}$$

求解这两个方程得到两个零点表达式

$$\omega_{z_1} = \frac{r_L}{L} \tag{4.173}$$

$$\omega_{z_2} = \frac{1}{r_C C} \tag{4.174}$$

因此，阻抗表达式可修改为

$$Z_{out}(s) = R_0 \frac{(1 + s/\omega_{z_1})(1 + s/\omega_{z_2})}{D(s)} \tag{4.175}$$

还剩分母 $D(s)$ 未知，其推导相对复杂的多。由理论分析可知，分母表达式完全依赖于电路结构，而与激励无关。因而，分析时可以将激励信号设置为零：激励电压短路或激励电流开路。对于这个计算阻抗的例子，电流源可以直接移除，于是发现在式（4.34）中已经得过这个分母表达式，但这里尝试使用文献 [1] 中描述的快速分析法来获得。由于该电路存在两个存储元件，因此是一个二阶网络，也就是 $D(s)$ 满足下式：

$$D(s) = 1 + a_1 s + a_2 s^2 \tag{4.176}$$

根据参考文献的解释，方程中 s^k 的系数（a_1，a_2）的量纲需要符合 $(Hz)^{-k}$，以便保持分母多项式无量纲。这些系数都是时间常数的组合，而时间常数的形式为 $R_x C$ 或 L/R_y，其中 R_x 或 R_y 是在某些特定配置下电容或电感支路的等效电阻。这些特定配置包括直流状态或高频状态，分别定义如下：

• 直流状态：电容开路（在 $s = 0$ 时阻抗无限大），电感短路。

- 高频状态：电容短路，电感开路。

根据参考文献［1］，二阶网络分母的系数可能形式是：

- a_1 的表达式为 $\tau_1 + \tau_2$。量纲是时间单位 s 或（Hz）$^{-1}$。
- a_2 有两种可能的表达式：$\tau_1\tau_2'$ 或 $\tau_1'\tau_2$，其中 τ_1 或 τ_2 是前述的时间常数，量纲是时间的二次方（s^2）或（Hz）$^{-2}$。τ_1'，τ_2' 将在下面的描述中定义。
- 在各种情况下，时间常数 τ 都是 RC 或 L/R 的形式。

应用［1］中的定义，二阶系统的分母公式可以由下式给出

$$D(s) = 1 + s(\tau_1 + \tau_2) + s^2(\tau_1\tau_2') \tag{4.177}$$

也可以采用下式：

$$D(s) = 1 + s(\tau_1 + \tau_2) + s^2(\tau_1'\tau_2) \tag{4.178}$$

对于 a_1，首先观察电容处于直流状态（开路）时的电感端口等效电路，如图 4.73 所示，可以得到电感的串联等效电阻 R 为

$$R = r_L + R_{\text{load}} \tag{4.179}$$

于是

$$\tau_1 = \frac{L}{r_L + R_{\text{load}}} \tag{4.180}$$

然后，再看电感处于直流状态时的电容端口等效电路，如图 4.74 所示。可得电容串联等效电阻为

$$R = r_C + r_L \parallel R_{\text{load}} \tag{4.181}$$

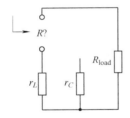
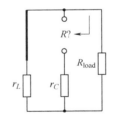

图 4.73　电容开路以获得电感串联电阻　　　　图 4.74　直流状态下电感短路

于是

$$\tau_2 = C(r_C + r_L \parallel R_{\text{load}}) \tag{4.182}$$

根据式（4.177）的定义，第一个系数 a_1 定义为

$$a_1 = \tau_1 + \tau_2 = \frac{L}{r_L + R_{\text{load}}} + C\big[(r_L \parallel R_{\text{load}}) + r_C\big] \tag{4.183}$$

a_2 的系数需要更加详细的推导，需要计量 $\tau_1\tau_2'$ 或 $\tau_1'\tau_2$，其中 τ_1 和 τ_2 就是 a_1 中使用的时间常数。可以考虑将 τ_1（涉及 L）与 τ_2'（涉及 C）相结合，或者将 τ_2（涉及 C）与 τ_1'（涉及 L）相结合，两种组合都能得到类似的 a_2。对于第一种选择，选择 τ_1，然后观察当 L 处于高频状态（开路）时，端口 C 处的等效电路，如图 4.75 所示。

在这种情况下，电容串联电阻如下：

$$R = r_C + R_{\text{load}} \tag{4.184}$$

因此

$$\tau_2' = (r_C + R_{\text{load}})C \tag{4.185}$$

如果选择第二个选项，选择用 τ_2 来计算时，必须找到高频状态下电感 L 的等效串联电阻，C 在高频状态下短路，等效原理图如图 4.76 所示。

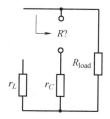

图 4.75　高频状态下电感开路

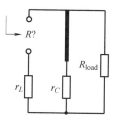

图 4.76　在这个选择中，保持 τ_2，并观察
电感端口的电阻，此时 C 是短路

等效电阻由一个简单的电阻串-并联电路计算

$$R = r_L + r_C \| R_{\text{load}} \tag{4.186}$$

于是可以得到

$$\tau_1' = \frac{L}{r_L + r_C \| R_{\text{load}}} \tag{4.187}$$

根据式（4.177），系数 a_2 的表达式为

$$a_2 = \tau_1 \tau_2' = \frac{L}{r_L + R_{\text{load}}} C(r_C + R_{\text{load}}) = LC \frac{r_C + R_{\text{load}}}{r_L + R_{\text{load}}} \tag{4.188}$$

或者

$$a_2 = \tau_1' \tau_2 = \frac{L}{r_L + R_{\text{load}} \| r_C} C[(r_L \| R_{\text{load}}) + r_C] = LC \frac{r_L \| R_{\text{load}} + r_C}{r_L + R_{\text{load}} \| r_C} = LC \frac{r_C + R_{\text{load}}}{r_L + R_{\text{load}}} \tag{4.189}$$

可以看到它与式（4.188）相同。于是，完整的分母多项式表示如下：

$$D(s) = 1 + s \left\{ \frac{L}{r_L + R_{\text{load}}} + C[(r_L \| R_{\text{load}}) + r_C] \right\} + s^2 LC \frac{r_C + R_{\text{load}}}{r_L + R_{\text{load}}} \tag{4.190}$$

将其代入到式（4.175），得到最终的输出阻抗表达式

$$Z_{\text{out}}(s) = (r_L \| R_{\text{load}}) \frac{\left(1 + s \dfrac{L}{r_L}\right)(1 + s r_C C)}{1 + s\left(\dfrac{L}{r_L + R_{\text{load}}} + C[(r_L \| R_{\text{load}}) + r_C]\right) + s^2\left(LC \dfrac{r_C + R_{\text{load}}}{r_L + R_{\text{load}}}\right)} \tag{4.191}$$

进一步，将其简化为我们熟悉的形式

$$Z_{\text{out}}(s) = R_0 \frac{(1 + s/\omega_{z_1})(1 + s/\omega_{z_2})}{1 + \dfrac{s}{\omega_0 Q} + \left(\dfrac{s}{\omega_0}\right)^2} \tag{4.192}$$

其中

$$R_0 = r_L \| R_{\text{load}} \tag{4.193}$$

$$\omega_{z_1} = \frac{r_L}{L} \tag{4.194}$$

$$\omega_{z_2} = \frac{1}{r_C C} \tag{4.195}$$

$$\omega_0 = \frac{1}{\sqrt{LC}} \sqrt{\frac{r_L + R_{load}}{r_C + R_{load}}} \qquad (4.196)$$

$$Q = \frac{LC\omega_0 (r_C + R_{load})}{L + C[r_L r_C + R_{load}(r_L + r_C)]} \qquad (4.197)$$

如果将 r_C 和 r_L 等效为 0，则式（4.196）和式（4.197）就简化为式（4.36）和式（4.37）。

参考文献

[1] Erickson, R. W. "The n Extra Element Theorem," CoPEC, http://ecee.colorado.edu/~ecen5807/course_material/EET, last accessed June 3, 2012.

附录 4B   根据伯德图的群延时计算品质因数

当伯德图幅频特性中谐振尖峰不明显时，从中提取品质因数就会比较困难。如图 4.77 中所示的情况，瞬态响应出现过冲，表示品质因数超过 0.5，然而难以从平坦的幅频特性中测量到品质因数。

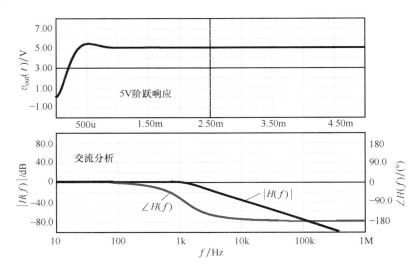

图 4.77　时域响应的超调说明品质因数大于 0.5，但较难从图中提取

来观察一个典型的二阶网络伯德图，将 Q 从 0.6 逐渐增加到 10，如图 4.78 所示，从图中可见，当 Q 超过 1 时，幅频特性开始出现谐振尖峰。而相频特性都从直流时的 0° 开始，逐渐下降到 $-180°$。并且相位的变化率取决于品质因数：较低 Q 值时，相位平滑下降至 $-180°$，而随着 Q 值的增加，相位变化更快。

因此，可以清楚地看到相频曲线的斜率随 Q 值的增加而增加，说明相频曲线的斜率与品质因数之间必定存在某种联系，这种联系被叫做群延时 τ_g，定义如下：

$$\tau_g = -\frac{d\varphi(\omega)}{d\omega}[S] \qquad (4.198)$$

群延时具有时间量纲，是光学或音频中常用的参数。在音频中，群延时用于评估信号在通过滤波器、导线、扬声器等环节进行传播时的相位非线性程度。如果相位变化在一定的频率范围内是线性的，则群延时是常数，在所考虑频率范围内，信号的各个频率分量可以采用

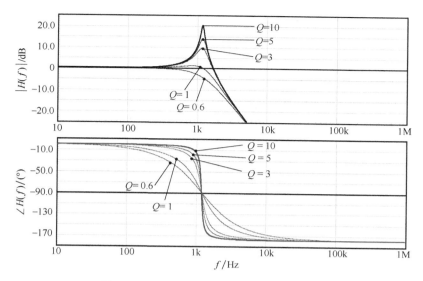

图 4.78　相位变化率随着 Q 的增加而增加

相同的方法处理：信号在时间上简单地平移并保持整个信号的完整性。相反，如果相位在某些频率处突然变化，说明群延时出现尖峰，表明在这些频率点会出现相位失真。此时，耳朵或测量仪器通过重组频率分量来重现信号时，由于各个频率分量的延迟不同，会使信号的完整性受损，导致音频失真。

为了研究品质因数和群延时之间是否存在确定的关系，对一个二阶网络的传递函数进行分析如下：

$$H(s) = \frac{1}{1 + \dfrac{s}{\omega_0 Q} + \left(\dfrac{s}{\omega_0}\right)^2} \tag{4.199}$$

如果用 $j\omega$ 代替 s，分离实部和虚部，可以重写这个函数为

$$H(j\omega) = \frac{1}{\left(1 - \dfrac{\omega^2}{\omega_0^2}\right) + j\dfrac{\omega}{\omega_0 Q}} = \frac{1}{x + jy} \tag{4.200}$$

进一步可以得到幅值和相角为

$$|H(\omega)| = \frac{1}{\sqrt{x^2 + y^2}} = \frac{1}{\sqrt{\left(1 - \dfrac{\omega^2}{\omega_0^2}\right)^2 + \left(\dfrac{\omega}{\omega_0 Q}\right)^2}} \tag{4.201}$$

$$\angle H(\omega) = \arctan\left(\frac{y}{x}\right) = \arctan\left[\frac{\omega}{\omega_0 Q}\frac{1}{\left(1 - \dfrac{\omega^2}{\omega_0^2}\right)}\right] \tag{4.202}$$

将式（4.198）~式（4.202）代入群延时的定义

$$\tau_g(\omega) = -\frac{\mathrm{d}}{\mathrm{d}\omega}\arctan\left[\frac{\omega}{\omega_0 Q}\frac{1}{\left(1 - \dfrac{\omega^2}{\omega_0^2}\right)}\right] = \frac{Q\omega_0(\omega^2 + \omega_0^2)}{Q^2\omega^4 - 2Q^2\omega^2\omega_0^2 + Q^2\omega_0^4 + \omega^2\omega_0^2} \tag{4.203}$$

在谐振处，即 $\omega = \omega_0$，相位变化率最大，此时这个等式可简化为

$$\tau_g = \frac{2Q}{\omega_0} \tag{4.204}$$

从这个表达式可以得到 Q 和群延时之间的计算公式为

$$Q = \frac{\tau_g \omega_0}{2} = \tau_g \pi f_0 \tag{4.205}$$

来看如何将这个概念应用到伯德图中。以一个 RLC 滤波器为例，选择谐振频率 1.2kHz，品质因数 0.6。可以通过软件来绘制它的群延时，比如利用 Intusoft 公司的 Intuscope 作图工具执行一个简单的脚本。相频曲线穿过 −90° 处为谐振频率，将该频率对应的群延时标注出来，结果如图 4.79 所示。也可以在 Cadence 软件中使用 G 函数，需要首先用探针在电路中标示出一些节点，然后键入函数"VG（3）"就可以获得节点 3 的群延时。根据图 4.79，测得 1.2kHz 的群延时为 158μs。应用式（4.205），可得

$$Q = \tau_g \pi f_0 = 1207 \times 158u \times 3.14159 = 0.599 \tag{4.206}$$

此结果就是 RLC 滤波器的 Q 值。

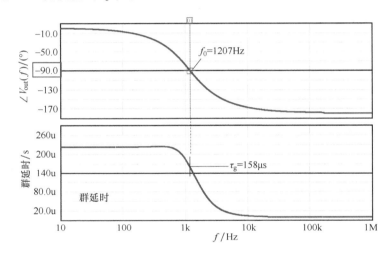

图 4.79　Q 为 0.6 时幅频响应相当平坦没有尖峰，群延时测量有助于轻松计算 Q

附录 4C　利用仿真或者数学求解器来获得相位

利用仿真或数学求解器来获得相位需要能够熟练运用复数的知识，做一个简要的回顾。复数的定义为

$$z = x + \mathrm{j}y \tag{4.207}$$

式中，x 和 y 分别是复数 z 的实部和虚部。

这个数及其共轭复数 $\bar{z}$ 可以用矢量的形式显示在复平面中，如图 4.80 所示，其中 x 轴代表实部，y 轴代表虚部。复数的相角 α 在第一象限中为正（逆时针旋转为正方向），而在第四象限中，此角度顺时针旋转或负向旋转时被认为是负值。

根据这幅图，可以得到这个复数的幅值和相角。复数 z 的幅值在教科书中也被称为"模长"——来自法语中"module"——可以通过毕达哥拉斯几何获得。矢量的幅值就是矢量的长度，只能是正的

$$|z| = \sqrt{x^2 + y^2} \tag{4.208}$$

在闭环控制理论中，可以将拉普拉斯域的传递函数级联起来。虽然在频率分析时候用 jω

代替 s，传递函数变成复数形式，但级联操作依然成立。也就是，如果将模块 G 和 H 级联起来，那么环路增益的幅值 $|T|$ 是各个模块幅值的乘积

$$|T(s)| = |G(s)H(s)| = |G(s)| \cdot |H(s)| \tag{4.209}$$

当然，如果模块 G 和 H 的幅值以 dB 为单位，那么就像在伯德图中一样，只需将它们的幅值相加即可得到 T 的幅值，因为 $\log(ab) = \log(a) + \log(b)$。

对于传递函数的除式，总的幅值是各个模块幅值的商。例如对于如下系统：

$$G(s) = \frac{N(s)}{D(s)} \tag{4.210}$$

有

$$|G(s)| = \frac{|N(s)|}{|D(s)|} \tag{4.211}$$

类似的方法也可以用来计算复数的相角。如图 4.80 中显示的角度，α 的正切值可以通过其正弦值除以余弦值获得

$$\tan\alpha = \frac{\sin\alpha}{\cos\alpha} = \frac{y}{x} \tag{4.212}$$

这里的 α 就是复数 z 的相角，可以通过反正切函数来计算

$$\arg(z) = a\tan\left(\frac{y}{x}\right) \text{ 或者 } \arctan\left(\frac{y}{x}\right) \tag{4.213}$$

将此定义应用于两个模块 H 和 G 的级联系统中，则 T 的相角就是每个模块相角的和

$$\arg T(s) = \arg[G(s)H(s)] = \arg G(s) + \arg H(s) \tag{4.214}$$

对于式（4.210）中的除式，总的相角是分子相角和分母相角之差

$$\arg G(s) = \arg N(s) - \arg D(s) \tag{4.215}$$

这些性质在本书的各章节中广泛使用，用于计算和评估各种传递函数的幅值和相角。

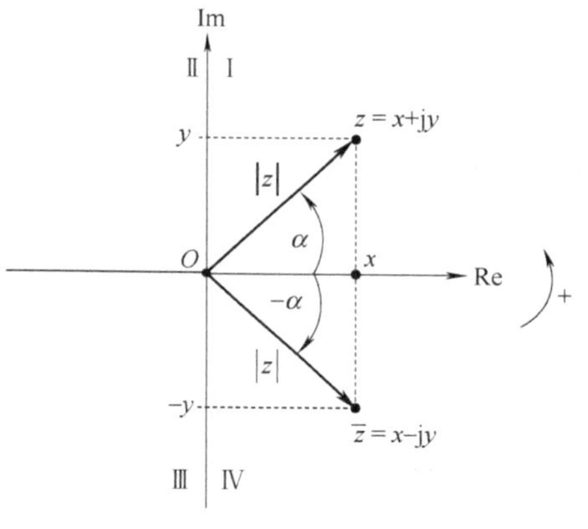

图 4.80　复数 z 及其共轭表达式

1. 正切值计算

正切函数可看作是计算角度高度的三角函数。将一个角绘制在平面直角坐标系中，以原点为顶点，x 轴为角的一边，如图 4.81 所示。那么正切函数对应的高度就是从 x 轴开始，与单位圆相切的直线和从原点出发角度为 α 的有线交点之间的线段长度。

在图 4.81 中，平面被划分为四个区域，称为四个象限。每个象限对应于 x 和 y 符号的某种组合。例如，在象限 I 中，x 和 y 都是正数；而在象限 II 中，y 仍然是正数，但 x 是负数。在象限 I 中，随着角度 α 增大并接近 90° 或 $\pi/2$，式（4.212）中的 $\cos(\pi/2)$ 等于 0，正切函数趋于无穷大。同样的情况出现在第 IV 象限，此时角度接近 $-90°$ 或 $-\pi/2$。那么，当角度出现在象限 II 或 III 时例如 120° 或 225°，正切函数返回什么值呢？为了便于理解，可以根据式（4.212）绘制正弦/余弦函数并计算正切值，如图 4.82 所示。图 4.82a 描述了角度从 0° 变化到 360° 的正弦和余弦函数，在此过程中，函数经过了一个完整的周期，0° 和 360° 实际指向圆上相同的位置。图 4.82b 画出了一些典型的角度，α_1 到 α_5 是正角度，因为它们从 0 开始并在逆时针转动时增加。

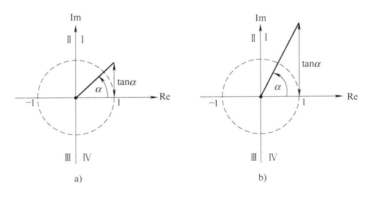

图 4.81　正切函数中的角度定义为：$-90° < \alpha < 90°$ 或者 $-\frac{\pi}{2} < \alpha < \frac{\pi}{2}$

在图 4.82 中可以看到，角度 α_1 的正切值存在，并等于位于象限 I 中的高度 h_1，当达到 α_2 时（90°或 $\pi/2$），正弦处于峰值而余弦为 0。显然，在这一点上，正切值计算需要除 0，该值为无穷大或不存在：说明正切函数是不连续的。当角度在圆上继续前进并通过 90°达到角度 α_3 时，余弦函数变为负值，正切值也跳转为负，数值等于高度 h_2，位于象限 IV 中。如果进一步增加角度并最终达到 π，则正切值变为 0，$\sin(\pi) = 0$。随着角度在第 III 象限中正向前进，正切值对应的高度再次回到象限 I 中，如角度 $5\pi/4$ 或 225°的正切值再次变为 h_1。然后，正切值随角度的增加而增加，直到角度达到 $3\pi/2$ 或 270°时正切值达到无穷大。此后，正切值再次为负，并且当角度到 $7\pi/4$ 或 315°时，正切值再次等于象限 IV 中的高度 h_2。

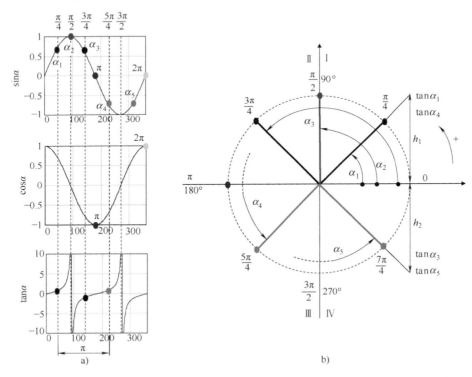

图 4.82　当角度接近 90°时，切线趋于无穷大；并且随着角度继续变大，切线变为负值
（高度计算跳到了圆的另一侧）

2. 象限判断

用一个实际的例子来更形象的说明，根据前面给出的计算高度 h 的方法来计算正切值，可以得到

$\tan 45° = 1$

$\tan 135° = -1$

$\tan 225° = 1$

$\tan 315° = -1$

选择两个不同的角度，如 45°/225° 或 135°/315°，正切函数返回的结果是一样的。那么，由于反正切是正切函数的反函数并返回一个角度，所以就有一个问题：$\tan \alpha = 1$ 的 α 是 45° 还是 225°？事实上，反正切函数始终返回一个介于 -90° ~ 90° 之间的角度。因此，如果一个复数或矢量位于象限 I 或 IV 中，反正切函数返回正确的值。而如果矢量位于象限 II 或 III 中，则存在问题，反正切函数会返回错误的角度。在数学上，正切函数不是双射函数：对于给定的正切值，存在两个可能的角度。图 4.83 给出了一个简单的例子，计算图中复数 z_1，z_2 的相角，其中 $x_1 = -x_2 = 1$ 并且 $y_1 = -y_2 = 1$，则式（4.213）将错误地为两个向量返回相同的角度，但它们明显是不同的

$$\arg z_1 = \arctan\left(\frac{1}{1}\right) = 45° \tag{4.216}$$

$$\arg z_2 = \arctan\left(\frac{-1}{-1}\right) = 45° \tag{4.217}$$

这也很容易理解，因为正切函数的周期（或模）为 π。因此，可以将 π 加到任何角度上，而不影响其正切值的计算

$$\tan(\alpha + \pi) = \frac{\sin(\alpha + \pi)}{\cos(\alpha + \pi)} = \frac{-\sin\alpha}{-\cos\alpha} = \tan\alpha \tag{4.218}$$

在图 4.83 中，考虑的角度范围属于开闭区间 $[0°, 360°)$ 或 $[0, 2\pi)$，如图中的角度 α_1 和 α_2。然而，在复数域中，复数的相角是在开闭区间 $(-\pi, \pi]$ 或 $(-180°, 180°]$ 中定义的。因此认为在象限 I 和 II 中的角度为正，从 $0 \sim \pi$，$y > 0$，逆时针旋转；相反，认为在象限 III 和 IV 中的角度为负，从 $-\pi \sim 0$，$y < 0$，顺时针旋转。在图 4.83 中，假设 $\alpha_1 = 45°$，通过减去 π（顺时针转动）找到 z_2 的真正角度：$\alpha_3 = \alpha_1 - 180 = -135°$。

360° 或 2π 不在角度定义范围内的原因是由于 0° 和 360° 指的是圆上的相同位置，所以当一个角度超过 359.99° 时，下一个位置是 0°。同样道理适用于范围 $(-\pi, \pi]$ 或 $(-180°, 180°]$，因为 $-\pi$ 和 π（或 -180° 和 180°）指的是圆上的相同位置。如果图 4.83 中的 y_2 为 0，则 z_2 变为 x_2（-1，负实数），其角度为 π 或 180°。

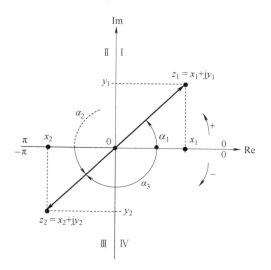

图 4.83　如不采取措施，计算这两个复数的相角将返回相同的角度

这种方法在计算反相（反相端输入）补偿器的相位时广泛使用。假设用反相补偿器构建包含一个零点和一个原点极点的补偿器。传递函数为（请注意负号）

$$G(s) = -\frac{\omega_{p0}}{\omega_z}\left(1 + \frac{\omega_z}{s}\right) \tag{4.219}$$

补偿器的相位是

$$\arg G(j\omega) = \arg\left(-1 - \frac{\omega_z}{j\omega}\right) = \arg\left(-1 + j\frac{\omega_z}{\omega}\right) = \arctan\left(-\frac{\omega_z}{\omega}\right) = -\arctan\left(\frac{\omega_z}{\omega}\right) \tag{4.220}$$

可见，复数在象限Ⅱ中（$x = -1$）。因此，通过将 π 加到式（4.220）中得到正确的相角

$$\arg G(\omega) = \pi - \arctan\left(\frac{\omega_z}{\omega}\right) \tag{4.221}$$

这个公式还可以进一步调整，使用三角函数公式

$$\arctan(x) + \arctan\left(\frac{1}{x}\right) = \frac{\pi}{2} \tag{4.222}$$

得到

$$\arctan\left(\frac{1}{x}\right) = \frac{\pi}{2} - \arctan(x) \tag{4.223}$$

把式（4.223）代入式（4.221）得到

$$\arg G(\omega) = \pi - \arctan\left(\frac{\omega_z}{\omega}\right) = \pi - \left[\frac{\pi}{2} - \arctan\left(\frac{\omega}{\omega_z}\right)\right] = \frac{\pi}{2} + \arctan\left(\frac{\omega}{\omega_z}\right) \tag{4.224}$$

由此可以得到：在直流情况下，补偿器的相位为 $\pi/2$ 或 $-270°$，在高频状态下，相位为 π 或 $-180°$。当然，直接从式（4.221）也可以得到类似的结果。

3. 反正切函数的优化

为了正确求解复数的角度，采用求解器或仿真的方法都必须知道复数所在的象限。例如 Mathcad® 中的函数 atan2 会根据 y 和 x 的符号判断复数所处的象限，判断函数如下，详见［1］：

$$\mathrm{atan2}(x, y) = \begin{cases} \arctan\left(\dfrac{y}{x}\right) & x > 0 \\[2mm] \pi + \arctan\left(\dfrac{y}{x}\right) & y \geq 0, x < 0 \\[2mm] -\pi + \arctan\left(\dfrac{y}{x}\right) & y < 0, x < 0 \\[2mm] \dfrac{\pi}{2} & y > 0, x = 0 \\[2mm] -\dfrac{\pi}{2} & y < 0, x = 0 \\[2mm] \text{未定义} & y = 0, x = 0 \end{cases} \tag{4.225}$$

atan2 函数可以返回从 π 到 $-\pi$ 的角度（不包括 $-\pi$ 或 $-180°$）。当 $x = 0$ 时，用于计算正切值的切线具有无限正高度或负高度，此时，该函数可正确地返回角度 $\pm\pi/2$。文献［1］给出了 atan2 的一种实现方法，可给出较为准确的结果

$$\mathrm{atan2}(x, y) = 2\arctan\left(\frac{y}{\sqrt{x^2 + y^2} + x}\right) \tag{4.226}$$

为了比较这些函数，将图 4.82 中使用的正弦和余弦波形分别用于 atan 函数和 atan2 函数，

输出结果显示在图 4.84 中。右上角显示 atan 的输出结果，是介于 $-\pi/2 \sim \pi/2$ 之间的角度：结果以模 π 或周期 π 出现，与图 4.82 相同。

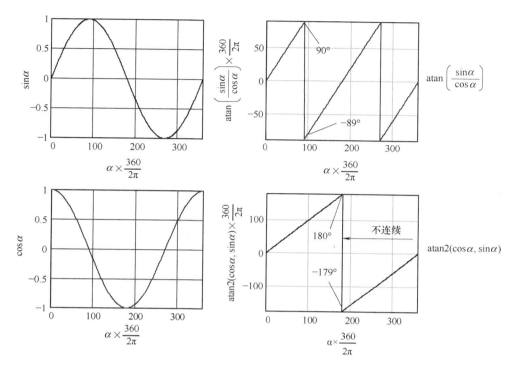

图 4.84　atan 函数返回一个介于 $-90° \sim 90°$ 之间的角度；而 atan2 会判断象限，
并返回如式（4.225）中所述更正的结果

右下角显示 atan2 函数的输出结果。该相位会增加到 $180°$，然后突然下跳到 $-179°$（不包括 -180 或 $-\pi$）。这次的结果显示为模 $360°$ 或 2π，有些仿真软件也采用这种模式来显示相位。有时候为了便于阅读，可以将这些结果映射到区间 $[0, 360)$ 或 $[0, 2\pi)$，这在 Mathcad® 中编程实现的方式如下：

$$360_{\text{map}}(x,y) = \begin{vmatrix} \text{atan2}(x,y) + 2\pi & \text{atan2}(x,y) < 0 \\ \text{atan2}(x,y) & \text{其他} \end{vmatrix}$$

所得结果的单位是弧度，因此还需要乘以 $360/2\pi$ 才能正确显示度数。如果不想输入这个式子，内置函数"angle"也能给出类似的结果，如图 4.85 所示，其中的输入使用了图 4.84 的正弦和余弦波形。这样，消除了角度的不连续性，图形呈现线性增长的角度。

当接近 $360°$ 时，该输出角度跳回到零，表示完成了一个完整的圆周。

4. SPICE 仿真中相位的显示

在一些仿真软件包中，图形分析工具会自动执行 $0° \sim 360°$ 的映射。Intusoft 的图形分析工具 Intuscope 就是这种情况，可以采用函数 phaseextend 实现。该软件通过找出 atan2 函数输出相位的不连续点，应用 360_{map} 函数来修正相位的不连续性。此外，它还有一个细微的差别，phaseextend 有时候可以使相位滞后超过 $-360°$。来看一下这种技术如何应用到实际电路分析中。

第一个例子选择一个简单的基于运算放大器的反相器，如图 4.86 所示。

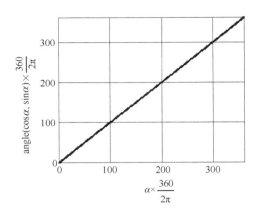

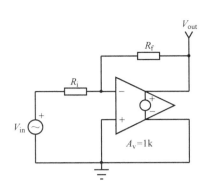

图 4.85　angle 功能自动将角度映射到 [0, 2π) 区间　　图 4.86　基于理想运放的简单反相器

很容易得出该系统的增益为

$$|G(s)| = \left| \frac{V_{\text{out}}(s)}{V_{\text{in}}(s)} \right| = -\frac{R_{\text{f}}}{R_{\text{i}}} \qquad (4.227)$$

这个传递函数的相角（幅角）是一个负实数（见图 4.83 中 $y_2 = 0$，没有虚部），并且等于

$$\arg\left(-\frac{R_{\text{f}}}{R_{\text{i}}} \right) = \pi \qquad (4.228)$$

对该电路进行仿真，采用两个相等的电阻（增益为 -1），仿真结果如图 4.87 所示。图 4.87a 显示 180°相位，验证了计算结果。

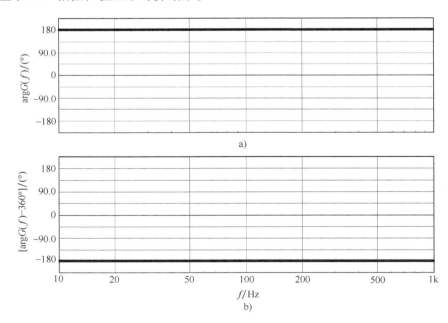

图 4.87　仿真结果给出了相角的数值：180°或 π

由反相器带来的相位是 -180°带而不是式（4.228）所示的180°，难道仿真错了吗？

在数学上，180°或 -180°的角度是相同的：在平面坐标系中矢量的相角加、减 $2k\pi$ 或 $k \times 360°$ 是保持不变的：相当于矢量旋转一个完整的圆周后回到起点。因此，将 -360°加到180°上得

到 -180°，如图 4.87b 所示。这幅图可能对式 （4.227） 中 $G(s)$ 的表达式更有物理意义，但是在数学上，图 4.87a，b 两幅图是等效的。

图 4.88 为两个反相，但无法明确哪个信号超前的图形示意，图 4.89 绘制了反相积分器的输入、输出信号。可以看出 ω_2 落后于 ω_1 270°，但如果在图片的右侧选择一个周期，也可以说 ω_2 超前 ω_1 90°！ 这两种表述在数学上是相同的，90° = -270° + 360°。如果用 SPICE 绘制该反相积分器的相位响应，会显示什么？ 根据式 （4.228），反相器的相角为 180°，原点极点的相角为 -90°。将这两个值相加可得到 90° 的相角，相当于 -270° 的相角，如图 4.89 所示。为了与大多数控制理论书籍一致，也使用负相位。毕竟，负相位符合通常认为的事实：在时域中，输出信号总比激励信号晚出现。

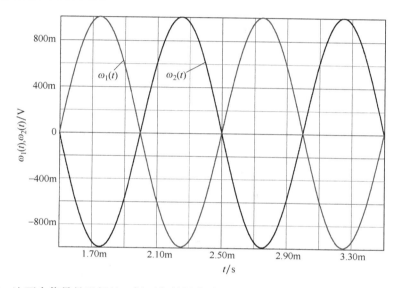

图 4.88 这两个信号是反相的，但不能判断波形 1 相对于波形 2 是超前 180° 还是滞后 180°

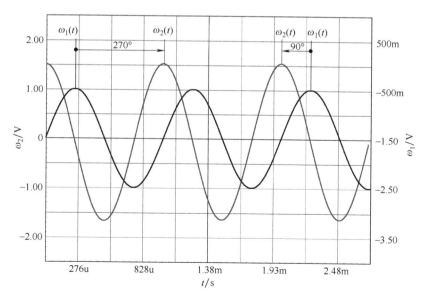

图 4.89 这幅图中，可以说 ω_2 超前 $\omega_1$90°或 ω_2 滞后 $\omega_1$270°

大多数仿真软件包使用函数 atan2 来显示在 $-\pi$（不含）$\sim \pi$ 之间的相角。一些图形化工具（如 Intuscope）通过名为 phaseextend 的函数来进一步增强 atan2 的功能，使计算的相位可降至 $-360°$ 甚至更低，它有点类似于前面详细介绍过的 360_{map} 例程。进行交流分析时，仿真引擎会从第一个频率点计算传递函数的相位，初始相位可以通过函数 atan2 来获取，并在 $-\pi$（不包含）$\sim \pi$ 之间进行标记。随着交流扫描频率的增加，如果检测到相邻频率点之间的相位不连续，如当从 $-179°$ 到 $180°$ 发生跳跃时（反之亦然），phaseextend 函数修正该相位跳跃，并将相角最低值降至 $-360°$。用一个三阶 RC 网络来验证这个方法，如图 4.90 所示，并对其进行交流扫描。

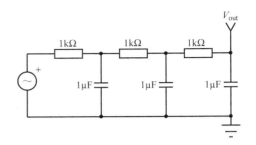

图 4.90　这个三阶 RC 网络初始相位为 0°，其相位平滑地移动到 $-270°$

根据仿真数据，将输出矢量 $\boldsymbol{V}_{\text{out}}$ 的实部和虚部应用到 Intuscope 内置的计算引擎中（宏定义）。分别采用经典反正切函数和式（4.226）所描述的函数进行计算，结果如图 4.91 所示。其中下图是 atan 函数返回的结果，和预期一样，相位处于 $-\pi/2 \sim \pi/2$ 之间；中间图是式（4.226）的计算结果，相位处于 $-\pi$（不包括）$\sim \pi$ 之间。可以观察到相位切换点出现在略小于 400Hz 的位置；图 4.91a 使用相位扩展函数来平滑 400Hz 附近的相位不连续，获得相位会从 0°一直到 270°（有三个极点）。需要注意的是，采用的交流扫描从 1Hz 开始，此时相位为 0；根据 atan2 函数返回值（相角或者幅角）也为 0。

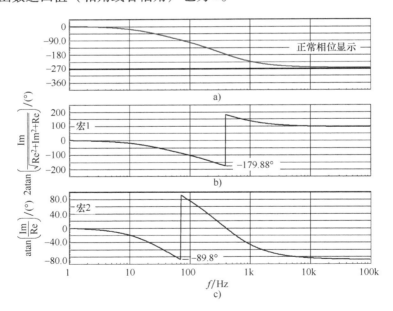

图 4.91　Intuscope 中内置的相位扩展功能将相位降至 $-270°$

（使用宏，可以很好地重现图 4.84 中预测的结果）

而如果仿真没有从 1Hz 开始进行交流扫描，而是从 400Hz 开始。在这个频率下，仿真引擎根据 atan2 返回的相角已经超过了 180°。那么 Intuscope 显示相位初始值就会变成 180°而不是 0°，得到的仿真结果如图 4.92 所示，它也是正确的。

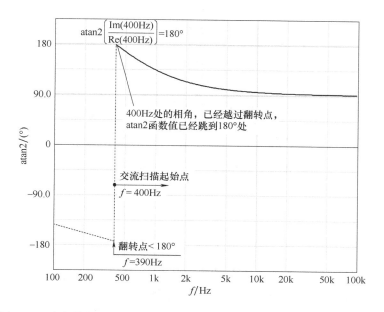

图 4.92　当仿真软件以 400Hz 频率为起点交流扫描，相位会从 180°开始，
因为 atan2 计算该频率的相位已经跳到 180°

结论

不熟悉电路仿真复杂性的工程师经常会因相位评估感到困惑，因此，工程判断对解释图形工具显示的结果是必要的。仿真起始频率的变化引起的相位不同就是一个典型例子，需要注意才能理解这些结果。

参考文献

[1]　Wikipedia contributors, "atan2," http://en.wikipedia.org/wiki/Atan2, last accessed June 3, 2012.

附录 4D　开环增益和原点处极点对基于运算放大器的传递函数的影响

运算放大器通常被认为是一种理想器件，具有无穷大的开环增益和带宽。但实际上，开环增益是有限的，并且设计者为了提高稳定性会在低频处放置一个极点。这种运算放大器（如 μA741）的典型交流频率响应如图 4.93 所示，其典型开环增益 A_m 为 106dB，低频极点 f_P 低于 10Hz。

当考虑运算放大器来构建补偿器或简单的放大器时，通常假设原点极点和开环增益是可以被忽略的。然而，了解这些参数如何影响最终性能也很有必要，特别是当它们的批次离散性或者随温度发生变化，必须评估数据手册中给出的参数变化范围对最终设计性能产生的影响。例如，μA741 的增益通常为 200k（106dB），但在某些情况下可能会降至 20k（86dB）。要了解这种变化对设计的影响，必须进行理论分析来进行评估，作为设计工程师，需要根据

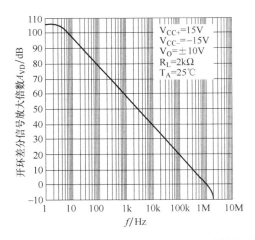

图 4.93 TI 的运放 μA741 的开环增益通常约为 106dB, 而低频极点出现在 10Hz 以下

推导获得的公式来决定是否需要补偿或者考虑这种影响; 或者简单地忽略它们。

结合图 4.94 可知, 如果运放开环增益无限大并且没有低频极点, 一个简单的反相器的增益是 $-R_f/R_i$。为了分析开环增益和低频极点的影响, 需要把它们包括在运算放大器的等效电路中。因此, 包含这些新元素的简化电路如图 4.95 所示。

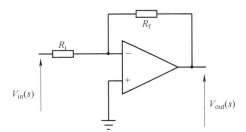

图 4.94 基于运放构建的简单反相器

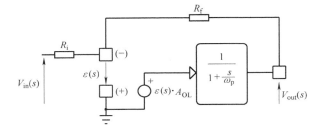

图 4.95 包含开环增益和低频极点时, 电路变得相对复杂一些

为了计算该电路的传递函数, 需要进行一些公式推导, 从推导输出电压 V_{out} 开始

$$V_{out}(s) = A_{OL}\varepsilon(s) \frac{1}{1 + \dfrac{s}{\omega_p}} \tag{4.229}$$

误差电压 ε 是负输入端和正输入端之间的差值

$$\varepsilon = V_{(+)} - V_{(-)} \tag{4.230}$$

当正输入端接地时, 采用叠加原理得到负输入端的电压: 负输入端电压是 V_{out} 接地时该引脚上的电压与 V_{in} 接地时该引脚上的电压之和。所以有

$$\varepsilon(s) = -\left[V_{out}(s)\frac{R_i}{R_i + R_f} + V_{in}(s)\frac{R_f}{R_i + R_f}\right] \tag{4.231}$$

将该式代入式 (4.229), 重新排列表达式, 并提取比率 V_{out}/V_{in}, 可以得到

$$G(s) = \frac{V_{out}(s)}{V_{in}(s)} = -\frac{R_f}{\dfrac{R_f + R_i}{A_{OL}}\left(1 + \dfrac{s}{\omega_p}\right) + R_i} \tag{4.232}$$

这个传递函数表达式不符合第 2 章中介绍的传递函数形式。为了深入理解该传递函数，对其整理后重写如下：

$$G(s) = G_0 \frac{1}{1 + \dfrac{s}{\omega_{\text{peq}}}} \tag{4.233}$$

式中，G_0 是低频或直流增益；ω_{peq} 是引入的新极点。

整理式（4.232）的分母得

$$D(s) = R_i + \frac{R_f + R_i}{A_{\text{OL}}} + s\left(\frac{R_i + R_f}{A_{\text{OL}}\omega_P}\right) \tag{4.234}$$

对这个表达式提取公因式 $R_i + \dfrac{R_f + R_i}{A_{\text{OL}}}$ 得

$$D(s) = \left(R_i + \frac{R_f + R_i}{A_{\text{OL}}}\right)\left[1 + s\left(\frac{R_i + R_f}{A_{\text{OL}}\omega_P}\right)\frac{1}{\left(R_i + \dfrac{R_f + R_i}{A_{\text{OL}}}\right)}\right] \tag{4.235}$$

进一步推导右边项

$$D(s) = \left(R_i + \frac{R_f + R_i}{A_{\text{OL}}}\right)\left[1 + s\,\frac{R_i + R_f}{\omega_p(R_f + R_i + A_{\text{OL}}R_i)}\right] \tag{4.236}$$

完整的表达重写如下：

$$G(s) = -\frac{R_f}{R_i + \dfrac{R_f + R_i}{A_{\text{OL}}}} \frac{1}{1 + s\,\dfrac{R_i + R_f}{\omega_p(R_f + R_i + A_{\text{OL}}R_i)}} \tag{4.237}$$

对照式（4.233），得到

$$G_0 = -\frac{R_f}{R_i + \dfrac{R_f + R_i}{A_{\text{OL}}}} \tag{4.238}$$

等效极点是

$$\omega_{\text{peq}} = \omega_p\,\frac{R_f + R_i + A_{\text{OL}}R_i}{R_f + R_i} \tag{4.239}$$

在这些表达式中，当开环增益确实很高时，反相器增益 G_0 由 R_i 和 R_f 单独设定，等于 $-R_f/R_i$。这是反馈的好处，尽管开环增益 A_{OL} 有变化，但传输增益仅取决于外部元件 R_f 和 R_i。并且，高开环增益也使等效极点趋于无穷大，可忽略不计。

现通过一个简单的例子来验证上述结论。假设要设计一个增益为 10，带宽 30kHz 的反相器。首先，选择电阻 $R_f = 10\text{k}\Omega$，$R_i = 1\text{k}\Omega$。当 μA741 的直流增益为 200k，低频极点为 10Hz 时，从式（4.238）和式（4.239）可得

$$G_0\,\big|_{A_{\text{OL}}=200\text{k}} = -9.999 \tag{4.240}$$

$$f_{\text{peq}}\,\big|_{A_{\text{OL}}=200\text{k}} \approx 182\text{kHz} \tag{4.241}$$

根据这些值可以看到，系统可以获得高达 182kHz 的平坦响应，增益为 10。交流响应如图 4.96a 所示，在 30kHz 频率范围内几乎不变，反相器符合设计预期。

如果采用 A_{OL} 为 20k 的较低开环增益的运算放大器，系统增益和极点变为如下值：

$$G_0\,\big|_{A_{\text{OL}}=20\text{k}} = -9.995 \tag{4.242}$$

$$f_{\text{peq}}\,\big|_{A_{\text{OL}}=20\text{k}} \approx 18.2\text{kHz} \tag{4.243}$$

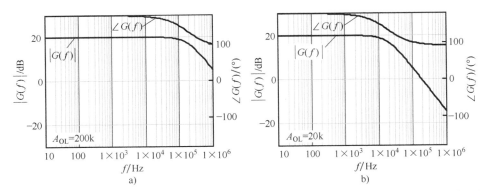

图 4.96　当运算放大器开环增益降至 20k 时，反相器增益几乎不变；但对交流响应产生严重影响，极点已经移至 20kHz 以下，不符合 30kHz 带宽的要求

图 4.96b 给出其交流响应，可以看到反相器的交流响应在超过 10kHz 后开始下降，设计不再符合要求。因此，如果该反相器应用在补偿环路中，则额外的相位滞后可能会带来稳定性问题。

那么应该如何应对？可以选择开环增益变化很小的运算放大器。但是，对于开环增益，$1 \sim 3$ 倍甚至更高倍率的变化并不罕见。也可以选择高速运算放大器，此类器件具有中等开环增益，但设计人员将低频极点设置的更高。例如，国家半导体公司（National- Semiconductor）的运放芯片 LM6132BI，其数据手册给出的典型开环增益为 15k，远低于 μA741 的最小值。低频极点的位置可以从厂商提供的另一个参数中获得，即增益带宽乘积（GBW）来计算。它的定义是

$$\mathrm{GBW} = A_{\mathrm{OL}} f_{\mathrm{p}} \tag{4.244}$$

式中，A_{OL} 是运算放大器开环增益；f_{p} 是交流幅度下降 3dB 的点。

考虑到补偿后的运算放大器是单极点响应，这个数字就是低频极点位置，并且当幅值下降 10（$-20\mathrm{dB}$）倍时，频率增加 10 倍。对于 LM6132BI，典型的 GBW 为 10MHz。据此，可以计算得到低频极点的位置为

$$f_{\mathrm{p}} = \frac{\mathrm{GBW}}{A_{\mathrm{OL}}} = \frac{10\mathrm{Meg}}{15\mathrm{k}} = 667\mathrm{Hz} \tag{4.245}$$

将这组新的参数，开环增益 15k，极点位置 667Hz，代入式（4.239）中，得到新的反相器电路的极点位于 910kHz。并且，即使当开环增益降至 6k，GBW 取为最小值 7MHz（$f_{\mathrm{p}} = 1.1\mathrm{kHz}$）时（如数据手册所示），新的极点频率最低下降到 600kHz，这对于 30kHz 带宽要求仍然是满足的。

积分器举例

如果考虑图 4.26 所示的积分器，则式（4.232）中的电阻 R_{f} 将被电容容抗取代

$$Z_{\mathrm{f}} = \frac{1}{sC_1} \tag{4.246}$$

R_{i} 仍然存在，基于上述改变，再次推导式（4.232）得到

$$G(s) = \frac{\dfrac{1}{sC_1}}{\dfrac{\dfrac{1}{sC_1} + R_1}{A_{\mathrm{OL}}}\left(1 + \dfrac{s}{\omega_{\mathrm{p}}}\right) + R_1} = \frac{A_{\mathrm{OL}}\omega_{\mathrm{P}}}{s + \omega_{\mathrm{p}} + s^2 R_1 C_1 + sR_1 C_1 \omega_{\mathrm{p}} + sA_{\mathrm{OL}} R_1 C_1 \omega_{\mathrm{p}}} \tag{4.247}$$

提取 ω_{P}，假设 $\omega_{\mathrm{p0}} = 1/R_1 C_1$，重新排列这个方程，可得

$$G(s) = \frac{A_{\mathrm{OL}}}{1 + s\left(\frac{1}{\omega_{\mathrm{p}}} + \frac{1}{\omega_{\mathrm{p0}}} + \frac{A_{\mathrm{OL}}}{\omega_{\mathrm{p0}}}\right) + s^2\left(\frac{1}{\omega_{\mathrm{p}}\omega_{\mathrm{p0}}}\right)} \quad (4.248)$$

这是一个二阶方程。在分母的第二项中，如果考虑一个很大的开环增益 A_{OL}，则表达式简化为

$$G(s) \approx \frac{A_{\mathrm{OL}}}{1 + s\left(\frac{A_{\mathrm{OL}}}{\omega_{\mathrm{p0}}}\right) + s^2\left(\frac{1}{\omega_{\mathrm{p}}\omega_{\mathrm{p0}}}\right)} \quad (4.249)$$

重新整理这个表达式，使其符合经典的二阶多项式形式

$$G(s) = \frac{1}{1 + \frac{s}{\omega_0 Q} + \left(\frac{s}{\omega_0}\right)^2} \quad (4.250)$$

对比式（4.249）和式（4.250），可确定 ω_0 和 Q，其中：

$$\omega_0 = \sqrt{\omega_{\mathrm{p0}}\omega_{\mathrm{p}}} \quad (4.251)$$

Q 可以通过求解下述方程来获得

$$\frac{A_{\mathrm{OL}}}{\omega_{\mathrm{p0}}} = \frac{1}{Q\omega_0} \quad (4.252)$$

得到

$$Q = \frac{\omega_{\mathrm{p0}}}{A_{\mathrm{OL}}\omega_0} \quad (4.253)$$

由上述公式可知，当开环增益 A_{OL} 很大时，Q 是一个非常小的值。
分母的根或极点可由第 3 章的式（3.35）求得

$$s_1, s_2 = \frac{\omega_0}{2Q}(\pm\sqrt{1 - 4Q^2} - 1) \quad (4.254)$$

从式（4.253）提取 ω_0

$$\omega_0 = \frac{\omega_{\mathrm{p0}}}{A_{\mathrm{OL}}Q} \quad (4.255)$$

将上式代入式（4.254），得到第一个根为

$$s_1 = \frac{\omega_{\mathrm{p0}}}{A_{\mathrm{OL}}}\frac{(\sqrt{1 - 4Q^2} - 1)}{2Q^2} \quad (4.256)$$

一阶近似公式为

$$(1 + x)^a = 1 + ax \quad (4.257)$$

采用上式对式（4.256）中的根式进行近似处理，可以将其写成如下形式：

$$s_1 = \frac{\omega_{\mathrm{p0}}}{A_{\mathrm{OL}}}\frac{1 - \frac{4Q^2}{2} - 1}{2Q^2} = -\frac{\omega_{\mathrm{p0}}}{A_{\mathrm{OL}}} \quad (4.258)$$

因此，极点 ω_1 为

$$\omega_1 = \frac{\omega_{\mathrm{p0}}}{A_{\mathrm{OL}}} \quad (4.259)$$

同样，可计算得到第二个极点为

$$s_2 = \omega_0\frac{(-\sqrt{1 - 4Q^2} - 1)}{2Q} \quad (4.260)$$

应用式（4.257）并考虑 Q 比较小，有

$$s_2 \approx \omega_0 \frac{-\left(1 - \frac{4Q^2}{2}\right) - 1}{2Q} = \omega_0 \left(\frac{2Q^2 - 2}{2Q}\right) \approx -\frac{\omega_0}{Q} \tag{4.261}$$

将式（4.251）和式（4.253）代入上式，可得

$$s_2 = -\frac{\sqrt{\omega_{p0}\omega_p}}{\dfrac{\omega_{p0}}{A_{OL}\sqrt{\omega_{p0}\omega_p}}} \tag{4.262}$$

根据这个根的幅值，可得第二个极点为

$$\omega_2 = \omega_p A_{OL} \tag{4.263}$$

ω_1 就是 0dB 穿越极点除以运算放大器的开环增益 A_{OL}，而第二个极点是式（4.244）中定义的增益带宽乘积 GBW。如果忽略高频极点，传递函数简化为

$$G(s) \approx \frac{A_{OL}}{1 + \dfrac{s}{\omega_1}} \tag{4.264}$$

假设图 4.26 中积分器参数如下，其传递函数中已经包含了运算放大器的开环增益和 30Hz 的低频极点：

$$R_1 = 10\text{k}\Omega$$

$$C_1 = 0.1\mu\text{F}$$

$$A_{OL} = 10000$$

$$f_p = 30\text{Hz}$$

如果绘制这样一个积分器的交流响应，根据式（4.259）和式（4.263）可知，会存在以下频率的拐点：

$$f_{p0} = \frac{1}{2\pi R_1 C_1} = \frac{1}{6.28 \times 10\text{k} \times 0.1\text{u}} = 159\text{Hz} \tag{4.265}$$

$$f_1 = \frac{\omega_{p0}}{2\pi A_{OL}} = \frac{1}{2\pi R_1 C_1 A_{OL}} = 16\text{mHz} \tag{4.266}$$

$$f_2 = f_p A_{OL} = 30 \times 10000\text{Hz} = 300\text{kHz} \tag{4.267}$$

为了验证上述计算结果，构建了一个简单的仿真电路，如图 4.97 所示。第一级是跨导 g_m 为 $100\mu\text{S}$ 的压控电流源，乘以电阻 R_2，得到 10000 的开环增益。低频极点由 C_2 提供，设为 30Hz。

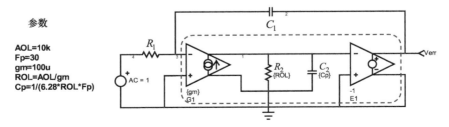

图 4.97　简单的仿真电路来验证方程的正确性

在输入端施加信号进行交流扫描，结果如图 4.98 所示，极点与上述预测的数值完全吻合。

本附录表明，如果需要设计一个具备高穿越频率的高频变换器，就必须注意运算放大器

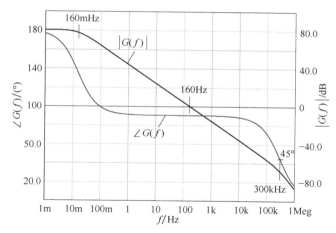

图 4.98 基于运算放大器的积分器具有低频极点和有限开环增益（是一个二阶系统）

的交流特性。在这种情况下，需要结合考虑运放的开环增益和低频极点位置，并且评估它们是否会对设计造成影响。参数的离散性会影响到运算放大器的开环增益，特别是在 SPICE 中运行蒙特卡罗分析时。

附录 4E 补偿器结构小结

表 4E-1 给出了 P，I 和 D 各模块与基于运算放大器的补偿器之间的对应关系。

表 4E-1 补偿器结构及其传递函数汇总表

作用方式	基本要素	传递函数	实施电路	伯德图 $\|G(s)\|$	补偿类型
比例	P	$G(s)=-k_p$			
积分	I	$G(s)=-k_i\dfrac{1}{s}$			1
微分	D	$G(s)=-sk_d$			
比例积分	PI	$G(s)=-\omega_{p0}\dfrac{1+s/\omega_{z1}}{s}$			2a
比例积分+一阶滞后	PI$_2$	$G(s)=-\omega_{p0}\dfrac{1+s/\omega_{z1}}{s}\dfrac{1}{1+s/\omega_{p1}}$			2
比例积分微分	PID	$G(s)=-\omega_{p0}\dfrac{(1+s/\omega_{z1})(1+s/\omega_{z2})}{s}$			3a
比例积分微分+二阶滞后	PID$_2$	$G(s)=-\omega_{p0}\dfrac{(1+s/\omega_{z1})(1+s/\omega_{z2})}{(1+s/\omega_{p1})(1+s/\omega_{p2})}$			3

第5章
基于运算放大器的补偿器

运算放大器（operational amplifier，op amp），属于闭环控制系统的基本元件[1,2]，其功能在于将被控状态变量（如输出电压或输出电流）与固定的参考信号（电压或电流）之间的误差信号进行放大。运算放大器除具有检测功能外，还用于建立补偿网络：通过改变被控系统开环传递函数 $T(s)$ 伯德图形状，进而提高其增益裕度和相角裕度，降低谐振峰值，最终实现被控系统稳定控制。在运算放大器输入和输出之间跨接电阻和电容等无源元件，将在反馈通路中形成传递函数 $G(s)$，用于调整穿越频率至设定值以保证足够的增益裕度和相角裕度[3]。本章将继续分析前面已介绍过的 3 种类型补偿器（1 型、2 型和 3 型，亦称 Ⅰ 型、Ⅱ 型和Ⅲ型），并增加一些常用于离线式功率变换器中带有隔离反馈的补偿器分析。在图 5.1 给出了典型的非隔离式补偿器（见图 5.1a）和隔离式补偿器架构（见图 5.1b）。

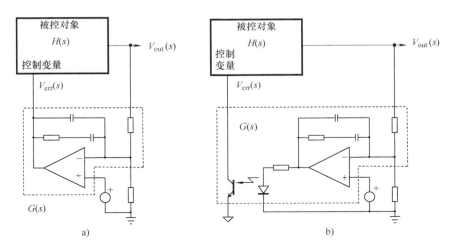

图 5.1　非隔离式补偿器和隔离式补偿器应用

非隔离式补偿器通常用于负载点稳压器（POL，Point of Load）中，通过将母线电压升高或降低值在负载点产生所需的输出电压（如 12V 转 5V）。由于电源和负载输出共用地线，该负载点稳压器因而属于非隔离式功率变换器。DVD 播放器或手机直接采用市电插座供电时，为避免重复进行路易吉·伽伐尼（Luigi Galvani）试验和遭受致命的电击风险，需对用户可触及的变换器输出地线与市电供电之间采取电气隔离，可通过高频功率变压器一、二次绕组间的物理隔离来实现。同时，输出检测信息也需经电气隔离反馈至输入侧控制单元"脉宽调制器"中，常规采用光电耦合器（见图 5.1b）来反馈输出电压误差信号，其他隔离反馈方式还有高频小功率变压器、压电器件等。因篇幅所限，高频小功率变压器和压电器件等隔离反馈方式将不作探讨，由于光电耦合器是目前隔离式电源中的最重要的元件之一，本章附录对其应用进行了详细分析。

本章将首先介绍最为简单的 1 型补偿器。

5.1　1 型补偿器（原点极点补偿）

1 型补偿器也称之为积分器，通常用于在设定穿越频率点无需增加相位裕度的场合，由一个原点处的极点组成，并在原点位置提供稳定的 270° 滞后或 90° 超前补偿。其最简单的结构形式如图 5.2 所示。

本书中，基于运算放大器电路的传递函数 $G(s)$ 定义为

$$G(s) = \frac{V_{err}(s)}{V_{out}(s)} \qquad (5.1)$$

在 1 型补偿器中，$G(s)$ 通过下式进行推导：

$$G(s) = \frac{V_{err}(s)}{V_{out}(s)} = -\frac{Z_f}{Z_i} = -\frac{\frac{1}{sC_1}}{R_1} = -\frac{1}{sC_1R_1} \qquad (5.2)$$

其中，0dB 穿越极点角频率定义为

$$\omega_{p0} = \frac{1}{R_1C_1} \qquad (5.3)$$

根据式（5.2）可知 1 型补偿器存在原点极点，即 $s = 0$。式（5.3）中时间常数为 1 型补偿器的增益。当频率等于式（5.3）参数值时，1 型补偿器的增益为 1，即 0dB，因而这个极点也可称为 0dB 穿越极点。

将式（5.3）代入式（5.2）可得

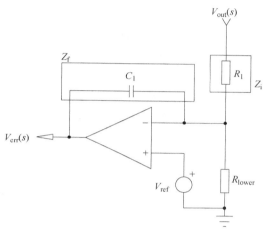

图 5.2　电容 C_1 跨接在运算放大器反向输入与输出端并与电阻 R_1 构成原点处极点

$$G(s) = -\frac{1}{\dfrac{s}{\omega_{p0}}} \qquad (5.4)$$

1 型补偿器的幅值为

$$|G(j\omega)| = \left| j\frac{\omega_{p0}}{\omega} \right| = \sqrt{\left(\frac{\omega_{p0}}{\omega}\right)^2} = \frac{\omega_{p0}}{\omega} \qquad (5.5)$$

1 型补偿器的幅角为

$$\arg G(j\omega) = \arg\left(0 + j\frac{\omega_0}{\omega}\right) = \arctan(\infty) = \frac{\pi}{2} \qquad (5.6)$$

亦为 $\frac{\pi}{2} - 2\pi = -\frac{3\pi}{2}$ 或 $-270°$

根据式（5.5）可知，为了使系统穿越频率这一特定频率点时增益满足需求，只需要计算出补偿前被控对象在设定的 0dB 穿越频率 f_{p0} 时增益即可，然后根据式（5.5）进行校正。

5.1.1 设计实例

假定 1kHz 时被控对象的幅值增益 G_{fc} 为 $-20dB$，并设定 0dB 穿越频率为 1kHz，则在穿越频率处补偿器 $G(s)$ 的增益幅值为 20dB。20dB 增益表示为

$$G = 10^{\frac{-G_{fc}}{20}} = 10 \tag{5.7}$$

根据式（5.5），为实现 1kHz 频点增益衰减 20dB，需设置 0dB 穿越极点频率为

$$f_{p0} = f_c G = 10 f_c = 10\text{kHz} \tag{5.8}$$

假定电阻 R_1 为 10kΩ，则电容 C_1 可通过式（5.3）推得

$$C_1 = \frac{1}{2\pi R_1 f_{p0}} = \frac{1}{6.28 \times 10\text{k}\Omega \times 10\text{kHz}} = 1.6\text{nF} \tag{5.9}$$

1 型补偿器 SPICE 仿真模型如图 5.3 所示，图中给出了静态工作点参数，可以看出运算放大器输出偏置远离上下门限电压，以证其可靠工作。这得益于压控电压源 E1 自动调整 1 型补偿器网络偏置电压（图中输出电压为 5V）使得运算放大器网络始终工作于线性区（$V_{err} = 2.5\text{V}$）。若更换运算放大器并换用其他运算放大器模型，或采用不同的 R_{upper} 阻值，偏置工作点将根据 V_2 工作电压进行自动调整。阻容网络 L_1/C_3（其他场合记作 L_{OL}/C_{OL}）的存在保证了偏置工作点电压能够自动调整：当 SPICE 计算直流工作点（即电路偏置工作点）时，默认电感短路、电容开路。由于 L_1 短路、C_3 开路，压控电压源 E1 调整运算放大器输出电压为 2.5V。一旦启动交流仿真，由于 L_1 和 C_3 值较大，交流信号很容易被 L_1 阻断，而很容易通过 C_3。这样，每当改变电路中参数后启动仿真时，都需要重新计算偏置工作点。

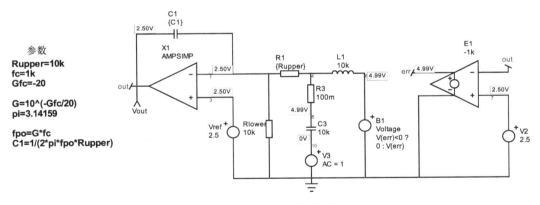

图 5.3　1 型补偿器仿真模型

仿真结果如图 5.4 所示，其中 1kHz 处增益为 $+20dB$，相位始终滞后于 270°。大部分仿真软件给出的相位值是以 2π 为模的形式

$$\theta = \frac{\pi}{2} \pm k2\pi \tag{5.10}$$

若 $k = 0$，则相位角为 $\pi/2$ 或 90°。为简化表示，在图中增加 $-360°$ 相位线，并给出常用的 $-270°$ 相位角表示形式。

关于如何在仿真软件中显示相位，可以参见第 4 章的附录 C。

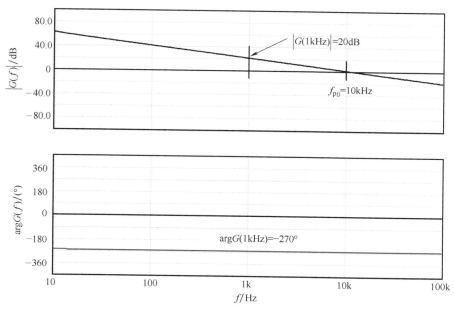

图 5.4　伯德图仿真结果（1kHz 处增益为 +20dB）

5.2　2 型补偿器：一个原点处极点，以及一个零极点对

2 型补偿器由一个原点处极点、一个零点和一个更高频率的极点组成，可产生 90° 相位抬升，其电路结构如图 5.5 所示。其传递函数等于运算放大器反馈通路阻抗 Z_f 除以电阻 R_1，即

$$\frac{Z_f}{Z_i} = \frac{\left(\dfrac{1}{sC_1} + R_2\right)\dfrac{1}{sC_2} \left/ \left[\left(\dfrac{1}{sC_1} + R_2\right) + \dfrac{1}{sC_2}\right]\right.}{R_1} \tag{5.11}$$

对式（5.11）进行简化可得

$$G(s) = -\frac{Z_f}{Z_i} = -\frac{1 + sR_2C_1}{sR_1(C_1 + C_2)\left(1 + sR_2\dfrac{C_1C_2}{C_1 + C_2}\right)} \tag{5.12}$$

将式（5.12）调整为 sR_2C_1 的形式可得

$$G(s) = -\frac{R_2}{R_1}\frac{C_1}{C_1 + C_2}\frac{1 + \dfrac{1}{sR_2C_1}}{\left(1 + sR_2\dfrac{C_1C_2}{C_1 + C_2}\right)} = -G_0\frac{1 + \dfrac{\omega_z}{s}}{1 + \dfrac{s}{\omega_p}} \tag{5.13}$$

其中

$$G_0 = \frac{R_2}{R_1}\frac{C_1}{C_1 + C_2} \tag{5.14}$$

$$\omega_z = \frac{1}{R_2C_1} \tag{5.15}$$

$$\omega_p = \frac{1}{R_2\dfrac{C_1C_2}{C_1 + C_2}} \tag{5.16}$$

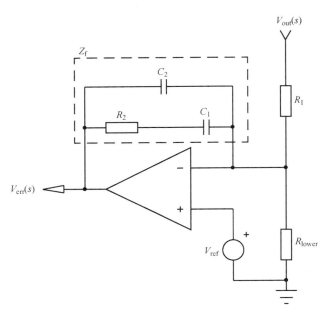

图 5.5　2 型补偿器电路结构

式中，ω_z 和 ω_p 为第 4 章中介绍过的变换器相位补偿所需的补偿网络参数。

为了调整变换器穿越频率（即调整变换器在设定穿越频率 f_c 处的增益），需根据式（5.13）求解 R_2 的值。根据式（5.13）右侧的表达式，可以得到穿越频率 f_c 处的幅值为

$$| G(f_c) | = G_0 \frac{\sqrt{1 + \left(\frac{f_z}{f_c}\right)^2}}{\sqrt{1 + \left(\frac{f_c}{f_p}\right)^2}} \tag{5.17}$$

联立式（5.15）~ 式（5.17），求解 R_2 可得

$$R_2 = \frac{R_1 f_p G}{f_p - f_z} \frac{\sqrt{1 + \left(\frac{f_c}{f_p}\right)^2}}{\sqrt{1 + \left(\frac{f_z}{f_c}\right)^2}} \tag{5.18}$$

其中，G 代表式（5.7）所示穿越频率处所需的增益，其余元件参数可通过以下公式求得。

$$C_1 = \frac{1}{2\pi R_2 f_z} \tag{5.19}$$

$$C_2 = \frac{C_1}{2\pi f_p C_1 R_2 - 1} \tag{5.20}$$

上述公式可以进一步简化。在一些实际应用中，电容 $C_2 \ll C_1$，因而传递函数可简化为

$$G(s) \approx -\frac{R_2}{R_1} \frac{1 + \frac{1}{sR_2 C_1}}{(1 + sR_2 C_2)} = -G_0 \frac{1 + \frac{\omega_z}{s}}{1 + \frac{s}{\omega_p}} \tag{5.21}$$

其中

$$G_0 = \frac{R_2}{R_1} \tag{5.22}$$

$$\omega_p = \frac{1}{R_2 C_2} \tag{5.23}$$

$$\omega_z = \frac{1}{R_2 C_1} \tag{5.24}$$

$$R_2 = R_1 G \tag{5.25}$$

$$C_2 = \frac{1}{2\pi f_p R_2} \tag{5.26}$$

$$C_1 = \frac{1}{2\pi R_2 f_z} \tag{5.27}$$

2 型补偿器的幅角为

$$\arg G(\omega) = \arg\left(-1 + j\frac{\omega_z}{\omega}\right) - \arg\left(1 + j\frac{\omega}{\omega_p}\right) \tag{5.28}$$

由于 2 型补偿器分子部分的复数位于第二象限，采用反正切运算计算幅角时需要加 π（参见第 4 章附录 C），即

$$\arg G(f) = \pi - \arctan\left(\frac{f_z}{f}\right) - \arctan\left(\frac{f}{f_p}\right) \tag{5.29}$$

在直流频段，由于原点处极点和运算放大器反相，相位滞后角度为

$$\lim_{f \to 0} \arg G(f) = \pi - \arctan(\infty) - \arctan(0) = \pi - \frac{\pi}{2} = \frac{\pi}{2} \text{或} -\frac{3\pi}{2} \tag{5.30}$$

如第 4 章所述，穿越频率点处的幅角为 $G(f_c) - \pi/2$，2 型补偿器的相位补偿角度为

$$\text{boost} = \pi - \arctan\left(\frac{f_z}{f_c}\right) - \arctan\left(\frac{f}{f_p}\right) - \frac{\pi}{2} = \left[\frac{\pi}{2} - \arctan\left(\frac{f_z}{f_c}\right)\right] - \arctan\left(\frac{f_c}{f_p}\right) \tag{5.31}$$

其中 $\frac{\pi}{2} - \arctan\left(\frac{f_z}{f_c}\right)$ 可简化为 $\arctan\left(\frac{f_c}{f_z}\right)$，因而

$$\text{boost} = \arctan\left(\frac{f_c}{f_z}\right) - \arctan\left(\frac{f_c}{f_p}\right) \tag{5.32}$$

5.2.1　设计实例

假定 5kHz 时所需补偿的增益为 15dB，所需补偿的相位为 50°，如何设计极点和零点？正如前面零极点章节所述，极点可按照下式设置

$$f_p = \left[\tan(\text{boost}) + \sqrt{\tan^2(\text{boost}) + 1}\right] f_c = 2.74 \times 5\text{kHz} = 13.7\text{kHz} \tag{5.33}$$

由于相角峰值位于极点和零点相角几何平均值处，则设置零点为

$$f_z = \frac{f_c^2}{f_p} = \frac{(5\text{k})^2 \text{Hz}}{13.7\text{k}} \approx 1.8\text{kHz} \tag{5.34}$$

假定电阻 R_1 为 10kΩ，则可根据式（5.18）~式（5.20）计算元器件 R_2、C_1 和 C_2 的值。

$$R_2 = \frac{R_1 f_p G}{f_p - f_z} \frac{\sqrt{1 + \left(\frac{f_c}{f_p}\right)^2}}{\sqrt{1 + \left(\frac{f_z}{f_c}\right)^2}} = 64.8\text{kΩ} \tag{5.35}$$

$$C_1 = \frac{1}{2\pi R_2 f_z} = 1.3\text{nF} \tag{5.36}$$

$$C_2 = \frac{C_1}{2\pi f_p C_1 R_2 - 1} = 206\text{pF} \tag{5.37}$$

2 型补偿器的 SPICE 仿真模型如图 5.6 所示，图中采用了前述的偏置工作点电压自动配置方式。交流扫描仿真结果如图 5.7 所示，验证了计算结果。

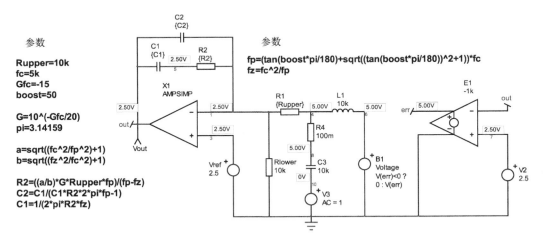

图 5.6　计算仿真电路图，压控电压源 E1 自动调整补偿器的偏置工作点电压，使得运算放大器输出电压在可调整区间（2.5V）（一旦改变分压电阻网络，偏置工作点电压将自动进行计算）

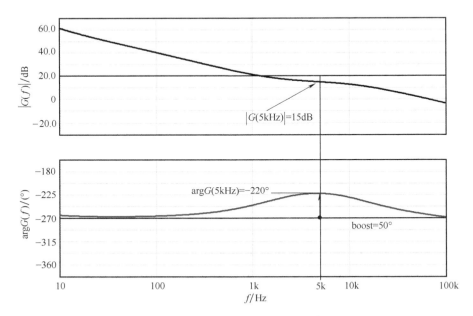

图 5.7　设计实例伯德图，5kHz 处相位补偿角度为 50°，增益为 15dB

在本例程中，由于穿越频率较高，且 $C_2 < C_1$，与采用简化公式式（5.25）~ 式（5.27）计算结果相同。针对穿越频率较低应用场合，如 PFC 电路的数十赫兹，则需要采用完整的计算公式来获得所需的补偿增益和相位。

5.3　2a 型补偿器：原点处极点和一个零点

对于某些场合不需要基于运算放大器配置的高频极点，如采用运算放大器和光电耦合器时，通常将极点放在光电耦合器后端以提高整个通路的抗噪声能力。图 5.8 所示为该类补偿器的基本电路形式，其本质上是 PI 补偿器。

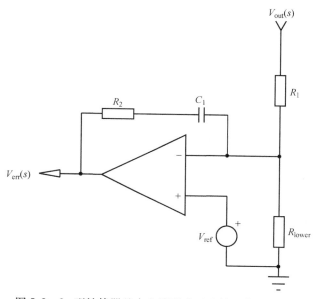

图 5.8　2a 型补偿器基本电路形式（去掉了高频极点）

参照前述推导方式，可得 2a 型补偿器传递函数为

$$G(s) = -\frac{R_2 + \dfrac{1}{sC_1}}{R_1} = -\frac{1 + sR_2C_1}{sR_1C_1} = -\frac{1 + \dfrac{s}{\omega_z}}{\dfrac{s}{\omega_{p0}}} \tag{5.38}$$

改写成 s/ω_z 的形式，则有

$$G(s) = -\frac{s}{\omega_z}\frac{\omega_{p0}}{s}\left(1 + \frac{\omega_z}{s}\right) = -G_0\left(1 + \frac{\omega_z}{s}\right) \tag{5.39}$$

其中，零点、极点和中频段增益分别为

$$\omega_z = \frac{1}{R_2C_1} \tag{5.40}$$

$$\omega_{p0} = \frac{1}{R_1C_1} \tag{5.41}$$

$$G_0 = \frac{\omega_{p0}}{\omega_z} = \frac{R_2}{R_1} \tag{5.42}$$

随着频率增加，电容 C_1 等效为短路状态，则增益变为电阻网络的比值

$$\lim_{s \to \infty}|G(s)| = G_0 = \frac{R_2}{R_1} \tag{5.43}$$

根据式（5.39）可计算相角，由于增益 G_0 符号为负（反相器结构），处于第二象限，采

用反正切计算相角时需加 π

$$\arg G(\mathrm{j}\omega) = 180° + \arg\left(1 - \mathrm{j}\frac{\omega_z}{\omega}\right) = 180° + \arctan\left(-\frac{\omega_z}{\omega}\right) = 180° - \arctan\left(\frac{\omega_z}{\omega}\right) \tag{5.44}$$

当角频率 ω 接近无穷大时，上式中右边反正切项为 0，则其相位与反相器相位相同。在仿真软件 SPICE 的伯德图中，其曲线为 180°或 -180°相位线，两种相位线是等效的。

5.3.1 设计实例

假定被补偿电路在 10Hz 穿越频率时的增益为 20dB，所需补偿的相角度数为 45°，如何设计零点和 0dB 穿越极点？

已知 2a 型补偿器直流下的相角为 90°，则所需补偿的相角度数为

$$\text{boost} = \arg G(\mathrm{j}\omega_c) - 90° \tag{5.45}$$

将式（5.44）代入上式，则有

$$\text{boost} = 180° - \arctan\left(\frac{\omega_z}{\omega_c}\right) - 90° = 90° - \arctan\left(\frac{\omega_z}{\omega_c}\right) \tag{5.46}$$

对上式求解 ω_z 并转换为 f_z，则有

$$f_z = f_z\tan\left(\frac{\pi}{2} - \text{boost}\right) = 10\tan(90° - 45°) = 10\text{Hz} \tag{5.47}$$

现已得出零点的频率，如何配置 0dB 穿越极点？根据式（5.38）可计算设定穿越频率下的增益幅值为

$$|G(f_c)| = \frac{\sqrt{1 + \left(\frac{f_c}{f_z}\right)^2}}{f_c} f_{p0} \tag{5.48}$$

接下来设计 0dB 穿越极点，保证 10Hz 频点时增益衰减为 -20dB，根据式（5.48）有

$$f_{p0} = \frac{Gf_c}{\sqrt{1 + \left(\frac{f_z}{f_c}\right)^2}} = \frac{10^{-\frac{20}{20}} \times 10\text{Hz}}{\sqrt{1 + \left(\frac{10}{10}\right)^2}} = \frac{1}{\sqrt{2}}\text{Hz} \approx 0.7\text{Hz} \tag{5.49}$$

仿真电路图如图 5.9 所示。交流仿真结果如图 5.10 所示，验证了上述计算结果。

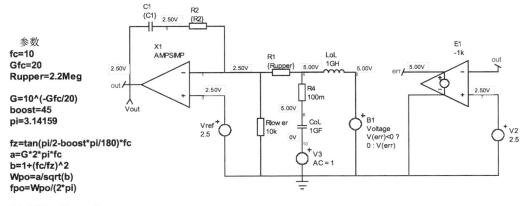

图 5.9　2a 型补偿器设计实例仿真电路图

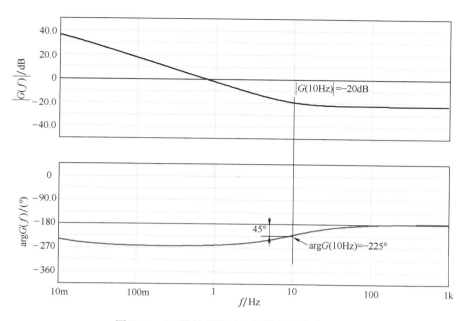

图 5.10　2a 补偿器设计实例伯德图仿真结果

5.4　2b 型补偿器：静态增益和一个极点

在某些应用场合，仅需要采用简单的比例补偿和增益衰减即可实现系统稳定，此时，可采用 2b 型补偿器。其电路基本结构如图 5.11 所示，传递函数为

$$G(s) = -\frac{\frac{1}{sC_1}R_2}{\frac{1}{sC_1}+R_2}\frac{1}{R_1} = -\frac{R_2}{R_1}\frac{1}{1+sR_2C_1} = -G_0\frac{1}{1+s/\omega_{\mathrm{p}}} \tag{5.50}$$

其中，

$$G_0 = \frac{R_2}{R_1} \tag{5.51}$$

$$\omega_{\mathrm{p}} = \frac{1}{R_2C_1} \tag{5.52}$$

在高频段，增益为

$$\lim_{s\to\infty}|G(s)| = 0 \tag{5.53}$$

在直流频段，增益近似为一个稳态值，称之为静态增益，即

$$\lim_{s\to 0}|G(s)| = G_0 \tag{5.54}$$

2b 型补偿器幅角推导过程如下：

$$\arg G(\mathrm{j}\omega) = \pi - \arctan\left(\frac{\omega}{\omega_{\mathrm{p}}}\right) \tag{5.55}$$

在直流频段，电容可认为为开路，则 2b 型补偿器等效为一个反相器，其相角为 180° 或 −180°。当频率接近无穷大，则相角为

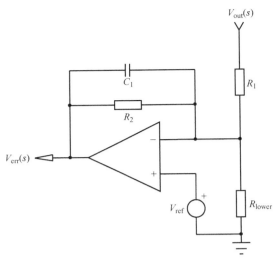

图 5.11　2b 型补偿器电路基本结构

$$\lim_{s \to \infty} \arg G(s) = \pi - \arctan\left(\frac{\omega}{\omega_p}\right) = \pi - \arctan(\infty) = \pi - \frac{\pi}{2} = \frac{\pi}{2} \, \text{或} - 270° \tag{5.56}$$

5.4.1　设计实例

假定所需补偿的静态增益为 50dB，极点位于 10kHz 频点，$R_1 = 10k\Omega$，则有

$$R_2 = R_1 10^{\frac{50}{20}} = 10k \times 316\Omega \approx 3.2M\Omega \tag{5.57}$$

根据式（5.52）可计算电容 C_1

$$C_1 = \frac{1}{2\pi R_2 f_p} = \frac{1F}{6.28 \times 3.2M \times 10k} = 4.7pF \tag{5.58}$$

仿真结果如图 5.12 所示，对上述计算过程进行了验证。

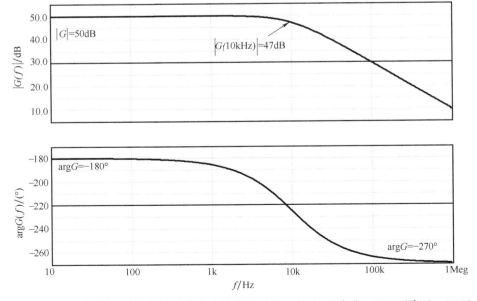

图 5.12　2b 型补偿器设计实例伯德图（相角从 180°下降至 90°或从 -180°下降至 -270°）

5.5 2 型补偿器：基于光电耦合器隔离的结构形式

在大多数离线应用中，如 AC-DC 适配器，光电耦合器是将二次侧信息传回到一次侧的关键器件，因此了解它的工作原理至关重要。图 5.13 是一个光电耦合器的简化示意图，稳定环路所需的技术参数如下：

- 电流传输比（CTR）：当电流 I_F 流过 LED 使其正向偏置时，集电极上所产生电流 I_C 的大小，简单的定义为

$$CTR = \frac{I_C}{I_F} \tag{5.59}$$

- C_{opto}：集电极和发射极之间的等效寄生电容，其决定了光电耦合器固有的极点频率 f_{pole}，无论是共集电极（$R_{pulldown}$）还是共发射极（R_{pullup}）接法：

$$f_{pole} = \frac{1}{2\pi C_{opto} R_{pullup}} \tag{5.60}$$

- 需指出的是，此极点无法消除，若想改变其值则可在发射极上增加一个额外电容。
- V_f：LED 流过正向电流时产生的压降，通常约为 1V，且在正向电流较低时保持恒定。
- $V_{ce,sat}$：当 LED 正向偏置时，集电极和发射极之间的最小电压。其取决于集电极流过的电流和 LED 偏置电平，通常此饱和电压约为 300mV。

光电耦合器的等效简化模型如图 5.13 所示。模型也包括了寄生电容，与上拉电阻结合时便会引入一个极点。集电极对地的任一电容均可充当寄生电容的一部分，这是后面计算时需要加以注意。

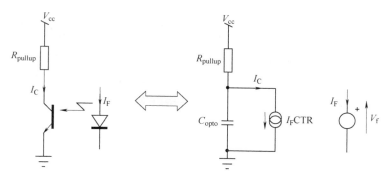

图 5.13　光电耦合器的简化模型

常见光电耦合器与运算放大器输出的连接方式有三种，如图 5.14 所示。图 5.14a 中，运算放大器的输出简单地通过串联一个电阻直接驱动光电耦合器 LED；图 5.14b 中光电耦合器的 LED 与运算放大器输出的上拉电阻直接连接，需要说明的是此时 LED 上的电流不仅取决于运算放大器的输出电流，还取决于其输出电压 V_{out}；图 5.14c 是图 5.14b 的变形，这种方式流过 LED 的电流仅由运算放大器的输出电流决定。下面将通过几个设计实例对这三种连接方式展开说明。

在图 5.14a 中，运算放大器的输出由 $V_{out}(s)$ 和 $G(s)$ 组成，光电耦合器仅提供部分增益，其特点是 C_{opto} 与上拉电阻将引入一个极点。由于 2 型补偿器已经有一个极点，如果后续电路在所研究的频率范围内再引入一个极点，它显然会降低设计的传递函数的性能，尤其是相

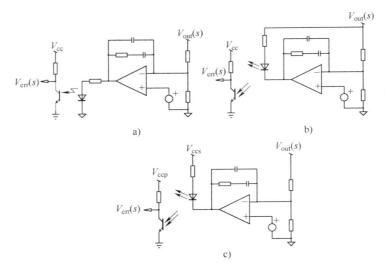

图 5.14　光电耦合器与运算放大器输出连接的三种方式

位补偿。因此不如舍弃 2 型补偿器中的原有极点（如采用 2a 型），而保留由光电耦合器引入的极点，这样可以将光电耦合器特性完整的考虑在环路计算中，包括光电耦合器 CTR 提供的增益以及这一极点。从前面所述可知，通过增加一个集电极对地的电容可以改变光电耦合器的极点，同时该电容也有助于提高抗噪性。事实上，光电耦合器到控制器反馈引脚的接线通常很长且易受到噪声干扰，增加一个额外的电容配置极点并将其就近放置在集成电路的反馈引脚和地之间可以很好地避免噪声耦合。本书关于光电耦合器补偿器的示例中全部采用这一方法。

5.5.1　光电耦合器与运算放大器直接连接，光电耦合器采用共发射极接法

图 5.15 所示为光电耦合器与 2 型补偿器的连接图，图中流过 LED 的电流包含直流分量（偏置点）和交流分量。在交流小信号情况下并忽略二极管的动态电阻，LED 上的电流为运算放大器输出电压与 LED 串联电阻 R_{LED} 之比，即

$$I_{\text{LED}}(s) = \frac{V_{\text{op}}(s)}{R_{\text{LED}}} \tag{5.61}$$

注意图中放置在光电耦合器输出侧的 C_2，其为集电极上总等效电容，包括光电耦合器的寄生电容 C_{opto}。

误差信号 $V_{\text{err}}(s)$ 由集电极电流流过等效负载阻抗产生，负载阻抗包括集电极对地总电容 C_2 和上拉电阻并联组成。如前所述，C_2 由增加的外部电容 C_{col}（靠近控制器反馈引脚放置）和光电耦合器寄生电容 C_{opto} 并联组成，如下：

$$C_2 = C_{\text{opto}} \parallel C_{\text{col}} \tag{5.62}$$

流过 LED 的电流表达式已知，代入式

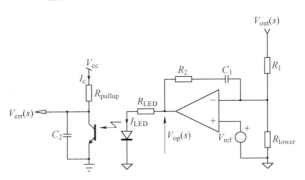

图 5.15　运放通过串联电阻直接驱动 LED
（注意 C_2 放置在光电耦合器输出侧，其为集电极上的总电容，包括 C_{opto}）

（5.59）中便可得到输出电压 $V_{\text{err}}(s)$，应注意由共发射极接法引入的负号。

$$V_{\text{err}}(s) = -I_{\text{LED}}(s)\text{CTR}(R_{\text{pullup}} \parallel C_2) = -V_{\text{op}}(s)\frac{R_{\text{pullup}}}{R_{\text{LED}}}\frac{1}{1 + sR_{\text{pullup}}C_2}\text{CTR} \tag{5.63}$$

运算放大器构建的 2a 型补偿器传递函数由式（5.38）可给出，结合式（5.63）和式（5.38）并重新整理，便有

$$G(s) = \text{CTR}\frac{R_{\text{pullup}}}{R_{\text{LED}}}\frac{R_2}{R_1}\frac{1 + 1/sR_2C_1}{1 + sR_{\text{pullup}}C_2} = G_0\frac{1 + \omega_z/s}{1 + s/\omega_p} \tag{5.64}$$

其中，

$$G_0 = \text{CTR}\frac{R_{\text{pullup}}}{R_{\text{LED}}}\frac{R_2}{R_1} = G_1 G_2 \tag{5.65}$$

$$G_1 = \text{CTR}\frac{R_{\text{pullup}}}{R_{\text{LED}}} \tag{5.66}$$

$$G_2 = \frac{R_2}{R_1} \tag{5.67}$$

$$\omega_z = \frac{1}{R_2 C_1} \tag{5.68}$$

$$\omega_p = \frac{1}{R_{\text{pullup}} C_2} \tag{5.69}$$

应注意的是由于运算放大器和光电耦合器都采用共发射极接法，两个串联则使表达式中的负号相抵消，而这种接法适合一些类型的控制器，在使用这种方法之前必须进行检查验证。

在式（5.65）中，中频段增益实际上由光电耦合器（$G_1 = R_{\text{pullup}}\text{CTR}/R_{\text{LED}}$）和运算放大器（$G_2 = R_2/R_1$）级联构成。这种基于光电耦合器的补偿器的特点是很多参数取决于光电耦合器或者控制器本身，包括上拉电阻和 CTR。因此，改变中频段增益的变量就只能是 LED 串联电阻，但此电阻值是有上限的，一旦超过上限值便不能保证光电耦合器的合理偏置。当运算放大器的输出电压达到其最高电平（VOH）时，流过 LED 的电流应足够大，经过 CTR 相乘后的集电极电流也足够大，使集电极电压可以达到饱和电压 $V_{\text{CE,sat}}$（$\approx 300\text{mV}$，取决于 R_{pullup} 和 V_{cc}）。若未达到，则集电极上的输出电压将限制这一反馈信号的动态特性，从而在某些条件下妨碍变换器的工作。因此首先需要推导 R_{LED} 的上限值。流过集电极的最大电流为

$$I_{\text{C,max}} = \frac{V_{\text{cc}} - V_{\text{CE,sat}}}{R_{\text{pullup}}} \tag{5.70}$$

则 LED 上的最大电流为

$$I_{\text{LED,max}} = \frac{I_{\text{c,max}}}{\text{CTR}_{\text{min}}} = \frac{V_{\text{cc}} - V_{\text{CE,sat}}}{R_{\text{pullup}}\text{CTR}_{\text{min}}} \tag{5.71}$$

而当运放在给定电源电压下达到最大输出电压时，流过 LED 的最大电流为

$$I_{\text{LED,max}} = \frac{\text{VOH} - V_{\text{f}}}{R_{\text{LED}}} \tag{5.72}$$

由式（5.71）和式（5.72）相等可得 LED 电阻的最大值为

$$R_{\text{LED,max}} = \frac{R_{\text{pullup}}(\text{VOH} - V_{\text{f}})\text{CTR}_{\text{min}}}{(V_{\text{cc}} - V_{\text{CE,sat}})} \tag{5.73}$$

5.5.2　设计实例

这里使用 2 型补偿器设计实例中的参数：在 5kHz 频率处，增益为 15dB，相位提升 50°。

根据式（5.33）和式（5.34）可得，在频率为 13.7kHz 处配置一个极点，1.8kHz 处配置一个零点。假设参数如下：

VOH = 10V，运算放大器的最大输出电压；

$V_f = 1V$，LED 的正向压降；

$V_{CE,sat} = 0.3V$，光电耦合器的饱和压降；

$V_{cc} = 5V$，光电耦合器的上拉电平；

$R_{pullup} = 1k\Omega$，光电耦合器的上拉电阻；

$CTR_{min} = 0.8$，光电耦合器的最小电流传输比；

$R_1 = 10k\Omega$，检测输出变量的上分压电阻；

$f_{opto} = 15kHz$，由 R_{pullup} 决定的光电耦合器固有极点频率。

根据上述的参数，利用式（5.73）计算得 LED 的最大电阻为

$$R_{LED,max} = \frac{R_{pullup}(VOH - V_f)CTR_{min}}{(V_{cc} - V_{CE,sat})} = \frac{1k(10-1)}{5-0.3} \times 0.8\Omega = 1.5k\Omega \tag{5.74}$$

对于电阻值的选取，此处保留 20% 的安全裕量，且从现有的标准化电阻中最终选取 $R_{LED} = 1.2k\Omega$。在确定该电阻后，便可计算出光电耦合器的增益：

$$G_1 = \frac{R_{pullup}}{R_{LED}}CTR_{min} = \frac{1k}{1.2k} \times 0.8 = 0.666 \tag{5.75}$$

根据 5kHz 频率处增益 G 为 15dB 的设计要求，则另一个增益 G_2 便可简单求出：

$$G_2 = \frac{G}{G_1} = \frac{10^{\frac{15}{20}}}{0.666} = 8.44 \tag{5.76}$$

于是由式（5.67）得到 R_2 的值为

$$R_2 = R_1 G_2 = 10k\Omega \times 8.44 = 84.4k\Omega \tag{5.77}$$

根据已得到的 R_2 和所需的零点频率，由式（5.68）可推导出

$$C_1 = \frac{1}{2\pi f_z R_2} = \frac{1}{6.28 \times 1.8kHz \times 84.4k\Omega} \approx 1nF \tag{5.78}$$

同时由 R_{pullup} 和所需的极点频率可求得 C_2。当极点频率为 13.7kHz，上拉电阻为 $1k\Omega$ 时，可得

$$C_2 = \frac{1}{2\pi R_{pullup} f_p} = \frac{1}{6.28 \times 1k\Omega \times 13.7kHz} \approx 11.6nF \tag{5.79}$$

除此之外，根据光电耦合器固有极点频率 $f_{opto} = 15kHz$，可得光电耦合器的寄生电容 C_{opto} 为

$$C_{opto} = \frac{1}{2\pi f_{opto} R_{pullup}} = \frac{1}{6.28 \times 15kHz \times 1k\Omega} \approx 10.6nF \tag{5.80}$$

如前所述，C_2 由外部电容 C_{col} 与光电耦合器的寄生电容 C_{opto} 并联而成，则由式（5.79）和式（5.80）求得外部电容 C_{col} 为

$$C_{col} = C_2 - C_{opto} = 11.6nF - 10.6nF = 1nF \tag{5.81}$$

此电容有时可能为负，这就意味着光电耦合器固有极点频率低于所需的高频极点。在这种情况下，需降低穿越频率，并根据式（5.81）重新计算所需外部电容，外部电容至少 100pF。在降低穿越频率的同时，所需相位提升量也会减少。外部电容 C_{col} 需要就近放置在控制器的反馈引脚和地之间，除了配置小信号极点位置稳定系统外，还确保具有很好的抗噪性。

上述示例的仿真原理图如图 5.16 所示。

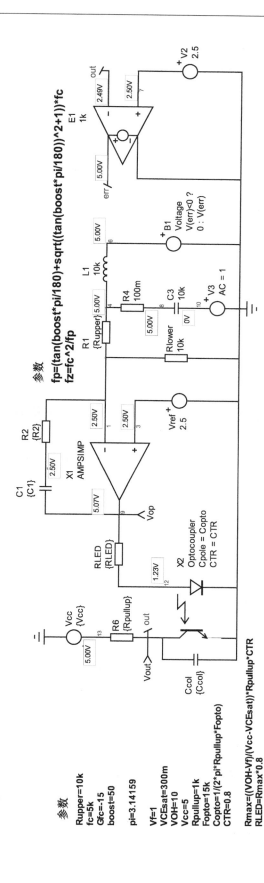

图 5.16　2 型补偿器直接驱动光电耦合器的交流小信号仿真原理图

图 5.17 所示为仿真结果，可以看出在 5kHz 处具备设计的增益与相位提升。要注意的是，由于光电耦合器的接法，使得 $G(s)$ 不再使输入信号反向，因此整个系统的相位滞后 90° 而不是 270°。

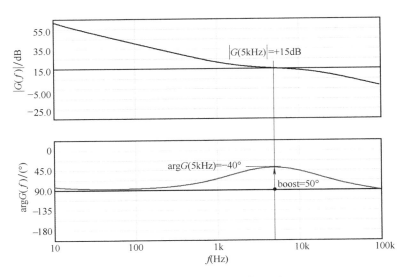

图 5.17　仿真结果与预期一致

5.5.3　光电耦合器与运算放大器直接连接，光电耦合器采用共集电极接法

在某些情况下，由于控制极性的需求，上述直接驱动光电耦合器的共发射极接法不能工作。一种办法是将光电耦合器的负载电阻放置在发射极而不是集电极，即光电耦合器采用共集电极接法，如图 5.18 所示。

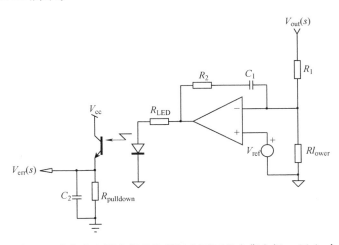

图 5.18　负载电阻放在光电耦合器的发射极上而不是在集电极，$G(s)$ 中会有负号

这种连接方式的传递函数如式（5.82），即将式（5.64）中的 R_{pullup} 换作 R_{pulldown}，同时添上由运算放大器引入的负号

$$G(s) = -\text{CTR}\frac{R_{\text{pulldown}}}{R_{\text{LED}}}\frac{R_2}{R_1}\frac{1 + 1/sR_2C_1}{1 + sR_{\text{pulldown}}C_2} = -G_0\frac{1 + \omega_z/s}{1 + s/\omega_p} \tag{5.82}$$

其中，

$$G_1 = \text{CTR} \frac{R_{\text{pulldown}}}{R_{\text{LED}}} \tag{5.83}$$

$$G_2 = \frac{R_2}{R_1} \tag{5.84}$$

$$\text{CTR} = \frac{I_C}{I_F} \tag{5.85}$$

$$\omega_z = \frac{1}{R_2 C_1} \tag{5.86}$$

$$\omega_p = \frac{1}{R_{\text{pulldown}} C_2} \tag{5.87}$$

这种方式的设计方法与前面所讲的光电耦合器共发射极接法相同，不过现在 LED 串联的最大电阻则取决于下拉电阻

$$R_{\text{LED,max}} = \frac{R_{\text{pulldown}}(\text{VOH} - V_f)\text{CTR}_{\text{min}}}{(V_{\text{cc}} - V_{\text{CE,sat}})} \tag{5.88}$$

5.5.4 光电耦合器与运算放大器直接连接，共发射极接法和 UC384X 连接

在电源的控制器中，UC384X 以成本低、灵活性强和使用简单等特点仍被广泛采用。尽管其内部含有运算放大器，但与之前所讲的两种副边反馈的 1 型或 2 型补偿器可以很好地配合。实际上在大多数情况下，将参考电压和补偿器放在副边，然后通过光电耦合器将信息反馈到原边是一种更简单和有效的方法，其如图 5.19 所示。在本例中，UC384X 中的运算放大器作为单位增益反相器连接，使得反馈的极性符合要求。需要注意的是，反相器接法中的电阻应远远大于 R_{pullup}，否则增益和极点位置都会受到影响。考虑到 UC384X 中的运算放大器配置为单位增益，之前已有的设计过程不变。需要注意的是，这种接法在副边做一个独立于 V_{out} 的辅助电源给运放供电，否则变换器将无法启动。

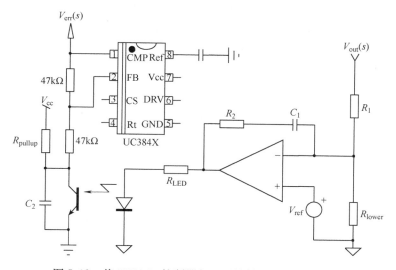

图 5.19 将 UC384X 控制器与 2 型补偿器连接非常容易

5.5.5 光电耦合器与运算放大器采用有快速通道的下拉接法

在新一代控制器中，例如安森美半导体公司的 NCP120X，具备内部有上拉电阻的反馈引脚，如图 5.20 所示。为降低功耗，反馈电平一般较低。

若采用图 5.15 中的运算放大器的接法，可以发现反馈极性不对。当输出电压 V_{out} 接近给定时，V_{op} 将会减小，这就导致 V_{err} 的增加，与图 5.20 所需的情形正好相反，而图 5.21 中对运算放大器接法做了改变，以获得正确的反馈极性。

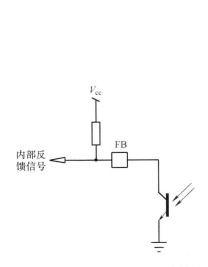

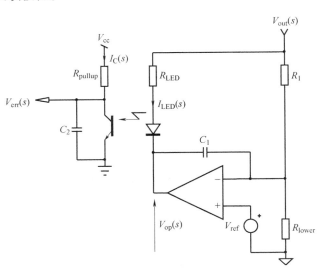

图 5.20　大多数现代的 PWM 控制器
都具有反馈输入引脚，其电压越低，
峰值电流也越小

图 5.21　LED 的负极不再接地，而是直接连接到运放的
输出，提供了另一个交流通路（尽管运放中只有 C_1，
但等同于一个带有零极点对的 2 型补偿器）

在这种连接方式中，LED 上的电流取决于运算放大器的输出电压 $V_{op}(s)$ 和变换器的输出电压 $V_{out}(s)$。当 C_1 在高频视为短路时，运算放大器的输出在交流下是不变的（由于 C_1 短路，信号不被调制），同时其直流输出偏置点保持不变。因此，如果改变 V_{out}，无法从运算放大器的输出观察到。当 V_{out} 改变时，由于 LED 的阴极与运算放大器的输出相连而被固定，因此流过 LED 上的交流电流为

$$I_{LED}(s) \bigg|_{s \to \infty} = \frac{V_{out}(s)}{R_{LED}} \tag{5.89}$$

这种特性在 TL431 中也存在，可以称之为快速通道，意味着 V_{out} 可以不通过运放电路而直接影响 LED 上的电流。

在这种连接方式中有

$$I_{LED}(s) = \frac{V_{out}(s) - V_{op}(s)}{R_{LED}} \tag{5.90}$$

此时运算放大器的输出为 I 型补偿器的输出，如式（5.2）所给出，将式（5.2）的 V_{op} 代入式（5.90）中得

$$I_{LED}(s) = \frac{V_{out}(s) + \left(V_{out}(s) \dfrac{1}{sR_1 C_1} \right)}{R_{LED}} = \frac{V_{out}(s)}{R_{LED}} \left(1 + \frac{1}{sR_1 C_1} \right) = \frac{V_{out}(s)}{R_{LED}} \left(\frac{1 + sR_1 C_1}{sR_1 C_1} \right) \tag{5.91}$$

从式（5.91）可以看出快速通道的特性，图 5.21 并非是容易被误认的 1 型补偿器，有 1 个原点处的极点和一个零点，是一个 2a 型补偿器。为完成 2 型补偿器的配置，需跟前面一样在光电耦合器的集电极-发射极端上增加一个高频极点。

$$V_{err}(s) = -I_C(s)(R_{pullup} \parallel C_2) = -I_C(s)R_{pullup}\frac{1}{1+sR_{pullup}C_2} \tag{5.92}$$

将式（5.91）得到的 LED 电流与光电耦合器的 CTR 相乘（得到集电极电流）后代入式（5.92），有

$$G(s) = -\frac{R_{pullup}}{R_{LED}}CTR\frac{1+sR_1C_1}{sR_1C_1(1+sR_{pullup}C_2)} \tag{5.93}$$

在式（5.92）中上下同除以 sR_1C_1，可得

$$G(s) = -\frac{R_{pullup}}{R_{LED}}CTR\frac{1+\dfrac{1}{sR_1C_1}}{1+sR_{pullup}C_2} = -G_0\frac{1+\omega_z/s}{1+s/\omega_p} \tag{5.94}$$

这就是 2 型补偿器，其中

$$G_0 = \frac{R_{pullup}}{R_{LED}}CTR \tag{5.95}$$

$$\omega_p = \frac{1}{R_{pullup}C_2} \tag{5.96}$$

$$\omega_z = \frac{1}{R_1C_1} \tag{5.97}$$

$$C_2 = \frac{1}{2\pi f_p R_{pullup}} \tag{5.98}$$

$$C_1 = \frac{1}{2\pi R_1 f_z} \tag{5.99}$$

从图 5.21 所示的电路中可以看出，流过 LED 的最大电流与运算放大器输出的最小电压 VOL、变换器输出电压 V_{out} 和与 LED 电阻有关。同样，如前面的设计实例所述，LED 电阻的上限是为了确保光电耦合器集电极可以使 $V_{err}(s)$ 被下拉到零。否则，如果环路的控制电压动态范围受限，环路会出现无法调节的问题。于流过集电极的最大电流为

$$I_{C,max} = \frac{V_{cc} - V_{CE,sat}}{R_{pullup}} \tag{5.100}$$

则 LED 上的最大电流为

$$I_{LED,max} = \frac{I_{C,max}}{CTR_{min}} = \frac{V_{cc} - V_{CE,sat}}{R_{pullup}CTR_{min}} \tag{5.101}$$

同时，LED 上的电流还取决于 R_{LED}、V_{out} 和 VOL，则有

$$I_{LED,max} = \frac{V_{out} - V_f - VOL}{R_{LED}} \tag{5.102}$$

由式（5.101）和式（5.102）相等，可得 LED 电阻的最大值为

$$R_{LED,max} = \frac{R_{pullup}(V_{out} - V_f - VOL)CTR_{min}}{(V_{cc} - V_{CE,sat})} \tag{5.103}$$

而从式（5.95）可以看出，LED 电阻值会影响中频段增益，即 LED 电阻有上限意味着中频段增益也会有下限

$$G_0 \geqslant \frac{R_{\text{pullup}}}{R_{\text{LED,max}}} \text{CTR} \tag{5.104}$$

这是快速通道本身存在的问题，在基于 TL431 的反馈电路中也同样存在。若需要在穿越频率处衰减增益而不是放大增益，则会被式（5.104）中的最小增益所限制。下面通过一个设计实例来体会其含义。

5.5.6　设计实例

为了方便起见，这里将 2 型补偿器设计实例中的参数略作改变：在 5kHz 频率处，增益变为 5dB，相位提升仍为 50°。根据式（5.33）和式（5.34）得，在频率为 13.7kHz 处配置一个极点，1.8kHz 处配置一个零点。假设参数如下：

VOL = 0.2V，运算放大器输出的最小电压；

V_f = 1V，LED 的正向压降；

$V_{\text{CE,sat}}$ = 0.3V，光电耦合器的饱和电压；

V_{cc} = 5V，光电耦合器的上拉电平；

V_{out} = 5V，变换器的输出电压；

R_{pullup} = 1kΩ，光电耦合器的上拉电阻；

CTR_{min} = 0.8，光电耦合器的最小电流传输比；

R_1 = 10kΩ，检测输出变量的上分压电阻；

f_{opto} = 15kHz，由 R_{pullup} 决定的光电耦合器固有极点频率。

根据上述的参数，利用式（5.103）计算出 LED 电阻的最大值为

$$R_{\text{LED,max}} = \frac{R_{\text{pullup}}(V_{\text{out}} - V_f - \text{VOL})\text{CTR}_{\text{min}}}{(V_{\text{cc}} - V_{\text{CE,sat}})} = \frac{1\text{k}\Omega(5 - 1 - 0.2)}{5 - 0.3} \times 0.8 \approx 647\Omega \tag{5.105}$$

式（5.95）表明 LED 阻值可以调整中频段增益，则根据式（5.95）和设计所需的增益可计算出 R_{LED}，应注意该阻值要小于式（5.105）计算出的数值。

$$R_{\text{LED}} = \frac{R_{\text{pullup}}}{G_0}\text{CTR}_{\text{min}} = \frac{1\text{k}\Omega}{10^{\frac{5}{20}}} \times 0.8 = 450\Omega \tag{5.106}$$

这个阻值离上限 647Ω 大概有 30% 的裕量，因此选用该电阻值是安全的。在确定 R_1 后，由所需的零点频率则可计算出电容 C_1 为

$$C_1 = \frac{1}{2\pi f_z R_1} = \frac{1}{6.28 \times 1.8\text{kHz} \times 10\text{k}\Omega} = 8.8\text{nF} \tag{5.107}$$

同时所需的极点由上拉电阻 R_{pullup} 和集电极对地总电容 C_2 决定，于是有

$$C_2 = \frac{1}{2\pi R_{\text{pullup}} f_p} = \frac{1}{6.28 \times 1\text{k}\Omega \times 13.7\text{kHz}} = 11.6\text{nF} \tag{5.108}$$

除此之外，根据 15kHz 的光电耦合器固有极点频率可计算出寄生电容 C_{opto}

$$C_{\text{opto}} = \frac{1}{2\pi f_{\text{opto}} R_{\text{pullup}}} = \frac{1}{6.28 \times 15\text{kHz} \times 1\text{k}\Omega} = 10.6\text{nF} \tag{5.109}$$

此时由式（5.108）和式（5.109）的差值可得需要的外部电容 C_{col} 为

$$C_{\text{col}} = C_2 - C_{\text{opto}} = 11.6\text{nF} - 10.6\text{nF} = 1\text{nF} \tag{5.110}$$

在计算完所需的数值后，需验证设计的合理性。图 5.22 是采用上述参数值所搭建的电路，其交流响应的伯德图如图 5.23 所示。

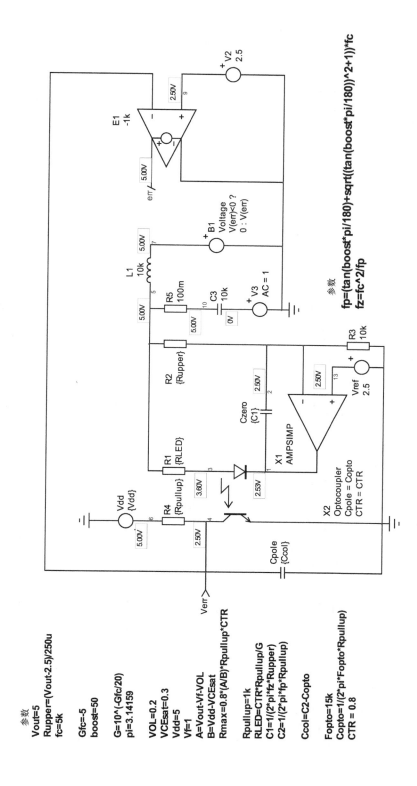

图 5.22　一个基于运算放大器和光耦合器的 2 型补偿器的仿真电路（图中的运算放大器驱动 LED 的阴极，而不是前面所述的阳极驱动 LED）

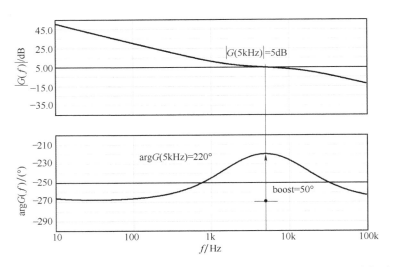

图 5.23　2 型补偿器响应的伯德图（5kHz 处得到 5dB 增益和 50°的相位提升）

式（5.104）给出了增益不能小于一个下限，即

$$G_0 \geqslant 20\log_{10}\left(\frac{1\text{k}}{647} \times 0.8\right) = 1.84\text{dB} \qquad (5.111)$$

若设计参数需要在 5kHz 频率的增益为 0dB 而不是 5dB，则不满足式（5.105），即 LED 和光电耦合器没有合理偏置。这是快速通道所固有的限制，在补偿器需要衰减增益而不是提升增益时，会引起问题。要解决这个问题，需要抑制快速通道的影响。

5.5.7　光电耦合器与运算放大器采用有快速通道的下拉接法，共发射极接法和 UC384X

鉴于前面所述补偿器的传递函数有一个负号，则可将此电路直接连接到 NCP120X 或 UC384X 类的控制器。由于这种芯片内部的误差放大器不能提供超过 1mA 的电流，因此，可以将其输出（引脚 1，CMP）通过上拉电阻连接到 5V 参考电压，并将反馈输入（引脚 2，FB）接地，并将光电耦合器的集电极连接到引脚 1，如图 5.24 所示。

其设计过程与前面的设计实例中的相同。

与图 5.19 所示相比，当启动时无 V_{out} 时，即 LED 无电流流过，但此时光电耦合器集电极为高电平并可产生最大的峰值电流，也就是说即使在启动时运算放大器没有正常工作，但变换器仍可正常启动。

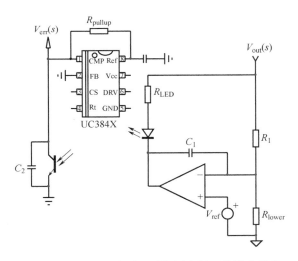

图 5.24　UC384X 也可以不使用内部运算放大器的情况下实现反馈（一个连接到 5V 基准电压的上拉电阻足以驱动光电耦合器工作）

5.5.8 光电耦合器与运算放大器采用无快速通道的下拉接法

对在穿越频率处需要更为灵活的增益补偿的应用场合，需要抑制快速通道的影响。快速通道实际上是 LED 上的电流与被控变量存在直接的交流通路。为了屏蔽它，可将 LED 的阳极连接到一个独立的稳压直流电源，或者通过如图 5.25 所示的稳压二极管和电容将它与输出电压隔开。图 5.25 所示方法与图 5.15 相比，除了驱动 LED 的方式不同之外，其余的都一样。同时，误差信号的极性与下拉反馈输入引脚兼容，如图 5.20 所示。在安森美半导体公司常用的 NCP120X 系列产品中可以找到类似的反馈方式。利用前面分析得到的结论，可得到流过 LED 交流电流的表达式为

$$I_{\text{LED}}(s) = -\frac{V_{\text{op}}(s)}{R_{\text{LED}}} \tag{5.112}$$

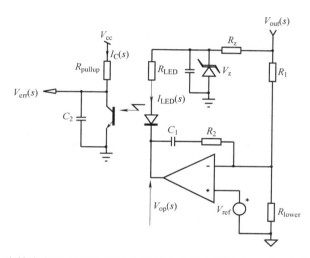

图 5.25 在输出电压和 LED 阳极之间插入交流去耦网络，可以消除快速通道

根据运算放大器的输出 $V_{\text{op}}(s)$ 为 2a 型补偿器输出，则由式（5.39）得

$$\frac{V_{\text{op}}(s)}{V_{\text{out}}(s)} = -\frac{R_2 + \dfrac{1}{sC_1}}{R_1} = -\frac{1 + sR_2C_1}{sR_1C_1} = -\frac{sR_2C_1}{sR_1C_1}\left(\frac{1}{sR_2C_1} + 1\right) = -\frac{R_2}{R_1}\left(1 + \frac{1}{sR_2C_1}\right) \tag{5.113}$$

后一级由光电耦合器构成，其上拉电阻 R_{pullup} 和集电极对地电容 C_2 组成，于是有

$$V_{\text{err}}(s) = -I_{\text{LED}}(s)R_{\text{pullup}}\frac{1}{1 + sR_{\text{pullup}}C_2}\text{CTR} \tag{5.114}$$

结合式（5.112）～式（5.114），可得到这种连接方式下的传递函数

$$G(s) = -\text{CTR}\frac{R_{\text{pullup}}}{R_{\text{LED}}}\frac{R_2}{R_1}\frac{1 + 1/sR_2C_1}{1 + sR_{\text{pullup}}C_2} = -G_0\frac{1 + \omega_z/s}{1 + s/\omega_p} \tag{5.115}$$

其中，

$$G_0 = \text{CTR}\frac{R_{\text{pullup}}}{R_{\text{LED}}}\frac{R_2}{R_1} = G_1G_2 \tag{5.116}$$

$$G_1 = \text{CTR}\frac{R_{\text{pullup}}}{R_{\text{LED}}} \tag{5.117}$$

$$G_2 = \frac{R_2}{R_1} \tag{5.118}$$

$$\omega_z = \frac{1}{R_2 C_1} \tag{5.119}$$

$$\omega_p = \frac{1}{R_{\text{pullup}} C_2} \tag{5.120}$$

如前所述，LED 的阻值选取需要考虑光电耦合器能够将反馈引脚下拉到地。因此，必须有足够的电流流过 R_{LED}，以使运算放大器可以完全控制反馈电压。然而 LED 的阻值取决于增益 G_1，如果采用基于运放的 2a 型补偿器，R_2 可以自由设置而不受任何限制。$R_{\text{LED,max}}$ 的推导与之前的方法类似

$$R_{\text{LED,max}} = \frac{R_{\text{pullup}}(V_Z - V_f - \text{VOL})\text{CTR}_{\min}}{(V_{\text{cc}} - V_{\text{CE,sat}})} \tag{5.121}$$

在该表达式中，V_Z 为稳压二极管的击穿电压，此电压值也必须慎重选择。如果太低，则限制运算放大器输出电压的偏移；如果太高，则会降低交流的去耦效应，也就是说会失去 LED 阳极电压与输出电压 $V_{\text{out}}(s)$ 的交流隔离。因此通常选择击穿电压为输出电压的 2/3 左右。

在 LED 电阻确定后，还需要计算稳压二极管的偏置电阻 R_Z。该电阻决定流过 LED 支路和稳压二极管的电流，使得稳压管工作点远离其拐点。其动态阻抗越低，与 V_{out} 的隔离效果越好。与之前相同，当反馈电压 V_{FB}（或 V_{err}）下拉至 $V_{\text{CE,sat}}$ 时，流过 LED 的电流达到最大，此时 LED 上的最大电流为

$$I_{\text{LED,max}} = \frac{V_{\text{cc}} - V_{\text{CE,sat}}}{R_{\text{pullup}} \text{CTR}_{\min}} \tag{5.122}$$

因此，稳压二极管的电阻 R_Z 则为

$$R_Z = \frac{V_{\text{out}} - V_Z}{I_{\text{LED,max}} + I_{\text{Zbias}}} \tag{5.123}$$

将式（5.122）代入式（5.123），可得

$$R_Z = \frac{(V_{\text{out}} - V_Z)R_{\text{pullup}}\text{CTR}_{\min}}{V_{\text{cc}} - V_{\text{CE,sat}} + I_{\text{Zbias}}R_{\text{pullup}}\text{CTR}_{\min}} \tag{5.124}$$

5.5.9 设计实例

在此例中，假设穿越频率仍为 5kHz，并且有 50°相位提升，但需 −10dB 的增益衰减。假设参数如下：

VOL = 0.2V，运算放大器输出的最小电压；

$V_f = 1\text{V}$，LED 的正向电压；

$V_{\text{CE,sat}} = 0.3\text{V}$，光电耦合器的饱和压降；

$V_{\text{cc}} = 5\text{V}$，光电耦合器的上拉电平；

$R_{\text{pullup}} = 1\text{k}\Omega$，光电耦合器的上拉电阻；

$\text{CTR}_{\min} = 0.8$，光电耦合器的最小电流传输比；

$V_{\text{out}} = 12\text{V}$，变换器的输出电压；

$R_1 = 38\text{k}\Omega$，检测输出变量的上分压电阻；

$f_{\text{opto}} = 15\text{kHz}$，由 R_{pullup} 决定的光电耦合器固有极点频率；

$V_Z = 8.2\text{V}$，稳压二极管的击穿电压；

$I_{Zbias} = 1\text{mA}$，稳压二极管的偏置电流。

根据上述的参数，利用式（5.121）可计算 LED 电阻的最大值为

$$R_{LED,max} = \frac{R_{pullup}(V_Z - V_f - VOL)CTR_{min}}{(V_{cc} - V_{CE,sat})} = \frac{1\text{k} \times (8.2 - 1 - 0.2) \times 0.8}{5 - 0.3}$$

$$\approx 1.2\text{k}\Omega \tag{5.125}$$

采用 20% 的安全裕度并选择归一化值，则选取 $R_{LED} = 910\Omega$。在得到该电阻后可求出增益 G_1 为

$$G_1 = \frac{R_{pullup}}{R_{LED}}CTR_{min} = \frac{1\text{k}\Omega}{910} \times 0.8 = 0.88 \tag{5.126}$$

由于在穿越频率 5kHz 处所需的增益为 -10dB，则另一个增益 G_2 为

$$G_2 = \frac{10^{\frac{-10}{20}}}{0.88} = 0.328 \tag{5.127}$$

于是可由式（5.118）求出 R_2：

$$R_2 = R_1 G_2 = 38\text{k}\Omega \times 0.328 \approx 12.5\text{k}\Omega \tag{5.128}$$

根据所需的零点和已得到的 R_2，从式（5.119）能得到 C_1 为

$$C_1 = \frac{1}{2\pi f_z R_2} = \frac{1}{6.28 \times 1.8\text{kHz} \times 12.5\text{k}\Omega} \approx 7\text{nF} \tag{5.129}$$

极点由上拉电阻和光电耦合器集电极对地的总电容 C_2 决定。对要求的 13.7kHz 极点频率，参阅式（5.33）以及式（5.120），以及 1kΩ 的上拉电阻，可得 C_2：

$$C_2 = \frac{1}{2\pi R_{pullup} f_p} = \frac{1}{6.28 \times 1\text{k}\Omega \times 13.7\text{kHz}} = 11.6\text{nF} \tag{5.130}$$

C_2 由外部电容 C_{col} 和光电耦合器自身的寄生电容 C_{opto} 组成。根据光电耦合器自身固有极点频率 15kHz，可得光电耦合器的寄生电容 C_{opto}：

$$C_{opto} = \frac{1}{2\pi f_{opto} R_{pullup}} = \frac{1}{6.28 \times 15\text{kHz} \times 1\text{k}\Omega} = 10.6\text{nF} \tag{5.131}$$

于是可由式（5.130）和式（5.131）得电容 C_{col} 为

$$C_{col} = C_2 - C_{opto} = 11.6\text{nF} - 10.6\text{nF} = 1\text{nF} \tag{5.132}$$

上述参数设计完后则需确定 R_Z 的数值，根据式（5.124）有

$$R_Z = \frac{(V_{out} - V_Z)R_{pullup}CTR_{min}}{V_{cc} - V_{CE,sat} + I_{Zbias}R_{pullup}CTR_{min}} = \frac{(12 - 8.2) \times 1\text{k}\Omega \times 0.8}{5 - 0.3 + 1\text{mA} \times 1\text{k}\Omega \times 0.8} = 552\Omega \tag{5.133}$$

考虑安全裕度则选取其阻值为 470Ω。在所需的参数计算完后，可将其代入如图 5.26 所示的仿真电路进行验证。

交流的仿真结果如图 5.27 所示，从图中可以看出在 5kHz 处的增益为 -9.5dB，其与设计的目标 -10dB 之间存在轻微差异，这主要与稳压管网络不能完全解耦输出电压的耦合有关。若认为这个误差偏大，则可以根据得到的误差，加大预期的增益衰减幅度来补偿。在这个例子中，可以将预期的增益衰减增加到 -10.5dB。

这个例子中给出了一个稳压管退耦网络，当然也可以用线性电源，如线性调节器芯片或双极性晶体管来代替，也可采用单独的辅助绕组供电来实现。若采用如图 5.28 所示的连接时，设计者必须确保 LED 供电电压与输出之间无交流耦合。

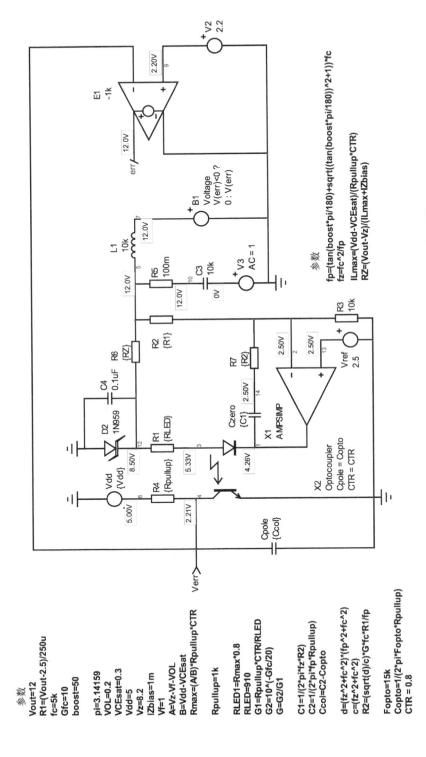

图 5.26 用于 2 型补偿器的仿真电路，其中快速通道已被屏蔽

参数
Vout=12
R1=(Vout-2.5)/250u
fc=5k
Gfc=10
boost=50

pi=3.14159
VOL=0.2
VCEsat=0.3
Vdd=5
Vz=8.2
IZbias=1m
Vf=1
A=Vz-Vf-VOL
B=Vdd-VCEsat
Rmax=(A/B)*Rpullup*CTR

Rpullup=1k

RLED1=Rmax*0.8
RLED=910
G1=Rpullup*CTR/RLED
G2=10^(-Gfc/20)
G=G2/G1

C1=1/(2*pi*fz*R2)
C2=1/(2*pi*fp*Rpullup)
Ccol=C2-Copto

d=(fz^2+fc^2)*(fp^2+fc^2)
c=(fz^2+fc^2)
R2=(sqrt(d)/c)*G*fc*R1/fp

Fopto=15k
Copto=1/(2*pi*Fopto*Rpullup)
CTR=0.8

参数
fp=(tan(boost*pi/180)+sqrt((tan(boost*pi/180))^2+1))*fc
fz=fc^2/fp
ILmax=(Vdd-VCEsat)/(Rpullup*CTR)
RZ=(Vout-Vz)/(ILmax+IZbias)

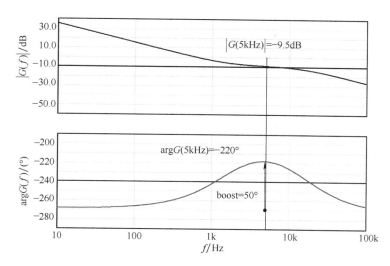

图 5.27 交流仿真结果（增益衰减略小于预想的 −10dB，这与光电耦合器 LED 自身的
动态电阻以及稳压网络交流去耦特性不理想有关）

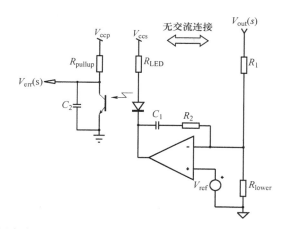

图 5.28 用直流电源取代基于稳压管的去耦网络，其必须与 V_{out} 无交流耦合

5.5.10 光电耦合器与运算放大器在 CC-CV 双环控制中的应用

在某些应用中，必须控制输出电压 V_{out} 或输出电流 I_{out} 并使之保持恒定，其被称为恒流恒压变换器（CC-CV）。即使在单独的恒流（CC）应用中，电压控制环路也始终存在，以防止在轻载下输出电压失控。它们广泛用于笔记本电脑或手机充电器场合，其典型的输出特性如图 5.29 所示，从图中可以看出，无论是电压环还是电流环，任何时刻都只有一个控制环路工作。

恒压控制需要由两个电阻组成电压采样网络，如前面示例所示。电流调节环路则需要一个电流采样元件，通常是几个电阻再加一个低的参考电压。

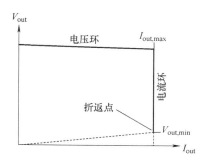

图 5.29 CC-CV 变换器的典型输出特性曲线

　　图 5.30 给出了副边侧典型的 CC-CV 控制电路，其中采样信号地实际上是变换器的输出地。同时应注意图中插入了一个与副边绕组串联的检测电阻。当控制电路的地与输出地相同时，该采样电阻上的信号为一个负电压信号（参考图 5.30 中的检测电压参考方向箭头）。由于参考电压（通常为 2.5V 电源）与输出地共地，因此需要一种实现电流环控制的方法，该部分电路如图 5.31 所示。

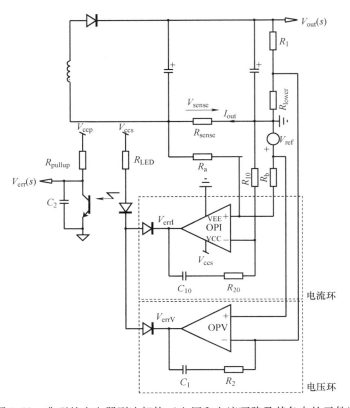

图 5.30　典型的充电器副边架构（电压和电流环路及其各自的元件）

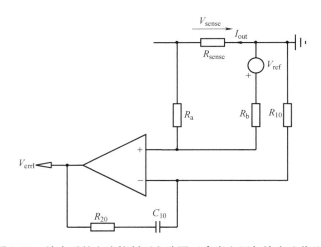

图 5.31　放大后的电流控制环电路图（参考电压与输出地共地）

一种方法是将 R_{sense} 上的负电压与参考电压相加，当电流达到给定的极限时，运算放大器的同相端的输入电压为零。对于这个电路的分析，需要采用叠加定理，运算放大器同相输入端的电压是 V_{ref} 和 V_{sense} 分别对地短接时的电压之和，令其恒等于零则有

$$V(+) = V_{ref}\frac{R_a}{R_a + R_b} + V_{sense}\frac{R_b}{R_a + R_b} = 0 \tag{5.134}$$

由式（5.134）可得

$$V_{sense} = -V_{ref}\frac{R_a}{R_b} \tag{5.135}$$

针对参考地，$V_{sense} = -R_{sense}I_{out}$，于是得输出电流 I_{out} 为

$$I_{out} = V_{ref}\frac{R_a}{R_{sense}R_b} \tag{5.136}$$

对于 R_{sense} 的选择，不仅要使得损耗最小，同时还要有一定的电压（$\approx 100\text{mV}$）抗噪，进一步也可以计算出 R_a 和 R_b。

若计算出的 I_{out} 大于电流给定值，则 CC-CV 调节电路采用电流控制环路；反之，采用电压控制环路来维持 V_{out} 在给定范围内。当使用电压环控制时，OPV 运算放大器控制输出，OPI 运放输出保持高电平，与其串联二极管阻断，电流控制环路不起作用。当电流环路检测到电流超过式（5.136）规定的设定值时，OPI 运算放大器则会去拉光电耦合器的 LED，输出电压开始降低。此时，电压控制环检测到这个电压，会提高其输出控制电压使得变换器传递更多的能量到输出侧。由于两个运算放大器的输出通过串联二极管构成逻辑“与”的关系，两个输出中引起二极管电流大的一个信号起作用（电压更低的起作用），因此电流环开始控制输出，V_{out} 下降，而电压环中运算放大器 OPV 的输出增加，与其串联的二极管阻断。

这种应用的典型示例是电池的充电器。将放电后的电池连接到充电器，此时充电器输出电流受到限制并保持恒定，而电池的电压开始增加，在这种模式下，电流环起作用。随着电压增加并接近目标值时，转为电压环控制并将输出电压控制在一个安全值。

图 5.32 所示为该控制的一个简化原理图，其中开关表示了两个二极管的动作，从图中可以看出，任何一个运算放大器的交流信号都会经过由光电耦合器和其他元件构成的 $G_1(s)$ 网络，其传递函数如下：

$$G_1(s) = \frac{V_{err}(s)}{V_{op}(s)} = \text{CTR}\,\frac{R_{pullup}}{R_{LED}}\,\frac{1}{1 + sR_{pullup}C_2} \tag{5.137}$$

若对电压环进行补偿设计，如改变 $G_1(s)$ 来满足相应的设计要求，同时也会影响电流环的传递函数。在一些情况下，引入的 $R_{pullup}C_2$ 高频极点虽然满足电压环的设计，但可能不满足电流环的补偿策略。但是需要补偿的两个环路在某一工作点上其相频特性基本上是一致的，这是因为输出电流是输出电压除以负载电阻，并通过 R_{sense} 转换成的电压信号。电流环的交流响应传递函数 $H_i(s)$ 是电压环 $H_v(s)$ 通过采样电阻 R_{sense} 和负载电阻 R_{load} 成比例地缩小而得到的，即

$$H_i(s) = H_v(s)\frac{R_{sense}}{R_{load}} \tag{5.138}$$

因此，需要进行一些迭代来选择符合电压环和电流环共同要求的高频极点，方法将在后面的设计实例中介绍。利用 2a 型补偿器如式（5.39），两个控制环路的传递函数表为

$$G_v(s) = \frac{V_{err}(s)}{V_{out}(s)} = -G_1(s)\frac{R_2}{R_1}\left(1 + \frac{R_2C_1}{s}\right) = -G_1G_{2v}\frac{1 + \omega_{zv}/s}{1 + s/\omega_p} \tag{5.139}$$

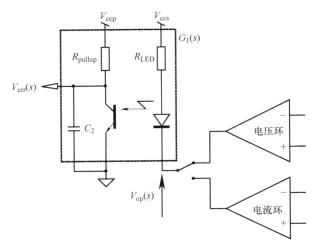

图 5.32　CC-CV 控制电路有两个控制环，通过二极管网络分别选择，这里以
单刀双掷开关表示（在交流小信号下，两个环都经过 $G_1(s)$）

$$G_i(s) = \frac{V_{err}(s)}{V_{sense}(s)} = -G_1(s)\frac{R_{20}}{R_{10}}\left(1 + \frac{R_{20}C_{10}}{s}\right) = -G_1 G_{2i}\frac{1 + \omega_{zi}/s}{1 + s/\omega_p} \quad (5.140)$$

其中

$$G_1 = CTR\frac{R_{pullup}}{R_{LED}} \quad (5.141)$$

$$G_{2v} = \frac{R_2}{R_1} \quad (5.142)$$

$$G_{2i} = \frac{R_{20}}{R_{10}} \quad (5.143)$$

$$\omega_p = \frac{1}{R_{pullup}C_2} \quad (5.144)$$

$$\omega_{zv} = \frac{1}{R_2 C_1} \quad (5.145)$$

$$\omega_{zi} = \frac{1}{R_{20} C_{10}} \quad (5.146)$$

正如上面所述，高频极点 ω_p 会影响两个控制环路，在第一个控制环路设计时确定后，就须调整第二个环路的零点，以满足所需的相位提升。这里采用禁止快速通道的方法，LED 阳极连接到一个辅助电源 V_{ccs}。此外，在 V_{out} 为零时，辅助电源 V_{ccs} 仍然存在；否则的话，在一些控制方案下输出调节会失效。后面还会介绍一些此类问题的解决办法。

5.5.11　设计实例

这里以一个在电流模式控制、电感电流断续（DCM）下的反激式转换器为例，其输出电压为 12V，输出电流的最大值为 1A。

首先，计算图 5.31 中的电阻网络中的 R_a，R_b 和 R_{sense}，这里假设采样电阻上的最大功耗为 100mW，则可得

$$R_{\text{sense}} = \frac{P_{R_{\text{sense}}}}{I_{\text{out}}^2} = \frac{0.1\,\text{W}}{1\,\text{A}^2} = 100\,\text{m}\Omega \tag{5.147}$$

若集成电路中的参考电压为 2.5V，确定电阻 R_a 或 R_b 中的一个，可以求出另一个阻值。假设 R_a 选为 2kΩ，根据式（5.136）可得 R_b 为

$$R_b = V_{\text{ref}} \frac{R_a}{R_{\text{sense}} I_{\text{out}}} = 2.5\,\text{V} \times \frac{2\text{k}\Omega}{0.1\Omega \times 1\text{A}} = 50\text{k}\Omega \tag{5.148}$$

为了补偿环路，需要变换器的开环传递函数，如输出电压传递函数 $H_{\text{v}}(s)$，或输出电流传递函数 $H_{\text{i}}(s)$，如图 5.33 所示。

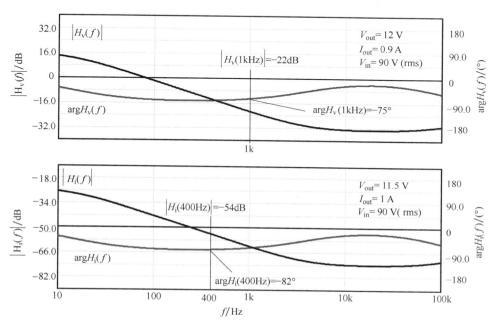

图 5.33　DCM 下反激式变换器的输出电压和输出电流的开环增益

这里特意给电压和电流环设置两个不同的穿越频率，分别为 1kHz 和 400Hz，两个频率也可设置成相同的值。首先设计电压环补偿器，参数如下：

VOL $= 0.2$V，运算放大器的最小输出电压；

$V_{\text{f}} = 1$V，LED 正向电压；

$V_{\text{CE,sat}} = 0.3$V，光电耦合器的饱和压降压；

$V_{\text{ccp}} = 5$V，初级侧的上拉电平；

$V_{\text{ccs}} = 8.2$V，次级侧的上拉电平；

$R_{\text{pulldown}} = 1$kΩ，光电耦合器的下拉电阻；

$\text{CTR}_{\text{min}} = 0.8$，光电耦合器的最小电流传输比；

$V_{\text{out}} = 12$V，转换器的输出电压；

$R_1 = 38$kΩ，检测输出变量的上分压电阻；

$R_{10} = 1$kΩ，检测输出电流的电阻，接地；

$f_{\text{opto}} = 6$kHz；由 R_{pullup} 决定的光电耦合器固有极点频率。

这里首先从 G_1 网络着手，利用式（5.121）计算 LED 电阻的最大值

$$R_{\text{LED,max}} = \frac{R_{\text{pullup}}(V_{\text{ccs}} - V_{\text{f}} - \text{VOL})\,\text{CTR}_{\min}}{(V_{\text{ccp}} - V_{\text{CE,sat}})}$$

$$= \frac{20\text{k}\Omega \times (8.2 - 1 - 0.2)\,\text{V} \times 0.8}{(5 - 0.3)\,\text{V}} \approx 23.8\text{k}\Omega \qquad (5.149)$$

考虑到原边侧上来电阻为20kΩ，相关的下拉电流为235μA，LED电阻的选择有很大的余量，取LED电阻值为10kΩ。根据式（5.141）得增益 G_1 为

$$G_1 = \text{CTR}\,\frac{R_{\text{pullup}}}{R_{\text{LED}}} = 0.8\,\frac{20\text{k}\Omega}{10\text{k}\Omega} = 1.6 \approx 4.1\text{dB} \qquad (5.150)$$

由于需在1kHz的穿越频率处，增益需要提升 $G_{\text{v}} = 22\text{dB}$（见图5.33）。由式（5.150）已求出 $G_1 = 4.1\text{dB}$，因此 $G_{2\text{v}}$ 为

$$G_{2\text{v}} = G_{\text{v}} - G_1 = 22 - 4.1 = 17.9\text{dB} \qquad (5.151)$$

鉴于检测输出的上分压电阻为38kΩ，由式（5.142）可得

$$R_2 = R_1 10^{\frac{G_{2\text{v}}}{20}} = R_1 10^{\frac{17.9}{20}} = 38\text{k}\Omega \times 7.85 = 298\text{k}\Omega \qquad (5.152)$$

$H_{\text{v}}(s)$ 在1kHz处的相位滞后为 $-75°$，从第4章可知，对于所需的60°相位裕量，则相位的提升量需要满足

$$\arg H(f_{\text{c}}) - [270° - \text{boost}] = -360° + \varphi_{\text{m}} \qquad (5.153)$$

因此所需提升的相位为

$$\text{boost} = -360° + \varphi_{\text{m}} - \arg H(f_{\text{c}}) + 270° = -90° + 60° + 75° = 45° \qquad (5.154)$$

为了在1kHz穿越频率下满足所需的提升相位，则将极点放置在

$$f_{\text{p}} = [\tan(\text{boost}) + \sqrt{\tan^2(\text{boost}) + 1}]f_{\text{c}} = 2.4 \times 1\text{kHz} = 2.4\text{kHz} \qquad (5.155)$$

由穿越频率出现在零极点的几何平均值处，则零点将被置于

$$f_{\text{z}} = \frac{f_{\text{c}}^2}{f_{\text{p}}} = \frac{1\text{k} \times 1\text{kHz}^2}{2.4\text{kHz}} \approx 416\text{Hz} \qquad (5.156)$$

根据所求出的零点，则由式（5.145）和 R_2 可计算出电容 C_1

$$C_1 = \frac{1}{2\pi R_2 f_{\text{z}}} = \frac{1}{6.28 \times 298\text{k}\Omega \times 416\text{Hz}} \approx 1.3\text{nF} \qquad (5.157)$$

根据所求出的极点，则由式（5.144）可求出光电耦合器集电极上的电容

$$C_2 = \frac{1}{2\pi f_{\text{p}} R_{\text{pullup}}} = \frac{1}{6.28 \times 2.4\text{kHz} \times 20\text{k}\Omega} = 3.3\text{nF} \qquad (5.158)$$

除此之外，根据光电耦合器固有极点频率 $f_{\text{opto}} = 15\text{kHz}$，可得光电耦合器的寄生电容 C_{opto} 为

$$C_{\text{opto}} = \frac{1}{2\pi f_{\text{opto}} R_{\text{pullup}}} = \frac{1}{6.28 \times 6\text{kHz} \times 20\text{k}\Omega} = 1.3\text{nF} \qquad (5.159)$$

因此，需要添加一个额外的小电容 C_{col}，其值为

$$C_{\text{col}} = C_2 - C_{\text{opto}} = 3.3\text{nF} - 1.3\text{nF} = 2\text{nF} \qquad (5.160)$$

至此，电压环补偿器已经设计完成。接下来对电流环进行补偿，同样从图5.33中可看出，在400Hz处所需的增益为54dB（$G_{\text{i}} = 54\text{dB}$），相位滞后82°，则根据式（5.150），可求出所需补偿的增益为

$$G_{2\text{i}} = G_{\text{i}} - G_1 = 54 - 4.1 = 49.9\text{dB} \qquad (5.161)$$

当 R_{10} 为1kΩ时，则可由式（5.143）计算出串联电阻 R_{20} 为

$$R_{20} = R_{10} 10^{\frac{G_{2i}}{20}} = R_{10} 10^{\frac{49.9}{20}} = 1\text{k}\Omega \times 312 = 312\text{k}\Omega \tag{5.162}$$

由于电流环的相位滞后 $82°$（见图 5.33），为获得 $60°$ 的相位裕度，需要的相位提升为

$$\text{BOOST} = -360° + \varphi_m - \arg H(f_c) + 270° = -90° + 60° + 82° = 52° \tag{5.163}$$

由于上拉电阻和电容 C_2 的存在，即已经有了相应的极点。出于稳定电压环路的目的，如式（5.155）所述，此极点频率为 2.4kHz。需要设计相应的零点使得在 400Hz 处获得 $52°$ 的相位提升，由第 4 章所述可知：

$$f_z = \frac{f_c}{\tan\left(\text{boost} + \arctan\left(\frac{f_c}{f_p}\right)\right)} = \frac{400\text{Hz}}{\tan\left(52 + \arctan\left(\frac{400}{2.4\text{k}}\right)\right)} = 217\text{Hz} \tag{5.164}$$

利用式（5.146）可得

$$C_{20} = \frac{1}{2\pi f_z R_{20}} = \frac{1}{6.28 \times 217\text{Hz} \times 312\text{k}\Omega} = 2.35\text{nF} \tag{5.165}$$

到现在为止，所有的参数已设计完。将设计的参数值代入，原理图如图 5.34 和图 5.35 所示。

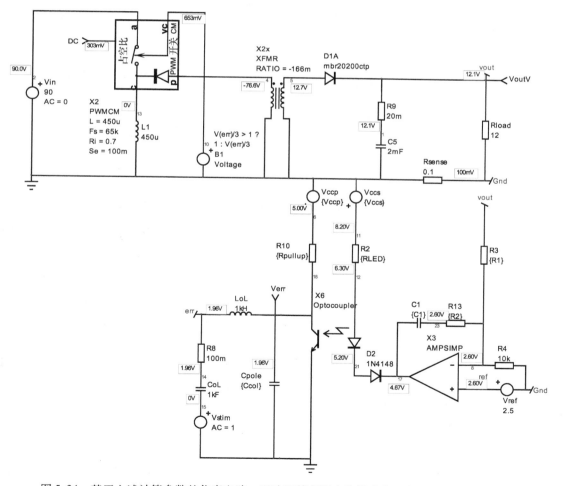

图 5.34　基于上述计算参数的仿真电路，以验证其交流小信号响应，这里没有画出电流环

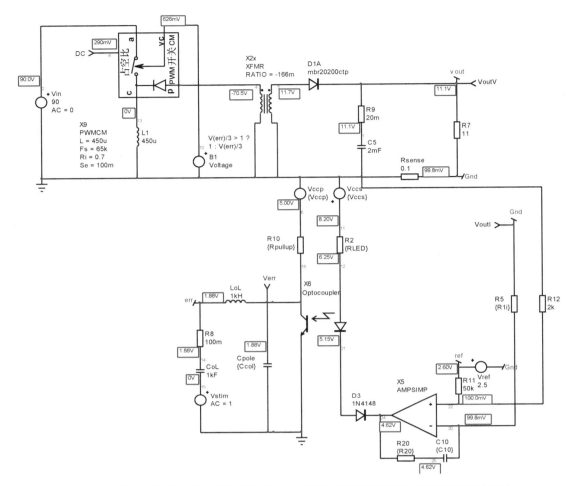

图 5.35 电流环仿真电路，负载电流为 1A，但 V_{out} 略低于设定值，此时输出功率最大

两个环路的开环增益响应如图 5.36 所示，验证了补偿电路的设计。当恒流工作下负载电阻减小，即式（5.138）的分母下降，则总增益增加。从图 5.36 中可以看出，电流环的穿越频率会增大到 5.5kHz，同时有比较合适的相位裕度。对于电流环带宽小于电压环这一做法，可使电压环的高频极点远离电流环穿越频率，从而电流环在 400Hz 及以上区间有较平坦的相位曲线。由于这个相位平坦的区域，尽管穿越频率会增加，但电流环仍具有较好的相位裕度。

图 5.37 给出了输出电压与输出电流的关系，即在输出电流变化时测量输出电压。在仿真工具中，负载电阻采用可变电阻，同时记录其输出电流和电压。该图证明了当 I_{out} 达到 1A 时两个控制环之间有很好的过渡。

有几种用专用于这种类型的恒流/恒压的控制器，例如安森美半导体的 MC33341 或 NCP4300。也可以采用 LM358 双运算放大器，利用 TL431 提供参考电压来实现。

无论使用哪一种方案，都需确保当 V_{out} 下降时，电路中的 V_{cc} 始终足够高。否则，当输出电压低于这些运算放大器的最小工作电压时，可能会出现故障。在这个反激式变换器应用中，一种解决方案是采用一个极性相反的副边整流二极管（VD$_3$），如图 5.38 所示，其

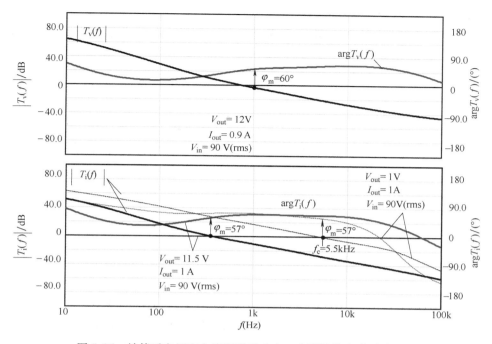

图 5.36　补偿后电压和电流环增益响应，表明补偿电路设计正确

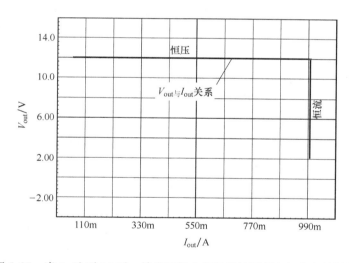

图 5.37　当 I_{out} 达到 1A 时，输出特性曲线显示控制环之间稳定的转换

阴极电压为

$$V_k = V_{out} + NV_{in} \tag{5.166}$$

因此当输出电压消失时，NV_{in} 始终存在，始终给运放等控制电路供电，一直到输出电压为 0。但 NV_{in} 可能会明显高于输出电压，特别是在最大输入电压时。为了解决供电电压这么大范围的偏移，在峰值整流电路（$VD_3 C_1$）之后，连接一个基于双极晶体管 VT_1 的简单稳压电路。为了避免在 V_{out} 仍可用时额外的功耗，选择一个 8V 的稳压二极管，当 V_{out} 高于 8V 时，关断 VT_1 和 VD_1。如果选择 8.2V 稳压二极管，则 VD_1 阴极处的电压大约为 $8.2V - 2V_f \approx 6.9V$。当

219

V_{out} 低于此值时，VD_2 阻断，稳压电路为运放等电路供电。若稳压管电压与 V_{out} 可充分去耦，也可用于为光电耦合器的 LED 等供电，作为图 5.30 中的 V_{ccs}。在这种情况下，R_z 将提供晶体管的基极电流和 LED 偏置电流。

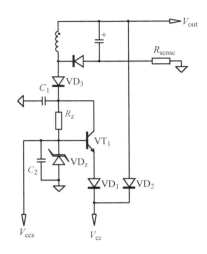

图 5.38　利用输出反极性整流，可以在输出电压崩塌时实现电路的自供电

5.6　2 型补偿器：极点和零点重合，简化成隔离型 1 型补偿器

在一些场合中，无需相位提升，仅需要较高的直流增益，以及随频率增加时增益以 −1 斜率下降，即补偿器就是一个简单的积分器，可视为 1 型补偿器（参见第 5.1 节）。对于隔离的 2 型补偿器，当极点和零点重合时便可转换为 1 型补偿器。但是，当运算放大器连接 LED 的阴极（见图 5.21）时，会存在快速通道问题，并且式（5.104）表明其增益也会受到限制。其主要原因在于 LED 电阻，它既与偏置点有关，也会影响中频段增益。然而在 1 型补偿器中，中频段无增益，即选择 0dB 穿越频率 f_{p0} 以获得所需的穿越频率 f_{c}。为了得到 0dB 穿越频率，重新整理之前隔离型 2 型补偿器的表达式，如式（5.93）所示：

$$G(s) = -\frac{R_{\text{pullup}}}{R_{\text{LED}}}\text{CTR}\,\frac{1 + sR_1C_1}{sR_1C_1(1 + sR_{\text{pullup}}C_2)} = -\left(\frac{1}{s\dfrac{R_1R_{\text{LED}}}{R_{\text{pullup}}\text{CTR}}C_1}\right)\left(\frac{sR_1C_1 + 1}{1 + sR_{\text{pullup}}C_2}\right) \quad (5.167)$$

将上式修改，则可看出无中频段增益

$$G(s) = -\frac{1}{s/\omega_{\text{p0}}}\,\frac{1 + s/\omega_z}{1 + s/\omega_{\text{p}}} \quad (5.168)$$

其中，

$$\omega_{\text{p0}} = \frac{1}{\dfrac{R_1R_{\text{LED}}}{R_{\text{pullup}}\text{CTR}}C_1} \quad (5.169)$$

$$\omega_{\text{p}} = \frac{1}{R_{\text{pullup}}C_2} \quad (5.170)$$

$$\omega_z = \frac{1}{R_1 C_1} \tag{5.171}$$

令极点和零点重合，即式（5.170）和式（5.171）相等则有

$$\frac{1}{R_{\text{pullup}} C_2} = \frac{1}{R_1 C_1} \tag{5.172}$$

于是可得到

$$C_1 = C_2 \frac{R_{\text{pullup}}}{R_1} \tag{5.173}$$

将式（5.173）代入式（5.169），可求出

$$C_2 = \frac{\text{CTR}}{2\pi f_{p0} R_{\text{LED}}} \tag{5.174}$$

在前面的表达式中，R_{LED} 的选择仅取决于偏置的要求，利用式（5.103）可得

$$R_{\text{LED,max}} = \frac{R_{\text{pullup}}(V_{\text{out}} - V_f - \text{VOL})\text{CTR}_{\min}}{(V_{cc} - V_{\text{CE,sat}})} \tag{5.175}$$

而 f_{p0} 的位置取决于穿越频率下所需的增益，利用式（5.7）和式（5.8）可以得到其数值为

$$f_{p0} = f_c G \tag{5.176}$$

若确定了 C_2 的大小，则由式（5.173）可求出 C_1，即得到了一个下拉接法的 1 型补偿器。下面来看一个设计实例。

5.6.1 设计实例

假设需要在 100Hz 穿越频率处获得 -20dB 增益衰减，无相位提升要求。参数如下：

VOL $= 0.2\text{V}$，运算放大器输出的最小电压；

$V_f = 1\text{V}$，LED 的正向电压；

$V_{\text{CE,sat}} = 0.3\text{V}$，光电耦合器的饱和压降；

$V_{cc} = 5\text{V}$，光电耦合器的上拉电平；

$R_{\text{pullup}} = 20\text{k}\Omega$，光电耦合器的上拉电阻；

$\text{CTR}_{\min} = 0.3$，光电耦合器的最小电流传输比；

$V_{\text{out}} = 12\text{V}$，变换器的输出电压；

$R_1 = 20\text{k}\Omega$，检测输出变量的上分压电阻；

$f_{\text{opto}} = 6\text{kHz}$，由 R_{pullup} 决定的光电耦合器固有极点频率。

根据式（5.175）可计算 LED 电阻的最大值

$$R_{\text{LED,max}} = \frac{R_{\text{pullup}}(V_{\text{out}} - V_f - \text{VOL})\text{CTR}_{\min}}{(V_{cc} - V_{\text{CE,sat}})} = \frac{20\text{k}\Omega \times (12 - 1 - 0.2) \times 0.3}{5 - 0.3} = 13.8\text{k}\Omega \tag{5.177}$$

考虑必要的裕量，选择 $10\text{k}\Omega$ 的阻值。则此时可由式（5.7）和式（5.176）得到极点频率 f_{p0} 的数值

$$f_{p0} = f_c G = 100\text{Hz} \times 10^{-\frac{20}{20}} = 10\text{Hz} \tag{5.178}$$

将极点置于 10Hz 处意味着在式（5.174）中 C_2 的电容要相当大

$$C_2 = \frac{\text{CTR}}{2\pi f_{\text{p0}} R_{\text{LED}}} = \frac{0.3}{6.28 \times 10\text{Hz} \times 10\text{k}\Omega} = 477\text{nF} \qquad (5.179)$$

在求得 C_2 后，根据式（5.173）可得

$$C_1 = C_2 \frac{R_{\text{pullup}}}{R_1} = 477\text{nF} \times \frac{20\text{k}\Omega}{38\text{k}\Omega} = 251\text{nF} \qquad (5.180)$$

同时可求出光电耦合器的寄生电容 C_{opto} 为

$$C_{\text{opto}} = \frac{1}{2\pi f_{\text{opto}} R_{\text{pullup}}} = \frac{1}{6.28 \times 6\text{kHz} \times 20\text{k}\Omega} = 1.3\text{nF} \qquad (5.181)$$

由式（5.181）和式（5.179）可得电容 C_{col} 为 475nF，即 0.47μF。图 5.39 是根据上述设计参数值所搭建的仿真电路。实际电路如图 5.40 所示。

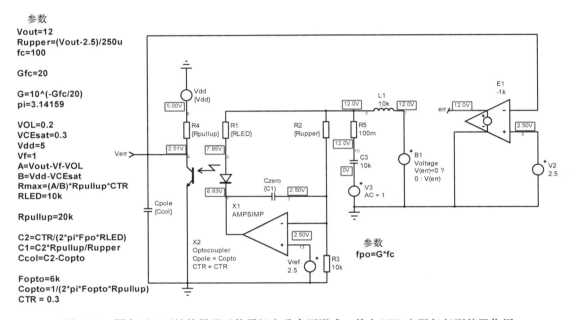

图 5.39　隔离型 1 型补偿器通过使零极点重合而形成，其中 LED 电阻仅起到偏置作用

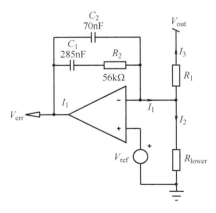

图 5.40　显示了 100Hz 处有正确增益衰减

222

5.7　2 型补偿器：略有不同的结构形式

在某些需要较低穿越频率的场合中，由于求得的 C_2 和 C_1 值较大，则会在其充电过程产生软启动现象，即误差放大器的输出上升缓慢并限制上电应力，如开关的峰值功耗。对于功率因数校正（PFC）电路，则可以用来缓解输出过冲现象，然而在传统的 2 型补偿器中，充电电容 C_2 和 C_1 是分开的，其中 C_1 与电阻 R_2 串联。对于某些高功率变换器，尽管电容值很大仍不能满足软启动持续时间足够长的要求，那么如何保持穿越频率不变还能充分利用这些大的电容？受到安森美半导体公司同事 Jim Young 的启发，该问题可通过调整接法来解决。

在开始介绍之前，先简单解释启动时的现象。上电时，变换器无电压输出，此时运算放大器输出为最大值。然而运算放大器反相输入引脚上的电压很快便达到同相输入端上的参考电压并被限制在该值，这主要是因为两个电容器都放电后，运算放大器输出电流流过电容，流入电阻分压网络，并在反相引脚上得到一个"稳压输出"的电压值，就像任何运算放大器应该达到的那样。因此，控制器的控制引脚不会立刻看到最大误差电压，误差电压将上升缓慢，这取决于电容值和由电阻决定的电流大小。图 5.41 显示了电路在启动时，即 V_{out} 为零时各个支路的电流情况。

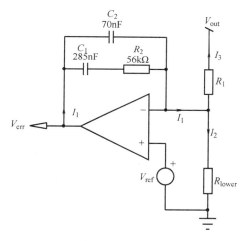

图 5.41　运算放大器输出电压上升不受其输出电流能力的限制，
而是受参考电压和下分压电阻 R_{lower} 的影响

从图 5.41 中可以得出

$$I_2 = I_1 - I_3 = \frac{V_{\text{ref}}}{R_{\text{lower}}} \tag{5.182}$$

$$I_3 = \frac{V_{\text{ref}} - V_{\text{out}}}{R_1} \tag{5.183}$$

将式（5.183）代入式（5.182）可求得充电电流为

$$i_1(t) = \frac{V_{\text{ref}}}{R_{\text{lower}}} + \frac{V_{\text{ref}} - v_{\text{out}}(t)}{R_1} \tag{5.184}$$

由于启动时 $V_{\text{out}}(t) = 0$，故

$$I_1 = \frac{V_{\text{ref}}}{R_{\text{lower}}} + \frac{V_{\text{ref}}}{R_1} = \frac{V_{\text{ref}}}{R_{\text{lower}} \parallel R_1} \qquad (5.185)$$

而在 PFC 电路中 $R_1 \gg R_{\text{lower}}$，则充电电流可简化为

$$I_1 \approx \frac{V_{\text{ref}}}{R_{\text{lower}}} \qquad (5.186)$$

此电流在 C_2 支路和 C_1 与电阻 R_2 串联的支路分流，由式（5.185）可知其中大部分电流将流过 C_2，它会被式（5.185）计算的电流快速充电。图 5.41 的接法可以使误差电压线性上升，如图 5.42 所示，从图中可以看出，变换器从上电到提供全功率需要 1.2ms。对于某些 PFC 电路来说，这个延迟时间是不够的，其无法有效控制输出过冲。

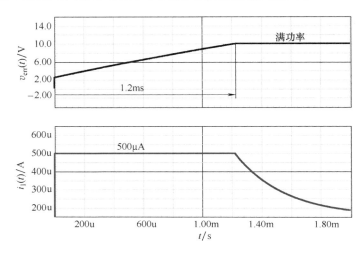

图 5.42　尽管运算放大器两端的电容值（C_1 和 C_2）很大，但 500μA 的充电电流会使运算放大器的输出电压迅速达到最大值

从前面的等式可以看出 R_2 的存在会影响 C_1 的充电。是否可以改变电路的接法，使得 C_2 单独存在，而 $R_2 C_1$ 组成的阻抗网络与电阻 R_1 并联？这种接法如图 5.43 所示。

$$\frac{Z_f}{Z_i} = \frac{\dfrac{1}{sC_2}}{\left(\dfrac{1}{sC_1} + R_2\right) \parallel R_1} \qquad (5.187)$$

将式（5.187）重新整理有

$$G(s) = -\frac{C_1(R_1 + R_2)}{R_1 C_2} \frac{\left(1 + \dfrac{1}{s(R_1 + R_2)C_1}\right)}{1 + sR_2 C_1} \qquad (5.188)$$

由此可得到极点、零点和中频段增益的表达式为

$$G_0 = \frac{R_1 + R_2}{R_1} \frac{C_1}{C_2} \qquad (5.189)$$

$$\omega_z = \frac{1}{(R_2 + R_1)C_1} \qquad (5.190)$$

$$\omega_p = \frac{1}{R_2 C_1} \qquad (5.191)$$

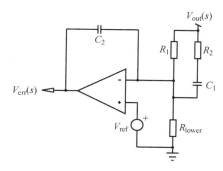

图 5.43　将 RC 网络与上分压电阻并联，可以增加充电时间，从而提供额外的软启动（这种连接方式下，传递函数与先前推导的略有不同，但其本质却保持不变）

于是由上述定义，可得出需要的元件参数为

$$C_1 = \frac{1}{2\pi f_z (R_1 + R_2)} \tag{5.192}$$

$$C_2 = \frac{1}{2\pi f_z G_0 R_1} \tag{5.193}$$

$$R_2 = \frac{R_1 f_z}{f_p - f_z} \tag{5.194}$$

在式（5.16）中，可以看到极点位置除了取决于 R_2，还取决于 C_1 和 C_2 的和。而对于式（5.191），可以看出极点位置现仅取决于 C_1。若图 5.5 和图 5.43 有相同的极点位置，则后者的 C_2 可远大于前者，因此，由于式（5.185）得到的电流 I_1 在启动时流过此电容时，会产生比传统 2 型补偿器更长的充电时间，与期望的一致。

为了验证这一假设，搭建一个功率因数校正电路，其反馈回路可以采用图 5.5 所示的传统 2 型补偿器，或者采用图 5.43 所示的改进的 2 型补偿器，原理图如图 5.44 所示。

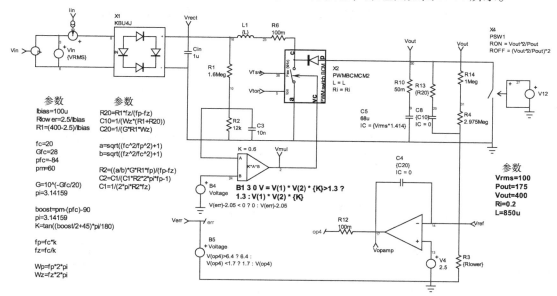

图 5.44　峰值电流模式控制的典型 PFC 变换器，MC33262 控制器

在这个例子中，计算给出了传统 2 型补偿器的参数（R_2，C_2 和 C_1），以及本节中改动后的 2 型补偿器参数（R_{20}，C_{20} 和 C_{10}）。然后对启动过程以及随后的由 X4 动作引起的一个负载突变进行分析。极点和零点分别位于 61Hz 和 6.5Hz，对图 5.5 所示的第一种情况，传统 2 型补偿器，C_1 为 138nF，C_2 为 16nF；而对图 5.43 所示的第二种情况，在相同的极点频率下，C_2 的值为 154nF，即前一种情况下 C_1 与 C_2 的和，此结果与预期的一致。

两种方式下 $v_{out}(t)$ 和 $v_{err}(t)$ 的波形如图 5.45 所示，从图中可以看出，第一种方式下输出电压 $v_{out1}(t)$ 上升得较快，且有约为 30V 的超调。在仿真波形的底部，误差电压上升几乎没有延迟：电源功率在上电后马上被推到最大值。相反，对于第二种方式，其输出电压上升更平缓且无超调，通过观察运放输出的误差电压可以看到误差电压有明显的软启动过程，在这种接法下，运算放大器输出和反相输入端单独跨接了一个更大的电容 C_2。启动之后的负载动态表明两种接法具有相似的相应特性，说明两者的环路增益和相位特性类似。

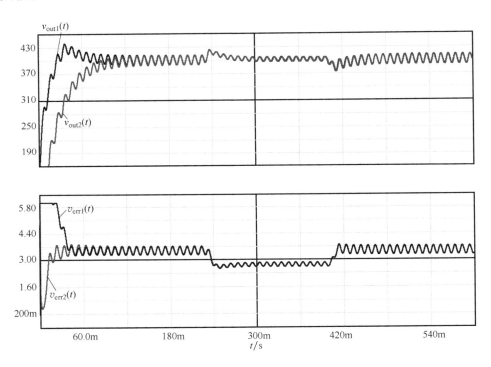

图 5.45　结果表明，采用变化后的 2 型补偿器没有过冲但是具有类似的瞬态响应特性
（这意味着两个补偿器具有相同的极点和零点配置）

5.8　3 型补偿器：原点处极点和两个零/极点对

当需要补偿的相位超过 90° 时，则需使用 3 型补偿器。它是在 2 型补偿器上增加一个零极点时，理论上这种补偿器可以将相位提升到 180°，其结构如图 5.46 所示。这种补偿器的传递函数推导方法与前面的相同，即计算出运算放大器上的等效阻抗 Z_f，并将其除以 Z_i 的值，其中 Z_f 和 Z_i 由图 5.46 可得

$$Z_f = \left(\frac{1}{sC_1} + R_2\right)\frac{1}{sC_2} \bigg/ \left(\frac{1}{sC_1} + R_2\right) + \frac{1}{sC_2} \qquad (5.195)$$

$$Z_i = \left(\frac{1}{sC_3} + R_3\right)R_1 \bigg/ \left(\frac{1}{sC_3} + R_3\right) + R_1 \qquad (5.196)$$

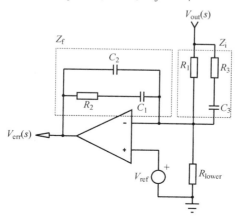

图 5.46　3 型补偿器，可将相位提 180°

然后用式（5.195）除以式（5.196）得

$$\frac{Z_f}{Z_i} = G(s) = \cfrac{\left(\frac{1}{sC_1} + R_2\right)\frac{1}{sC_2} \bigg/ \left(\frac{1}{sC_1} + R_2\right) + \frac{1}{sC_2}}{\left(\frac{1}{sC_3} + R_3\right)R_1 \bigg/ \left(\frac{1}{sC_3} + R_3\right) + R_1} \qquad (5.197)$$

将式（5.197）上下同除以 sR_2C_1，则有

$$G(s) = -\frac{R_2C_1}{R_1(C_1 + C_2)} \; \cfrac{\frac{1}{sR_2C_1} + 1}{1 + sR_2\frac{C_1C_2}{C_1 + C_2}} \; \frac{sC_3(R_1 + R_3) + 1}{sR_3C_3 + 1} \qquad (5.198)$$

将式（5.198）规范化得

$$G(s) = -G_0 \cfrac{\left(1 + \frac{\omega_{z1}}{s}\right)\left(1 + \frac{s}{\omega_{z2}}\right)}{\left(1 + \frac{s}{\omega_{p1}}\right)\left(1 + \frac{s}{\omega_{p2}}\right)} \qquad (5.199)$$

其中，

$$G_0 = \frac{R_2}{R_1} \frac{C_1}{C_1 + C_2} \qquad (5.200)$$

$$\omega_{z1} = \frac{1}{R_2C_1} \qquad (5.201)$$

$$\omega_{z2} = \frac{1}{(R_1 + R_3)C_3} \qquad (5.202)$$

$$\omega_{p1} = \cfrac{1}{R_2 \dfrac{C_1C_2}{C_1 + C_2}} \qquad (5.203)$$

$$\omega_{p2} = \frac{1}{R_3 C_3} \tag{5.204}$$

从得到的表达式中可以看出其有两个零点和两个极点，它们可以重合，也可以彼此分开。这种补偿器的设计一般从求取串联电阻 R_2 的值着手，为此，首先根据式（5.199）中的定义推导出 $G(s)$ 的大小

$$
\begin{aligned}
\mid G(f_c) \mid &= G_0 \frac{\sqrt{1 + \left(\frac{f_{z1}}{f_c}\right)^2}\sqrt{1 + \left(\frac{f_c}{f_{z2}}\right)^2}}{\sqrt{1 + \left(\frac{f_c}{f_{p1}}\right)^2}\sqrt{1 + \left(\frac{f_c}{f_{p2}}\right)^2}} \\
&= \frac{R_2 C_1}{R_1(C_1 + C_2)} \frac{\sqrt{1 + \left(\frac{f_{z1}}{f_c}\right)^2}\sqrt{1 + \left(\frac{f_c}{f_{z2}}\right)^2}}{\sqrt{1 + \left(\frac{f_c}{f_{p1}}\right)^2}\sqrt{1 + \left(\frac{f_c}{f_{p2}}\right)^2}}
\end{aligned}
\tag{5.205}
$$

将式（5.201）和式（5.203）中的 C_1 和 C_2 代入式（5.205），可求得

$$R_2 = \frac{G R_1 f_{p1}}{f_{p1} - f_{z1}} \frac{\sqrt{1 + \left(\frac{f_c}{f_{p1}}\right)^2}\sqrt{1 + \left(\frac{f_c}{f_{p2}}\right)^2}}{\sqrt{1 + \left(\frac{f_{z1}}{f_c}\right)^2}\sqrt{1 + \left(\frac{f_c}{f_{z2}}\right)^2}} \tag{5.206}$$

在得到 R_2 后，其他的参数便可求出

$$C_1 = \frac{1}{2\pi f_{z1} R_2} \tag{5.207}$$

$$C_2 = \frac{C_1}{2\pi f_{p1} C_1 R_2 - 1} \tag{5.208}$$

$$C_3 = \frac{f_{p2} - f_{z2}}{2\pi R_{upper} f_{p2} f_{z2}} \tag{5.209}$$

$$R_3 = \frac{R_1 f_{z2}}{f_{p2} - f_{z2}} \tag{5.210}$$

在大多数的应用中 $C_1 \gg C_2$，$R_1 \gg R_3$，因此可将式（5.198）的传递函数化简为

$$G(s) \approx -\frac{R_2}{R_1} \frac{\frac{1}{sR_2 C_1} + 1}{1 + sR_2 C_2} \frac{sC_3 R_1 + 1}{sR_3 C_3 + 1} = -G_0 \frac{\left(1 + \frac{\omega_{z1}}{s}\right)\left(1 + \frac{s}{\omega_{z2}}\right)}{\left(1 + \frac{s}{\omega_{p1}}\right)\left(1 + \frac{s}{\omega_{p2}}\right)} \tag{5.211}$$

其中，

$$G_0 = \frac{R_2}{R_1} \tag{5.212}$$

$$\omega_{z1} = \frac{1}{R_2 C_1} \tag{5.213}$$

$$\omega_{z2} = \frac{1}{R_1 C_3} \tag{5.214}$$

$$\omega_{p1} = \frac{1}{R_2 C_2} \tag{5.215}$$

$$\omega_{p2} = \frac{1}{R_3 C_3} \tag{5.216}$$

简化后 3 型补偿器的增益大小为

$$|G(f_c)| = \frac{R_2}{R_1} \frac{\sqrt{1 + \left(\frac{f_{z1}}{f_c}\right)^2} \sqrt{1 + \left(\frac{f_c}{f_{z2}}\right)^2}}{\sqrt{1 + \left(\frac{f_c}{f_{p1}}\right)^2} \sqrt{1 + \left(\frac{f_c}{f_{p2}}\right)^2}} \tag{5.217}$$

于是可从式（5.217）求出

$$R_2 = GR_1 \frac{\sqrt{1 + \left(\frac{f_c}{f_{p1}}\right)^2} \sqrt{1 + \left(\frac{f_c}{f_{p2}}\right)^2}}{\sqrt{1 + \left(\frac{f_{z1}}{f_c}\right)^2} \sqrt{1 + \left(\frac{f_c}{f_{z2}}\right)^2}} \tag{5.218}$$

在式（5.218）和式（5.206）中，G 表示在所选穿越频率处所需增加或衰减的增益大小，由式（5.7）可知。

3 型补偿器的传递函数也可以表示为

$$G(s) = \frac{N(s)}{D(s)} \tag{5.219}$$

则根据式（5.219）可得其相位关系

$$\arg G(s) = \arg N(s) - \arg D(s) \tag{5.220}$$

其中

$$\arg N(j\omega) = \arg\left(-1 + j\frac{\omega_{z1}}{\omega}\right) + \arg\left(1 + j\frac{\omega}{\omega_{z2}}\right) \tag{5.221}$$

$$\arg D(j\omega) = \arg\left(1 + j\frac{\omega}{\omega_{p1}}\right) + \arg\left(1 + j\frac{\omega}{\omega_{p2}}\right) \tag{5.222}$$

将式（5.221）减去式（5.222），则有

$$\arg G(j\omega) = \arg\left(-1 + j\frac{\omega_{z1}}{\omega}\right) + \arg\left(1 + j\frac{\omega}{\omega_{z2}}\right) - \arg\left(1 + j\frac{\omega}{\omega_{p1}}\right) - \arg\left(1 + j\frac{\omega}{\omega_{p2}}\right) \tag{5.223}$$

其对应相频特性为

$$\arg G(f) = \pi - \arctan\left(\frac{f_{z1}}{f}\right) + \arctan\left(\frac{f}{f_{z2}}\right) - \arctan\left(\frac{f}{f_{p1}}\right) - \arctan\left(\frac{f}{f_{p2}}\right) \tag{5.224}$$

在直流下，由于原点处极点和运算放大器的反向，则相位滞后为

$$\lim_{f \to 0} \arg G(f) = \pi - \arctan(\infty) + \arctan(0) - 2\arctan(0)$$

$$= \pi - \frac{\pi}{2} = \frac{\pi}{2} \text{或} -270° \tag{5.225}$$

于是得在穿越频率 f_c 处的相位提升为 $\arg G(f_c) - \frac{\pi}{2}$，换句话说，3 型补偿器能补偿的相位为

$$\text{boost} = \frac{\pi}{2} - \arctan\left(\frac{f_{z1}}{f_c}\right) + \arctan\left(\frac{f_c}{f_{z2}}\right) - \arctan\left(\frac{f_c}{f_{p1}}\right) - \arctan\left(\frac{f_c}{f_{p2}}\right) \tag{5.226}$$

由前面得 $\dfrac{\pi}{2} - \arctan\left(\dfrac{f_{z1}}{f_c}\right)$ 可近似为 $\arctan\left(\dfrac{f_c}{f_{z1}}\right)$，则有

$$\text{boost} = \arctan\left(\frac{f_c}{f_{z1}}\right) + \arctan\left(\frac{f_c}{f_{z2}}\right) - \arctan\left(\frac{f_c}{f_{p1}}\right) - \arctan\left(\frac{f_c}{f_{p2}}\right) \tag{5.227}$$

应注意此补偿器中极点和零点既可重合也可不重合，即 $f_{p1} = f_{p2}$，$f_{z1} = f_{z2}$ 或 $f_{p1} \neq f_{p2}$，$f_{z1} \neq f_{z2}$。

5.8.1 设计实例

在本例中将设计一个 3 型补偿器，设计要求为：在 5kHz 处衰减 10dB，相位提升 145°。首先，将 10dB 转换为无量纲的数值

$$G = 10^{-\frac{10}{20}} = 316\text{m} \tag{5.228}$$

接下来，根据 5kHz 下 145° 相位提升的要求来配置零极点；接着根据前面的章节知识可知如何根据穿越频率和所需的相位提升来配置双极点位置：

$$f_{p1,2} = \frac{f_c}{\tan\left(45 - \dfrac{\text{boost}}{4}\right)} = \frac{5\text{kHz}}{\tan\left(45 - \dfrac{145}{4}\right)} = \frac{5\text{kHz}}{154\text{m}} \approx 32.5\text{kHz} \tag{5.229}$$

通常相位提升的峰值出现在两个重合极点与两个重合零点的几何平均值处，零点通常按照这个原则配置，于是可得

$$f_{z1,2} = \frac{f_c^2}{f_{p1,2}} = \frac{25\text{kHz}}{32.5\text{k}} \approx 769\text{Hz} \tag{5.230}$$

此处假设上分压电阻 $R_1 = 10\text{k}\Omega$，则由式（5.206）可以计算

$$R_2 = \frac{316\text{m} \times 10\text{k} \times 32.5\text{k}}{32.5\text{k} - 769} \frac{\sqrt{1 + \left(\dfrac{5\text{k}}{32.5\text{k}}\right)^2}\sqrt{1 + \left(\dfrac{5\text{k}}{32.5\text{k}}\right)^2}}{\sqrt{1 + \left(\dfrac{769}{5\text{k}}\right)^2}\sqrt{1 + \left(\dfrac{5\text{k}}{769}\right)^2}}\Omega = 498\Omega \tag{5.231}$$

其余的参数为

$$C_1 = \frac{1}{2\pi f_{z1} R_2} = \frac{1}{6.28 \times 769 \times 498}\text{F} = 416\text{nF} \tag{5.232}$$

$$C_2 = \frac{C_1}{2\pi f_{p1} C_1 R_2 - 1} = \frac{416\text{nF}}{6.28 \times 32.5\text{k} \times 416\text{n} \times 498 - 1} = 10\text{nF} \tag{5.233}$$

$$C_3 = \frac{f_{p2} - f_{z2}}{2\pi R_{\text{upper}} f_{p2} f_{z2}} = \frac{32.5\text{k} - 769}{6.28 \times 10\text{k} \times 32.5\text{k} \times 769}\text{F} = 20\text{nF} \tag{5.234}$$

$$R_3 = \frac{R_1 f_{z2}}{f_{p2} - f_{z2}} = \frac{10\text{k}\Omega \times 769}{32.5\text{k} - 769} = 242\Omega \tag{5.235}$$

跟前面相同，搭建了这种 3 型补偿器的仿真电路，如图 5.47 所示。

在仿真电路中，极点和零点是重合的，不过设计者可以根据需要分别进行设置。图 5.48 为此电路的仿真结果，从图中可以看出所设计参数的正确性。

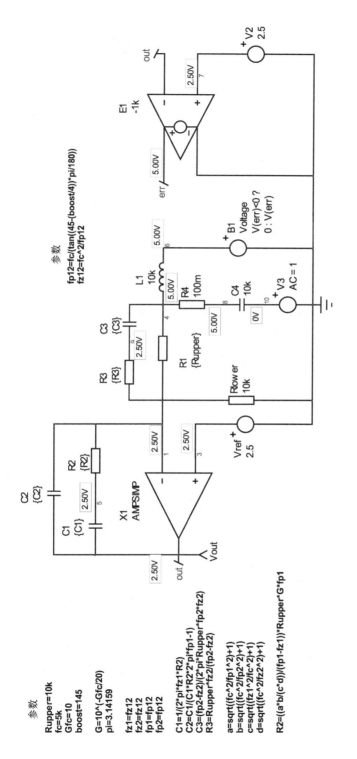

图 5.47 一个典型 3 型补偿器的仿真电路，含有元件的具体计算

参数

Rupper=10k
fc=5k
Gfc=10
boost=145

G=10^(-Gfc/20)
pi=3.14159

fz1=fz12
fz2=fz12
fp1=fp12
fp2=fp12

C1=1/(2*pi*fz1*R2)
C2=C1/(C1*R2^2*2*pi*fp1-1)
C3=(fp2-fz2)/(2*pi*Rupper*fp2*fz2)
R3=Rupper*fz2/(fp2-fz2)

a=sqrt((fc^2/fp1^2)+1)
b=sqrt((fc^2/fp2^2)+1)
c=sqrt((fz1^2/fc^2)+1)
d=sqrt((fc^2/fz2^2)+1)

R2=((a*b/(c*d))/(fp1-fz1))*Rupper*G*fp1

参数

fp12=fc/(tan((45-(boost/4))*pi/180))
fz12=fc^2/fp12

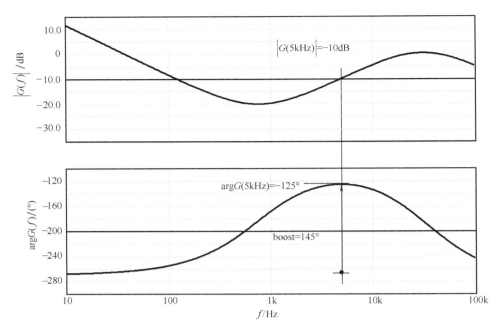

图 5.48　3 型补偿器的交流仿真结果，5kHz 处增益为 − 10dB

5.9　3 型补偿器：基于光电耦合器隔离的结构形式

3 型补偿器主要应用于需要较大相位补偿的变换器中，比如正激、推挽等电压模式控制的降压型变换器。为了抑制谐振极点，通常在谐振峰值对应的频率处设置两个零点来保证系统以 − 1 斜率穿越。下面介绍几种光电耦合器隔离型 3 型补偿器的不同接线方式。

5.9.1　光电耦合器与运算放大器直接连接，光电耦合器采用共集电极接法

3 型补偿器通常用在电压模式控制的正激变换器中，LC 电路的谐振峰需要通过在谐振点处设置两个零点来抑制。因此，在隔离应用场合，需要用到光电耦合器，也有多种接法。第一种是直接将运算放大器的输出与 LED 的阳极连接，这部分已经在 2 型补偿器部分做了分析，电路方案如图 5.49 所示。

同样可以将运放构成的 3 型补偿器转换成为 3a 型补偿器，去掉由 C_2 引入的第二个极点，用光电耦合器的极点来代替，从而将光电耦合器考虑在整个环路中，可以提高抗噪能力。从前面的分析，可以推导 3 型补偿器的增益为

$$G(s) = -\text{CTR}\frac{R_{\text{pulldown}}}{R_{\text{LED}}}\frac{R_2}{R_1}\frac{1+\dfrac{1}{sR_2C_1}}{1+sR_3C_3}\frac{1+sC_3[R_1+R_3]}{1+sR_{\text{pulldown}}C_2} = -G_1G_2\frac{\left(1+\dfrac{\omega_{z1}}{s}\right)\left(1+\dfrac{s}{\omega_{z2}}\right)}{\left(1+\dfrac{s}{\omega_{p1}}\right)\left(1+\dfrac{s}{\omega_{p2}}\right)}$$

$$(5.236)$$

其中

$$G_1 = \text{CTR}\frac{R_{\text{pulldown}}}{R_{\text{LED}}} \qquad (5.237)$$

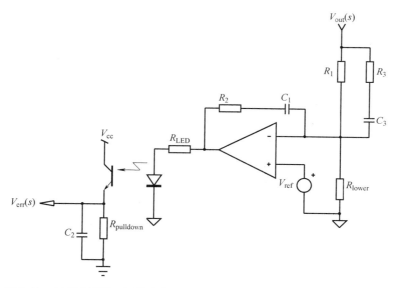

图 5.49 3 型补偿器,运算放大器的输出直接驱动光电耦合器 LED 的阳极

$$G_2 = \frac{R_2}{R_1} \tag{5.238}$$

$$\omega_{z1} = \frac{1}{R_2 C_1} \tag{5.239}$$

$$\omega_{z2} = \frac{1}{(R_1 + R_3) C_3} \tag{5.240}$$

$$\omega_{p1} = \frac{1}{R_3 C_3} \tag{5.241}$$

$$\omega_{p2} = \frac{1}{R_{\text{pulldown}} C_2} \tag{5.242}$$

这里的 R_2 可以仍然按式 (5.218) 计算

$$R_2 = \frac{G}{G_1} R_1 \frac{\sqrt{1 + \left(\dfrac{f_c}{f_{p1}}\right)^2}}{\sqrt{1 + \left(\dfrac{f_{z1}}{f_c}\right)^2}} \frac{\sqrt{1 + \left(\dfrac{f_c}{f_{p2}}\right)^2}}{\sqrt{1 + \left(\dfrac{f_c}{f_{z2}}\right)^2}} \tag{5.243}$$

在这个公式中, G/G_1 表示光电耦合器的存在及其自身的增益特性,其中增益 G_1 可由式 (5.237) 求得,而 G 是整个补偿器在穿越频率处所需的增益,由式 (5.7) 求得。其他器件的参数可根据式 (5.239) ~式 (5.241) 求得

$$C_1 = \frac{1}{2\pi f_{z1} R_2} \tag{5.244}$$

$$C_2 = \frac{1}{2\pi f_{p2} R_{\text{pulldown}}} \tag{5.245}$$

$$C_3 = \frac{f_{p1} - f_{z2}}{2\pi R_{\text{upper}} f_{p1} f_{z2}} \tag{5.246}$$

$$R_3 = \frac{R_1 f_{z2}}{f_{p1} - f_{z2}} \tag{5.247}$$

5.9.2　设计实例

本例中所需的设计的参数为：在 1kHz 频率处增益为 10dB，相位提升 110°。假设参数如下：

$VOH = 10V$，运算放大器的最大输出电压；

$V_f = 1V$，LED 的正向电压；

$V_{CE,sat} = 0.3V$，光电耦合器的饱和压降；

$V_{cc} = 5V$，光电耦合器的上拉电平；

$R_{pulldown} = 1k\Omega$，光电耦合器的上拉电阻；

$CTR_{min} = 0.8$，光电耦合器的最小电流传输比；

$R_1 = 10k\Omega$，检测输出变量的上分压电阻；

$f_{opto} = 15kHz$，由 $R_{pulldown}$ 决定的光电耦合器固有极点频率。

根据在 1kHz 穿越频率点所需相位提升，首先需要确定两个重合极点和零点的位置。由已得到的结论可求出两个极点的位置为

$$f_{p1,2} = \frac{f_c}{\tan\left(45 - \frac{boost}{4}\right)} = \frac{1kHz}{315m} \approx 3.2kHz \tag{5.248}$$

两个零点位置为

$$f_{z1,2} = \frac{f_c^2}{f_p} = \frac{1kHz}{3.2} \approx 312Hz \tag{5.249}$$

在得到上述的极点和零点后，便由式（5.73）计算出 LED 电阻的最大值。这个阻值可以确保控制芯片端的控制电压最高可以达到 $V_{cc} - V_{CE,sat}$，考虑到 CTR 的最小值和运放的最大输出，由式（5.73）可得

$$R_{LED,max} = \frac{R_{pulldown}(VOH - V_f)CTR_{min}}{(V_{cc} - V_{CE,sat})} = \frac{1k\Omega(10-1)}{5-0.3} \times 0.8 = 1.5k\Omega \tag{5.250}$$

考虑 20% 的裕量再就近选取一个标准电阻值，最终选取 $R_{LED} = 1.2k\Omega$。在确定该电阻后，便可计算出光电耦合器部分自身的增益为

$$G_1 = \frac{R_{pulldown}}{R_{LED}}CTR_{min} = \frac{1k}{1.2k} \times 0.8 = 0.666 \tag{5.251}$$

由式（5.243）可得 R_2 为

$$R_2 = \frac{G}{G_1}R_1 \frac{\sqrt{1+\left(\frac{f_c}{f_{p1}}\right)^2}}{\sqrt{1+\left(\frac{f_{z1}}{f_c}\right)^2}} \frac{\sqrt{1+\left(\frac{f_c}{f_{p2}}\right)^2}}{\sqrt{1+\left(\frac{f_c}{f_{z2}}\right)^2}} = \frac{10^{\frac{10}{20}}}{0.666}10k\Omega \frac{\sqrt{1+\left(\frac{1k}{3.2k}\right)^2}\sqrt{1+\left(\frac{1k}{3.2k}\right)^2}}{\sqrt{1+\left(\frac{312}{1k}\right)^2}\sqrt{1+\left(\frac{1k}{312}\right)^2}} \approx 15k\Omega$$

$$\tag{5.252}$$

然后根据式（5.244）~式（5.247）计算其他元器件的参数，如下：

$$C_1 = \frac{1}{2\pi f_{z1}R_2} = \frac{1}{6.28 \times 312 \times 15k}F = 34nF \tag{5.253}$$

$$C_2 = \frac{1}{2\pi f_{p2}R_{pulldown}} = \frac{1}{6.28 \times 3.2k \times 1k}F \approx 50nF \tag{5.254}$$

$$C_3 = \frac{f_{p1} - f_{z2}}{2\pi R_1 f_{p1}f_{z2}} = \frac{3.2k - 312}{6.28 \times 10k \times 3.2k \times 312}F = 46nF \tag{5.255}$$

$$R_3 = \frac{R_1 f_{z2}}{f_{p1} - f_{z2}} = \frac{10\text{k}\Omega \times 312}{3.2\text{k} - 312} = 1.08\text{k}\Omega \tag{5.256}$$

光电耦合器集电极对地的总电容必须与 C_2 相等，即 50nF。根据光电耦合器固有极点频率 $f_{\text{opto}} = 15\text{kHz}$，可得光电耦合器的寄生电容 C_{opto}

$$C_{\text{opto}} = \frac{1}{2\pi f_{\text{opto}} R_{\text{pulldown}}} = \frac{1}{6.28 \times 15\text{kHz} \times 1\text{k}\Omega} = 10.6\text{nF} \tag{5.257}$$

如前所述，C_2 由外部电容 C_{col} 与光电耦合器的寄生电容 C_{opto} 并联而成，则由已得到的式（5.254）和式（5.257）求得电容 C_{col}

$$C_{\text{col}} = C_2 - C_{\text{opto}} = 50\text{nF} - 10.6\text{nF} \approx 39\text{nF} \tag{5.258}$$

这样，所有参数均设计完成。据此，在设置好图 5.49 中电路的所有参数后，采用简单的运算放大器并自动设置其偏置点，然后进行仿真，如图 5.50 所示。

交流仿真结果如图 5.51 所示，与理论计算非常吻合。

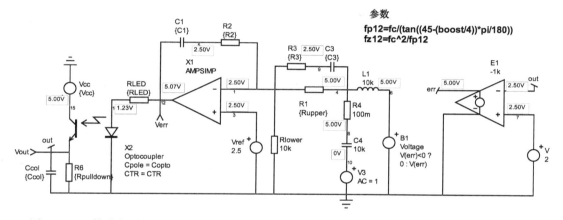

图 5.50　运算放大器与光电耦合器直接连接的 3 型补偿器仿真电路（未显示参数自动计算部分）

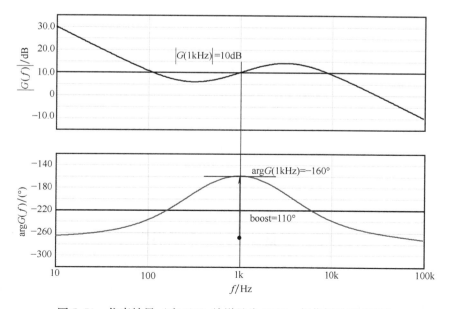

图 5.51　仿真结果（在 1kHz 处增益为 10dB，相位提升了 110°）

235

5.9.3 光电耦合器与运算直接连接，光电耦合器采用共发射极接法

在某些情况下，由于控制极性的需求，导致运算放大器直接驱动光电耦合器的接法无法正常工作。与前面的 2 型补偿器所介绍的类似，可以将光电耦合器的负载电阻放在集电极而不是发射极便可解决，其连接方式如图 5.52 所示。

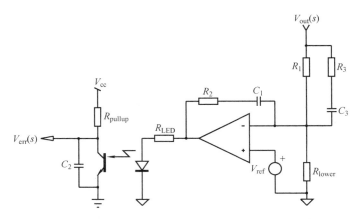

图 5.52 将负载电阻放在集电极而不是发射极，改变了补偿器的极性

这种连接方式的传递函数与式（5.236）相似，只是去掉了负号，并将 $R_{pulldown}$ 换作 R_{pullup}

$$G(s) = \text{CTR} \frac{R_{pullup}}{R_{LED}} \frac{R_2}{R_1} \frac{1 + \dfrac{1}{sR_2C_1}}{1 + sR_3C_3} \frac{1 + sC_3[R_1 + R_3]}{1 + sR_{pulldown}C_2} = G_1 G_2 \frac{\left(1 + \dfrac{\omega_{z1}}{s}\right)\left(1 + \dfrac{s}{\omega_{z2}}\right)}{\left(1 + \dfrac{s}{\omega_{p1}}\right)\left(1 + \dfrac{s}{\omega_{p2}}\right)} \quad (5.259)$$

其中，

$$G_1 = \text{CTR} \frac{R_{pullup}}{R_{LED}} \quad (5.260)$$

$$G_2 = \frac{R_2}{R_1} \quad (5.261)$$

$$\omega_{z1} = \frac{1}{R_2 C_1} \quad (5.262)$$

$$\omega_{z2} = \frac{1}{(R_1 + R_3) C_3} \quad (5.263)$$

$$\omega_{p1} = \frac{1}{R_3 C_3} \quad (5.264)$$

$$\omega_{p2} = \frac{1}{R_{pullup} C_2} \quad (5.265)$$

前面的设计实例中的设计方法对于这种连接方式仍然适用。

5.9.4 光电耦合器与运算放大器直接连接，共发射极接法和 UC384X 连接

这种连接方式的 3 型补偿器与前面 2 型补偿器的架构相同，UC384X 的运放作为一个简单的反相器，其输入阻抗与光电耦合器的集电极电阻相连，因此其必须远大于光电耦合器上拉电阻，否则，将会改变由 C_2 和 R_{pullup} 形成的极点位置。图 5.53 是采用 UC384X 控制器的 3 型

补偿器连接图。

　　如前面所说的那样，为正常工作，运放及相关电路需要由辅助电源供电，辅助电源在输出建立前就需要存在。否则，LED 上电时不会被正常偏置（将 V_{err} 推至最大值），从而阻止变换器正常启动。

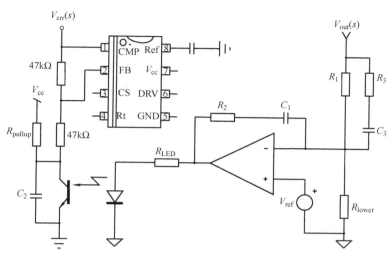

图 5.53　UC384X 的 3 型补偿器的配合（其内部运放用作跟随器，不影响整个控制环路）

5.9.5　光电耦合器与运算放大器采用有快速通道的下拉接法

　　如图 5.20 所示，某些控制器仅可与共集电极接法的光电耦合器连接，在这种情况下，运算放大器须通过下拉来驱动 LED，即 LED 阴极接运放，此连接方式如图 5.54 所示。正如前面在 2 型补偿器中所描述的那样，下拉接法包含了快速通道效应，必须予以考虑。也就是 R_3C_3 网络与 LED 电阻并联，而不再是与 R_1 并联的原因。下面将介绍这种方式先如何影响设计的灵活性。

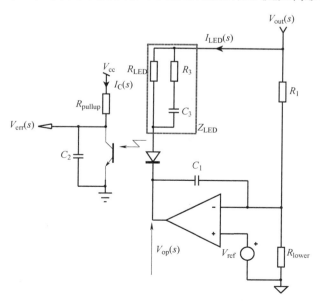

图 5.54　运算放大器通过下拉方式驱动光电耦合器 LED

同 5.5.5 节中 2 型补偿器相同，LED 上的交流电流为

$$I_{\text{LED}}(s) = \frac{V_{\text{out}}(s) - V_{\text{op}}(s)}{Z_{\text{LED}}} = (V_{\text{out}}(s) - V_{\text{op}}(s)) \frac{R_{\text{LED}} + \left(R_3 + \dfrac{1}{sC_3}\right)}{R_{\text{LED}}\left(R_3 + \dfrac{1}{sC_3}\right)} \quad (5.266)$$

其中运算放大器的输出是一个简单的 1 型补偿器的输出为

$$V_{\text{op}}(s) = -\frac{1}{sC_1 R_1} V_{\text{out}}(s) \quad (5.267)$$

将式（5.267）代入式（5.266）中，得

$$I_{\text{LED}}(s) = \left(V_{\text{out}}(s) + V_{\text{out}}(s) \frac{1}{sR_1 C_1}\right) \frac{R_{\text{LED}} + \left(R_3 + \dfrac{1}{sC_3}\right)}{R_{\text{LED}}\left(R_3 + \dfrac{1}{sC_3}\right)}$$

$$= V_{\text{out}}(s) \left(\frac{1 + sR_1 C_1}{sR_1 C_1}\right) \frac{R_{\text{LED}} + \left(R_3 + \dfrac{1}{sC_3}\right)}{R_{\text{LED}}\left(R_3 + \dfrac{1}{sC_3}\right)} \quad (5.268)$$

对式（5.268）重新整理，则有

$$I_{\text{LED}}(s) = V_{\text{out}}(s) \left(\frac{1 + sR_1 C_1}{sR_1 C_1}\right) \frac{s(R_{\text{LED}} + R_3) C_3 + 1}{R_{\text{LED}}(sC_3 R_3 + 1)} \quad (5.269)$$

而误差电压 $V_{\text{err}}(s)$ 通过光电耦合器的 CTR 和 LED 的电流关联，即

$$V_{\text{err}}(s) = -I_{\text{LED}}(s) R_{\text{pullup}} \frac{1}{1 + sR_{\text{pullup}} C_2} \text{CTR} \quad (5.270)$$

将式（5.269）代入式（5.270）中并重新排列，则可得这种连接方式的传递函数为

$$\frac{V_{\text{err}}(s)}{V_{\text{out}}(s)} = -\frac{R_{\text{pullup}}}{R_{\text{LED}}} \text{CTR} \frac{1 + 1/sR_1 C_1}{1 + sR_{\text{pullup}} C_2} \frac{sC_3(R_{\text{LED}} + R_3) + 1}{1 + sC_3 R_3} = -G_0 \frac{1 + \omega_{z1}/s}{1 + s/\omega_{p1}} \frac{1 + s/\omega_{z2}}{1 + s/\omega_{p2}} \quad (5.271)$$

在式（5.271）中，可得零极点频率和静态增益为

$$G_0 = \frac{R_{\text{pullup}}}{R_{\text{LED}}} \text{CTR} \quad (5.272)$$

$$\omega_{z1} = \frac{1}{R_1 C_1} \quad (5.273)$$

$$\omega_{z2} = \frac{1}{(R_{\text{LED}} + R_3) C_3} \quad (5.274)$$

$$\omega_{p1} = \frac{1}{R_{\text{pullup}} C_2} \quad (5.275)$$

$$\omega_{p2} = \frac{1}{R_3 C_3} \quad (5.276)$$

对于式（5.271），其增益大小为

$$|G(f_c)| = G_0 \frac{\sqrt{1 + \left(\dfrac{f_{z1}}{f_c}\right)^2} \sqrt{1 + \left(\dfrac{f_c}{f_{z2}}\right)^2}}{\sqrt{1 + \left(\dfrac{f_c}{f_{p1}}\right)^2} \sqrt{1 + \left(\dfrac{f_c}{f_{p2}}\right)^2}} = \frac{R_{\text{pullup}}}{R_{\text{LED}}} \text{CTR} \frac{\sqrt{1 + \left(\dfrac{f_{z1}}{f_c}\right)^2} \sqrt{1 + \left(\dfrac{f_c}{f_{z2}}\right)^2}}{\sqrt{1 + \left(\dfrac{f_c}{f_{p1}}\right)^2} \sqrt{1 + \left(\dfrac{f_c}{f_{p2}}\right)^2}} \quad (5.277)$$

然后根据式（5.273）、式（5.274）和式（5.276）、式（5.277）可求出 R_{LED}、R_3、C_1、

C_2 和 C_3

$$R_{\text{LED}} = \frac{R_{\text{pullup}}}{G} \text{CTR} \frac{\sqrt{1 + \left(\dfrac{f_{z1}}{f_c}\right)^2} \sqrt{1 + \left(\dfrac{f_c}{f_{z2}}\right)^2}}{\sqrt{1 + \left(\dfrac{f_c}{f_{p1}}\right)^2} \sqrt{1 + \left(\dfrac{f_c}{f_{p2}}\right)^2}} \tag{5.278}$$

$$C_3 = \frac{f_{p2} - f_{z2}}{2\pi R_{\text{LED}} f_{p2} f_{z2}} \tag{5.279}$$

$$R_3 = \frac{f_{z2} R_{\text{LED}}}{f_{p2} - f_{z2}} \tag{5.280}$$

$$C_1 = \frac{1}{2\pi f_{z1} R_1} \tag{5.281}$$

$$C_2 = \frac{1}{2\pi R_{\text{pullup}} f_{p2}} \tag{5.282}$$

在式（5.278）中，G 为所需增益，由式（5.7）得出。LED 电阻仍是这种连接方式的主要设计限制因素，设计合适的阻值，确保有足够大的电流流过 LED，从而使控制的误差信号最低可以达到 $V_{\text{CE,sat}}$。此 LED 电阻的计算仍遵循 2 型补偿器中推导的式（5.103），则有

$$R_{\text{LED,max}} = \frac{R_{\text{pullup}}(V_{\text{out}} - V_f - \text{VOL}) \text{CTR}_{\text{min}}}{(V_{cc} - V_{\text{CE,sat}})} \tag{5.283}$$

由于此电阻也同时决定了穿越频率处的增益，因此可以将其视为增益选择的限制条件。于是可结合式（5.277）和式（5.283），求出最小增益为

$$|G_{\text{min}}| = \frac{V_{cc} - V_{\text{CE,sat}}}{V_{\text{out}} - V_f - \text{VOL}} \frac{\sqrt{1 + \left(\dfrac{f_{z1}}{f_c}\right)^2} \sqrt{1 + \left(\dfrac{f_c}{f_{z2}}\right)^2}}{\sqrt{1 + \left(\dfrac{f_c}{f_{p1}}\right)^2} \sqrt{1 + \left(\dfrac{f_c}{f_{p2}}\right)^2}} \tag{5.284}$$

G_{min} 指出了补偿器在穿越频率处可以设计的增益，如小于这个数值，则无法设计补偿器。例如，若式（5.284）得到的 G_{min} 为 5dB，就无法选择一个仅需要 3dB 增益的穿越频率，但可设计需要穿越频率处需要 6dB 增益的补偿器，调整光电耦合器 CTR 或 R_{pullup} 也无法改变其结果。实际上对于式（5.284），其由两部分组成，第一部分对应于补偿器工作所需的最小偏置条件，即与 VOL、V_{out} 等；第二部分则是与极零点位置相关，换句话说，即与所需的提升相位有关。因此可以将 G_{min} 视为所需最大相位提升的最小增益，故可推导出

$$G_{\text{min}}(\text{boost}) = 20\log_{10}\left(\frac{V_{cc} - V_{\text{CE,sat}}}{V_{\text{out}} - V_f - \text{VOL}} \sqrt{\cot^2\left(\frac{\text{boost}}{4} - 45\right)}\right) \tag{5.285}$$

若根据下面的设计参数，由式（5.285）可绘制出在 0°~180°之间相位提升所需的最小增益：
VOL $= 0.2\text{V}$，运算放大器输出的最小输出电压；
$V_{\text{out}} = 5\text{V}$，变换器的输出电压；
$V_f = 1\text{V}$，LED 的正向电压；
$V_{\text{CE,sat}} = 0.3\text{V}$，光电耦合器的饱和压降；
$V_{cc} = 5\text{V}$，光电耦合器的上拉电平。

结果如图 5.55 所示，从图中可以看出随着最小增益值的增加（当两个极点和零点分别重合时，相位提升为零），所需的相位提升也随之增加。因此，在使用这种方式的补偿器时，在穿越频率处选择合适的增益和相位提升量非常重要，不会与式（5.284）相冲突。

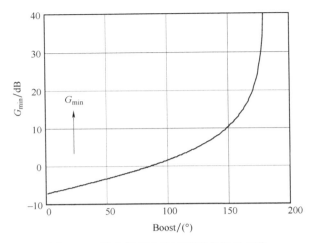

图 5.55 最小增益取决于所需的提升相位

5.9.6 设计实例

本例中，需要在 1kHz 穿越频率处增益为 10dB，相位提升 120°。假设参数如下：

$VOL = 0.2V$，运算放大器的最小输出电压；

$V_f = 1V$，LED 的正向电压；

$V_{CE,sat} = 0.3V$，光电耦合器的饱和压降；

$V_{cc} = 5V$，光电耦合器的上拉电平；

$V_{out} = 5V$，变换器的输出电压；

$R_{pullup} = 1k\Omega$，光电耦合器的上拉电阻；

$CTR_{min} = 0.8$，光电耦合器的最小电流传输比；

$R_1 = 38k\Omega$，检测输出变量的上分压电阻；

$f_{opto} = 15kHz$，由 R_{pullup} 决定的光电耦合器固有极点频率。

根据所需的 10dB 增益和 120° 的相位提升，首先应求出极点和零点的位置。这里假设零点和极点分别重合，则由已得到的结论可求出两个极点的位置为

$$f_{p1,2} = \frac{f_c}{\tan\left(45 - \dfrac{boost}{4}\right)} = \frac{1kHz}{268m} \approx 3.7kHz \tag{5.286}$$

两个零点位于

$$f_{z1,2} = \frac{f_c^2}{f_p} = \frac{1kHz}{3.7k} \approx 270Hz \tag{5.287}$$

在得到上述的极点和零点后，便由式（5.103）计算出 LED 电阻的最大值为

$$R_{LED,max} = \frac{R_{pullup}(V_{out} - V_f - VOL)CTR_{min}}{(V_{cc} - V_{CE,sat})} = \frac{1k \times (12 - 1 - 0.2)}{5 - 0.3} \times 0.8 = 1.8k\Omega \tag{5.288}$$

这里须检查所需的 10dB 增益和 120° 的相位提升是否与 LED 偏置条件兼容，即利用式（5.285）可得

$$G_{min} = 20\log_{10}\left(\frac{5 - 0.3}{12 - 1 - 0.2}\sqrt{\cot^2\left(\frac{120}{4} - 45\right)}\right) = 20\log_{10}(435m \times 3.73) \approx 4.2dB \tag{5.289}$$

由于设计所需的增益为 10dB，远大于由式（5.289）求出的最小值，因此可根据式（5.278）～

式（5.282）计算其他元器件的参数。

$$R_{\mathrm{LED}} = \frac{1\mathrm{k}}{10^{\frac{10}{20}}}0.8\Omega \frac{\sqrt{1+\left(\dfrac{270}{1\mathrm{k}}\right)^2}\sqrt{1+\left(\dfrac{1\mathrm{k}}{270}\right)^2}}{\sqrt{1+\left(\dfrac{1\mathrm{k}}{3.7\mathrm{k}}\right)^2}\sqrt{1+\left(\dfrac{1\mathrm{k}}{3.7\mathrm{k}}\right)^2}} = 944\Omega \tag{5.290}$$

$$C_3 = \frac{3.7\mathrm{k}-270}{6.28\times3.7\mathrm{k}\times944\times270}\mathrm{F} = 580\mathrm{nF} \tag{5.291}$$

$$R_3 = \frac{270\times944\Omega}{3.7\mathrm{k}-270} = 74\Omega \tag{5.292}$$

$$C_1 = \frac{1}{2\pi f_{z1}R_1} = \frac{1}{6.28\times270\times38\mathrm{k}}\mathrm{F} = 15.6\mathrm{nF} \tag{5.293}$$

$$C_2 = \frac{1}{2\pi R_{\mathrm{pullup}}f_{\mathrm{p2}}} = \frac{1}{6.28\times1\mathrm{k}\times3.7\mathrm{k}}\mathrm{F} = 43\mathrm{nF} \tag{5.294}$$

除此之外，根据光电耦合器固有极点频率 $f_{\mathrm{opto}} = 15\mathrm{kHz}$，可得光电耦合器的寄生电容 C_{opto}

$$C_{\mathrm{opto}} = \frac{1}{2\pi f_{\mathrm{opto}}R_{\mathrm{pullup}}} = \frac{1\mathrm{F}}{6.28\times15\mathrm{k}\times1\mathrm{k}} = 10.6\mathrm{nF} \tag{5.295}$$

如前所述，由式（5.294）和式（5.295），求得电容 C_{col} 为

$$C_{\mathrm{col}} = C_2 - C_{\mathrm{opto}} = 43\mathrm{nF} - 10.6\mathrm{nF} \approx 32\mathrm{nF} \tag{5.296}$$

将求出的参数放入图 5.56 中的电路，然后进行仿真。在仿真电路中，也包含了参数的自动计算公式，根据需要可以改变所需增益和相位提升值，并观察是否满足设计要求。交流仿真结果如图 5.57 所示，与理论计算非常吻合，验证了设计方法的正确性。

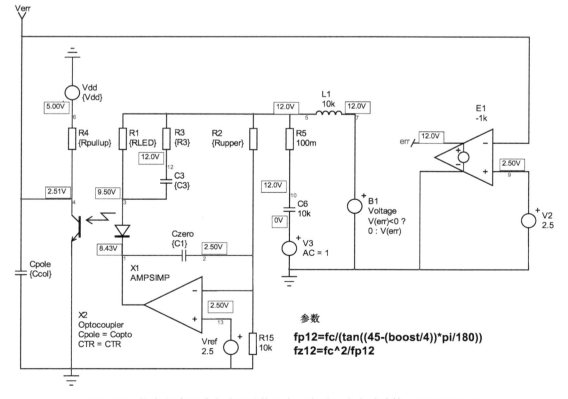

图 5.56　仿真电路图［自动调整偏置点，变量也会自动计算（不在图中）］

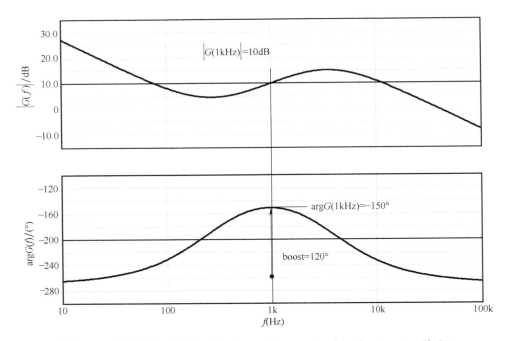

图 5.57　仿真结果（验证了在穿越频率点所需的相位提升以及 10dB 增益）

5.9.7　光电耦合器与运算放大器采用无快速通道的下拉接法

快速通道的存在会妨碍设计灵活性，根源是输出电压 $V_{out}(s)$ 与 LED 电流之间存在直接通路。为解决这个问题，必须切断 LED 电流和输出变量之间的耦合，图 5.25 中已经介绍的了相应的解决办法，图 5.58 对其进行简单的改进。

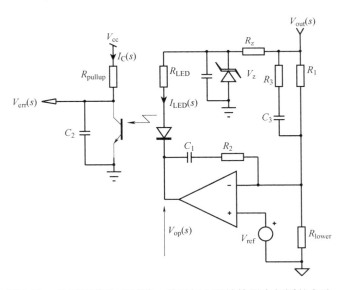

图 5.58　为了屏蔽快速通道，采用与 2 型补偿器中相同的方法，
通过稳压管将 LED 供电与 V_{out} 交流隔离

从图 5.58 中看出，这是一个 3a 型补偿器，其中高频极点被移到了光电耦合器这边。可以通过阻抗 Z_i 和 Z_f 来推导运算放大器的输出电压 $V_{op}(s)$

$$Z_f = \left(\frac{1}{sC_1} + R_2 \right) \tag{5.297}$$

$$Z_i = \left(\frac{1}{sC_3} + R_3 \right) R_1 \Big/ \left(\frac{1}{sC_3} + R_3 + R_1 \right) \tag{5.298}$$

将式（5.297）除以式（5.298）并除去公共因子 sR_2C_1，可得运算放大器的传递函数为

$$\frac{V_{op}(s)}{V_{out}(s)} = -\frac{R_2}{R_1} \frac{1 + \frac{1}{sR_2C_1}}{1 + sR_3C_3} (1 + sC_3(R_1 + R_3)) \tag{5.299}$$

如果仅由运放输出电压驱动 LED 电流，与式（5.114）类似，误差电压 $V_{err}(s)$ 与光电耦合器的 CTR 和 LED 上的电流的关系如下：

$$V_{err}(s) = -I_{LED}(s) R_{pullup} \frac{1}{1 + sR_{pullup}C_2} CTR \tag{5.300}$$

由于 LED 上的交流电流为 $-V_{op}(s)/R_{LED}$，则传输函数可写为

$$\frac{V_{err}(s)}{V_{out}(s)} = -\frac{R_2}{R_1} CTR \frac{R_{pullup}}{R_{LED}} \frac{1 + \frac{1}{sR_2C_1}}{1 + sR_3C_3} \frac{1 + sC_3(R_1 + R_3)}{1 + sR_{pullup}C_2} \tag{5.301}$$

将式（5.301）规范化后为

$$G(s) = -G_0 \frac{\left(1 + \frac{\omega_{z1}}{s}\right)\left(1 + \frac{s}{\omega_{z2}}\right)}{\left(1 + \frac{s}{\omega_{p1}}\right)\left(1 + \frac{s}{\omega_{p2}}\right)} \tag{5.302}$$

其中，

$$G_0 = CTR \frac{R_{pullup}}{R_{LED}} \frac{R_2}{R_1} = G_1 G_2 \tag{5.303}$$

$$G_1 = CTR \frac{R_{pullup}}{R_{LED}} \tag{5.304}$$

$$G_2 = \frac{R_2}{R_1} \tag{5.305}$$

$$\omega_{z1} = \frac{1}{R_2 C_1} \tag{5.306}$$

$$\omega_{z2} = \frac{1}{2\pi C_3(R_1 + R_3)} \tag{5.307}$$

$$\omega_{p1} = \frac{1}{2\pi R_3 C_3} \tag{5.308}$$

$$\omega_{p2} = \frac{1}{R_{pullup} C_2} \tag{5.309}$$

而式（5.302）的增益大小为

$$|G(f_c)| = CTR \frac{R_{pullup}}{R_{LED}} \frac{R_2}{R_1} \frac{\sqrt{1 + \left(\frac{f_{z1}}{f_c}\right)^2} \sqrt{1 + \left(\frac{f_c}{f_{z2}}\right)^2}}{\sqrt{1 + \left(\frac{f_c}{f_{p1}}\right)^2} \sqrt{1 + \left(\frac{f_c}{f_{p2}}\right)^2}} \tag{5.310}$$

根据所需零极点的位置可求得 R_{LED}、R_3、C_2、C_1 和 C_3 为

$$R_2 = \frac{GR_1R_{LED}}{R_{pullup}CTR} \frac{\sqrt{1+\left(\frac{f_c}{f_{p1}}\right)^2}\sqrt{1+\left(\frac{f_c}{f_{p2}}\right)^2}}{\sqrt{1+\left(\frac{f_{z1}}{f_c}\right)^2}\sqrt{1+\left(\frac{f_c}{f_{z2}}\right)^2}} \tag{5.311}$$

$$R_3 = \frac{R_1 f_{z2}}{f_{p2}-f_{z2}} \tag{5.312}$$

$$C_1 = \frac{1}{2\pi f_{z1} R_2} \tag{5.313}$$

$$C_2 = \frac{1}{2\pi f_{p2} R_{pullup}} \tag{5.314}$$

$$C_3 = \frac{f_{p2}-f_{z2}}{2\pi R_1 f_{p2} f_{z2}} \tag{5.315}$$

由于对快速通道进行了抑制,则 LED 电阻不再影响零/极点的位置,其值完全取决于所需的偏置条件,以满足误差电压摆幅的要求。尽管光电耦合器 CTR 存在不可避免的离散性,在2 型补偿器中推导的公式仍然有效,有

$$R_{LED,max} = \frac{R_{pullup}(V_Z - V_f - VOL)CTR_{min}}{(V_{cc}-V_{CE,sat})} \tag{5.316}$$

式中,V_Z 为稳压二极管的击穿电压。

如 5.5.8 节所述,一般令击穿电压约为输出电压 V_{out} 的 2/3。此选取方法既考虑了电阻的损耗,也可保证稳压电路的输出电压与输出电压之间有良好的交流去耦作用。假设流过稳压二极管偏置电流为 I_{Zbias},则可得与稳压管串联电阻的阻值为

$$R_Z = \frac{(V_{out}-V_Z)R_{pullup}CTR_{min}}{V_{cc}-V_{CE,sat}+I_{Zbias}R_{pullup}CTR_{min}} \tag{5.317}$$

至此,所有参数计算推导完成,下面介绍一个采用上述方法的设计实例。

5.9.8　设计实例

本例中,需要的穿越频率为 5kHz,此时的增益为 -10dB,相位提升 150°。假设参数如下:

VOL = 0.2V,运算放大器的最小输出电压;

$V_f = 1V$, LED 的正向电压;

$V_{CE,sat} = 0.3V$,光电耦合器的饱和压降;

$V_{cc} = 5V$,光电耦合器的上拉电平;

$V_{out} = 12V$,转换器的输出电压;

$R_{pullup} = 1k\Omega$,光电耦合器的上拉电阻;

$CTR_{min} = 0.8$,光电耦合器的最小电流传输比;

$R_1 = 38k\Omega$,检测输出变量的上分压电阻;

$f_{opto} = 15kHz$,由 R_{pullup} 决定的光电耦合器固有极点频率。

鉴于在 5kHz 时需要 150°相位增强,首先需要确定两个重合极点和零点的位置。由已得到

的结论可求出两个极点的位置为

$$f_{p1,2} = \frac{f_c}{\tan\left(45 - \dfrac{\text{boost}}{4}\right)} = \frac{5\text{kHz}}{131\text{m}} \approx 38\text{kHz} \tag{5.318}$$

两个零点位于

$$f_{z1,2} = \frac{f_c^2}{f_p} = \frac{25\text{kHz}}{38} \approx 660\text{Hz} \tag{5.319}$$

与前面一样，利用式（5.316）求出满足要求的 LED 最大电阻值为

$$R_{\text{LED,max}} = \frac{R_{\text{pullup}}(V_Z - V_f - \text{VOL})\text{CTR}_{\min}}{(V_{cc} - V_{\text{CE,sat}})} = \frac{1\text{k}\Omega \times (8.2 - 1 - 0.2)}{5 - 0.3} \times 0.8 = 1.2\text{k}\Omega \tag{5.320}$$

考虑 20% 的设计余量，则选择 910Ω 的电阻。对于 12V 输出，这里选择 8.2V 稳压二极管，其偏置电流为 1mA，则可根据式（5.317）计算出稳压二极管串联电阻的阻值为

$$R_Z = \frac{(V_{\text{out}} - V_Z)R_{\text{pullup}}\text{CTR}_{\min}}{V_{cc} - V_{\text{CE,sat}} + I_{\text{Zbias}}R_{\text{pullup}}\text{CTR}_{\min}} = \frac{(12 - 8.2) \times 1\text{k}\Omega \times 0.8}{5 - 0.3 + 1\text{m} \times 1\text{k} \times 0.8} = 552\Omega \tag{5.321}$$

然后由式（5.311）~式（5.315）计算其他元器件的参数

$$R_2 = \frac{10^{-\frac{10}{20}} \times 910}{1\text{k} \times 0.8} \frac{\sqrt{1 + \left(\dfrac{5\text{k}}{38\text{k}}\right)^2}\sqrt{1 + \left(\dfrac{5\text{k}}{38\text{k}}\right)^2}}{\sqrt{1 + \left(\dfrac{660}{5\text{k}}\right)^2}\sqrt{1 + \left(\dfrac{5\text{k}}{660}\right)^2}} = 1.8\text{k}\Omega \tag{5.322}$$

$$R_3 = \frac{R_1 f_{z2}}{f_{p2} - f_{z2}} = \frac{38\text{k}\Omega \times 660}{38\text{k} - 660} = 671\Omega \tag{5.323}$$

$$C_1 = \frac{1}{2\pi f_{z1}R_2} = \frac{1}{6.28 \times 660\text{Hz} \times 1.8\text{k}\Omega} = 134\text{nF} \tag{5.324}$$

$$C_2 = \frac{1}{2\pi f_{p2}R_{\text{pullup}}} = \frac{1}{6.28 \times 38\text{kHz} \times 1\text{k}\Omega} = 4.2\text{nF} \tag{5.325}$$

$$C_3 = \frac{f_{p2} - f_{z2}}{2\pi R_1 f_{p2} f_{z2}} = \frac{38\text{k} - 660}{6.28 \times 38\text{k}\Omega \times 38\text{k} \times 660\text{Hz}} = 6.2\text{nF} \tag{5.326}$$

除此之外，根据光电耦合器固有极点频率 $f_{\text{opto}} = 15\text{kHz}$，可得光电耦合器的寄生电容 C_{opto} 为

$$C_{\text{opto}} = \frac{1}{2\pi f_{\text{opto}}R_{\text{pullup}}} = \frac{1}{6.28 \times 15\text{kHz} \times 1\text{k}\Omega} = 10.6\text{nF} \tag{5.327}$$

如前所述，C_2 由外部电容 C_{col} 与光电耦合器的寄生电容 C_{opto} 并联而成，由式（5.325）和式（5.327）求得电容 C_{col} 为

$$C_{\text{col}} = C_2 - C_{\text{opto}} = 4.2\text{nF} - 10.6\text{nF} \approx -6.4\text{nF} \tag{5.328}$$

这是一个负电容值，意味着第二个极点由光电耦合器在 15kHz 处完全固定，而不是在设计的 38kHz 处。为了确保在光电耦合器上增加一个额外的电容以提高抗噪性，可有以下 2 种方法：

（1）降低穿越频率直到外部增加的电容变为正值，这个电容值至少需要 100pF，靠近控制器摆放。在此示例中，将穿越频率降低到 1.8kHz，需要的外部电容值为 1nF。

（2）采用更快的光电耦合器，使得与所选择的上拉电阻构成的极点超过补偿器所需的

高频极点。另一种解决方案是使用级联方式。

　　根据上述计算出的参数，搭建如图 5.59 所示的电路并进行交流仿真。从图 5.60 的结果看出，相位提升略低于预期值，这主要是由于第二个高频极点的不匹配所导致，即光电耦合器固定了第二个极点。

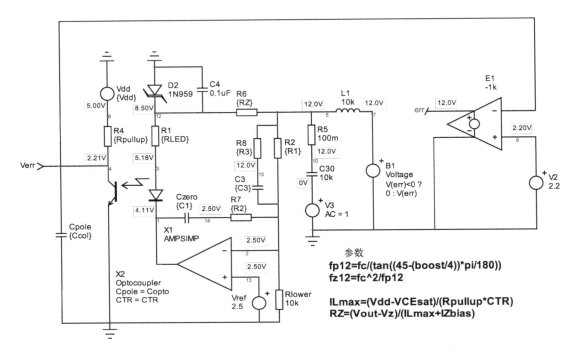

图 5.59　利用稳压二极管屏蔽快速通道的 3 型补偿器，无增益限制

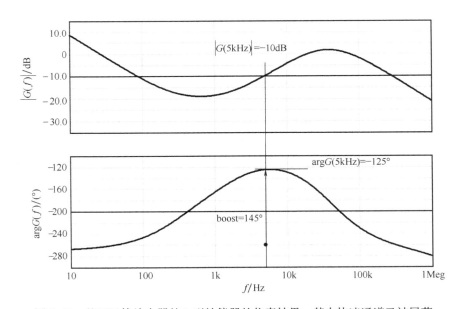

图 5.60　基于运算放大器的 3 型补偿器的仿真结果，其中快速通道已被屏蔽

5.10　结论

控制回路中使用的运算放大器可以采用不同的连接方式，本章介绍了在设计过程中可能使用到的大多数结构。无论是设计非隔离的 DC-DC 变换器，还是有光电耦合器的隔离型 AC-DC 变换器，都需要找到适合的结构。若这些结构都不符合要求，也可以采用本章所介绍的方法进行推导设计。文献［1-4］可以作为参考，可进一步加强对运算放大器的理解及其在电力电子领域的应用。

参 考 文 献

[1]　Mancini, R., "Op Amps for Everyone," Texas-Instruments Application note SLOD006b, August 2002.

[2]　Carter, B., "Handbook of Operational Amplifier Functions," Texas-Instruments Application note SBOA092A, October 2001.

[3]　Basso, C., *Switch Mode Power Supplies: SPICE Simulations and Practical Designs*, New York: McGraw-Hill, 2008.

[4]　Mamano, B., "Isolating the Control Loop," Unitrode application note SLUP090, SEM700, 1990.

附录 5A　图 片 汇 总

图 5.61～图 5.69 总结了与本章内所述结构相关的元件的计算公式。

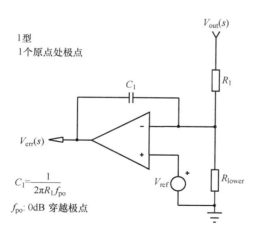

图 5.61　1 型补偿器

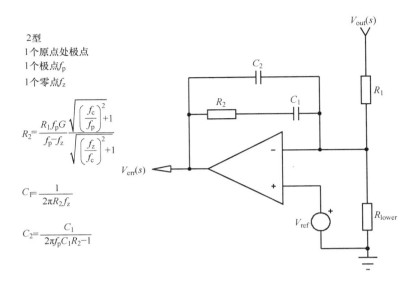

2型
1个原点处极点
1个极点f_p
1个零点f_z

$$R_2 = \frac{R_1 f_p G}{f_p - f_z} \frac{\sqrt{\left(\frac{f_c}{f_p}\right)^2 + 1}}{\sqrt{\left(\frac{f_z}{f_c}\right)^2 + 1}}$$

$$C_1 = \frac{1}{2\pi R_2 f_z}$$

$$C_2 = \frac{C_1}{2\pi f_p C_1 R_2 - 1}$$

图 5.62　2 型补偿器

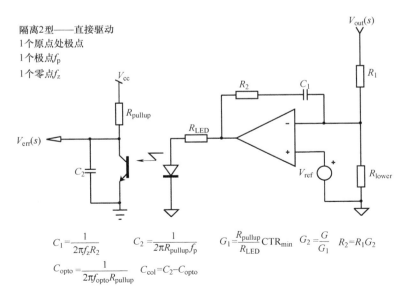

隔离2型——直接驱动
1个原点处极点
1个极点f_p
1个零点f_z

$$C_1 = \frac{1}{2\pi f_z R_2} \qquad C_2 = \frac{1}{2\pi R_{\text{pullup}} f_p} \qquad G_1 = \frac{R_{\text{pullup}}}{R_{\text{LED}}} \text{CTR}_{\min} \quad G_2 = \frac{G}{G_1} \quad R_2 = R_1 G_2$$

$$C_{\text{opto}} = \frac{1}{2\pi f_{\text{opto}} R_{\text{pullup}}} \qquad C_{\text{col}} = C_2 - C_{\text{opto}}$$

图 5.63　与光电耦合器直接连接的隔离型 2 型补偿器

隔离2型(有快速通道)
1个原点处极点
1个极点 f_p
1个零点 f_z

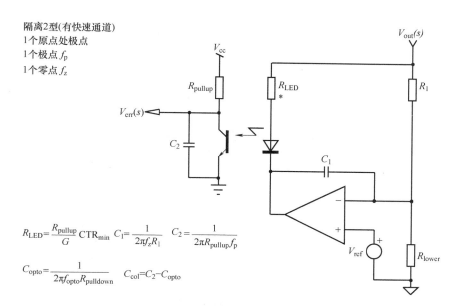

$$R_{\mathrm{LED}}=\frac{R_{\mathrm{pullup}}}{G}\mathrm{CTR}_{\min}\quad C_1=\frac{1}{2\pi f_z R_1}\quad C_2=\frac{1}{2\pi R_{\mathrm{pullup}}f_p}$$

$$C_{\mathrm{opto}}=\frac{1}{2\pi f_{\mathrm{opto}}R_{\mathrm{pulldown}}}\quad C_{\mathrm{col}}=C_2-C_{\mathrm{opto}}$$

图 5.64　有快速通道的隔离型 2 型补偿器

隔离2型(无快速通道)
1个原点处极点
1个极点 f_p
1个零点 f_z

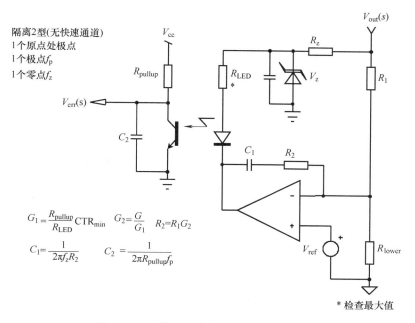

$$G_1=\frac{R_{\mathrm{pullup}}}{R_{\mathrm{LED}}}\mathrm{CTR}_{\min}\quad G_2=\frac{G}{G_1}\quad R_2=R_1 G_2$$

$$C_1=\frac{1}{2\pi f_z R_2}\quad\quad C_2=\frac{1}{2\pi R_{\mathrm{pullup}}f_p}$$

* 检查最大值

图 5.65　无快速通道的隔离型 2 型补偿器

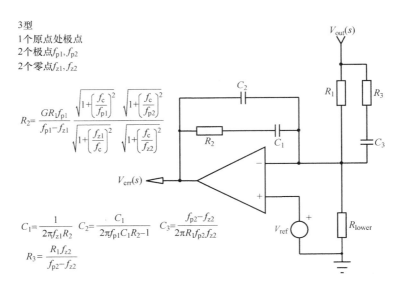

$$R_2 = \frac{GR_1f_{p1}}{f_{p1}-f_{z1}}\frac{\sqrt{1+\left(\frac{f_c}{f_{p1}}\right)^2}\sqrt{1+\left(\frac{f_c}{f_{p2}}\right)^2}}{\sqrt{1+\left(\frac{f_{z1}}{f_c}\right)^2}\sqrt{1+\left(\frac{f_c}{f_{z2}}\right)^2}}$$

$$C_1 = \frac{1}{2\pi f_{z1}R_2} \quad C_2 = \frac{C_1}{2\pi f_{p1}C_1R_2-1} \quad C_3 = \frac{f_{p2}-f_{z2}}{2\pi R_1 f_{p2}f_{z2}}$$

$$R_3 = \frac{R_1 f_{z2}}{f_{p2}-f_{z2}}$$

图 5.66　3 型补偿器

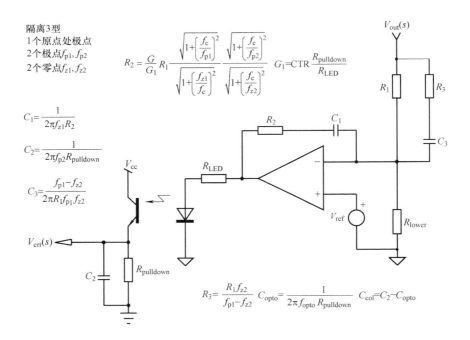

$$R_2 = \frac{G}{G_1}R_1\frac{\sqrt{1+\left(\frac{f_c}{f_{p1}}\right)^2}\sqrt{1+\left(\frac{f_c}{f_{p2}}\right)^2}}{\sqrt{1+\left(\frac{f_{z1}}{f_c}\right)^2}\sqrt{1+\left(\frac{f_c}{f_{z2}}\right)^2}} \quad G_1=\text{CTR}\frac{R_{\text{pulldown}}}{R_{\text{LED}}}$$

$$C_1 = \frac{1}{2\pi f_{z1}R_2}$$

$$C_2 = \frac{1}{2\pi f_{p2}R_{\text{pulldown}}}$$

$$C_3 = \frac{f_{p1}-f_{z2}}{2\pi R_1 f_{p1}f_{z2}}$$

$$R_3 = \frac{R_1 f_{z2}}{f_{p1}-f_{z2}} \quad C_{\text{opto}} = \frac{1}{2\pi f_{\text{opto}}R_{\text{pulldown}}} \quad C_{\text{col}}=C_2-C_{\text{opto}}$$

图 5.67　与光电耦合器直接连接的隔离型 3 型补偿器

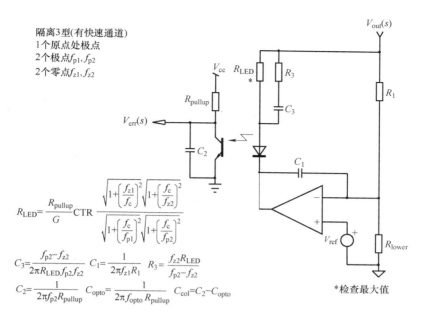

图 5.68　具有快速通道的隔离型 3 型补偿器

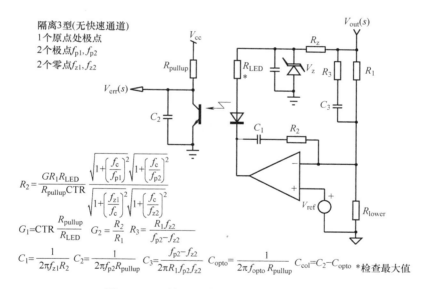

图 5.69　无快速通道的隔离型 3 型补偿器

附录 5B　使用 k 因子自动计算元件参数

k 因子是 Dean Venable 在文献 [1] 中描述的一种方法。首先从第 4 章中导出的公式可决定单个或者双个零极点对的位置；随后，Dean Venable 的想法是将他的 k 因子定义推广到所有补偿器的 R 和 C 参数的计算中。当时，这个方法只能用于基于运算放大器的补偿电路，这也是这个分析方法的局限性。对于初学者来说，该方法的好处是不需要操作极点、零点或 0dB

穿越极点的位置，因为这些值并不会出现在元件值的计算中。该方法的缺点是穿越频率总是需要放置在极点和零点的几何平均值处，即不能将它们分开以满足特定设计需求。这就是为什么在本书中，无论是否需要重合的极点/零点，都是手动放置单个极点和零点位置以获得最佳的灵活性的原因。

由于该方法很受欢迎，为了便于解释，将展示如何使用 k 因子得到基于运算放大器的补偿器的元件值。

1 型补偿器

1 型补偿器不需要特别处理，因为无需放置极点或零点，而是配置 0dB 穿越的原点处的极点。还可以将 1 型视为 2 型补偿器极点和零点重合时的特例，在这种情况下，k 的定义为

$$k = \tan\left(\frac{\text{boost}}{2} + \frac{\pi}{4}\right) \tag{5.329}$$

由于 1 型中的相位提升为 $0°$，则式（5.329）定义的 k 简化为 1。本章开始部分给出的式（5.7）~式（5.9）即是 Dean Venable 在他的论文中得出的公式。

2 型补偿器

图 5.5 所示的 2 型补偿器需要通过一些代数运算来求出设计公式中 k 的值。基于运放的 2 型补偿器的极点、零点位置和中频段增益 G 表达式如下：

$$G = \frac{R_2}{R_1} \frac{C_1}{C_1 + C_2} \tag{5.330}$$

$$\omega_z = \frac{1}{R_2 C_1} \tag{5.331}$$

$$\omega_p = \frac{1}{R_2 \dfrac{C_1 C_2}{C_1 + C_2}} \tag{5.332}$$

第 4 章中将极点、零点位置与穿越频率点联系起来的公式如下：

$$\omega_p = k\omega_c \tag{5.333}$$

$$\omega_z = \frac{\omega_c}{k} \tag{5.334}$$

由式（5.330）可以计算得到

$$R_2 = \frac{GR_1(C_1 + C_2)}{C_1} \tag{5.335}$$

令式（5.332）和式（5.333）相等，联立求解 R_2 的另一种表达为

$$R_2 = \frac{C_1 + C_2}{C_1 C_2 \omega_c k} \tag{5.336}$$

根据式（5.335）和式（5.336）相等可得到 C_2 为

$$\frac{G \cdot R_1(C_1 + C_2)}{C_1} = \frac{C_1 + C_2}{C_1 C_2 \omega_c k} \tag{5.337}$$

将式（5.337）简化可得

$$C_2 = \frac{1}{\omega_c GkR_1} = \frac{1}{2\pi f_c GkR_1} \tag{5.338}$$

若再令式（5.331）和式（5.334）相等可得 R_2

$$R_2 = \frac{k}{C_1 \omega_c} \tag{5.339}$$

与式（5.336）结合可以求 C_1 为

$$\frac{k}{C_1 \omega_c} = \frac{C_1 + C_2}{C_1 C_2 \omega_c k} \tag{5.340}$$

即

$$C_1 = C_2 (k^2 - 1) \tag{5.341}$$

R_2 则可由式（5.339）得出

$$R_2 = \frac{k}{2\pi f_c C_1} \tag{5.342}$$

应注意的是在这些公式中，G 是穿越频率 f_c 处所需的增益。

3 型补偿器

3 型补偿器如图 5.46 所示，本章已经推导了极点和零点对的位置，若认为极点和零点分别重合，可以得到

$$\omega_{z1,2} = \frac{1}{R_2 C_1} = \frac{1}{(R_1 + R_3) C_3} \tag{5.343}$$

$$\omega_{p1,2} = \frac{1}{R_2 \dfrac{C_1 C_2}{C_1 + C_2}} = \frac{1}{R_3 C_3} \tag{5.344}$$

穿越频率点增益 G 与极点/零点位置有关，如下：

$$G = \frac{R_2}{R_1} \frac{C_1}{C_1 + C_2} \frac{\sqrt{1 + \left(\dfrac{\omega_{z1,2}}{\omega_c}\right)^2}\sqrt{1 + \left(\dfrac{\omega_c}{\omega_{z1,2}}\right)^2}}{1 + \left(\dfrac{\omega_c}{\omega_{p1,2}}\right)^2} \tag{5.345}$$

第 4 章中将极点、零点位置与穿越频率点关联起来的公式如下：

$$\omega_{p1,2} = k\omega_c \tag{5.346}$$

$$\omega_{z1,2} = \frac{\omega_c}{k} \tag{5.347}$$

将式（5.346）和式（5.347）中的极点和零点代入式（5.345）中，则有

$$G = \frac{R_2 C_1 k^2 \sqrt{\dfrac{k^2 + 1}{k^2}}}{R_1 (C_1 + C_2) \sqrt{k^2 + 1}} = \frac{C_1 R_2 k}{R_1 (C_1 + C_2)} \tag{5.348}$$

将式（5.343）和式（5.347）联立可得到 R_2 的表达式，并将其代入式（5.348），则有

$$R_2 = \frac{k}{\omega_c C_1} \tag{5.349}$$

$$G = \frac{k^2}{R_1 \omega_c (C_1 + C_2)} \tag{5.350}$$

将式（5.346）和式（5.344）联立，并用式（5.349）中 R_2 的定义替换，可得

$$\omega_c k = \frac{\omega_c (C_1 + C_2)}{k C_2} \tag{5.351}$$

于是有

$$C_1 = C_2(k^2 - 1) \tag{5.352}$$

将式（5.352）代入式（5.350），可求得

$$C_2 = \frac{1}{2\pi f_c R_1 G} \tag{5.353}$$

重点关注由式（5.349）给出的 R_2，这里可以采用这个值（也等于 Dean Venable 给出的值），也可用式（5.352）和式（5.353）进一步推导得

$$R_2 = \frac{k}{\omega_c C_2(k^2 - 1)} = \frac{R_1 G \cdot k}{(k^2 - 1)} \tag{5.354}$$

从式（5.344）可得

$$R_3 = \frac{C_1 C_2 R_2}{C_3(C_1 + C_2)} \tag{5.355}$$

由式（5.343）则可得

$$R_2 = \frac{C_3(R_1 + R_3)}{C_1} \tag{5.356}$$

将式（5.356）代入式（5.355），可以得到

$$R_3 = \frac{C_2(R_1 + R_3)}{C_1 + C_2} \tag{5.357}$$

将式（5.357）进行整理可求解

$$R_3 = \frac{C_2 R_1}{C_1} \tag{5.358}$$

则根据式（5.352）可以定义 C_2/C_1 为

$$\frac{C_2}{C_1} = \frac{1}{k^2 - 1} \tag{5.359}$$

于是 R_3 可完全由式（5.360）定义

$$R_3 = \frac{R_1}{k^2 - 1} \tag{5.360}$$

联立式（5.344）和式（5.346）并进行求解，可以得到

$$\omega_c k = \frac{1}{R_3 C_3} \tag{5.361}$$

即

$$C_3 = \frac{1}{2\pi f_c R_3 k} \tag{5.362}$$

至此，所有方程式都已推导完毕了。这些方程式与 Dean Venable 导出的方程式的差异是 k 值不同。这里采用类似于第 4 章针对 3 型补偿器的定义，如式（4.123）所示，而 Venable 先生特意将式（5.329）进行平方

$$k_{\text{Venable}} = \left[\tan\left(\frac{\text{boost}}{2} + \frac{\pi}{4}\right) \right]^2 \tag{5.363}$$

因此在其所有方程中都使用 $\sqrt{k}$ 代替，显然最终结果是相似的。图 5.70 ~ 图 5.72 给出了三种不同补偿器类型中 k 因子定义的总结。

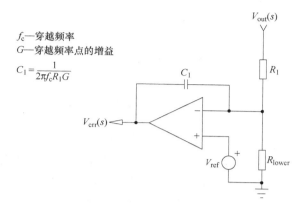

f_c—穿越频率

G—穿越频率点的增益

$$C_1 = \frac{1}{2\pi f_c R_1 G}$$

图 5.70　1 型补偿器，具有原点处极点

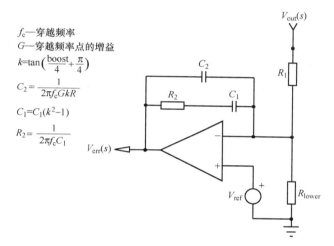

f_c—穿越频率

G—穿越频率点的增益

$$k = \tan\left(\frac{\text{boost}}{4} + \frac{\pi}{4}\right)$$

$$C_2 = \frac{1}{2\pi f_c G k R}$$

$$C_1 = C_1(k^2 - 1)$$

$$R_2 = \frac{1}{2\pi f_c C_1}$$

图 5.71　2 型补偿器，参数由 k 因子来定义

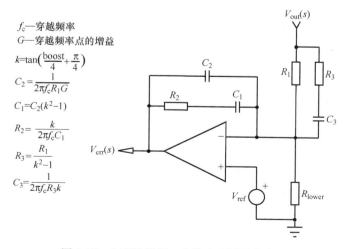

f_c—穿越频率

G—穿越频率点的增益

$$k = \tan\left(\frac{\text{boost}}{4} + \frac{\pi}{4}\right)$$

$$C_2 = \frac{1}{2\pi f_c R_1 G}$$

$$C_1 = C_2(k^2 - 1)$$

$$R_2 = \frac{k}{2\pi f_c C_1}$$

$$R_3 = \frac{R_1}{k^2 - 1}$$

$$C_3 = \frac{1}{2\pi f_c R_3 k}$$

图 5.72　3 型补偿器，参数由 k 因子来定义

参考文献

[1]　Venable, D., "The k Factor: A New Mathematical Tool for Stability Analysis and Synthesis," *Proceedings of Powercon 10*, 1983, pp. 1–12.

附录5C　光电耦合器

在隔离结构中，副边信息必须通过隔离器件传送到非隔离的原边侧。当前有许多隔离传送的方法，但最流行的方法是使用称为光电耦合器的光学元件。在所有示例中，了解到这个器件影响传递函数的一些参数，如电流传输比和自身的极点。尽管花了大量的精力来配置零极点以获得预期的相位裕度和增益裕度，但如果不考虑光电耦合器对最终传递函数的影响，那么其插入可能会破坏原先的所有设计。了解如何提取光电耦合器参数并理解它们是如何变化的，对于设计一个可靠的变换器至关重要。

光传输

光电耦合器是由双极晶体管和砷化镓（GaAs）LED 元件构成，封装在塑料外壳中。它可以在变压器隔离的二次侧和变换器的初级侧之间提供 2.5 ~ 6kV 的电气隔离。电气隔离一词来自意大利科学家 Luigi Galvani，他在 18 世纪研究了电对肌肉的影响。

有许多与光电耦合器有关的制造技术，文献［1］非常详细地回顾了装配技术。其中，平面技术是将二极管和晶体管放置在同一平面中，并将它们通过引线连接到公共引线框架。图 5.73 显示了平面光电耦合器的简化图，其中硅树脂圆顶将 LED 光束反射至晶体管集电极-基极结上，光束发出的光子由晶体管的基极收集并产生集电极电流。由于 LED 和晶体管连接之间不存在电接触，因此自然实现了电气隔离。

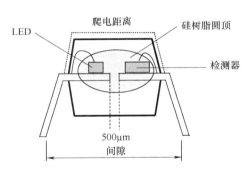

图 5.73　光电耦合器结构的简化图

电流传输比

流入晶体管的集电极的电流 I_c 取决于 LED 发射的光子数量。由于光强度直接由 LED 偏置电流 I_F 决定，因此这两个电流之间必然存在关联，即称为电流传输比（CTR），其定义为

$$\mathrm{CTR}(\%) = \frac{I_c}{I_F} \times 100\% \tag{5.364}$$

CTR 受许多外部参数的影响，如温度、LED 电流、晶体管增益离散性等。图 5.74 示出了 LED 正向电流对光电耦合器 CTR 的影响，从图中可以看到随着 LED 电流的变化，CTR 有较大的变化，测试的光电耦合器型号为 CEL PS2913。

在现代消费电子电源中，待机功耗甚至需要考虑到毫瓦级别，LED 的驱动电流会低到几百微安，这种情况可能会导致 CTR 崩溃以及有较严重的批次分散性问题。对于给定的光电耦合器，当 LED 偏置

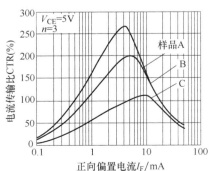

图 5.74　CTR 与 LED 电流的关系

电流为几毫安时，CTR 在 60% ~ 120% 范围内变化，这是较为常见的数值。当 LED 电流为 300μA 时，CTR 低于 30%，环路增益将减小 4 倍或者 – 12dB。

在隔离式交流-直流（AC-DC）变换器中，无论采用何种反馈控制（运放、TL431 等），光电耦合器都在反馈路径上，CTR 都会影响增益。通常，中频段增益用来补偿变换器输出级的增益不足，并且控制环的穿越频率通常也在这个频段。如果根据 CTR 为最高的 120% 来设计补偿器参数，当某些情况下 CTR 为 30% 时，穿越频率会有很大的误差。理论上，设计人员需确保环路增益幅度 $|T(s)|$ 以 – 1 的斜率穿过 0dB 线，以确保这个点的相位滞后可控。若由于 CTR 从 120% 下降到 30%，使环路增益降低 12dB，则穿越频率也会降低 4 倍，即假设初始设计的穿越频率为 1kHz，最终得到的是 250Hz！若在新的穿越频率处相位裕度受限，变换器可能会出现不稳定现象，甚至无法通过测试。因此，设计员需了解自己所选择器件的 CTR 变化范围，并需意识到产品离散性会降低穿越频率处的相位裕度。

光电耦合器极点

由于 LED 发射的光子被光电耦合器中的双极晶体管的集电极-基极收集，为了最大化所收集的通量，一般特意扩大了相关区域，因此便会使得集电极和基极之间的寄生电容恶化。在补偿器的电路中，米勒等效电容会严重影响补偿器的相位裕度，这主要与晶体管增益 β 相关。为了理解该元件的影响，一种典型的接法如图 5.75 所示，与补偿器的类型、是否基于运放或者 TL431 无关。在这种方法中，通常推荐的做法是在所用控制器的控制引脚（图中标记为 FB）和地之间添加一个电容 C_{col}，这会引入了一个极点

$$f_{\text{p}} = \frac{1}{2\pi R_{\text{pullup}} C_{\text{col}}} \tag{5.365}$$

而一旦将光电耦合器与控制引脚相连，便会在集电极和发射极之间增加寄生电容。图 5.76 给出了一种简化的低频小信号光电耦合器模型，从图中可以看出寄生电容会与上拉电阻（或共集电极接法的下拉电阻）耦合，引入极点 f_{opto} 如下：

$$f_{\text{opto}} = \frac{1}{2\pi R_{\text{pullup}} C_{\text{opto}}} \tag{5.366}$$

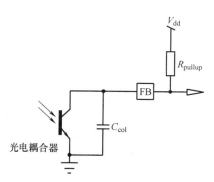

图 5.75　光电耦合器集电极通常连接到一个上拉电阻，与电容 C_{col} 产生一个极点

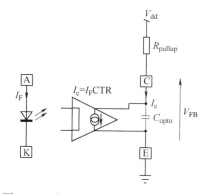

图 5.76　光电耦合器的简化小信号模型

寄生电容 C_{opto} 会与外加的电容 C_{col} 合并，则极点会转移到

$$f_{\text{p}} = \frac{1}{2\pi R_{\text{pullup}} (C_{\text{col}} + C_{\text{opto}})} \tag{5.367}$$

若寄生电容大于 C_{col}，便会影响上述的补偿策略。因此，一旦光电耦合器的寄生电容已知，就必须从所需的总电容中减去它（通常在补偿器中为 C_2），以确保 C_{opto} 和 C_{col} 的和符合设计要求。

$$C_{col} = C_2 - C_{opto} \tag{5.368}$$

有时会出现 C_{opto} 大于 C_2 的情况，即式（5.368）返回负值。对于这个问题，解决方案是找寻新的零极点组合，可能需要通过减小设定的穿越频率。这里建议 C_{col} 至少为 100pF 并靠近控制器反馈引脚放置。由于反馈引脚通常是高阻抗且远离光电耦合器，则这种放置会极大地提高了对杂散噪声的抗扰度。

提取光电耦合器极点

目前有许多种方法来得到光电耦合器极点的位置，如阅读数据表并查找频率响应曲线或时序图。但个人认为最好的方法是利用快速测试电路单独对光电耦合器进行交流小信号扫描，这样可以基于与变换器中一样的直流条件和相同的元件进行测试。

图 5.77 描述了一种可测试极点位置的光电耦合器测试电路。其中 V_{bias} 电源为此共发射极接法提供直流的工作点，可以微调电压使得光电耦合器集电极上的电压约为 $V_{dd}/2$（如若 $V_{dd} = 5V$，则其约为 2V），以确保在交流扫描开始时有足够的动态电压范围。应注意的是，R_{pullup} 和 R_{LED} 可以相同，在这种情况下低频增益将与 CTR 相等，一般 R_{bias} 约为几千欧姆。

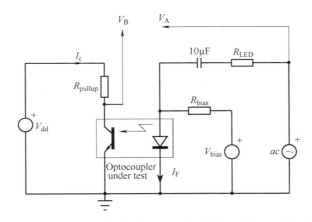

图 5.77　一个简单的测试电路，使集电极工作在线性区域，交流调制 LED 电流

交流扫描最简单方法是使用的网络分析仪来，它可以直接计算 $20\log_{10} V(B)/V(A)$，伯德图会立即出现在计算机屏幕上。找到与低频增益偏差 $-3dB$ 的点，就是极点的位置。使用 SFH615A-2 光电耦合器为例进行测试，上拉电阻为 $4.7k\Omega$，在 5V 直流源 V_{dd} 情况下可以在集电极上产生约 1 毫安的最大电流。其结果如图 5.78 所示，极点位置在 10kHz。若将上拉电阻变为 $15k\Omega$，则极点位于 3kHz。基于 10kHz 的极点和式（5.366），可得光电耦合器的电容为 3.4nF。同时从图 5.78 中也可以看出，改变直流工作点（不同的 V_{ce} 电压）不会影响极点的位置。请注意，光电耦合器在高频处还有第二个极点，在光电耦合器简化的一阶模型中没有考虑这个极点，如果穿越频率很高，就需要考虑这个第二极点。

若不使用网络分析仪，仍然可以找到极点位置。使用正弦信号发生器作为交流电源，并用示波器观察集电极电压，如采用频率为 100Hz 的正弦信号。采用较小的调制信号，以避免对观测信号的影响，具体的操作为：调整并偏移示波器相关通道的垂直位置，使信号以集电

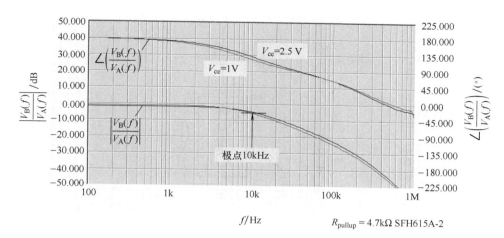

图 5.78 找到与低频段增益差 −3dB 的点即为极点，本例中极点为 10kHz

极直流电压为中心，并且信号覆盖屏幕中间线以上及以下的五格。然后增加频率直到调制峰值幅度下降到大约 3.5 格（峰峰值总共 7 格），该点相对于 100Hz 参考频率有 −3dB 下降，即为极点频率。根据上述步骤，图 5.79 给出了示波器辨别出 1kHz 极点的波形。

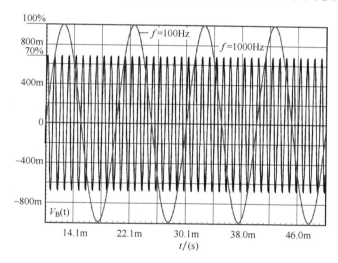

图 5.79 用示波器直观地提取极点位置（本例中极点位于 1kHz 处）

观测 LED 动态电阻

在有快速通道的场合，总增益仅取决于光电耦合器的 CTR、上拉电阻和 LED 串联电阻，如式（5.66）所示。其中 LED 串联电阻受到二极管正向电压（≈1V）和 TL431 最低工作电压（2.5V）决定的直流工作点限制。在输出低电压应用（例如，5V）中，该电阻就很小，大约在 100Ω，在这种情况下，LED 的动态电阻 R_d 就不能被忽略。此外，LED 并联的偏置电阻 R_{bias} 也会抽取部分反馈电流从而影响总的增益，图 5.80 是简化的交流小信号电路图，突显出了 LED 周围的元件。由于这些小的地方往往被忽视，也就是增益出现偏差的原因，因此下面这些方程可以帮助理解这些元件的作用以及它们如何相互影响。反馈电压取决于上拉电阻和集电极上的电流，有

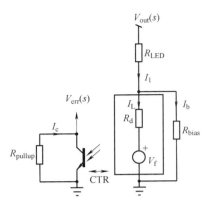

图 5.80　全部的增益回路，包括 LED 串联电阻和偏置电阻，这些都会影响增益

$$V_{\text{err}}(s) = -I_{\text{c}}(s)R_{\text{pullup}} = -I_{\text{L}}(s)R_{\text{pullup}}\text{CTR} \tag{5.369}$$

总交流电流 I_1 在 LED 和偏置电阻 R_{bias} 之间分流，但只有 LED 上的电流参与反馈。因此，偏置电阻会"窃取"环路的电流。因此在交流中（V_{f} 是常数并且在交流中等于 0），LED 上电流可表示为

$$I_{\text{L}}(s) = I_1(s)\frac{R_{\text{bias}}}{R_{\text{bias}} + R_{\text{d}}} = \frac{V_{\text{out}}(s)}{R_{\text{LED}} + R_{\text{bias}} \parallel R_{\text{d}}}\frac{R_{\text{bias}}}{R_{\text{bias}} + R_{\text{d}}} \tag{5.370}$$

用式（5.370）代入式（5.369），则得到光电耦合器单独的传递函数为

$$\frac{V_{\text{err}}(s)}{V_{\text{out}}(s)}\bigg|_{s=0} = -\frac{R_{\text{pullup}}\text{CTR}}{R_{\text{LED}} + R_{\text{bias}} \parallel R_{\text{d}}}\frac{R_{\text{bias}}}{R_{\text{bias}} + R_{\text{d}}} \tag{5.371}$$

从式（5.371）中可以看出 R_{d} 和 R_{bias} 都会影响增益，通常取 R_{bias} 为 $1\text{k}\Omega$，可以为 TL431 提供所需的毫安级偏置电流。若 R_{d} 小于 R_{bias}，则会有较少的交流电流流入 R_{bias}，即增益不会受其影响。相反，若 R_{d} 变得不可忽略，则整个增益会减少。那么光电耦合器中 LED 动态电阻大概在什么数值？

图 5.81 显示了光电耦合器在不同偏置电流与工作温度之间的特性，从图中可以看出，动态电阻会随着工作电流的变化而变化，其特性与二极管一样。对于动态电阻的提取则是根据工作点附近的曲线，求出较小的电流变化时电压的变化，即

$$R_{\text{d}} = \frac{\Delta V_{\text{f}}}{\Delta I_{\text{d}}} \tag{5.372}$$

从图 5.81 可以看出在 $300\mu\text{A}$ 的集电极电流下，动态电阻约为 160Ω。现代 PWM 控制器通常就是这种情况，通过提供较大的内部上拉电阻（通常介于 $10 \sim 20\text{k}\Omega$ 之间）来降低空载时的损耗。除此之外，将上拉电阻 R_{pullup} 减小至 $1\text{k}\Omega$，即此时集电极电流为 1mA，可以看出动态电阻降为 40Ω。针对 5V 输出的变换器，利用式（5.371），假设 $R_{\text{LED}} = 150\Omega$，$\text{CTR} = 0.3$，$R_{\text{pullup}} = 20\text{k}\Omega$，可求出不同 LED 动态电阻时的增益

$$\begin{cases} G_1\big|_{R_{\text{d}}=0\Omega} \approx 32\text{dB} \\ G_2\big|_{R_{\text{d}}=40\Omega} \approx 30\text{dB} \\ G_3\big|_{R_{\text{d}}=160\Omega} \approx 25\text{dB} \end{cases} \tag{5.373}$$

从计算结果可以看出，当动态电阻等于零和 LED 工作在低正向电流时，有 7dB 的增益误

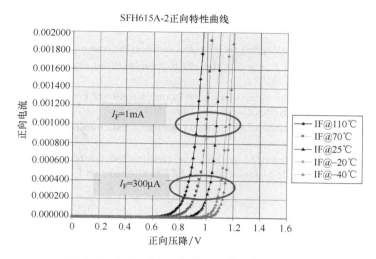

图 5.81　LED 动态电阻取决于其工作正向电流

差。而中频段 7dB 的增益差异会导致交越频率 2.2 倍的偏差，设计的频率为 1kHz，实际得到的穿越频率为 500Hz。

良好的设计实践

从上述分析，可以看到 CTR、LED 动态电阻和寄生极点都会影响光电耦合器的响应，改善其中任何一个关键因素则取决于所需的设计性能。如果在电池充电场合需要很低的待机功耗（如笔记本电脑适配器），可能不需很宽的宽带，因此则采用较大的上拉电阻和较小的集电极电流，而光电耦合器较低的 CTR 和较低的光电耦合器极点也不会影响系统的性能。相反，如果响应时间和带宽是系统的关键指标，可采用小的上拉电阻值（例如 1kΩ），使光电耦合器的极点频率远高于穿越频率，同时也减小了 LED 动态电阻。但是应注意的是，光电耦合器的使用寿命很大程度上取决于 LED 正向电流。随着光电耦合器的老化，发射光子会减弱，便会影响传输特性。因此降低 LED 上的电流可以减缓这种老化过程，但以动态特性不佳为代价。现在许多光电耦合器已经改善了老化、温度等问题，Vishay 的 IL300 就是其中一个代表，其使用传感器监控 LED 并调节其工作电流，以保持发射的通量恒定，关于此产品的更多信息，可以参阅其数据手册。

Sharp、Vishay 和 CEL 是光电耦合器的主要生产公司，在其制造的这些光电耦合器中，PC817 和 SFH615 系列最受欢迎，可以在许多笔记本适配器、电视和 DVD 播放器等的隔离电源中找到它们。若想要设计高带宽的变换器，则不建议使用有高电流传输比（CTR）的光电耦合器。为了有最大化电流的传输比，制造商会特意增大收集 LED 光子的晶体管区域，所有与之相关的寄生电容也都会增加，并影响切换时间。相反选择低的 CTR 光电耦合器可以确保有更小的内部晶体管，自然也具有较小的米勒电容。

若出现不能使用光电耦合器的情况，原边和副边之间可用磁链耦合，文献 [5] 则详细探讨了这种解决方案。

最后还需说明的一点是，当设计完成后，无论采用何种隔离方式，均需要考虑元件的温度特性和批次离散性，以确保在各种情况下有足够的相位裕度。这也是设计到规模化生产所必须考虑的因素。

参考文献

[1]　Power 4-5-6, Ridley Engineering, www.ridleyengineering.com.

[2]　Basso, C., *Switch Mode Power Supplies: SPICE Simulations and Practical Designs*, New York: McGraw-Hill, 2008.

[3]　Basso, C., "Eliminate the Guesswork in Selecting Crossover Frequency," PET, August 1, 2008, http://powerelectronics.com/issue_20080801.

[4]　Kek, T., and L. Tan, "Stacked LED Makes Compact Optocouplers," *EE Times Asia*, April 2005.

[5]　Irving, B., and M. Jovanović, "Analysis and Design Optimization of Magnetic Feedback Control Using Amplitude Modulation," *IEEE Transactions on Power Electronics*, Vol. 24, No. 2, February 2009.

第6章
基于跨导型运算放大器的补偿器

跨导型运算放大器（OTA）是一种压控电流源电路[1]，增益特性受跨导因子 g_m 影响。g_m 可被定义为

$$g_m = \frac{\Delta I_{out}}{\Delta V_{in}} \qquad (6.1)$$

式中，ΔI_{out} 表示由于输入端电压改变量 ΔV_{in} 所引起的放大器输出电流的变化量。

在直流情况下，输出电流通过将同相输入端与反相输入端的差乘以跨导因子得到

$$\varepsilon = V_{(+)} - V_{(-)} \qquad (6.2)$$

$$I_{out} = \varepsilon g_m \qquad (6.3)$$

这种放大器的符号如图 6.1 所示。可以看到跨导值 g_m，其单位是安培每伏特，或者在国际单位系统中为西门子。符号"mhos"和反向的欧米伽符号 ℧ 已不再被使用。假设例子中 g_m 的值为 200μS，如果将 1V 的电压加在 OTA 的输入端，它将输出 200μA 电流，在 1kΩ 的负载电阻上引起 200mV 的电压差。

输出电压由式（6.4）表示，由于反向输入端接地，$\varepsilon = V_{in}$，则

$$V_{out} = I_{out}R_1 = V_{in}g_mR_1 \qquad (6.4)$$

由这个等式，增益可以化简为

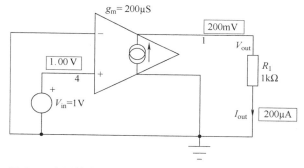

图 6.1　由压控电流源组成的最简化的跨导型运算放大器（它将输入电压信号转换为电流输出）

$$\frac{V_{out}}{V_{in}} = R_1 g_m \qquad (6.5)$$

由这个表达式可知，如果用一个由电阻与电容组成的复杂网络替换 R_1，可得到一种引入极点与零点的方法，和基于运算放大器的方式完全一致。

OTA 不如分立的运算放大器那样受到欢迎，然而，经常会在功率因数校正控制器中找到他们。由于没有虚拟接地，使得反相端的电压信号可用于检测变换器输出过电压的情况。同时，从设计上说，他们需要的芯片面积比常用的运算放大器小。下面首先介绍一下简单的 OTA 补偿电路；1 型补偿器。

6.1　1 型补偿器：原点处极点

图 6.2 给出了基于 OTA 的 1 型补偿电路，图 6.1 中的电阻由电容 C_1 取代。变换器输出电

压 V_{out} 由 R_1 与 R_{lower} 串联分压后加在反相输入端。

$$V_{(+)}(s) - V_{(-)}(s) = V_{out}(s)\frac{R_{lower}}{R_{lower} + R_1}$$
$$(6.6)$$

运放的输出电压 $V_{err}(s)$ 等于输出电流与 C_1 阻抗的乘积：

$$V_{err}(s) = I_{err}(s)\frac{1}{sC_1}$$

$$= g_m \frac{1}{sC_1}[V_{(+)}(s) - V_{(-)}(s)]$$
$$(6.7)$$

将式（6.6）代入式（6.7），同时考虑到 $V_{(+)}(s) = 0$，可得

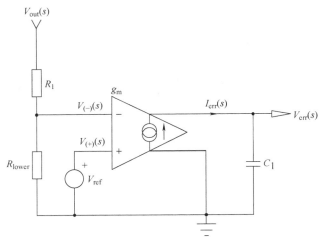

图 6.2　采用 OTA 的 1 型补偿电路
（输出端通过电容连接到地）

$$V_{err}(s) = -g_m \frac{1}{sC_1}\frac{R_{lower}}{R_{lower} + R_1}V_{out}(s)$$
$$(6.8)$$

重新整理这个方程可得所求的传递函数为

$$G(s) = \frac{V_{err}(s)}{V_{out}(s)} = -\frac{1}{sC_1 \dfrac{R_{lower} + R_1}{g_m R_{lower}}} = -\frac{1}{sR_{eq}C_1}$$
$$(6.9)$$

其中，等效电阻的定义为

$$R_{eq} = \frac{R_{lower} + R_1}{g_m R_{lower}}$$
$$(6.10)$$

式（6.9）可以重新写成一个熟悉的形式

$$G(s) = -\frac{1}{\dfrac{s}{\omega_{p0}}}$$
$$(6.11)$$

其中，0-dB 穿越极点频率为

$$\omega_{p0} = \frac{1}{R_{eq}C_1} = \frac{g_m R_{lower}}{(R_{lower} + R_1)C_1}$$
$$(6.12)$$

从式（6.12）可以看到，与普通运放的方式相比，最大的差别在于分压网络以及 OTA 的跨导值都包含在公式之中。对于分压网络，在普通运放电路中，由于虚短的效果，两个端子都具有相同的电势，所以下分压电阻上的电压波动不再存在。而在 OTA 中，没有一个从 V_{err} 到反相端的反馈通路，因此也就没有了虚拟地，如同式（6.6）所示，下分压电阻 R_{lower} 上的扰动不能再被忽略。OTA 的跨导值 g_m 取决于集成电路的设计，它的改变将会影响 0-dB 穿越极点的频率。这些细节很重要，需要在实际应用中确定 g_m 变化对 0-dB 穿越极点频率的影响程度。下面看一个具体的设计实例：

6.1.1　设计实例

假设希望设计一个补偿器，其传递函数在 20Hz 具有 25dB 的衰减率。对于一个 PFC 电路，如果其 400V 输出电压对应的参考电压为 2.5V，采样的上分压电阻 R_1 可选为 4MΩ，下分压电

阻为 $25\text{k}\Omega$，选择的 OTA 跨导为 $100\mu\text{S}$。根据前面基于运放的 1 型补偿器部分推导公式，根据在要求频率出的衰减率/增益来选择 0- dB 穿越极点的频率为

$$f_{p0} = f_c G = 20 \times 10^{-\frac{25}{20}}\text{Hz} = 1.1\text{Hz} \tag{6.13}$$

为了将穿越极点放置在此频率处，根据式（6.12）计算得到电容值为

$$C_1 = \frac{g_m R_{\text{lower}}}{2\pi(R_{\text{lower}} + R_1)f_{p0}} = \frac{100\text{u} \times 25\text{k}}{6.28 \times (25\text{k} + 4\text{Meg})\Omega \times 1.1\text{Hz}} \approx 90\text{nF} \tag{6.14}$$

根据已知的这些元件参数，可以通过图 6.3 的仿真电路进行仿真。

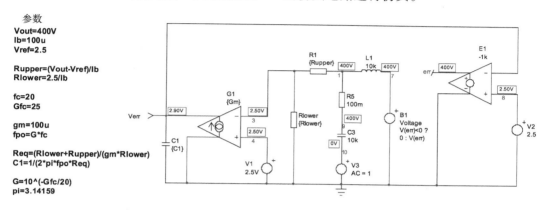

图 6.3　输出 400V 的 OTA 电路，偏置点可自动调整计算

请注意，上面的 OTA 模型是一个最简化的可用模型，即一个压控型的电流源。一个更复杂的模型可具备输出电压上下限的钳位（由控制器的供电电压决定），同时也具备最大电流的限制。但这些额外的元件不会影响整个环路中的交流小信号响应，故仍采用最简单的模型。

仿真结果如图 6.4 所示，证明了计算结果的准确性。滞后相角被定格在 270°，这是一个积分器的正常相位延时。

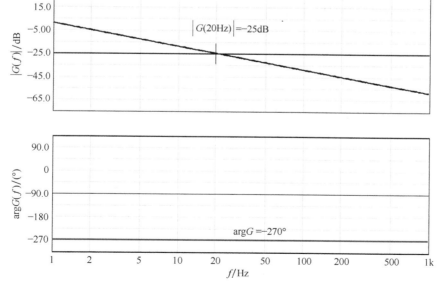

图 6.4　典型的 1 型系统的交流小信号扫频结果

（积分器具备高的直流增益，20Hz 处的增益为 -25dB）

6.2　2 型补偿器：原点处极点与一个零极点对

2 型补偿器电路已经在前一章运放电路中提到，在文献 [2] 中也有说明。它由一对零极点与一个具备高 DC 增益的原点处极点组合而成。通过 OTA 的实现方式如图 6.5 所示。

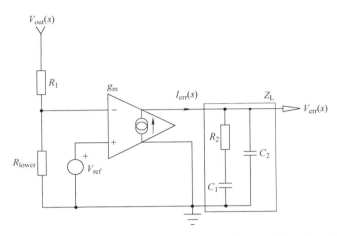

图 6.5　由 OTA 构成的 2 型补偿器，在输出电容 C_2 处增加了 RC 网络

由 OTA 提供的电压由输出电流以及负载阻抗 Z_L 相乘决定

$$V_{err}(s) = I_{err}(s) Z_L(s) \tag{6.15}$$

负载阻抗 Z_L 由两个阻抗网络并联而成

$$Z_L(s) = \left(R_2 + \frac{1}{sC_1}\right) \bigg\| \frac{1}{sC_2} = \frac{\left(R_2 + \frac{1}{sC_1}\right)\frac{1}{sC_2}}{\left(R_2 + \frac{1}{sC_1}\right) + \frac{1}{sC_2}} \tag{6.16}$$

阻抗网络中的电流是由 OTA 反相输入端电压和 OTA 的跨导相乘后得到

$$I_{err}(s) = -g_m V_{out}(s) \frac{R_{lower}}{R_{lower} + R_1} \tag{6.17}$$

将式（6.17）与式（6.16）代入式（6.15）中，可得

$$G(s) = \frac{V_{err}(s)}{V_{out}(s)} = -g_m \frac{R_{lower}}{R_{lower} + R_1} \frac{\left(R_2 + \frac{1}{sC_1}\right)\frac{1}{sC_2}}{\left(R_2 + \frac{1}{sC_1}\right) + \frac{1}{sC_2}} \tag{6.18}$$

重新编排式（6.18），可得

$$G(s) = -\frac{R_{lower}g_m}{R_{lower} + R_1} \frac{1 + sR_2C_1}{s(C_1 + C_2)\left(1 + sR_2\frac{C_1C_2}{C_1 + C_2}\right)} \tag{6.19}$$

提取公因式 SR_2C_1，可以得到用零点与极点表示的表达式

$$G(s) = -\frac{R_{lower}g_m}{R_{lower} + R_1} \frac{R_2C_1}{C_1 + C_2} \frac{1 + \frac{1}{sR_2C_1}}{\left(1 + sR_2\frac{C_1C_2}{C_1 + C_2}\right)} = -G_0 \frac{1 + \omega_z/s}{1 + s/\omega_p} \tag{6.20}$$

在上式中，相关参数定义如下：

$$G_0 = \frac{R_{\text{lower}}}{R_{\text{lower}} + R_1} \frac{g_{\text{m}} R_2 C_1}{C_1 + C_2} \tag{6.21}$$

$$\omega_{\text{z}} = \frac{1}{R_2 C_1} \tag{6.22}$$

$$\omega_{\text{p}} = \frac{1}{R_2 \dfrac{C_1 C_2}{C_1 + C_2}} \tag{6.23}$$

为了得其参数值，需要推导式（6.20）在穿越频率 f_{c} 处的幅值

$$|G(f_{\text{c}})| = G_0 \frac{\sqrt{1 + \left(\dfrac{f_{\text{z}}}{f_{\text{c}}}\right)^2}}{\sqrt{1 + \left(\dfrac{f_{\text{c}}}{f_{\text{p}}}\right)^2}} \tag{6.24}$$

现在将式（6.21）~式（6.24）联立，可得

$$R_2 = \frac{f_{\text{p}} G}{f_{\text{p}} - f_{\text{z}}} \frac{(R_{\text{lower}} + R_1)}{R_{\text{lower}} g_{\text{m}}} \frac{\sqrt{1 + \left(\dfrac{f_{\text{c}}}{f_{\text{p}}}\right)^2}}{\sqrt{1 + \left(\dfrac{f_{\text{z}}}{f_{\text{c}}}\right)^2}} \tag{6.25}$$

$$C_1 = \frac{1}{2\pi f_{\text{z}} R_2} \tag{6.26}$$

$$C_2 = \frac{R_{\text{lower}} g_{\text{m}}}{2\pi f_{\text{p}} G (R_{\text{lower}} + R_1)} \frac{\sqrt{1 + \left(\dfrac{f_{\text{z}}}{f_{\text{c}}}\right)^2}}{\sqrt{1 + \left(\dfrac{f_{\text{c}}}{f_{\text{p}}}\right)^2}} \tag{6.27}$$

这些表达式中，与前面一样，G 代表在穿越频率 f_{c} 处的增益。

有的情况下，电容 C_2 需要比 C_1 小很多。因此，增益的表达式可以被简化为

$$G(s) \approx -\frac{R_2 R_{\text{lower}} g_{\text{m}}}{R_{\text{lower}} + R_1} \frac{1 + \dfrac{1}{sR_2 C_1}}{(1 + sR_2 C_2)} = -G_0 \frac{1 + \omega_{\text{z}}/s}{1 + s/\omega_{\text{p}}} \tag{6.28}$$

假设存在一对零极点且穿越频率被安排在零极点的几何平均值处（$f_{\text{c}} = \sqrt{f_{\text{p}} f_{\text{z}}}$），元件的表达式可进一步写成

$$R_2 = \frac{G(R_{\text{lower}} + R_1)}{R_{\text{lower}} g_{\text{m}}} \tag{6.29}$$

$$C_1 = \frac{1}{2\pi f_{\text{z}} R_2} \tag{6.30}$$

$$C_2 = \frac{1}{2\pi f_{\text{p}} R_2} \tag{6.31}$$

基于上述公式，开始讲解一个设计案例进行说明。

6.2.1 设计实例

这里仍然采用 1 型 OTA 的设计案例，实现 20Hz 处的 25dB 衰减。这一次，希望相位提升为 50°；假设 PFC 的稳定输出仍为 400V，输出采样的上分压电阻 R_1 为 4MΩ，下分压电阻为 25kΩ；所选择的 OTA 跨导为 199μS，参考电压为 2.5V。

关于零极点对配置的问题，正如在零极点一节中详细分析过的，极点可以放置在以下的位置

$$f_p = \left[\tan(\text{boost}) + \sqrt{\tan^2(\text{boost}) + 1} \right] f_c = 2.74 \times 20\text{Hz} = 54.8\text{Hz} \tag{6.32}$$

由于相位提升的峰值位于极点与零点的几何平均值处，零点可放置于

$$f_z = \frac{f_c^2}{f_p} = \frac{400\text{Hz}}{54.8} \approx 7.3\text{Hz} \tag{6.33}$$

根据式（6.25）~ 式（6.27），可得

$$G = 10^{\frac{G_{f_c}}{20}} = 10^{\frac{-25}{20}} = 0.056 \tag{6.34}$$

$$R_2 = \frac{54.8 \times 0.056}{54.8 - 7.3} \times \frac{(25\text{k} + 4\text{Meg})\,\Omega}{25\text{k} \times 100\text{u}} \times \frac{\sqrt{\left(\frac{20}{54.8}\right)^2 + 1}}{\sqrt{\left(\frac{7.3}{20}\right)^2 + 1}} = 104\text{k}\Omega \tag{6.35}$$

$$C_1 = \frac{1}{2\pi f_z R_2} = \frac{1}{6.28 \times 7.3\text{Hz} \times 104\text{k}\Omega} = 211\text{nF} \tag{6.36}$$

$$C_2 = \frac{25\text{k} \times 100\text{u}}{6.28 \times 54.8\text{Hz} \times 56\text{m} \times (25\text{k} + 4\text{Meg})\,\Omega} \times \frac{\sqrt{\left(\frac{7.3}{20}\right)^2 + 1}}{\sqrt{\left(\frac{20}{54.8}\right)^2 + 1}} = 32\text{nF} \tag{6.37}$$

仿真原理图如图 6.6 所示，图中包含了参数的自动计算。仿真结果如图 6.7 所示，可以看出和设计一样，20Hz 具有 −25dB 的增益，相位提升满足设计值 50°。

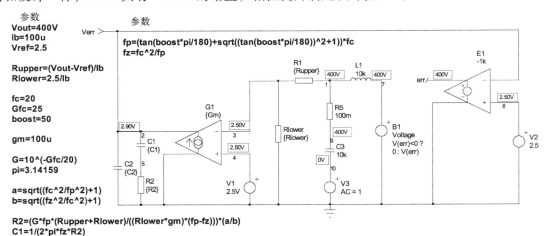

图 6.6　OTA 构成的 2 型补偿电路（左侧为参数自动计算）

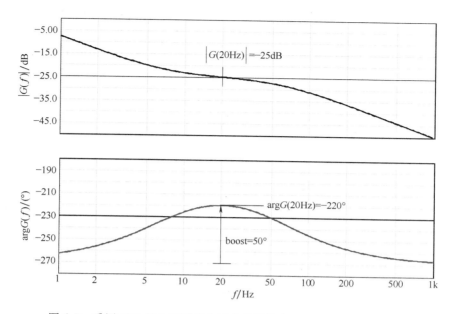

图 6.7　采用 OTA 的 2 型系统交流小信号仿真图（与计算结果吻合）

6.3　光电耦合器与 OTA：一种缓冲的连接方式

OTA 与光电耦合器的组合不是一种常用结构。根据作者的经验，利用 OTA 直接驱动光电耦合器主要应用于手机充电器中，其中副边控制器有两个内部 OTA，其输出直接驱动光电耦合器 LED，如 MC33341（安森美半导体公司）或者 TLE4305（英飞凌公司），如采用后一个控制器，设计者将 OTA 的输出通过一个共集电极连接的 NPN 晶体管驱动 LED。如果直接通过 OTA 驱动 LED，补偿器的增益很低，就算具备原点处极点也无法获得直流高增益。这种结构如图 6.8 所示。

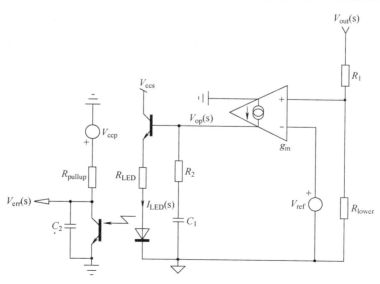

图 6.8　采用 OTA 驱动光电耦合器并不常用，它通常应用于 CC-CV（恒流恒压）控制器，如 MC33341 或 TLE4305（请注意 OTA 的输入端极性，将分压电阻连接到 OTA 的同相端）

在这个例子中，输出电压通过分压电阻网络采样，然后连接到 OTA 同相输入端，而不是反相输入端，这是考虑到这种光电耦合器连接下得到正确的极性（即误差电压随着输出电压 V_{out} 的增加而减小）。流过 LED 的电流就是缓冲以后 OTA 的输出电压除以 LED 的串联电阻 R_{LED}，然而这个电流不仅仅流过 R_{LED}，还包括晶体管基极电阻 h_{11} 或者 r_π 以及 LED 动态电阻 R_d 等串联的阻抗。为简化起见，先忽略这些电阻（但是他们最终将影响计算精度），首先分析 OTA 的输出端电压

$$V_{op}(s) = V_{out}(s)\frac{R_{lower}}{R_{lower}+R_1}g_m\left(R_2+\frac{1}{sC_1}\right) \tag{6.38}$$

在交流小信号下，这个电压等于晶体管发射极电压，流过 LED 的电流为

$$I_{LED}(s) = \frac{V_{op}(s)}{R_{LED}} = V_{out}(s)\frac{R_{lower}}{(R_{lower}+R_1)R_{LED}}g_m\left(R_2+\frac{1}{sC_1}\right) \tag{6.39}$$

通过光电耦合器，LED 的电流经电流传输比 CTR 转化成光电耦合器集电极电流，然后流过与 C_2 并联的 R_{pullup}，产生误差电压

$$V_{err}(s) = -V_{out}(s)\frac{R_{lower}R_{pullup}}{(R_{lower}+R_1)R_{LED}}g_m CTR\left(R_2+\frac{1}{sC_1}\right)\frac{1}{1+sR_{pullup}C_2} \tag{6.40}$$

通过重新整理这个公式，可以得到完整的补偿器传递函数

$$G(s) = \frac{V_{err}(s)}{V_{out}(s)} = -\frac{R_{lower}}{R_{lower}+R_1}\frac{g_m R_{pullup}R_2 CTR}{R_{LED}}\frac{1+1/sR_2C_1}{1+sR_{pullup}C_2} \tag{6.41}$$

可以写成一个更熟悉的形式

$$G(s) = -G_0\frac{1+\omega_z/s}{1+s/\omega_p} \tag{6.42}$$

其中，

$$G_0 = \frac{R_{lower}}{R_{lower}+R_1}\frac{g_m R_{pullup}R_2 CTR}{R_{LED}} \tag{6.43}$$

$$\omega_z = \frac{1}{R_2C_1} \tag{6.44}$$

$$\omega_p = \frac{1}{R_{pullup}C_2} \tag{6.45}$$

这里 OTA 是一个电流源，但它的输出电压上限 VOH，仍然受限于其直流供电电压，这会限制 LED 串联电阻的选择。OTA 的输出电压必须足够高，才能使得光电耦合器的集电极可以将控制器反馈引脚拉到地。基于前一章运放的分析，LED 电阻必须满足

$$R_{LED} \leqslant \frac{R_{pullup}CTR_{min}(VOH-V_{BE}-V_f)}{V_{ccp}-V_{CE,sat}} \tag{6.46}$$

在有些电路中，LED 的电阻是内部集成的，因此需要检查其是否满足式（6.46）。

6.3.1 设计实例

本例中将设计一个可恒流-恒压（CC-CV）工作的变换器电压环路。假设需要在 1kHz 产生 10dB 的增益，同时相位提升 50°。假设参数如下：

VOH = 5V，OTA 最大输出电压；

$V_f = 1V$，LED 的导通电压；

$V_{CE,sat} = 0.3V$，光电耦合器饱和压降；

$V_{BE} = 0.65V$，OTA 输出双极性晶体管缓冲器基极-发射极电压；

$V_{\text{ccp}} = 5\text{V}$，原边的上拉电平 V_{cc}；

$V_{\text{ccs}} = 5\text{V}$，副边的供电电压；

$R_{\text{pullup}} = 20\text{k}\Omega$，光电耦合器上拉电阻；

$g_{\text{m}} = 1\text{mS}$，OTA 的跨导值；

$\text{CTR}_{\text{min}} = 0.9$，光电耦合器的最小电流传输比；

$R_1 = 38\text{k}\Omega$，检测输出变量的上分压电阻；

$R_{\text{lower}} = 10\text{k}\Omega$，检测输出变量的下分压电阻；

$f_{\text{opto}} = 6\text{kHz}$，由 R_{pullup} 决定的光电耦合器固有极点频率。

根据已有的这些参数，由式（6.46）计算出 LED 最大串联电阻为

$$R_{\text{LED,max}} = \frac{R_{\text{pullup}}\text{CTR}(\text{VOH} - V_{\text{BE}} - V_{\text{f}})}{V_{\text{ccp}} - V_{\text{CE,sat}}} = \frac{20\text{k}\Omega \times 0.3 \times (5 - 0.65 - 1)}{5 - 0.3} = 4.3\text{k}\Omega \qquad (6.47)$$

采用 TLE-4305 集成电路，内部集成了与晶体管发射极串联的 $1\text{k}\Omega$ 电阻，因此在要求范围内。穿越频率为 1kHz，为得到 50° 的相位提升，极点频率为

$$f_{\text{p}} = [\tan(\text{boost}) + \sqrt{\tan^2(\text{boost}) + 1}]f_{\text{c}} = 2.74 \times 1\text{kHz} = 2.74\text{kHz} \qquad (6.48)$$

由于相位提升的峰值出现在极点与零点的几何平均值处，零点位置为

$$f_{\text{z}} = \frac{f_{\text{c}}^2}{f_{\text{p}}} = \frac{1\text{k}^2\text{Hz}}{2.74\text{k}} \approx 365\text{Hz} \qquad (6.49)$$

为了适当地调整中频段增益，需要计算 R_2 的值。从式（6.42）可得补偿器的幅值，据此可以求得电阻值，即

$$|G(f_{\text{c}})| = G_0 \frac{\sqrt{1 + \left(\dfrac{f_{\text{z}}}{f_{\text{c}}}\right)^2}}{\sqrt{1 + \left(\dfrac{f_{\text{c}}}{f_{\text{p}}}\right)^2}} \qquad (6.50)$$

将式（6.43）的 G_0 代入式（6.50）中，可得

$$R_2 = \frac{G(R_{\text{lower}} + R_1)R_{\text{LED}}}{R_{\text{lower}}R_{\text{pullup}}g_{\text{m}}\text{CTR}} \frac{\sqrt{1 + \left(\dfrac{f_{\text{c}}}{f_{\text{p}}}\right)^2}}{\sqrt{1 + \left(\dfrac{f_{\text{z}}}{f_{\text{c}}}\right)^2}} \qquad (6.51)$$

在这个方程中，G 对应于在穿越频率处的增益。当需要 10dB 的增益时

$$G = 10^{\frac{Gf_{\text{c}}}{20}} = 10^{\frac{10}{20}} = 3.16 \qquad (6.52)$$

将这个值代入式（6.50）中，得 $R_2 = 2.5\text{k}\Omega$。电容 C_1 与 C_2 的参数也可以根据式（6.44）与式（6.45）求得

$$C_1 = \frac{1}{2\pi R_2 f_{\text{z}}} = \frac{1}{6.28 \times 2.5\text{k}\Omega \times 365\text{Hz}} = 174\text{nF} \qquad (6.53)$$

与上拉电阻一同形成 2.74kHz 极点的总电容值为

$$C_2 = \frac{1}{2\pi f_{\text{p}} R_{\text{pullup}}} = \frac{1}{6.28 \times 2.74\text{kHz} \times 20\text{k}\Omega} = 2.9\text{nF} \qquad (6.54)$$

这个容值实际上由与光电耦合器寄生电容与外部并联的电容共同组成，光电耦合器寄生电容为

$$C_{\text{opto}} = \frac{1}{2\pi f_{\text{opto}} R_{\text{pullup}}} = \frac{1}{6.28 \times 6\text{kHz} \times 20\text{k}\Omega} = 1.3\text{nF} \tag{6.55}$$

外部电容 C_{col} 为

$$C_{\text{col}} = C_2 - C_{\text{opto}} = 2.9\text{nF} - 1.3\text{nF} = 1.6\text{nF} \tag{6.56}$$

至此已经完成了所有的设计。仿真电路如图 6.9 所示，在 12V 输出下电路的偏置正确。请注意钳位二极管 VD_1 与 VD_2 用于在偏置点计算时限制压控电流源输出的上下限。

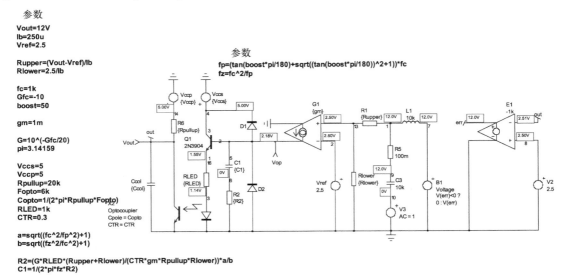

图 6.9 OTA 通过 NPN 晶体管驱动光电耦合器的仿真电路原理图

交流小信号仿真结果如图 6.10 所示，由图可知设计目标增益与仿真值之间存在小的偏差。误差主要由基极-发射极 PN 结的动态电阻（h_{11} 或者 r_π）以及 LED 二极管的动态电阻造成的，这种 1.5dB 的较小误差，可以方便地通过增加目标设计值来实现补偿。因此可设定 11.5dB 的目标值，相位提升 $50°$ 吻合度较高。

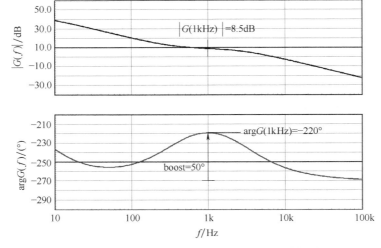

图 6.10 交流扫频分析证实在 1kHz 处的相位提升，
受双极性晶体管与 LED 动态电阻的影响（增益离目标值有 1.5dB 的偏差）

6.4　3 型补偿器：原点处极点与两个零极点对

通过一个 RC 网络与上分压电阻 R_1 并联，可基于 OTA 构造一个 3 型补偿器，如图 6.11 所示。然而，分压网络的引入将对最后的传递函数造成不利影响。为了获得传递函数，需要计算输入阻抗与负载的阻抗，图中分别标记为 Z_i 与 Z_L。

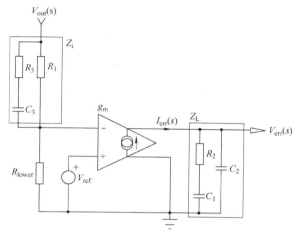

图 6.11　基于 OTA 的 3 型补偿器（与基于运放的方案相比，灵活性较差）

OTA 的输出电流由其输入电压的差值决定。在交流小信号情况下，反相输入端电压取决于分压网络。因此

$$I_{err}(s) = -g_m V_{out}(s) \frac{R_{lower}}{R_{lower} + Z_i(s)} \tag{6.57}$$

复阻抗 $Z_i(s)$ 计算如下：

$$Z_i(s) = \frac{\dfrac{sR_3 C_3 + 1}{sC_3} R_1}{\dfrac{sR_3 C_3 + 1}{sC_3} + R_1} = \frac{\dfrac{sR_3 C_3 + 1}{sC_3} R_1}{\dfrac{sR_3 C_3 + 1}{sC_3} + \dfrac{sR_1 C_3}{sC_3}} = R_1 \frac{sR_3 C_3 + 1}{sC_3(R_3 + R_1) + 1} \tag{6.58}$$

式（6.57）可以写成

$$I_{err}(s) = -g_m V_{out}(s) \frac{R_{lower}}{R_{lower} + \dfrac{R_1(sR_3 C_3 + 1)}{sC_3(R_3 + R_1) + 1}} \tag{6.59}$$

重新整理可得

$$I_{err}(s) = -g_m V_{out}(s) \frac{R_{lower}}{R_{lower} + R_1} \frac{sC_3(R_3 + R_1) + 1}{sC_3\left(\dfrac{R_{lower} R_1}{R_{lower} + R_1} + R_3\right) + 1} \tag{6.60}$$

由于 OTA 的输出电流流过复阻抗网络 Z_L，计算这个复阻抗，随后可得传递函数为

$$Z_L(s) = (R_2 + C_1) \parallel C_2 = \frac{\left(R_2 + \dfrac{1}{sC_1}\right) \dfrac{1}{sC_2}}{\left(R_2 + \dfrac{1}{sC_1}\right) + \dfrac{1}{sC_2}} \tag{6.61}$$

由于 $V_{\text{out}}(s) = I_{\text{err}}(s) Z_{\text{L}}(s)$，将式（6.60）与式（6.61）相乘可得

$$G(s) = -g_{\text{m}} \frac{R_{\text{lower}}}{R_{\text{lower}} + R_1} \frac{sC_3(R_3 + R_1) + 1}{sC_3\left(\dfrac{R_{\text{lower}}R_1}{R_{\text{lower}} + R_1} + R_3\right) + 1} \frac{\left(R_2 + \dfrac{1}{sC_1}\right)\dfrac{1}{sC_2}}{\left(R_2 + \dfrac{1}{sC_1}\right) + \dfrac{1}{sC_2}} \tag{6.62}$$

重新整理式（6.62）可得

$$G(s) = -\frac{R_{\text{lower}}g_{\text{m}}}{R_{\text{lower}} + R_1} \frac{sC_3(R_3 + R_1) + 1}{\left[sC_3\left(\dfrac{R_{\text{lower}}R_1}{R_{\text{lower}} + R_1} + R_3\right) + 1\right]} \frac{1 + sR_2C_1}{\left[s(C_1 + C_2)\left(1 + sR_2\dfrac{C_1C_2}{C_1 + C_2}\right)\right]} \tag{6.63}$$

提取公因式 $1 + sR_2C_1$，可得

$$G(s) = -\frac{R_{\text{lower}}}{R_{\text{lower}} + R_1} \frac{g_{\text{m}}R_2C_1}{C_1 + C_2} \frac{1 + 1/sR_2C_1}{\left[sC_3\left(\dfrac{R_{\text{lower}}R_1}{R_{\text{lower}} + R_1} + R_3\right) + 1\right]} \frac{sC_3(R_3 + R_1) + 1}{\left[1 + sR_2\dfrac{C_1C_2}{C_1 + C_2}\right]} \tag{6.64}$$

写成归一化形式为

$$G(s) = -G_0 \frac{\left(1 + \dfrac{\omega_{z1}}{s}\right)\left(1 + \dfrac{s}{\omega_{z2}}\right)}{\left(1 + \dfrac{s}{\omega_{p1}}\right)\left(1 + \dfrac{s}{\omega_{p2}}\right)} \tag{6.65}$$

其中，

$$G_0 = \frac{R_{\text{lower}}}{R_{\text{lower}} + R_1} \frac{g_{\text{m}}R_2C_1}{C_1 + C_2} \tag{6.66}$$

$$\omega_{z1} = \frac{1}{R_2C_1} \tag{6.67}$$

$$\omega_{z2} = \frac{1}{(R_1 + R_3)C_3} \tag{6.68}$$

$$\omega_{p1} = \frac{1}{R_2\dfrac{C_1C_2}{C_1 + C_2}} \tag{6.69}$$

$$\omega_{p2} = \frac{1}{\left(\dfrac{R_{\text{lower}}R_1}{R_{\text{lower}} + R_1} + R_3\right)C_3} \tag{6.70}$$

基于上述公式，可推导出无源元件参数的设计表达式。首先，穿越频率处的增益 G 为

$$|G(f_{\text{c}})| = G_0 \frac{\sqrt{1 + \left(\dfrac{f_{z1}}{f_{\text{c}}}\right)^2}\sqrt{1 + \left(\dfrac{f_{\text{c}}}{f_{z2}}\right)^2}}{\sqrt{1 + \left(\dfrac{f_{\text{c}}}{f_{p1}}\right)^2}\sqrt{1 + \left(\dfrac{f_{\text{c}}}{f_{p2}}\right)^2}} = \frac{R_{\text{lower}}g_{\text{m}}}{R_{\text{lower}} + R_1} \frac{R_2C_1}{C_1 + C_2} \frac{\sqrt{1 + \left(\dfrac{f_{z1}}{f_{\text{c}}}\right)^2}\sqrt{1 + \left(\dfrac{f_{\text{c}}}{f_{z2}}\right)^2}}{\sqrt{1 + \left(\dfrac{f_{\text{c}}}{f_{p1}}\right)^2}\sqrt{1 + \left(\dfrac{f_{\text{c}}}{f_{p2}}\right)^2}} \tag{6.71}$$

然后，通过使用式（6.67）~式（6.71），可得 R_2，R_3，C_2 与 C_3 为

$$R_2 = \frac{G(R_1 + R_{\text{lower}})f_{p1}}{R_{\text{lower}}g_{\text{m}}(f_{p1} - f_{z1})} \frac{\sqrt{1 + \left(\dfrac{f_{\text{c}}}{f_{p1}}\right)^2}\sqrt{1 + \left(\dfrac{f_{\text{c}}}{f_{p2}}\right)^2}}{\sqrt{1 + \left(\dfrac{f_{z1}}{f_{\text{c}}}\right)^2}\sqrt{1 + \left(\dfrac{f_{\text{c}}}{f_{z2}}\right)^2}} \tag{6.72}$$

$$R_3 = \frac{R_1^2 f_{z2} - R_1 R_{\text{lower}} (f_{p2} - f_{z2})}{(f_{p2} - f_{z2})(R_1 + R_{\text{lower}})} \tag{6.73}$$

$$C_1 = \frac{1}{2\pi f_{z1} R_2} \tag{6.74}$$

$$C_2 = \frac{C_1}{2\pi C_1 R_2 f_{p1} - 1} \tag{6.75}$$

$$C_3 = \frac{1}{2\pi (R_1 + R_3) f_{z2}} \tag{6.76}$$

通常 $C_2 \ll C_1$，因此可以适当地化简这些公式，然而最终的方程仍然比较复杂。事实上，由式（6.73）计算的 R_3 可能是负数，这说明无法得到期望的第二极点与第二个零点之间的频率间距。为了找出引起限制的原因，可以通过式（6.73）的分子来观察其符号。对 R_1 提取公因式，由于 R_1 为正，不影响符号，可得

$$R_1 f_{z2} - R_{\text{lower}} (f_{p2} - f_{z2}) > 0 \tag{6.77}$$

求解这个不等式可得

$$\frac{f_{p2}}{f_{z2}} < \frac{R_1}{R_{\text{lower}}} + 1 \tag{6.78}$$

将右边乘以参考电压 V_{ref} 将得到目标输出电压，从而得到

$$\frac{f_{p2}}{f_{z2}} < \frac{V_{\text{out}}}{V_{\text{ref}}} \tag{6.79}$$

换句话说，当输出电压和参考电压的比例较大时，例如 48V 的输出电压与 2.5V 的参考电压，就有可能将第二极点与零点的频率比扩展到 19 倍，从而具备提升相位的可能性。然而，对于较低的输出电压（例如 5V 输出电压与 2.5V 参考电压），第二极点与零点的频率比不能超过 2，这就严重限制了整体的相位提升，也就限制了采用 OTA 实现 3 型补偿器的范围。

下面推导极点与零点比值为 r 时可带来的相位提升量为

$$\frac{f_p}{f_z} = r \tag{6.80}$$

相位提升的峰值出现在极点与零点的几何平均值处，这也是通常放置穿越频率的地方

$$f_c = \sqrt{f_p f_z} \tag{6.81}$$

现在，由于零极点存在式（6.80）所示的关系，穿越频率与零极点之间的关系为

$$f_c = f_z \sqrt{r} = \frac{f_p}{\sqrt{r}} \tag{6.82}$$

由一个零点与极点构成的传递函数的表达式为

$$G(s) = \frac{1 + \dfrac{s}{\omega_z}}{1 + \dfrac{s}{\omega_p}} \tag{6.83}$$

由这一对零极点带来的在穿越频率角频率 ω_c 或者频率 f_c 处的相位提升量可以通过分子相角减去分母相角得到

$$\text{boost} = \arctan\left(\frac{\omega_c}{\omega_z}\right) - \arctan\left(\frac{\omega_c}{\omega_p}\right) = \arctan\left(\frac{f_c}{f_z}\right) - \arctan\left(\frac{f_c}{f_p}\right) \tag{6.84}$$

将由式（6.82）定义的穿越频率代入式（6.84）中，会发现极点与零点的绝对数字被约掉了，只保留了比例关系 r，如下：

$$\text{boost} = \arctan\left(\frac{f_z \sqrt{r}}{f_z}\right) - \arctan\left(\frac{f_p}{\sqrt{r}f_p}\right) = \arctan\sqrt{r} - \arctan\left(\frac{1}{\sqrt{r}}\right) \tag{6.85}$$

在这个表达式中，存在以下三角函数关系：

$$\arctan\frac{1}{r} + \arctan r = \frac{\pi}{2} \tag{6.86}$$

从式 (6.86)，可以得到 $\arctan(1/r)$ 的大小为

$$\arctan\frac{1}{r} = \frac{\pi}{2} - \arctan r \tag{6.87}$$

将上式代入式 (6.85)，可得

$$\text{boost} = \arctan\sqrt{r} - \frac{\pi}{2} + \arctan\sqrt{r} = 2\arctan\sqrt{r} - \frac{\pi}{2} \tag{6.88}$$

使用前面的公式，可以通过零极点对之间的比值预测相位提升的峰值，相位提升的峰值出现在其几何平均值处。在一个 3 型补偿器中，有两对零极点：第一对来自 OTA 的负载阻抗，这一对零极点不受任何限制，也就是说最多可以产生 90° 的相位提升。在这个相位提升的最大值处，增加第二对零极点；然而，这将受到式 (6.79) 的限制。总的相位提升等于 90° 加上由第二对零极点带来的相位提升量。假设有两个变换器，输出电压分别是 48V 与 5V，两者反馈的参考电压都是 2.5V。对于第一个变换器，考虑到输出电压与参考电压之间的比例为 19，从第二对零极点可获得的相位提升量为

$$\text{boost}_{48V} = 2\arctan\sqrt{19} - 90° = 64° \tag{6.89}$$

总的可提升的相位为 90° + 64° = 154°。相反的，对于 5V 的变换器，输出与参考电压之间的比值为 2，额外的相位提升将被限制在

$$\text{boost}_{5V} = 2\arctan\sqrt{2} - 90° = 20° \tag{6.90}$$

这样，总相位提升将不会大于 90° + 20° = 110°。

6.4.1 设计实例

希望整定一个参考电压为 2.5V、输出为 19V 电源。输出电压与参考电压之间的比例为 $19/2.5 = 7.6$。输出电压的分压网络中，R_1 设为 66kΩ，R_{lower} 为 10kΩ。由式 (6.79) 可知，极点与零点之间的比值也不会超过

$$\frac{f_{p2}}{f_{z2}} < 7.6 \tag{6.91}$$

从式 (6.88) 可知，由第二对零极点可获得的最大相位提升量为

$$\text{boost}_{19V} = 2\arctan\sqrt{7.6} - 90° = 50° \tag{6.92}$$

换言之，基于 OTA 的 3 型补偿器最大相位提升量会小于

$$\text{boost}_{\text{max}} = 90° + 50° = 140° \tag{6.93}$$

当选择穿越频率的时候，需要考虑到这个参数以确保在选择的穿越频率点处，相位提升是可以被实现的（例如小于 140°）。假设需要在 1kHz 穿越频率处具有 130° 的相位提升，同时需要有 15dB 的增益放大，在这个案例中，计算 G 为

$$G = 10^{\frac{G_{f_c}}{20}} = 10^{\frac{15}{20}} = 5.6 \tag{6.94}$$

从上可知，第二对零极点可带来的相位提升最多为 50°。因此需要将第一对零极点分开以

获得 80°的相位提升，这样总共可以得到期望的 130°相位提升。为了从第一对零极点获得 80°
的相位提升，将他们放在离 1kHz 穿越频率有一段距离的地方。由式（6.88）可得

$$r = \left[\tan\left(\frac{\text{boost}}{2} + \frac{\pi}{4} \right) \right]^2 \approx 130 \tag{6.95}$$

重新整理式（6.82），根据第一对零极点位置与穿越频率的关系，可得

$$f_{z1} = \frac{f_c}{\sqrt{r}} = \frac{1\text{kHz}}{\sqrt{130}} = 87.5\,\text{Hz} \tag{6.96}$$

$$f_{p1} = f_c\sqrt{r} = 1\text{kHz} \times \sqrt{130} = 11.4\,\text{kHz} \tag{6.97}$$

从式（6.91）可知，第二极点与零点的比值需要小于 7.6 倍（考虑到安全裕量选择 7）。
考虑到与 1kHz 穿越频率的相对关系，其位置为

$$f_{z2} = \frac{f_c}{\sqrt{r}} = \frac{1\text{kHz}}{\sqrt{7}} = 378\,\text{Hz} \tag{6.98}$$

$$f_{p2} = f_c\sqrt{r} = 1\text{kHz} \times \sqrt{7} = 2.6\,\text{kHz} \tag{6.99}$$

根据式（6.72）～式（6.76），可以计算出 OTA 周围的无源元件参数为

$$C_1 = 11.2\,\text{nF}$$
$$C_2 = 86\,\text{pF}$$
$$C_3 = 6.3\,\text{nF}$$
$$R_2 = 163\,\text{k}\Omega$$
$$R_3 = 1.05\,\text{k}\Omega$$

仿真测试图如图 6.12 所示。其中，元件参数的自动计算列在原理图的左侧。偏置电压验
证了 19V 的设定值。交流小信号扫频的结果如图 6.13 所示。

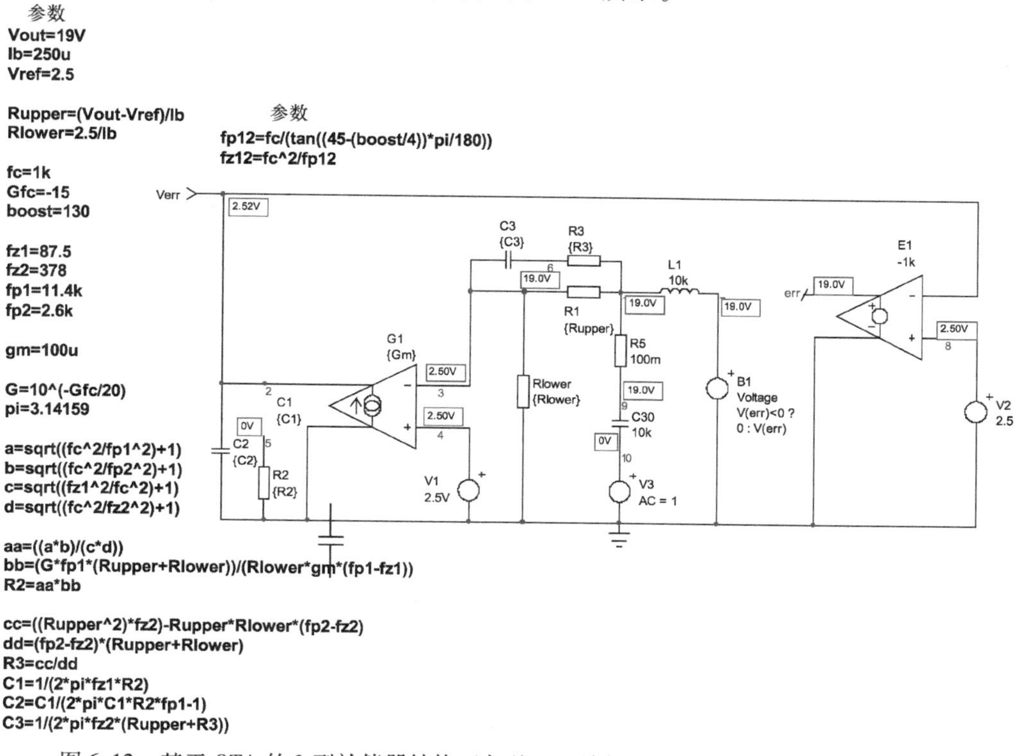

图 6.12　基于 OTA 的 3 型补偿器结构（与基于运放的 3 型补偿器相比，灵活性较差）

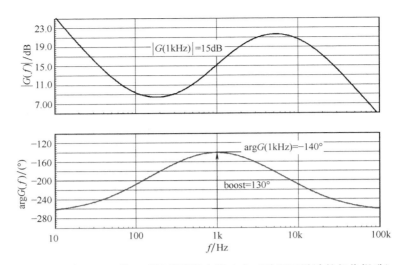

图 6.13　基于 OTA 的 3 型补偿器的交流响应（验证了设计的相位提升）

6.5　结论

　　尽管基于 OTA 的补偿器设计无法像基于运算放大器那样的设计便利，然而如前面所述，集成电路设计者仍然喜欢这个结构主要因为它需要更小的晶片面积。由于缺乏虚拟接地，使得输出分压电阻网络的下分压电阻也包含在传递函数中，在计算零极点位置时候需要注意。与输出电压与参考电压的比值有关，在 3 型补偿器中的第二对零极点的位置将会受到影响。由于这个原因，OTA 很少采用这种结构，但在 2 型或者 1 型补偿器中仍然是一个不错的设计选择。

附录6A　图　片　汇　总

　　图 6.14 ~ 图 6.16 总结了与本章中结构有关的元件参数计算公式。

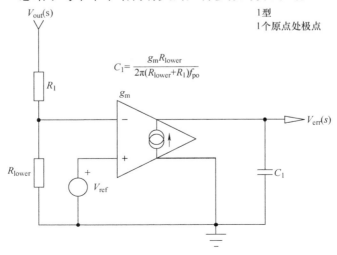

图 6.14　1 型补偿器

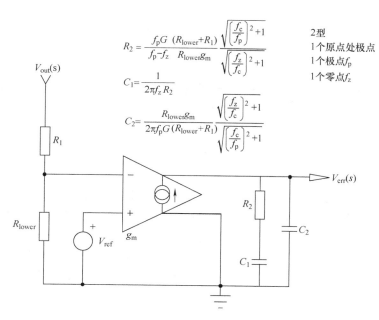

$$R_2 = \frac{f_p G\ (R_{lower}+R_1)}{f_p-f_z}\frac{\sqrt{\left(\frac{f_c}{f_p}\right)^2+1}}{R_{lower}g_m}\frac{}{\sqrt{\left(\frac{f_z}{f_c}\right)^2+1}}$$

2 型
1 个原点处极点
1 个极点f_p
1 个零点f_z

$$C_1 = \frac{1}{2\pi f_z R_2}$$

$$C_2 = \frac{R_{lower}g_m}{2\pi f_p G(R_{lower}+R_1)}\frac{\sqrt{\left(\frac{f_z}{f_c}\right)^2+1}}{\sqrt{\left(\frac{f_c}{f_p}\right)^2+1}}$$

图 6.15　2 型补偿器

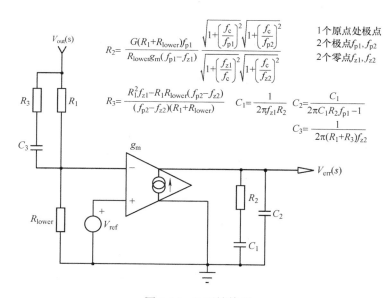

$$R_2 = \frac{G(R_1+R_{lower})f_{p1}}{R_{lower}g_m(f_{p1}-f_{z1})}\frac{\sqrt{1+\left(\frac{f_c}{f_{p1}}\right)^2}\sqrt{1+\left(\frac{f_c}{f_{p2}}\right)^2}}{\sqrt{1+\left(\frac{f_{z1}}{f_c}\right)^2}\sqrt{1+\left(\frac{f_c}{f_{z2}}\right)^2}}$$

1 个原点处极点
2 个极点f_{p1},f_{p2}
2 个零点f_{z1},f_{z2}

$$R_3 = \frac{R_1^2 f_{z1}-R_1 R_{lower}(f_{p2}-f_{z2})}{(f_{p2}-f_{z2})(R_1+R_{lower})} \quad C_1 = \frac{1}{2\pi f_{z1}R_2} \quad C_2 = \frac{C_1}{2\pi C_1 R_2 f_{p1}-1}$$

$$C_3 = \frac{1}{2\pi(R_1+R_3)f_{z2}}$$

图 6.16　3 型补偿器

参考文献

[1]　Gratz, A., "Operational Transconductance Amplifiers," http://synth.stromeko.net/diy/OTA.pdf.

[2]　Basso, C., Switch Mode Power Supplies: SPICE Simulations and Practical Designs, New York: McGraw-Hill, 2008.

第 7 章
基于 TL431 的补偿器

在关于环路控制的技术文献里有很多用运算放大器来实现补偿器的设计实例。运算放大器代表了一种生成误差控制信号的常用方法，但是在工业界，已经有很多年不用这种方式了：几乎所有的消费类电源都是通过位于隔离副边侧的 TL431 产生误差信号，并通过光电耦合器将误差信号传递到原边。因此要设计基于 TL431 的补偿器首先需要对 TL431 的工作原理有很好的理解：本章分析了 TL431 的内部结构；并对其偏置条件如何影响环路性能加以详细说明；最后，对 1 型、2 型以及 3 型补偿器进行详细的探讨。

7.1 集成内部基准的 TL431 工作原理

TL431 内部等效结构如图 7.1 所示。它包括集电极开路运算放大器和 2.5V 精准基准电压。

当施加于参考引脚 ref 上的电压超过内部参考电平时，双极型晶体管开始导通，电流从阴极引脚 k 流向阳极引脚 a。TL431 是一个自偏置的带基准的运放元件，像其他有源元件一样，它需要有一个最小工作电压和工作电流，后者被称为偏置电流，其值应至少为 1mA（后面会介绍），同样其供电电压（阴极和阳极之间）不能低于 2.5V。

图 7.2 为采用双极工艺制造的 TL431 的内部原理图，该电路分析得到了捷克共和国安森美公司的集成电路设计师 Mr. Kadanka 的帮助。将 TL431 当做一个基准电压，即阳极 a 接地，参考引脚 ref 与阴极 k 短接，类似于一个 2.5V 的稳压管，通过简单的仿真电路可以得到偏置点[1]。

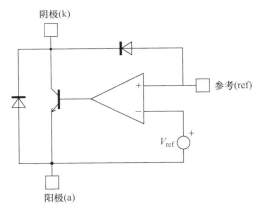

图 7.1 TL431 内部等效电路图

在典型的环路控制设计中，TL431 通过 ref 引脚检测输出电压，并将其转换为阴极和阳极之间的下拉电流。因此，该器件可以被认为是一种跨导型运放。TL431 内部基准电压是一种流行的带隙基准。关于带隙基准的内容超出了本书的范围，但其基本上原理是利用一个与温度正相关的电压 V_T 平衡与温度负相关的结电压（晶体管 V_{BE}），两者配合后形成一个受温度影响很小的基准电压。

为了简化分析，假设 TL431 中使用的所有晶体管的电流增益 β 非常高，这意味着其基极电流可忽略不计。TL431 工作的关键在于 Q_1 和 Q_9 保持巧妙的平衡：当满足条件时（譬如，V_o 达到其设定值，$V_{ref} = 2.5V$），VT_9 和 VT_1 流过的电流相同，都为 I_1，V_{ka} 保持恒定。当条件发

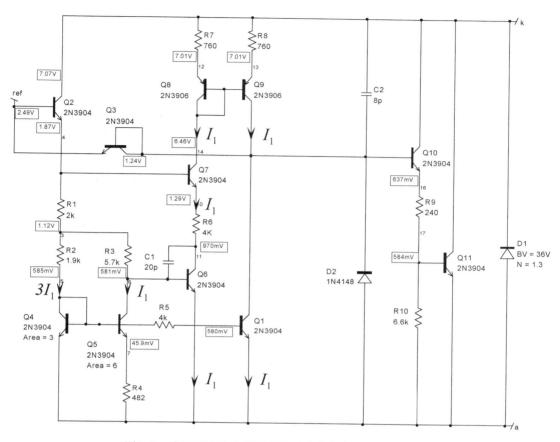

图 7.2　典型 TL431 内部原理图（来自安森美半导体公司）

生改变时（如设定值发生改变或者输出功率增大），Q_9 的输出电流将会增大（或者 Q_1 的灌电流增大），进而改变由 Q_{10} 和 Q_{11} 组成的输出达林顿结构的偏置电流。这一动作使得 V_{ka} 上升或者下降，进而迫使连接在 TL431 阴极的 LED 二极管内的电流发生变化（如应用在一个光电耦合器隔离反馈的电源中）。

在平衡状态下，如果忽略基极电流，那么由 Q_8 和 Q_9 组成的镜像电流源流过的电流同为 I_1，Q_7 和 Q_6 中的电流也为 I_1。Q_1 和 Q_4 为电流镜像，两者电流成比例，流过 Q_4 的电流是流过 Q_1 的 3 倍。该电流比例可以通过 R_2 和 R_3 的压降（$\approx 530\text{mV}$）相同来确认，阻值比例也是 1:3（$1.9\text{k}\Omega$ 和 $5.7\text{k}\Omega$），因此有：

$$I_{C,VT5} = \frac{I_{C,VT4}}{3} = I_{C,VT1} = I_1 \tag{7.1}$$

Q_7 采用共源级联结构，便于屏蔽阴极 k 电压波动对 Q_6 电压偏置的影响，如果没有 Q_7，该阴极电压减去一个 V_{BE} 就施加到了 Q_6 的集电极。

在图 7.1 中，通过将晶体管 Q_4、Q_5 与发射极电阻 R_4 组合来形成带隙基准。根据两个器件的面积参数，Q_4 "等效" 为三个晶体管并联，而 Q_5 则 "等效" 为六个晶体管并联。换句话说，给定的面积参数是 6 和 3，Q_5 的发射极尺寸是 Q_4 的两倍。因此，不仅它们在发射极上的电流密度 J 存在关联（$J_4 = 6J_5$），它们的饱和电流 I_s 同样存在对应关系

$$I_{s,VT5} = 2I_{s,VT4} \tag{7.2}$$

7.1.1 参考电压

现在来计算 TL431 中 2.5V 参考电压的实际建立方式。由式 (7.1), 知道 VT$_1$, VT$_5$ 中的电流为 I_1, 而 Q$_4$ 中的电流为 $3I_1$, 流经 Q$_5$ 的电流也为 I_1, 因此有以下公式:

$$V_{BE4} = V_{BE5} + I_1 R_4 \tag{7.3}$$

双极型晶体管的基极-发射极电压可以根据其集电极电流 I_c 计算得出

$$V_{BE} = V_T \ln\left(\frac{I_c}{I_s}\right) \tag{7.4}$$

式中, I_s 是晶体管饱和电流 (与发射极大小直接相关); $V_T = \dfrac{kT}{q}$, 在室温 (27℃) 或 300K 下近似等于 25mV; k 为玻尔兹曼常数 (1.38×10^{-23}); q 为电子电荷, 等于 1.601×10^{-19}C。

从式 (7.2) 可知, Q$_5$ 的饱和电流大小是 Q$_4$ 的两倍。将此数量关系代入式 (7.3)、式 (7.4) 有

$$V_T \ln\left(\frac{3I_1}{I_s}\right) = V_T \ln\left(\frac{I_1}{2I_S}\right) + R_4 I_1 \tag{7.5}$$

$$V_T \left(\ln\left(\frac{3I_1}{I_s}\right) - \ln\left(\frac{I_1}{2I_S}\right)\right) = R_4 I_1 \tag{7.6}$$

因 $\ln a - \ln b = \ln\left(\dfrac{a}{b}\right)$, 可得

$$V_T \ln\left(\frac{3I_1}{I_s}\frac{I_s}{2I_1}\right) = R_4 I_1 \tag{7.7}$$

$$I_1 = \frac{V_T \ln 6}{R_4} \tag{7.8}$$

将数据代入得

$$I_1 = \frac{V_T \ln 6}{R_4} = \frac{26mV \times 1.79}{482\Omega} = 97\mu A \tag{7.9}$$

根据该电流值, 可以得到 R_2 和 R_3 处的压降为

$$V_{R2} = V_{R3} = 3R_2 I_1 = 5.7k\Omega \times 97uA = 553mV \tag{7.10}$$

与图 7.2 中的 SPICE 仿真结果相仿, R_1 中的电流为流过 Q$_4$ 和 Q$_5$ 的电流, 其压降为

$$V_{R1} = 4R_2 I_1 = 2k\Omega \times 4 \times 97uA = 776mV \tag{7.11}$$

最后, 对所有压降进行求和, 得到

$$V_{ref} = V_{R1} + V_{R2} + V_{BE2} + V_{BE4} = (0.553 + 0.776 + 0.58 + 0.58)V = 2.49V \tag{7.12}$$

C_1, C_2 和 R_6 用于 TL431 的频率补偿, 有兴趣的读者可参阅文献 [2], 它详细介绍了基于带隙电路的设计信息。

7.1.2 偏置电流

由 7.1.1 小节分析得知, 当 $V_{ref} = 2.49V$ 时达到平衡条件, 当施加在 ref 节点上的电压改变 (如增加), 则电压变化使得 Q$_2$ 发射极上的电流发生改变, R_1 中的电流变化。这一变化经过 Q$_4$ 和 Q$_5$ 最终传递到 Q$_1$ 和 Q$_6$, 可见 Q$_1$ 和 Q$_6$ 类似于差分放大器。然而, 随着 Q$_4$ 中流过更多的电流, 这个通路会提供更大的增益来激活 Q$_1$, 对地下拉更多的电流, V_{ka} 被拉低。

TL431 的跨导增益可以通过分析计算, 但从图 7.3 所示的特性曲线推导出来更简单。从这条曲线可知, TL431 的直流增益为 55dB, 由该值及 230Ω 的上拉电阻可知, 跨导为

$$g_\mathrm{m} = \frac{10^{\frac{55}{20}}}{230}\mathrm{A/V} = 2.24\,\mathrm{A/V} \tag{7.13}$$

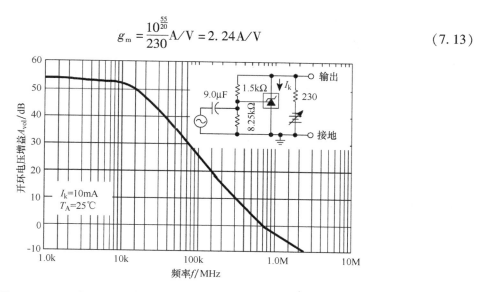

图 7.3　TL431 交流特性测试图（负载 230Ω 电阻，注入电流约为 10mA）

正如标题所述的那样，在测量过程中阴极电流设置为 10mA。传统的齐纳（稳压）二极管需要较大的偏置电流才能使其工作点远离拐点工作；否则，二极管表现出的动态阻抗会受到影响，稳压电压取决于注入的电流。尽管 TL431 是一种有源齐纳二极管，但它也不例外：需要在阴极注入电流以从器件中获得最佳效果。图 7.4 是基于晶体管级 TL431 模型的仿真结果，可以观察曲线快速变陡的拐点。

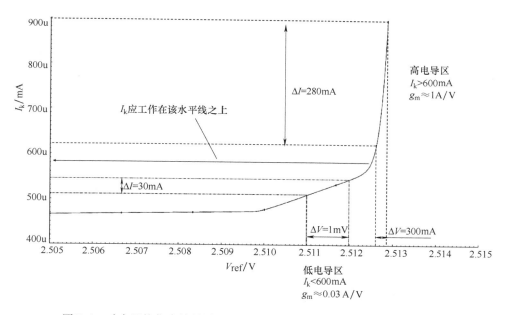

图 7.4　动态阻抗仿真结果图（可以清楚地看到 600μA 左右的电流拐点，
低于该值时，跨导参数 g_m 相当差）

在图 7.4 中，可以看到低跨导时，其值在 30mA/V（即 30mS）附近。随着阴极电流的增加，跨导上升到 1A/V，随着注入更多电流，跨导继续增加直到式（7.13）所给出的值。

图 7.5 给出了一种注入更多电流的方法，通过光电耦合器 LED 并联的电阻增加了 TL431 中注入的电流。由于 LED 正向压降约为 1V，并联的 1kΩ 电阻类似于一个简单的 1mA 电流发生器，它与流过 LED 的反馈电流相加。要注意，降低 LED 串联电阻 R_{LED} 不会改变 TL431 电流，因为该电流是初级侧反馈电流 I_C 通过光电耦合器电流传输比（CTR）反映到光电耦合器原边的 LED 中。由于系统以闭环形式运行，因此改变 R_{LED} 值会影响中频段的增益，但不会影响 TL431 偏置电流。

最后，TL431 到底需要注入多少电流？规格书规定了 1mA 的最小电

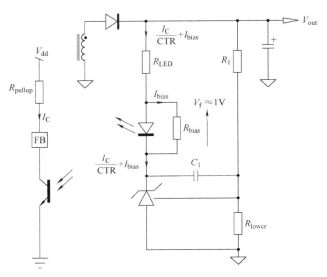

图 7.5　光电耦合器 LED 并联电阻增大 TL431 注入电流

流，一些文献报导称至少需要 5mA 才能获得良好的性能[3]。那么到底选取多少电流值呢？除了受偏置电流影响的开环增益外，输出电压侧的功耗也需要一并考虑。在空载条件下，如果希望 AC/DC 适配器的待机功耗小于 100mW，在空载条件下无用的偏置电流产生的功耗就不能太大。大量的笔记本适配器，要求在反馈电流之上附加 1mA 额外偏置电流流过 LED。因此，TL431 的总偏置在 1.5mA 附近，经验表明，在不牺牲待机功耗的情况下，它通常足以达到足够的性能。

作为验证，构建一个简单的测试平台，如图 7.5 所示。光电耦合器集电极电流通过 CTR 反射到 LED 中的电流大约为 300μA。在光电耦合器 LED 上并联一个 1kΩ 的电阻，将 TL431 的偏置电流增加到大约 1.3mA，如图 7.6 所示，在加入偏置电阻后，开环增益得到了改善。

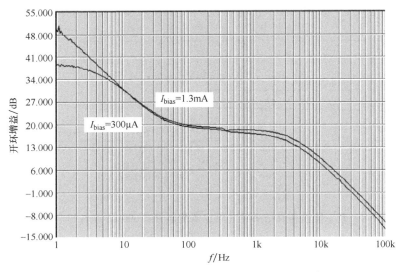

图 7.6　TL431 开环增益曲线（带有 1kΩ 偏置电阻与不带偏置电阻）

7.2　TL431 的偏置对增益的影响

这是第 5 章中曾经讨论过的内容，但本节将再次进行分析，因为 TL431 需要额外的偏置电流来运行。如图 7.5 所示，通过将电阻与光电耦合器 LED 并联，得到 1mA 的偏置。补偿器交流调制 LED 中的电流，并通过 CTR 来控制光电耦合器集电极的电流，简化示意图如图 7.7 所示。虽然偏置电阻与 LED 并联，但不影响 LED 传输电流。图 7.7 中的电压源 V_f 代表 LED 的压降，它不会在交流调制中起作用，因为它是定值。该原理图包括偏置电阻和 LED 动态电阻 R_d。后面以这个示意图为例，推导一些公式，来说明偏置电阻的影响。

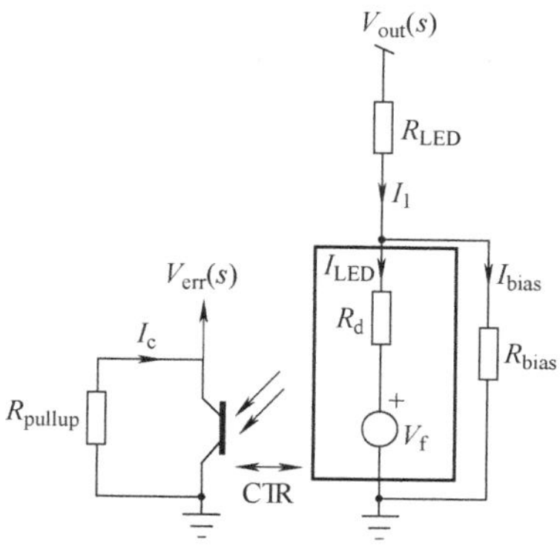

误差电压 V_{err} 由集电极电流流过上拉电阻 R_{pullup} 产生的，如下：

$$V_{err}(s) = -I_c(s)R_{pullup} \qquad (7.14)$$

图 7.7　AC 调制示意图

根据电流增益 CTR 得到

$$I_c(s) = I_{LED}(s)\,CTR \qquad (7.15)$$

代入得

$$V_{err}(s) = -I_{LED}(s)\,CTR\,R_{pullup} \qquad (7.16)$$

又有

$$I_{LED}(s) = I_1(s)\frac{R_{bias}}{R_{bias} + R_d} \qquad (7.17)$$

得到

$$I_1(s) = \frac{V_{out}(s)}{R_{bias} \parallel R_d + R_{LED}} \qquad (7.18)$$

根据式（7.17）和式（7.18），有

$$I_{LED}(s) = \frac{V_{out}(s)}{R_{bias} \parallel R_d + R_{LED}}\frac{R_{bias}}{R_{bias} + R_d} \qquad (7.19)$$

将式（7.19）代入式（7.16），整理得到

$$\frac{V_{err}(s)}{V_{out}(s)} = -\frac{R_{pullup}CTR}{R_{bias} \parallel R_d + R_{LED}}\frac{R_{bias}}{R_{bias} + R_d} \qquad (7.20)$$

$$\frac{V_{err}(s)}{V_{out}(s)} = -\frac{R_{pullup}CTR}{R_{LED}} \qquad (7.21)$$

现在分析 R_d 的影响：二极管的动态电阻与其工作电流 I_F 有关，当远离膝点时，动态电阻通常很小。然而，当工作点向拐点移动时，在低偏置电流下，R_d 将显著增加。这时会发生这种情况：为获得较低的待机功耗，初级侧的上拉电阻较大，LED 中的微小电流足以改变反馈电压 V_{err}，但动态电阻显著增加了。

以常用光电耦合器 SFH615A-2 的 LED 特性为例，进行具体分析：在不同温度下 LED 的性能如图 7.8 所示。300μA 偏置电流下，动态电阻 $\Delta V_f/\Delta I_f = 158\Omega$。如果偏置电流增加到 1mA，则电阻降至 38Ω。要分析这些阻值对式（7.20）所给出增益的影响，假设参数如下：

$R_{\text{pullup}} = 20\text{k}\Omega$，光电耦合器集电极上拉电阻；

$R_{\text{d}} = 158\Omega$，光电耦合器 LED 动态电阻；

$\text{CTR} = 0.3$，光电耦合器的电流传输比 CTR；

$R_{\text{LED}} = 1\text{k}\Omega$，LED 串联电阻；

$R_{\text{bias}} = 1\text{k}\Omega$，与 LED 并联的偏置电阻。

忽略动态电阻和偏置电路的作用，增益为

$$|G(s)| = \frac{20\text{k} \times 0.3}{1\text{k}} = 6(15.6\text{dB}) \tag{7.22}$$

考虑动态电阻和偏置因素，增益为

$$|G(s)| = \frac{20\text{k} \times 0.3}{1\text{k} + \dfrac{1\text{k} \times 158}{1\text{k} + 158}} \times \frac{1\text{k}}{1\text{k} + 158} = 4.55(13.2\text{dB}) \tag{7.23}$$

比较两种表达式，可以看到 2.4dB 的差异。这不是一个很大的数字，但它可以解释为什么在穿越频率点的增益有时会相差几分贝。为避免这一问题并增大光电耦合器的带宽，应通过选择较小的初级侧上拉电阻来强制 LED 中有足够的静态电流。但为降低空载待机功耗，不能使用过低 R_{pullup} 值，此时环路增益将受到影响。在测量最终的开环响应时，计算的穿越点和最终结果之间会存在轻微偏差。

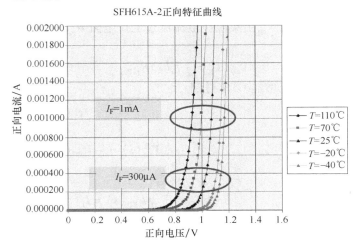

图 7.8　不同温度和电流下，LED 动态电阻图

7.3　另一种 TL431 的偏置方式

并联电阻可以方便地得到 TL431 所需的额外偏置电流，但是同时它对环路也会产生影响。并联电阻的优点在于：不需要进行任何计算，在 LED 两端并联一个 $1\text{k}\Omega$ 电阻就可以。当不希望这个电阻对环路造成影响时，就要用到另一种 TL431 的偏置方式：将电阻直接连接到 V_{out}，如图 7.9 所示，它不影响 LED 电流。

LED 电流仅取决于光电耦合器集电极的电流。当集电极接近地时，该电流最大；而当集电极接近 V_{cc} 点时，该电流最小。在输出功率需求高时，达到最大反馈电压 V_{FBmax}。在峰值电流模式控制器中，反馈电压决定峰值电流设定值，该设定值与输出功率需求和输入电压有关。出于安全原因，在控制回路失控的情况下，最大电流设定值应限制在某个值。在离线式 AC-DC 控制器中，最大设定值通常为 1V，可安全地将检测电阻和电感中的电流峰值限制在 $1/R_{\text{sense}}$。为了改善光电耦合器集电极上的电压动态特性和抗噪声能力，在反馈引脚和峰值电流设定点之间有一个 1:3 的分压电路。因此，反馈电压将在 3V（最大功率需求）和几百毫伏（低功率）之间变化。有时，用 1~2 个二极管与反馈引脚串联，当光电耦合器集电极饱和

（约等于 300mV）时，这些额外压降可以提供真正的 0V 设定值，如图 7.10 所示。

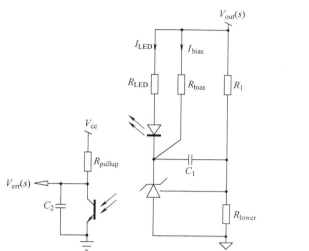

图 7.9　将偏置电阻连接到 V_{out} 上，避免对环路的影响

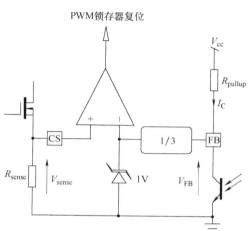

图 7.10　峰值电流控制器内部图

集电极电流，即误差电压，由光电耦合器 LED 中的电流控制。该电流也同时流入 TL431 帮助其建立偏置点，即图 7.9 中的 I_{LED}。当反馈电压达到其最大值（功率需求最高）时，偏置电流最小。在这种情况下，反馈电压几乎为 3V。以图 7.10 为例，假设参数如下：

$V_{cc} = 5V$，光电耦合器集电极上拉电阻端的电压；

$R_{pullup} = 20k\Omega$，光电耦合器集电极上拉电阻；

$R_{LED} = 1k\Omega$，LED 串联电阻；

$V_f = 1V$，光电耦合器 LED 正向压降；

$I_{bias} = 1mA$，TL431 的偏置电流；

CTR 介于 30%~120%；光电耦合器的 CTR 及其变化范围；

$V_{FB,max} = 3V$；最大功率时的反馈电压。

LED 最小电流

$$I_{LEDmin} = \frac{V_{cc} - V_{FBmax}}{R_{pullup}CTR_{max}} = \frac{(5-3)V}{20k\Omega \times 1.2} = 83\mu A \tag{7.24}$$

可以看到，该值远小于 TL431 规格书中所需的 1mA 最小偏置电流。这也是图 7.9 所示的外加电阻 R_{bias} 的作用：提供额外的电流。为了得出 R_{bias} 的电阻值，首先需要知道它两端的电压，该电压是 LED 串联电阻 R_{LED} 上的电压，加上 LED 正向压降为 V_f。将该电压除以所需的偏置电流，可计算出电阻值为

$$R_{bias} = \frac{R_{LED}I_{LEDmin} + V_f}{I_{bias}} = \frac{\dfrac{V_{cc} - V_{FBmax}}{R_{pullup}CTR_{max}}R_{LED} + V_f}{I_{bias}} \tag{7.25}$$

参数代入得

$$R_{bias} = \frac{83uA \times 1k\Omega + V_f}{1mA} = 1083\Omega \tag{7.26}$$

该值与并联电阻器的值差不多。但是，这种配置具有以下优点：

（1）由于 LED 路径中没有交流电流分流电阻，即使 LED 动态电阻较大，该电阻的存在也不会影响环路增益。

（2）为了应对 TL431 的偏置要求，LED 串联电阻有上限。如果在 LED 上并联了偏置电阻，以形成 1mA 偏置电流发生器，则该上限会受到影响，并且会给计算过程带来额外的负担（请参阅下文）。相反，当偏置电阻直接连接到输出电压时，这个缺点就不存在了。

（3）经验表明，这种配置可以略微降低启动时的输出过冲。这是因为当 V_{out} 上升时，偏置电流立即出现。当使用与 LED 并联 1kΩ 电阻的方法时，仅当 TL431 能使得 LED 导通时才会产生偏置电流。

7.4 TL431 的偏置：取值限制

一方面，TL431 需要一个最小电流才能较好地工作；另一方面，它还需要一个最低工作电压来保证供其性能。该最小电压等于内部参考值，不能低于 2.5V。图 7.5 示出了 TL431 的典型应用电路，在 LED 电流增加时，光电耦合器集电极将反馈引脚拉低。串联电阻 R_{LED} 用于限制最大 LED 电流，也设定了补偿器中频段增益。但是，由于 TL431 需要偏置（2.5V 的最小工作电压和至少 1mA 的偏置电流），此电阻值有一个上限。下面对这个最大值进行推导，首先计算光电耦合器输出端集电极的最大电流，此时反馈电压下降到零或者光电耦合器内三极管的饱和电压 $V_{CE,sat}$

$$I_{Cmax} = \frac{V_{cc} - V_{CEsat}}{R_{pullup}} \tag{7.27}$$

为了流过上拉电阻，该电流需要光电耦合器内部 LED 发射的光子并由晶体管基极区域收集。集电极电流 I_C 与 LED 电流 I_F 之间存在着一个电流传输比（CTR）。考虑最差情况，这里使用 CTR 的最小值进行计算。由图 7.5 可知，流经 R_{LED} 的总电流还包括 R_{bias} 中的偏置电流。因此，可将式（7.27）改写为

$$I_{RLEDmax} = \frac{I_{Cmax}}{CTR_{min}} + I_{bias} = \frac{V_{cc} - V_{CEsat} + I_{bias}R_{pullup}CTR_{min}}{R_{pullup}CTR_{min}} \tag{7.28}$$

LED 电流不仅取决于输出电压，还取决于二极管本身的正向压降和 TL431 可接受的最小工作电压

$$I_{RLEDmax} = \frac{V_{out} - V_f - V_{TL431min}}{R_{LED}} \tag{7.29}$$

综合式（7.28）和式（7.29）得到

$$R_{LED} \leqslant \frac{V_{out} - V_f - V_{TL431min}}{V_{cc} - V_{CEsat} + I_{bias}R_{pullup}CTR_{min}}R_{pullup}CTR_{min} \tag{7.30}$$

式中，

V_{out}，为输出电压；

I_{bias}，为 TL431 偏置电流；

$V_{TL431min}$，为 TL431 最小工作电压（最小 2.5V）；

V_f，为光电耦合器二极管正向压降；

CTR_{min}，为光电耦合器最小电流传输比；

V_{CEsat}，为光电耦合器饱和电压；

V_{cc}，为电源一次侧光电耦合器上拉电阻供电电压。

由以上分析可知，直流偏置点决定了 LED 串联电阻的最大阻值。稍后将会看到，R_{LED} 不仅作用于直流，而且对中频增益也有影响，限制 TL431 的应用范围。

7.5　快速通道

首先，这里再次对 TL431 的典型应用特性进行讨论。在图 7.5 中，忽略偏置电流，LED 电流为

$$I_{LED} = \frac{V_{out} - V_f - V_{TL431}}{R_{LED}} \qquad (7.31)$$

该电流实际上包含两部分：直流和交流电流。直流电流固定工作点，并对应于指定的输出电压。交流电流叠加在直流值上，并影响 FB 节点上的电压 $V_{err}(s)$。在此模式下，LED 正向压降 V_f 不产生影响（为一常数，导数为零），从式（7.31）可以得到

$$I_{LED}(s) = \frac{V_{out}(s) - V_{TL431}(s)}{R_{LED}} = \frac{V_{out}(s)}{R_{LED}} - \frac{V_{TL431}(s)}{R_{LED}} \qquad (7.32)$$

在图 7.5 中，在高频时，TL431 反馈路径上的电容 C_1 视为短路，TL431 输入端到输出端的交流电压为 0。如式（7.31）所示，直流工作点维持不变。因此，在这一典型应用电路中，由于反馈电容 C_1 视为短路，一般直观认为输出误差信号交流分量 $V_{err}(s)$ 也为 0。

但是，如式（7.32）所示，电流由两部分组成，由 TL431 产生的交流电流和由输出直接产生的交流电流。在高频时，V_{TL431} 的交流分量为 0，故有以下等式：

$$\lim_{s \to \infty} I_{LED}(s) = \frac{V_{out}(s)}{R_{LED}} \qquad (7.33)$$

因此，尽管 TL431 交流输出为空，但仍然存在从输出到控制器的路径：这称为是快速通道效应。图 7.11 是快速通道效应的简化示意图，其中 TL431 由简单的稳压二极管代替，体现了 TL431 交流输出为空。如果 V_{out} 发生变化，则 LED 电流也将发生扰动并且该扰动会传递给误差信号 $V_{err}(s)$。根据式（7.33），可以看到 R_{LED} 不仅会影响直流偏置，也会对环路增益产生影响。这可能会导致基于增益要求设计的 LED 串联电阻的阻值无法满足式（7.30）的要求。

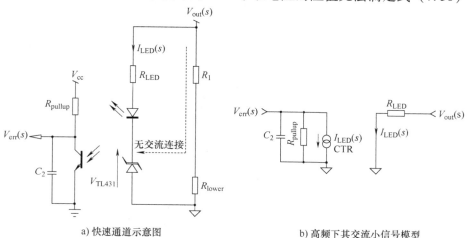

a) 快速通道示意图　　　　　b) 高频下其交流小信号模型

图 7.11　快速通道效应示意图（由于 LED 的电流不仅取决于内部运放输出的交流电压，也受输出电压的影响，因此产生了快速通道效应）

此时，就必须禁用快速通道。

7.6 禁用快速通道

如果快速通道产生了不利影响，那么必须解决这个问题。要使快速通道失效，可以通过切断 V_{out} 和 R_{LED} 之间的交流回路来实现。例如，将 LED 串联电阻连接到其他直流源上（可以来自线性调节器或者另外的绕组）来实现交流隔离。另一种解决方案是通过基于稳压管的稳压电路来实现交流隔离，当稳压二极管被正确偏置并且其稳压值约为 V_{out} 的 2/3（以构建足够的交流隔离）时，也是一种有效的解决方案，如图 7.12 所示。

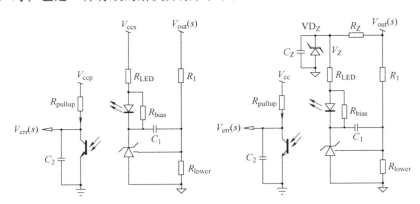

a) 方法1:将 R_{LED} 接到直流电 V_{ccs} 上   b) 方法2:通过基于稳压管的稳压电路

图 7.12　二种禁用快速通道方法

如果采用图 7.12a 方案，LED 的最大电流不受影响，将 V_{out} 用 V_{ccs} 替代，则串联电阻的最大取值与式（7.30）类似

$$R_{LEDmax} \leqslant \frac{V_z - V_f - V_{TL431min}}{V_{ccp} - V_{CEsat} + I_{bias}CTR_{min}R_{pullup}} R_{pullup}CTR_{min} \tag{7.34}$$

如果采用图 7.12b 所示方案，则首先需要对偏置电阻 R_Z 进行选值，其作用是偏置稳压管，同时也提供 TL431 工作电流（反馈和偏置电流）。稳压管的偏置电流需要确保稳压管工作点远离拐点，使得动态阻抗较小以获得较好的交流隔离性能。当反馈电压 V_{FB} 被下拉至 V_{CEsat} 时，LED 电流最大，此时

$$I_{LEDmax} = \frac{V_{cc} - V_{CEsat}}{R_{pullup}CTR_{min}} \tag{7.35}$$

又有 R_Z 取值公式

$$R_Z = \frac{V_{out} - V_Z}{I_{LEDmax} + I_{bias} + I_{Zbias}} \tag{7.36}$$

将式（7.35）代入式（7.36）得

$$R_Z = \frac{(V_{out} - V_Z)R_{pullup}CTR_{min}}{(V_{cc} - V_{CEsat}) + (I_{LEDmax} + I_{bias})R_{pullup}CTR_{min}} \tag{7.37}$$

式中，V_{out} 为输出电压；I_{bias} 为 TL431 偏置电流，LED 两端并联一个电阻（1kΩ 以获得 1mA 的偏置电流）；I_{Zbias} 为稳压管的偏置电流；CTR_{min} 为光电耦合器最小电流传输比；V_{CEsat} 为光

电耦合器饱和电压（在 1mA 集电极电流下大约为 300mV）；V_{cc} 为一次侧光电耦合器上拉电阻的偏置电源。

　　稳压二极管通常并联一个 100nF 电容，以提高滤波能力。下面就可以开始基于 TL431 的 1 型、2 型和 3 型控制环节的设计了。

7.7　1 型补偿：一个原点处极点，共发射极连接

　　1 型补偿用于补偿不需要相位提升的功率变换器。1 型放大器的相位滞后，无论如何实现（运算放大器，跨导运放 OTA 或 TL431），其相位都为 270°。使用 TL431 构建的 1 型补偿器如图 7.13 所示，在该电路中，根据式（7.30）选择 LED 电阻器，同时使极点和零点重合以相互抵消，进而创建了一个简单的积分器，可以轻松调整其 0dB 穿越极点。如果忽略 LED 动态电阻 R_d，将图 7.13 进行简化，得到简化小信号模型，如图 7.14 所示。

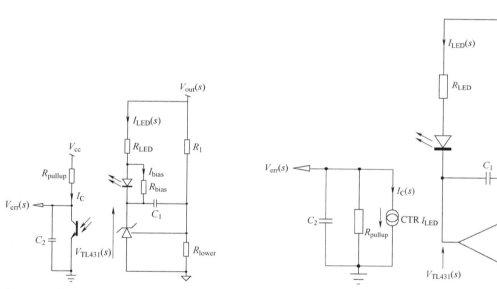

图 7.13　使用 TL431 构建的 1 型补偿器
（使用 2 型补偿电路，其中极点和零点重合）

图 7.14　TL431 电路的小信号模型
（为一积分器，带一个极点）

　　LED 中的交流电流取决于 V_{out} 和内部运算放大器输出端子上的电压

$$I_{LED}(s) = \frac{V_{out}(s) - V_{TL431}(s)}{R_{LED}} \tag{7.38}$$

TL431 的电压输出是一个简单的积分器，并遵循以下传递函数：

$$V_{TL431}(s) = -V_{out}(s) \frac{\dfrac{1}{sC_1}}{R_1} = -V_{out}(s) \frac{1}{sR_1C_1} \tag{7.39}$$

将式（7.39）代入式（7.38），得到

$$I_{LED}(s) = \frac{V_{out}(s) + V_{out}(s) \dfrac{1}{sC_1}}{R_{LED}} = \frac{V_{out}(s)}{R_{LED}} \left(1 + \frac{1}{sR_1C_1} \right) \tag{7.40}$$

表达式的第一项代表了快速通道。期望使用 C_1 来建立一个简单的积分器，但是这样会在表达式中引入一个零点，如式（7.40）所示。为了构建 1 型补偿，需要通过建立另一个极点用以抵消这个零点。继续对误差信号 $V_{err}(s)$ 进行推导

$$V_{err}(s) = -I_c(s)\frac{R_{pullup}\frac{1}{sC_1}}{R_{pullup} + \frac{1}{sC_1}} = -I_c(s)R_{pullup}\frac{1}{R_{pullup}sC_1 + 1} \tag{7.41}$$

又有

$$I_c(s) = I_{LED}(s)CTR \tag{7.42}$$

将式（7.40）和式（7.42）代入式（7.41）并整理得

$$\frac{V_{err}(s)}{V_{out}(s)} = -\frac{1}{s\frac{R_{LED}R_1}{R_{pullup}CTR}C_1}\left(\frac{1 + sR_1C_1}{1 + sR_{pullup}C_2}\right) \tag{7.43}$$

可改写为

$$G(s) = -\frac{1}{s/\omega_{p0}}\frac{1 + s/\omega_z}{1 + s/\omega_p} \tag{7.44}$$

其中，

$$\omega_{p0} = \frac{R_{pullup}CTR}{R_{LED}R_1C_1} \tag{7.45}$$

$$\omega_z = \frac{1}{R_1C_1} \tag{7.46}$$

$$\omega_p = \frac{1}{R_{pullup}C_2} \tag{7.47}$$

为了实现 1 型补偿，需要将零点和极点相互抵消。因此，有式（7.46）等于式（7.47）

$$\frac{1}{R_1C_1} = \frac{1}{R_{pullup}C_2} \tag{7.48}$$

因此有

$$C_2 = \frac{R_1C_1}{R_{pullup}} \tag{7.49}$$

又，根据式（7.45）有

$$C_1 = \frac{R_{pullup}CTR}{2\pi R_{LED}R_1 f_{p0}} \tag{7.50}$$

代入式（7.49）得

$$C_2 = \frac{CTR}{2\pi f_{p0}R_{LED}} \tag{7.51}$$

基于选定的 0-dB 穿越频率 f_c，可以设计穿越频率补偿环节的增益 G 以补偿功率级传递函数增益。单极点积分器公式如下所示，其中 ω_{p0} 代表 0-dB 穿越极点

$$G(s) = \frac{1}{\frac{s}{\omega_{p0}}} \tag{7.52}$$

根据式（7.52）可以得到穿越频率点处的增益为

$$|G(f_s)| = \frac{f_{p0}}{f_c} \tag{7.53}$$

根据此可以求得穿越极点 f_{p0} 为

$$f_{p0} = Gf_c \tag{7.54}$$

将 f_{p0} 代入式（7.50）和式（7.51），可以分别求得 C_1 和 C_2。

7.7.1　设计实例

假设需要补偿一个输出电压为 12V 的变换器，它在 20Hz 频率下的增益 G_{fc} 为 25dB（比如单级的反激变换器）。因此需要设计一个在 20Hz 频率处增益为 -25dB 的补偿器，首先，计算 20Hz 下的十进制增益幅值

$$G = 10^{\frac{-Gf_c}{20}} = 10^{\frac{-25}{20}} = 56.2\text{m} \tag{7.55}$$

根据式（7.54）得到极点频率为

$$f_{p0} = Gf_c = 0.0562 \times 20\text{Hz} = 1.12\text{Hz} \tag{7.56}$$

假定参数如下：

$V_{out} = 12\text{V}$，输出电压；

$V_f = 1\text{V}$，LED 正向压降；

$I_{bias} = 1\text{mA}$，TL431 偏置电流（光电耦合器处并联电阻）；

$V_{TL431} = 2.5\text{V}$，TL431 最低工作电压；

$V_{CE,sat} = 0.3\text{V}$，光电耦合器饱和电压；

$V_{cc} = 5\text{V}$，光电耦合器上拉电平；

$R_{pullup} = 10\text{k}\Omega$，光电耦合器上拉电阻；

$CTR_{min} = 0.5$，光电耦合器最小电流传输比；

$R_1 = 38\text{k}\Omega$，输出电压采样上分压电阻；

$f_{opto} = 10\text{kHz}$，光电耦合器极点频率（与 R_{pullup} 对应）。

根据上述取值，求得 LED 最大串联电阻为

$$R_{LEDmax} \leqslant \frac{12 - 1 - 2.5}{5 - 0.3 + 1\text{m} \times 0.5 \times 10\text{k}} \times 10\text{k}\Omega \times 0.5 \leqslant 4.4\text{k}\Omega \tag{7.57}$$

假设预留 20% 的余量，则 LED 串联电阻阻值为 3.5kΩ。

下面计算电容值

$$C_1 = \frac{R_{pullup}CTR}{2\pi R_{LED}R_1 f_{p0}} = \frac{10\text{k} \times 0.5}{3.5\text{k} \times 38\text{k}\Omega \times 1.12\text{Hz} \times 6.28} = 5.3\mu\text{F} \tag{7.58}$$

$$C_2 = \frac{R_1 C_1}{R_{pullup}} = \frac{5.3\text{u} \times 38\text{kF}}{10\text{k}} = 20.3\mu\text{F} \tag{7.59}$$

考虑到第二极点（0.8Hz），可以忽略光电耦合器极点（10kHz）在补偿器中的作用。仿真原理图如图 7.15 所示，补偿器的交流响应波形如图 7.16 所示，20Hz 时的衰减正好是 25dB，符合要求。相位没有提升，也与分析相符合。

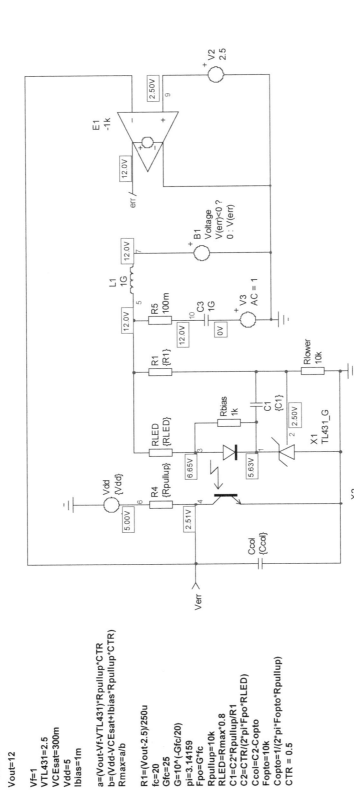

电路参数:

Vout=12

Vf=1
VTL431=2.5
VCEsat=300m
Vdd=5
Ibias=1m

a=(Vout-Vf-VTL431)*Rpullup*CTR
b=(Vdd-VCEsat+Ibias*Rpullup*CTR)
Rmax=a/b

R1=(Vout-2.5)/250u
fc=20
Gfc=25
G=10^(-Gfc/20)
pi=3.14159
Fpo=G*fc
Rpullup=10k
RLED=Rmax*0.8
C1=C2*Rpullup/R1
C2=CTR/(2*pi*Fpo*RLED)
Ccol=C2-Copto
Fopto=10k
Copto=1/(2*pi*Fopto*Rpullup)
CTR = 0.5

图 7.15 应用 TL431 实现的 1 型补偿器配置示意图

294

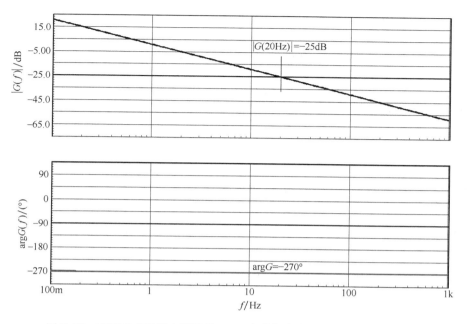

图 7.16　交流响应确保在所选的 20Hz 穿越频率点处获得正确的衰减量

7.8　1 型补偿：共集电极配置

将光电耦合器连接为共集电极接法不影响其工作的偏置点，但传递函数中少了负号

$$\frac{V_{\text{err}}(s)}{V_{\text{out}}(s)} = \frac{1}{s\dfrac{R_{\text{LED}}R_1}{R_{\text{pullup}}\text{CTR}}C_1}\left(\frac{1 + sR_1C_1}{1 + sR_{\text{pulldown}}C_2}\right) \tag{7.60}$$

前一个例子中的计算过程仍然有效，只需将 R_{pullup} 替换成 R_{pulldown}。

7.9　2 型补偿：一个原点处的极点以及一个零/极点对

2 型补偿是 TL431 在补偿器应用中最为常见的一种用法，其应用电路如图 7.13 所示。因此，1 型补偿中已经推导出的传递函数仍然有效。下面，针对中频段增益对该式进行整理

$$\frac{V_{\text{err}}(s)}{V_{\text{out}}(s)} = -\frac{R_{\text{pullup}}\text{CTR}}{sR_{\text{LED}}R_1C_1}\left(\frac{1 + sR_1C_1}{1 + sR_{\text{pullup}}C_2}\right) \tag{7.61}$$

进一步整理

$$\frac{V_{\text{err}}(s)}{V_{\text{out}}(s)} = -\frac{R_{\text{pullup}}\text{CTR}}{R_{\text{LED}}}\left(\frac{1 + 1/sR_1C_1}{1 + sR_{\text{pullup}}C_2}\right) \tag{7.62}$$

可见，其传递函数形式如下：

$$G(s) = -G_0\frac{1 + \omega_z/s}{1 + s/\omega_{\text{p}}} \tag{7.63}$$

其中，

$$G_0 = \frac{R_{pullup}CTR}{R_{LED}} \qquad (7.64)$$

$$\omega_Z = \frac{1}{R_1 C_1} \qquad (7.65)$$

$$\omega_p = \frac{1}{R_{pullup} C_2} \qquad (7.66)$$

下面，关于就中频段增益的表达式（7.64）进行说明。可以看到该等式包括 LED 电阻，其上限由式（7.30）给定。这意味着增益 G_0 的设计灵活性受到 R_{LED} 上限的限制。同样，这来自于快速通道的影响，且无法对此影响进行抵消。假设式（7.30）的上限为 860Ω，上拉电阻为 $20k\Omega$，CTR 为 30%。在以上条件下，G_0 存在一个最小增益：

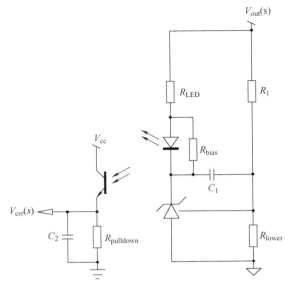

图 7.17 共集电极接法改变了信号极性

$$G_0 > CTR \frac{R_{pullup}}{R_{LEDmax}} > 0.3 \frac{20}{0.860} > 7 \text{ 或} \approx 17dB \qquad (7.67)$$

这意味着只能在 $H(s)$ 伯德图上选择所需增益至少为 17dB 的穿越频率点。如果所选点需要 10dB 增益，则无法使用上述给定上拉电阻的 TL431 补偿器。

图 7.18 显示了所述伯德图和可能的工作区域。在这个区域，由 TL431 和电阻器（$R_{LED} = 860\Omega$，$R_{pullup} = 20k\Omega$）的 2 型补偿器可以工作。而当需要的增益低于式（7.67）所要求的最小值 17dB（如图中低于 500Hz 部分）时，该补偿器无法使用。如果需要将穿越频率设置在 500Hz 以下时，可以使用 1 类补偿器，因其可以灵活选择所需的增益/衰减，并且与 R_{LED} 无关。否则，就需要消除快速通道对其的影响。下面给出了一个基于 TL431 的 2 型补偿器的设计实例。

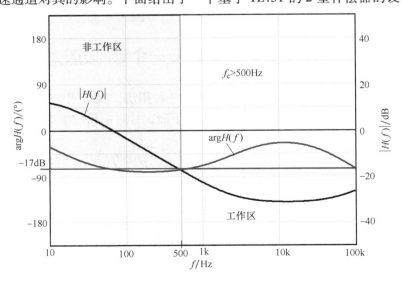

图 7.18 采用 2 型补偿的伯德图及工作区示意图（具有快速通道的 TL431 补偿器有一个最低增益，低于该增益时无法使用补偿器，图中增益选择必须大于 17dB）

7.9.1　设计实例

假设需要补偿一个输出电压为 19V 的直流变换器，它在 1kHz 频率下的增益为 −15dB。考虑到相位裕度，需要在 1kHz 时将相位提升 50°。正如在零极点部分中详述的那样，极点可以放置在以下位置：

$$f_p = \left[\tan(\text{boost}) + \sqrt{\tan^2(\text{boost}) + 1}\right] f_c = 2.74 \times 1\text{kHz} = 2.74\text{kHz} \tag{7.68}$$

当相位在极点和零点之间的几何平均值处达到峰值时，零点位置位于

$$f_z = \frac{f_c^2}{f_p} = \frac{1\text{k}^2\text{Hz}}{2.74\text{k}} = 365\text{Hz} \tag{7.69}$$

变换器使用参数如下：

$V_{\text{out}} = 19\text{V}$，输出电压；

$V_f = 1\text{V}$，LED 正向压降；

$I_{\text{bias}} = 1\text{mA}$，TL431 偏置电流（光电耦合器处并联电阻）；

$V_{\text{TL431}} = 2.5\text{V}$，TL431 最低工作电压；

$V_{\text{CE,sat}} = 0.3\text{V}$，光电耦合器饱和电压；

$V_{\text{cc}} = 5\text{V}$，上拉电平；

$R_{\text{pullup}} = 20\text{k}\Omega$，光电耦合器上拉电阻；

$\text{CTR}_{\text{min}} = 0.3$，最小电流传输比；

$R_1 = 66\text{k}\Omega$，输出电压采样上分压电阻；

$f_{\text{opto}} = 6\text{kHz}$，光电耦合器极点频率。

根据以上取值，求得允许的 LED 串联电阻最大值为

$$R_{\text{LEDmax}} \leqslant \frac{19 - 1 - 2.5}{5 - 0.3 + 1\text{m} \times 0.3 \times 20\text{k}} 20\text{k}\Omega \times 0.3 \leqslant 8.7\text{k}\Omega \tag{7.70}$$

将 15dB 增益转换为十进制值，并检查相应的 LED 电阻值是否符合式（7.70）

$$G = 10^{\frac{-Gf_c}{20}} = 10^{\frac{15}{20}} = 5.6 \tag{7.71}$$

根据式（7.64），计算得到 LED 电阻

$$R_{\text{LED}} = \frac{R_{\text{pullup}}\text{CTR}}{G} = \frac{20\text{k}\Omega \times 0.3}{5.6} = 1071\Omega \tag{7.72}$$

该电阻远低于式（7.70）规定的限值，符合要求。根据式（7.65）和 365Hz 的零点频率，得到 C_1

$$C_1 = \frac{1}{2\pi R_1 f_z} = \frac{1}{6.28 \times 365\text{Hz} \times 66\text{k}\Omega} = 6.6\text{nF} \tag{7.73}$$

接下来求 C_2（由外加电容 C_{col} 和光电耦合器集电极-发射极寄生电容 C_{opto} 并联组成）

$$C_2 = \frac{1}{2\pi R_{\text{pullup}} f_p} = \frac{1}{6.28 \times 20\text{k}\Omega \times 2.74\text{kHz}} = 2.9\text{nF} \tag{7.74}$$

根据 f_{opto} 求寄生电容 C_{opto}

$$C_{\text{opto}} = \frac{1}{2\pi R_{\text{pullup}} f_{\text{opto}}} = \frac{1}{6.28 \times 20\text{k}\Omega \times 6\text{kHz}} = 1.3\text{nF} \tag{7.75}$$

根据式（7.74）和式（7.75）可以得到 C_{col}

$$C_{\text{col}} = C_2 - C_{\text{opto}} = 2.9\text{nF} - 1.3\text{nF} = 1.6\text{nF} \tag{7.76}$$

根据上述求出的参数，对该补偿器进行仿真，如图 7.19 所示。图 7.19 左边的计算公式用于注释，在需要进一步调整零极点位置时可用于自动计算。交流小信号扫频结果如图 7.20 所示。

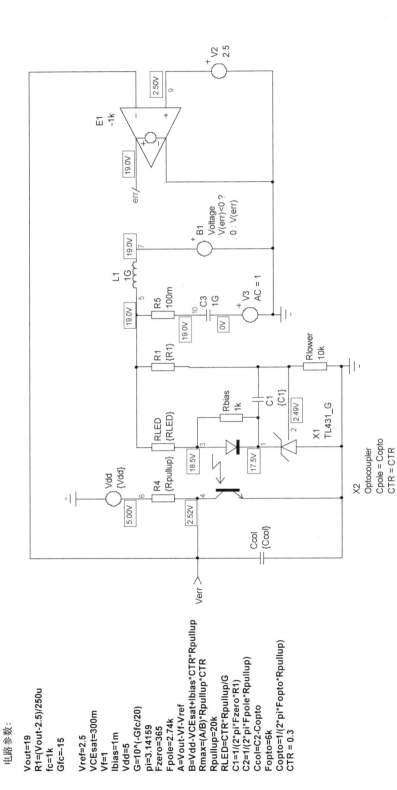

图 7.19 应用 TL431 实现的 2 型补偿器仿真电路图

电路参数:

Vout=19
R1=(Vout-2.5)/250u
fc=1k
Gfc=-15

Vref=2.5
VCEsat=300m
Vf=1
Ibias=1m
Vdd=5
G=10^(-Gfc/20)
pi=3.14159
Fzero=365
Fpole=2.74k
A=Vout-Vf-Vref
B=Vdd-VCEsat+Ibias*CTR*Rpullup
Rmax=(A/B)*Rpullup*CTR
Rpullup=20k
RLED=CTR*Rpullup/G
C1=1/(2*pi*Fzero*R1)
C2=1/(2*pi*Fpole*Rpullup)
Ccol=C2-Copto
Fopto=6k
Copto=1/(2*pi*Fopto*Rpullup)
CTR = 0.3

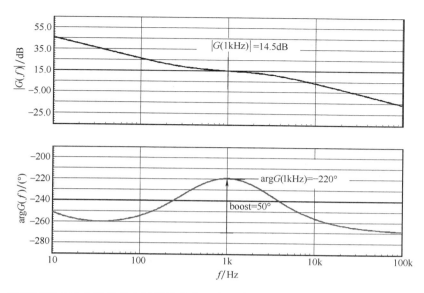

图 7.20 交流频率响应中增益存在轻微的偏差（主要来自于 LED 串联电阻以及偏置电阻的影响）

可以看到轻微的增益不匹配，主要是由于 LED 动态电阻和偏置电阻的影响。如有必要，可以通过提高 1kHz 点所需的增益来进行手动补偿，实际上，它对最终环路性能基本没有影响。

7.10 2 型补偿器：共发射极结构与 UC384X 配合

常用的 UC384X 控制芯片非常适合基于 TL431 的补偿网络。其内部运算放大器具有最大 1mA 的输出电流能力；如果试图从该引脚输出更多的电流，运算放大器的输出会跌落。利用这一点，可以将一个上拉电阻从其输出连接到 5V 参考电压来旁路该运算放大器。如果光电耦合器的输出电流能力可以达到 20mA，上拉电阻的选取就比较容易。图 7.21 给出了电路示意图，式（7.62）给出了其传递函数。

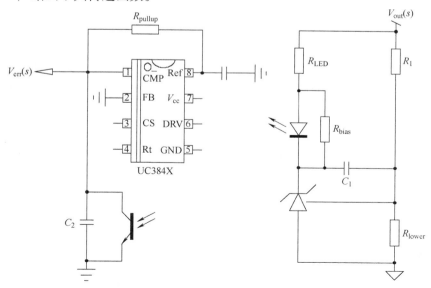

图 7.21 通过连接到参考电压的外部上拉电阻，屏蔽内部 1mA 电源，TL431 可以与 UC384X 配合作为补偿器

7.11　2 型补偿器：共集电极结构与 UC384X 配合

共集电极接法翻转了控制极性，如式（7.60）所示：如果 V_{out} 偏离其设定值并且变高，则误差电压增加。在大多数应用中，这种情况下误差电压通常必须降低，因此需要反转以恢复正确的控制极性。可利用 UC384X 的内部运算放大器，如图 7.22 所示，由于 R_i 和 R_f 的电阻值相等，运算放大器成为单位增益反相器。通过在下拉电阻上并联 C_2 来获得高频极点，这个电容元件需要尽可能靠近 PWM 控制器放置，以减少干扰。

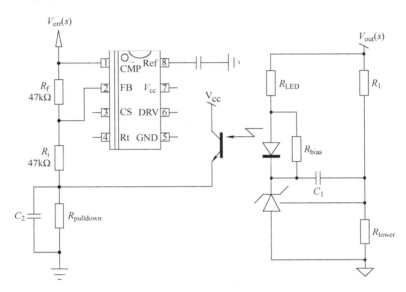

图 7.22　基于 TL431 的 2 型补偿器（采用共集电极接法，连接到 UC384X 控制器，
其内部运算放大器作为反相器）

7.12　2 型补偿器：禁用快速通道

在某些情况下，需要灵活设计穿越频率，换句话说，需要选择增益增加或衰减，而不受 R_{LED} 上限的限制，摆脱其限制的方法是禁用快速通道。如前文所述，禁用快速通道意味着切断不通过运算放大器而直接驱动 LED 电流的另一条并行路径。如图 7.12 所示，图 7.23 是图 7.12 的一个更新。

传递函数推导首选需要计算流过 LED 的电流 $I_{LED}(s)$，该电流取决于 R_{LED} 和 TL431 阴极电压。这个电压也是内部运算放大器输出端的电压，如图 7.1 所示，对 2 型补偿器，有

$$V_{TL431}(s) = -V_{out}(s)\frac{R_2 + \dfrac{1}{sC_1}}{R_1} = -V_{out}(s)\frac{\dfrac{sR_2C_1 + 1}{sC_1}}{R_1} = -V_{out}(s)\frac{sR_2C_1 + 1}{sR_1C_1} \tag{7.77}$$

LED 流过的交流小信号电流为

$$I_{LED}(s) = -\frac{V_{TL431}(s)}{R_{LED}} = V_{out}(s)\frac{1}{R_{LED}}\frac{sR_2C_1 + 1}{sR_1C_1} \tag{7.78}$$

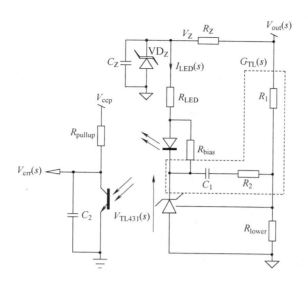

图 7.23　使用简单的稳压管稳压电路或其他任何类型的电压调节器来禁用快速通道

这个电流通过光电耦合器的 CTR 传输到光电耦合器的集电极。反馈电压与 R_{pullup} 和 C_2 组成的并联网络以及集电极电流有关，可得

$$V_{err}(s) = -I_{LED}(s)\,CTR\,\frac{R_{pullup}\dfrac{1}{sC_2}}{R_{pullup} + \dfrac{1}{sC_2}} = -I_{LED}(s)\,CTR\,R_{pullup}\frac{1}{1 + sR_{pullup}C_2} \tag{7.79}$$

联立式 (7.78) 和式 (7.79)，可以得到禁用快速通道后的 2 型补偿器的完整传递函数为

$$G(s) = -CTR\frac{R_{pullup}}{R_{LED}}\frac{1 + sR_2C_1}{sR_1C_1(1 + sR_{pullup}C_2)} \tag{7.80}$$

除以 sR_2C_1，可以将传递函数化为标准化形式

$$G(s) = -CTR\frac{R_{pullup}}{R_{LED}}\frac{R_2}{R_1}\frac{1 + 1/sR_2C_1}{1 + sR_{pullup}C_2} = -G_0\frac{1 + \omega_z/s}{1 + s/\omega_p} \tag{7.81}$$

其中，

$$G_0 = CTR\frac{R_{pullup}}{R_{LED}}\frac{R_2}{R_1} = G_1G_2 \tag{7.82}$$

$$G_1 = CTR\frac{R_{pullup}}{R_{LED}} \tag{7.83}$$

$$G_2 = \frac{R_2}{R_1} \tag{7.84}$$

$$\omega_z = \frac{1}{R_2C_1} \tag{7.85}$$

$$\omega_p = \frac{1}{R_{pullup}C_2} \tag{7.86}$$

式 (7.86) 与式 (7.62) 的区别在于中频段增益不再由 R_{LED} 单独决定，它同时也与 R_2 和 R_1 有关。由于 R_{LED} 受偏置条件限制 (见式 (7.30))，并且 R_1 取决于输出电压设定值，所以可以通过选择 R_2 以满足增益要求。因此，设计中，需要评估增益 G_1 以及 G_2，以使得两者的

乘积能满足要求的中频段增益。在下面设计实例中进一步阐述。

7.12.1　设计实例

设计一个 12V 输出的变换器，其传递函数 $H(s)$ 在 20Hz 的穿越频率下有 22dB 的增益裕量。需要 50° 相位提升，因此必须采用 2 型补偿器。主要参数如下：

$V_{TL431,min} = 2.5V$，TL431 最小工作电压；

$I_{bias} = 1mA$，TL431 偏置电流；

$V_f = 1V$，LED 正向压降；

$V_{CE,sat} = 0.3V$，光电耦合器饱和电压；

$V_{ccp} = 5V$，原边上拉电平 V_{cc}；

$R_{pullup} = 4.7k\Omega$，光电耦合器上拉电阻；

$CTR_{min} = 0.8$，光电耦合器最小电流传输比；

$R_1 = 38k\Omega$，输出电压采样上分压电阻；

$f_{opto} = 10kHz$，与 R_{pullup} 对应的光电耦合器极点频率；

$V_Z = 8.2V$，稳压管击穿电压；

$I_{Zbias} = 2mA$，稳压管偏置电流。

首先，基于式（7.34），计算 LED 电阻的上限

$$R_{LED,max} \leqslant \frac{8.2 - 1 - 2.5}{5 - 0.3 + 1m \times 0.8 \times 4.7k} 4.7k\Omega \times 0.8 \leqslant 2.09k\Omega \tag{7.87}$$

考虑 20% 的安全裕量，可选择 1.5kΩ 的标准阻值。结合给定的 CTR 和上拉电阻，该阻抗网络提供的增益 G_1 等于

$$G_1 = CTR \frac{R_{pullup}}{R_{LED}} = 0.8 \times \frac{4.7k}{1.5k} = 2.5 \text{ 或} \approx 8dB \tag{7.88}$$

技术指标要求增益衰减 $-22dB$。由于已经使用增益为 8dB 的 G_1，因此 G_2 必须提供 $-30dB$ 的衰减

$$G_2 = 10^{\frac{-30}{20}} = 31.6m \tag{7.89}$$

如式（7.84）所示，G_2 与 R_1 和 R_2 有关。由于 R_1 是固定的，R_2 的值为

$$R_2 = G_2 R_1 = 31.6m \times 38k\Omega = 1.2k\Omega \tag{7.90}$$

为在 20Hz 处获得 50° 相位的增加，根据前面已经推导的公式，配置的极点位置为

$$f_p = [\tan(boost) + \sqrt{\tan^2(boost) + 1}] f_c = 2.74 \times 20Hz = 54.8Hz \tag{7.91}$$

由于在极点和零点的几何平均值处相位提升达到峰值，零点为

$$f_z = \frac{f_c^2}{f_p} = \frac{400Hz}{54.8} = 7.3Hz \tag{7.92}$$

利用式（7.85）和式（7.86），可以计算出相应的电容值为

$$C_1 = \frac{1}{2\pi f_z R_2} = \frac{1}{6.28 \times 7.3Hz \times 1.2k\Omega} = 18.2\mu F \tag{7.93}$$

极点电容 C_2 实际上是由一个额外的电容 C_{col} 与光电耦合器集电极-发射极寄生电容并联组成

$$C_2 = \frac{1}{2\pi R_{pullup} f_p} = \frac{1}{6.28 \times 4.7k\Omega \times 54.8Hz} = 618.3nF \tag{7.94}$$

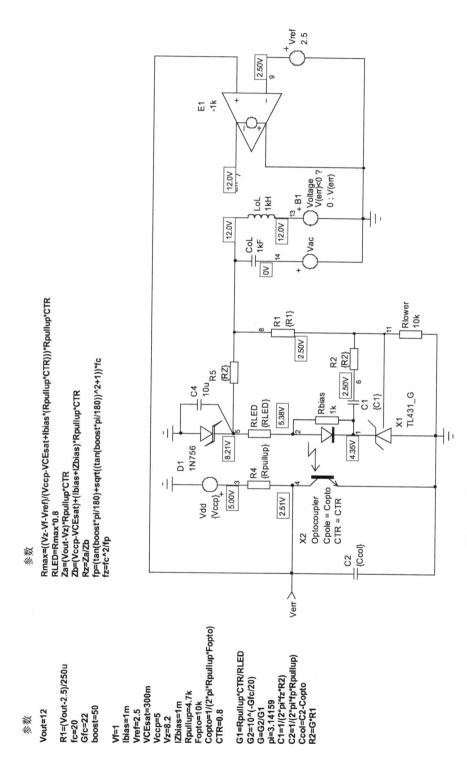

图 7.24　快速通道被禁用的基于 TL431 的 2 型补偿器应用电路

参数

Vout=12

R1=(Vout-2.5)/250u
fc=20
Gfc=22
boost=50

Vf=1
Ibias=1m
Vref=2.5
VCEsat=300m
Vccp=5
Vz=8.2
IZbias=1m
Rpullup=4.7k
Fopto=10k
Copto=1/(2*pi*Rpullup*Fopto)
CTR=0.8

G1=Rpullup*CTR/RLED
G2=10^(-Gfc/20)
G=G2/G1
pi=3.14159
C1=1/(2*pi*fz*R2)
C2=1/(2*pi*fp*Rpullup)
Ccol=C2-Copto
R2=G*R1

参数

Rmax=((Vz-Vf-Vref)/((Vccp-VCEsat+Ibias*(Rpullup*CTR)))*Rpullup*CTR
RLED=Rmax*0.8
Za=(Vout-Vz)*Rpullup*CTR
Zb=(Vccp-VCEsat)+(Ibias+IZbias)*Rpullup*CTR
Rz=Za/Zb
fp=(tan(boost*pi/180)+sqrt((tan(boost*pi/180))^2+1))*fc
tz=fc^2/fp

303

光电耦合器在 10kHz 存在极点，根据上拉电阻，可以计算得到寄生电容

$$C_{\text{opto}} = \frac{1}{2\pi f_{\text{opto}} R_{\text{pullup}}} = \frac{1}{6.28 \times 10\text{kHz} \times 4.7\text{k}\Omega} = 3.4\text{nF} \qquad (7.95)$$

由于总电容是 618.3nF，通过式（7.74）和式（7.75），计算外部需要并联的电容值

$$C_{\text{col}} = C_2 - C_{\text{opto}} = 618.3\text{nF} - 3.4\text{nF} = 615\text{nF} \qquad (7.96)$$

考虑到实际应用，通常会使用 0.68μF 的电容器，因此，光电耦合器的寄生电容可以忽略不计。

现在来设计稳压电路：鉴于 12V 输出电压，选择 8.2V 稳压相对合适。稳压值的选择取决于 2 个方面：与输出电压相比，稳压电压需要足够低，以确保两者之间的良好交流隔离；稳压电压必须足够高，以便 TL431 有足够的电压范围。经验表明，选择 V_Z 为输出电压的 2/3 是一个很好的折中。通过查看稳压二极管参数，2mA 偏置电流使元件工作点能够远离拐点。基于上述已知参数，利用式（7.37），计算稳压电阻 R_Z 的值为

$$\begin{aligned}
R_Z &= \frac{(V_{\text{out}} - V_Z) R_{\text{pullup}} \text{CTR}_{\text{min}}}{(V_{\text{ccp}} - V_{\text{CE,sat}}) + (I_{\text{Zbias}} + I_{\text{bias}}) R_{\text{pullup}} \text{CTR}_{\text{min}}} \\
&= \frac{(12 - 8.2) \times 4.7\text{k}\Omega \times 0.8}{(5 - 0.3) + (2\text{m} + 1\text{m}) \times 4.7\text{k} \times 0.8} = 894\Omega
\end{aligned} \qquad (7.97)$$

为了改善低频时的退耦效果，在稳压二极管两端并联一个 10μF 的电容。电路所有参数设计完成，详细应用原理图如图 7.24 所示，交流小信号响应特性如图 7.25 所示。基于原理图得到的直流工作点证明该系统偏置设计合理。

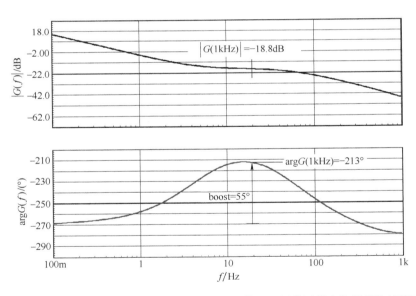

图 7.25　交流小信号响应显示增益目标有 3dB 偏差，用稳压管电路屏蔽快速通道

从图 7.25 可看到，增益曲线与 –22dB 目标有 3dB 的偏差。由于 LED 动态电阻 R_d 引起的误差很小，在计算中忽略不计（约 0.5dB），误差主要是由于稳压电压 V_Z 和输出电平之间缺乏完美的交流隔离。可以通过将目标增益增加 3 ~ 4dB 来补偿失配（例如要求 26dB 增益而不是原始的 22dB）。另一种减小误差的方法是使用基于双极型晶体管的有源稳压电路，如图 7.26 所示，采用这种电路，增益的误差可减少 1dB。基于稳压二极管和基于三极管的稳压电路之间的交流小信号响应对比如图 7.27 所示。

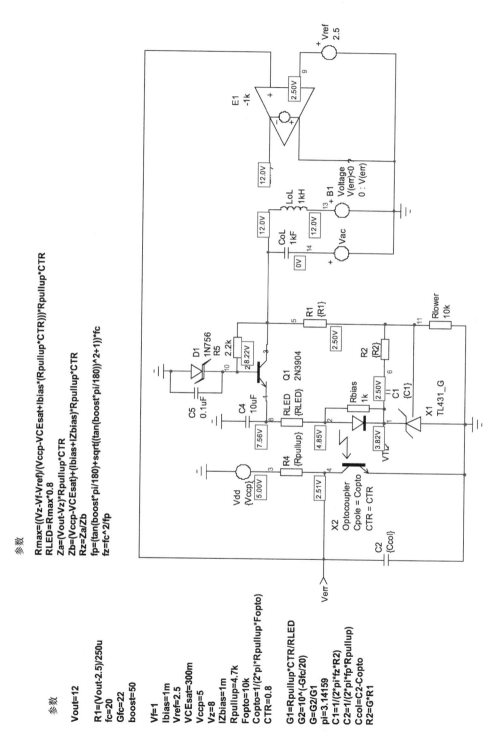

参数

Rmax=((Vz-Vf-Vref)/(Vccp-VCEsat+Ibias*(Rpullup*CTR)))*Rpullup*CTR
RLED=Rmax*0.8
Za=(Vout-Vz)*Rpullup*CTR
Zb=(Vccp-VCEsat)+(Ibias+IZbias)*Rpullup*CTR
Rz=Za/Zb
fp=(tan(boost*pi/180)+sqrt((tan(boost*pi/180))^2+1))*fc
fz=fc^2/fp

参数

Vout=12

R1=(Vout-2.5)/250u
fc=20
Gfc=22
boost=50

Vf=1
Ibias=1m
Vref=2.5
VCEsat=300m
Vccp=5
Vz=8
IZbias=1m
Rpullup=4.7k
Fopto=10k
Copto=1/(2*pi*Rpullup*Fopto)
CTR=0.8

G1=Rpullup*CTR/RLED
G2=10^(-Gfc/20)
G=G2/G1
pi=3.14159
C1=1/(2*pi*fz*R2)
C2=1/(2*pi*fp*Rpullup)
Ccol=C2-Copto
R2=G*R1

图 7.26　双极型晶体管有助于更好地抑制输出电压上的交流分量对环路的影响

305

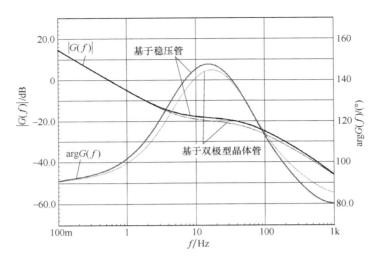

图 7.27　不同稳压方式，改善 TL431 偏置电压和输出变量之间的交流耦合

作为总结，快送通道的交流耦合会影响传递函数。因此，如果需要抑制快速通道，则必须仔细设计交流去耦电路。

7.13　3 型补偿器：原点处极点和两个零/极点对

由于快速通道存在，TL431 不适合 3 型补偿器架构。在后续的阐述中可以看到，LED 串联电阻会起到两个作用，给设计过程设置了新的限制。然而，在一些电压模式变换器中，需要高于 90°的相位提升，需要用到基于 TL431 的 3 型补偿器，如图 7.28 所示。

传递函数的推导首先从流过 LED 的交流电流开始，包括图 7.28 中所示的 Z_{LED} 的阻抗。流过偏置电阻 R_{bias} 的交流电流忽略不计

$$I_{\mathrm{LED}}(s) = \frac{V_{\mathrm{out}}(s) - V_{\mathrm{TL431}}(s)}{Z_{\mathrm{LED}}}$$

$$= (V_{\mathrm{out}}(s) - V_{\mathrm{TL431}}(s)) \frac{R_{\mathrm{LED}} + \left(R_3 + \dfrac{1}{sC_3}\right)}{R_{\mathrm{LED}}\left(R_3 + \dfrac{1}{sC_3}\right)}$$

$$(7.98)$$

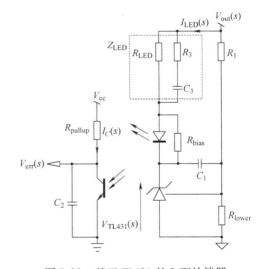

图 7.28　基于 TL431 的 3 型补偿器
（但快速通道的存在对其应用场合带来一定影响）

TL431 阴极的输出电压 $V_{\mathrm{TL431}}(s)$ 与 1 型补偿器的输出电压相同

$$V_{\mathrm{TL431}}(s) = -\frac{1}{sC_1R_1}V_{\mathrm{out}}(s) \qquad (7.99)$$

将式（7.99）代入式（7.98），得

$$I_{\text{LED}}(s) = \left(V_{\text{out}}(s) + V_{\text{out}}(s)\frac{1}{sR_1C_1} \right)\frac{R_{\text{LED}} + \left(R_3 + \dfrac{1}{sC_3} \right)}{R_{\text{LED}}\left(R_3 + \dfrac{1}{sC_3} \right)}$$

$$= V_{\text{out}}(s)\left(\frac{1 + sR_1C_1}{sR_1C_1} \right)\frac{R_{\text{LED}} + \left(R_3 + \dfrac{1}{sC_3} \right)}{R_{\text{LED}}\left(R_3 + \dfrac{1}{sC_3} \right)} \tag{7.100}$$

重新整理之前的公式，得到

$$I_{\text{LED}}(s) = V_{\text{out}}(s)\left(\frac{1 + sR_1C_1}{sR_1C_1} \right)\frac{s(R_{\text{LED}} + R_3)C_3 + 1}{R_{\text{LED}}(sC_3R_3 + 1)} \tag{7.101}$$

考虑误差电压 $V_{\text{err}}(s)$ 与光电耦合器 CTR 的 LED 电流的关系，得

$$V_{\text{err}}(s) = -I_{\text{LED}}(s)R_{\text{pullup}}\frac{1}{1 + sR_{\text{pullup}}C_2}\text{CTR} \tag{7.102}$$

将式（7.101）代入式（7.102），得到传递函数

$$\frac{V_{\text{err}}(s)}{V_{\text{out}}(s)} = -\frac{R_{\text{pullup}}}{R_{\text{LED}}}\text{CTR}\frac{1 + 1/sR_1C_1}{1 + sR_{\text{pullup}}C_2}\frac{sC_3(R_{\text{LED}} + R_3) + 1}{1 + sC_3R_3} = -G_0\frac{1 + \omega_{z1}/s}{1 + s/\omega_{p1}}\frac{1 + s/\omega_{z2}}{1 + s/\omega_{p2}} \tag{7.103}$$

在这个等式中，可以得到相应的极点、零点和静态增益为

$$G_0 = \frac{R_{\text{pullup}}}{R_{\text{LED}}}\text{CTR} \tag{7.104}$$

$$\omega_{z1} = \frac{1}{R_1C_1} \tag{7.105}$$

$$\omega_{z2} = \frac{1}{(R_{\text{LED}} + R_3)C_3} \tag{7.106}$$

$$\omega_{p1} = \frac{1}{R_{\text{pullup}}C_2} \tag{7.107}$$

$$\omega_{p2} = \frac{1}{R_3C_3} \tag{7.108}$$

式（7.103）的幅度大小为

$$|G(f_c)| = G_0\frac{\sqrt{1 + \left(\frac{f_{z1}}{f_c}\right)^2}\sqrt{1 + \left(\frac{f_c}{f_{z2}}\right)^2}}{\sqrt{1 + \left(\frac{f_c}{f_{p1}}\right)^2}\sqrt{1 + \left(\frac{f_c}{f_{p2}}\right)^2}} = \frac{R_{\text{pullup}}}{R_{\text{LED}}}\text{CTR}\frac{\sqrt{1 + \left(\frac{f_{z1}}{f_c}\right)^2}\sqrt{1 + \left(\frac{f_c}{f_{z2}}\right)^2}}{\sqrt{1 + \left(\frac{f_c}{f_{p1}}\right)^2}\sqrt{1 + \left(\frac{f_c}{f_{p2}}\right)^2}} \tag{7.109}$$

联立式（7.105）、式（7.106）和式（7.108）、式（7.109），可求解出 R_{LED}，R_3，C_1，C_2 和 C_3，据此得到完整的补偿器设计参数

$$R_{\text{LED}} = \frac{R_{\text{pullup}}}{G}\text{CTR}\frac{\sqrt{1 + \left(\frac{f_{z1}}{f_c}\right)^2}\sqrt{1 + \left(\frac{f_c}{f_{z2}}\right)^2}}{\sqrt{1 + \left(\frac{f_c}{f_{p1}}\right)^2}\sqrt{1 + \left(\frac{f_c}{f_{p2}}\right)^2}} \tag{7.110}$$

$$C_3 = \frac{f_{p2} - f_{z2}}{2\pi f_{p2} f_{z2}} \frac{G}{R_{\text{pullup}} \text{CTR}} \frac{\sqrt{1 + \left(\dfrac{f_c}{f_{p1}}\right)^2} \sqrt{1 + \left(\dfrac{f_c}{f_{p2}}\right)^2}}{\sqrt{1 + \left(\dfrac{f_{z1}}{f_c}\right)^2} \sqrt{1 + \left(\dfrac{f_c}{f_{z2}}\right)^2}} \tag{7.111}$$

$$R_3 = \frac{f_{z2}}{f_{p2} - f_{z2}} \frac{R_{\text{pullup}}}{G} \text{CTR} \frac{\sqrt{1 + \left(\dfrac{f_{z1}}{f_c}\right)^2} \sqrt{1 + \left(\dfrac{f_c}{f_{z2}}\right)^2}}{\sqrt{1 + \left(\dfrac{f_c}{f_{p1}}\right)^2} \sqrt{1 + \left(\dfrac{f_c}{f_{p2}}\right)^2}} \tag{7.112}$$

$$C_1 = \frac{1}{2\pi f_{z1} R_1} \tag{7.113}$$

$$C_2 = \frac{1}{2\pi R_{\text{pullup}} f_{p2}} \tag{7.114}$$

但是，与任何基于 TL431 的补偿器设计一样，LED 串联电阻值的取值限制取决于其偏置条件，式（7.30）给出了这个电阻可以取到的最大值。将最大值代入式（7.109）中，可以得到补偿器的最小增益

$$|G_{\min}| = \frac{V_{cc} - V_{CE,\text{sat}} + I_{\text{bias}} R_{\text{pullup}} \text{CTR}_{\min}}{V_{\text{out}} - V_f - V_{\text{TL431},\min}} \frac{\sqrt{1 + \left(\dfrac{f_{z1}}{f_c}\right)^2} \sqrt{1 + \left(\dfrac{f_c}{f_{z2}}\right)^2}}{\sqrt{1 + \left(\dfrac{f_c}{f_{p1}}\right)^2} \sqrt{1 + \left(\dfrac{f_c}{f_{p2}}\right)^2}} \tag{7.115}$$

这个 $G_{\min}$ 表示穿越点增益的最小值，低于该最小增益时，无法设计补偿器。例如，如果式（7.115）计算的 $G_{\min}$ 为 5dB，就不能选择仅需要 3dB 增益的穿越频率，否则就不能满足 TL431 的偏置条件。但是，如果穿越频率处需要 6dB 增益就可以，改变光电耦合器的 CTR 或 R_{pullup} 不能改变上述结果。实际上，式（7.115）由两项组成：第一项（包括 V_{TL431}，V_{out} 等）对应于基于 TL431 的补偿器工作所需的最小偏置条件；第二项涉及极点和零点位置，换句话说，就是所需的相位提升。因此，在选定的增益条件下，$G_{\min}$ 可以视为最大相位提升的另一个限制。$G_{\min}$ 与相位提升之间的关系如下：

$$G_{\min}(\text{boost}) = 20\log_{10}\left(\frac{V_{cc} - V_{CE,\text{sat}} + I_{\text{bias}} R_{\text{pullup}} \text{CTR}_{\min}}{V_{\text{out}} - V_f - V_{\text{TL431},\min}} \sqrt{\cot^2\left(\frac{\text{boost}}{4} - 45\right)}\right) \tag{7.116}$$

结合下面给定的参数，将相位提升在 0° ~ 180° 变化时，式（7.116）可以用图来表示。

$V_{\text{TL431}} = 2.5\text{V}$，TL431 最小工作电压；

$V_{\text{out}} = 12\text{V}$，需要的输出电压；

$V_f = 1\text{V}$，LED 正向压降；

$V_{CE,\text{sat}} = 0.3\text{V}$，光电耦合器饱和电压；

$V_{cc} = 5\text{V}$，原边上拉电平 V_{cc}；

$I_{\text{bias}} = 1\text{mA}$，TL431 偏置电流；

$R_{\text{pullup}} = 20\text{k}\Omega$，光电耦合器上拉电阻；

$\text{CTR}_{\min} = 0.3$，在 $20\text{k}\Omega$ 上拉电阻下的光电耦合器最小电流传输比。

计算结果如图 7.29 所示，增益从接近 0dB 的最小值开始（无需相位提升，两个极点和零

点重合），并随着所需的相位提升而增加。因此，在使用这种类型的补偿器时，选择合适的穿越频率非常重要，在穿越点具备所需增益和相位提升且不与式（7.115）相矛盾。如果需要150°的相位提升，给定上述元件值，根据图 7.29，任何需要超过 18dB 增益的穿越点都是可能的选择。

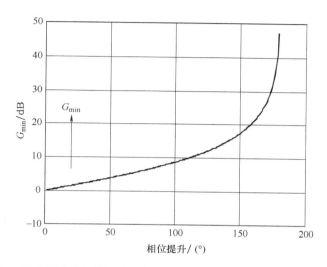

图 7.29　随着所需的相位提升增加，LED 串联电阻器严重妨碍了增益选择

7.13.1　设计实例

在这个例子中，希望以穿越频率为 1kHz，穿越点增益为 15dB，所需的相位提升为 120°。这是一个 12V 变换器，参数如下：

$V_{\text{TL431,min}} = 2.5\text{V}$，TL431 最小工作电压；

$I_{\text{bias}} = 1\text{mA}$，TL431 偏置电流；

$V_Z = 8.2\text{V}$，稳压管击穿电压；

$I_{\text{Zbias}} = 2\text{mA}$，稳压管偏置电流；

$V_f = 1\text{V}$，LED 正向压降；

$V_{\text{CE,sat}} = 0.3\text{V}$，光电耦合器饱和电压；

$V_{\text{cc}} = 5\text{V}$，原边上拉电平 V_{cc}；

$V_{\text{out}} = 12\text{V}$，变换器输出电压；

$R_{\text{pullup}} = 20\text{k}\Omega$，光电耦合器上拉电阻；

$\text{CTR}_{\text{min}} = 0.3$，光电耦合器最小电流传输比；

$R_1 = 38\text{k}\Omega$，输出电压采样上分压电阻；

$f_{\text{opto}} = 6\text{kHz}$，与 R_{pullup} 对应的光电耦合器极点频率。

由于在 1kHz 处需要 120° 相位提升，首先假设已经将重合的极点和零点放在相应的位置。基于前面推导的公式，一对极点放置的位置为

$$f_{\text{p1,2}} = \frac{f_c}{\tan\left(45 - \dfrac{\text{boost}}{4}\right)} = \frac{1\text{kHz}}{268\text{m}} \approx 3.7\text{kHz} \tag{7.117}$$

两个零点放置的位置为

$$f_{z1,2} = \frac{f_c^2}{f_p} = \frac{1k^2 Hz}{3.7k} \approx 270 Hz \tag{7.118}$$

然后，计算串联 LED 电阻的最大值为

$$R_{LED,max} \leq \frac{12 - 1 - 2.5}{5 - 0.3 + 1m \times 0.3 \times 20k} 20k\Omega \times 0.3 \leq 4.8k\Omega \tag{7.119}$$

利用式（7.110）~ 式（7.114），可计算 3 型补偿器的其他参数，如下：

$$R_{LED} = \frac{20k}{10^{\frac{15}{20}}} \times 0.3 \times \frac{\sqrt{1 + \left(\frac{270}{1k}\right)^2}\sqrt{1 + \left(\frac{1k}{270}\right)^2}}{\sqrt{1 + \left(\frac{1k}{3.7k}\right)^2}\sqrt{1 + \left(\frac{1k}{3.7k}\right)^2}} \approx 4k\Omega \tag{7.120}$$

根据式（7.119）给出的上限值，R_{LED} 在允许范围内，并有一点余量。

$$C_3 = \frac{3.7k - 270}{6.28 \times 3.7kHz \times 270} \times \frac{10^{\frac{15}{20}}}{20kHz \times 0.3} \times \frac{\sqrt{1 + \left(\frac{1k}{3.7k}\right)^2}\sqrt{1 + \left(\frac{1k}{3.7k}\right)^2}}{\sqrt{1 + \left(\frac{270}{1k}\right)^2}\sqrt{1 + \left(\frac{1k}{270}\right)^2}} = 138nF \tag{7.121}$$

$$R_3 = \frac{270}{3.7k - 270} \times \frac{20k\Omega}{10^{\frac{15}{20}}} \times 0.3 \times \frac{\sqrt{1 + \left(\frac{270}{1k}\right)^2}\sqrt{1 + \left(\frac{1k}{270}\right)^2}}{\sqrt{1 + \left(\frac{1k}{3.7k}\right)^2}\sqrt{1 + \left(\frac{1k}{3.7k}\right)^2}} = 308\Omega \tag{7.122}$$

$$C_1 = \frac{1}{2\pi f_{z1} R_1} = \frac{1}{6.28 \times 270Hz \times 38k\Omega} = 15.5nF \tag{7.123}$$

$$C_2 = \frac{1}{2\pi R_{pullup} f_{p2}} = \frac{1}{6.28 \times 20k\Omega \times 3.7kHz} = 2.15nF \tag{7.124}$$

并联在光电耦合器两端的总电容 C_2 实际上包括光电耦合器寄生电容 C_{opto} 和外加的电容 C_{col}。光电耦合器极点位于 6kHz。给定 20kΩ 的上拉电阻，其寄生电容为

$$C_{opto} = \frac{1}{2\pi f_{opto} R_{pullup}} = \frac{1}{6.28 \times 6kHz \times 20k\Omega} = 1.3nF \tag{7.125}$$

从式（7.124）的总电容值中减去寄生电容值，可计算出 C_{col} 的值，这是最终并联在光电耦合器两端的外加电容

$$C_{col} = C_2 - C_{opto} = 2.15nF - 1.3nF \approx 850pF \tag{7.126}$$

这样补偿器参数全部设计完毕，可以通过仿真工具检查交流小信号响应，原理图如图 7.30 所示。

仿真结果如图 7.31 所示，仿真结果与理论设计增益有微小的差异，如前所述，这个差异通常是由于 LED 动态电阻与 1kΩ 偏置电阻引起的。

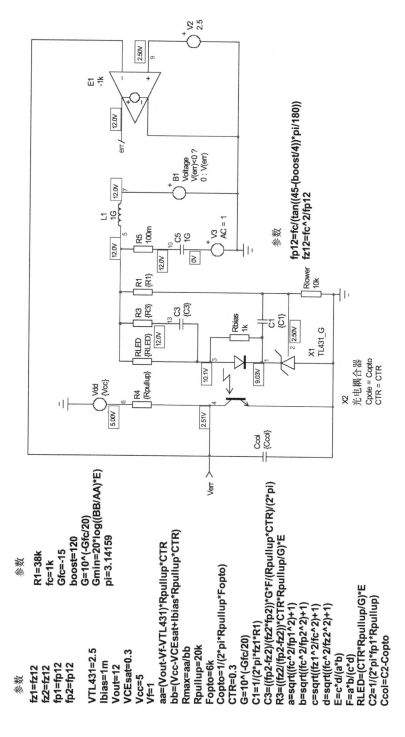

参数
fz1=fz12	R1=38k
fz2=fz12	fc=1k
fp1=fp12	Gfc=-15
fp2=fp12	boost=120
	G=10^(-Gfc/20)
	Gmin=20*log((BB/AA)*E)
	pi=3.14159

参数

fp12=fc/(tan((45-(boost/4))*pi/180))
fz12=fc^2/fp12

参数

VTL431=2.5
Ibias=1m
Vout=12
VCEsat=0.3
Vcc=5
Vf=1

aa=(Vout-Vf-VTL431)*Rpullup*CTR
bb=(Vcc-VCEsat+Ibias*Rpullup*CTR)
Rmax=aa/bb
Rpullup=20k
Fopto=6k
Copto=1/(2*pi*Rpullup*Fopto)
CTR=0.3
G=10^(-Gfc/20)
C1=1/(2*pi*fz1*R1)
C3=((fp2-fz2)/(fz2*fp2))*G*F/(Rpullup*CTR)/(2*pi)
R3=((fz2)/(fp2-fz2))*CTR*Rpullup/G)*E
a=sqrt((fc^2/fp1^2)+1)
b=sqrt((fc^2/fp2^2)+1)
c=sqrt((fz1^2/fc^2)+1)
d=sqrt((fc^2/fz2^2)+1)
E=c*d/(a*b)
F=a*b/(c*d)
RLED=(CTR*Rpullup/G)*E
C2=1/(2*pi*fp1*Rpullup)
Ccol=C2-Copto

图 7.30　使用 TL431 的 3 型补偿器可以工作，但相位提升和允许的增益密切相关，限制了应用的灵活性

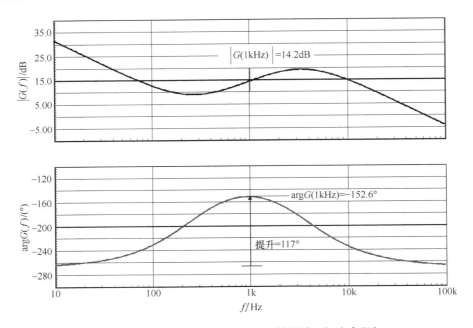

图 7.31 交流小信号响应结果与初始设计目标吻合很好

7.14 3 型补偿器：原点处极点和两个零/极点对，无快速通道

在前面的例子中，设计的 LED 电阻仅略低于其最大值，设计余量很小。如果在穿越频率处需要更低的增益或更大的相位提升，这个阻值就会达到 TL431 偏置所要求的上限。通过禁用快速通道可以很方便地解决上述问题。禁用快速通道的 3 型补偿器如图 7.32 所示。

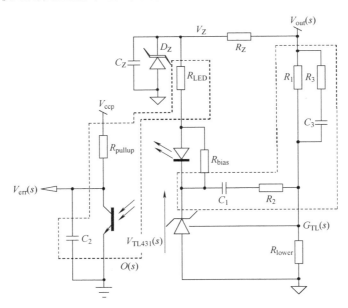

图 7.32 必须禁用快速通道才能获得基于 TL431 构建的 3 型补偿器的最佳效果

原理图显示了一种级联式结构，其中传递函数 $G_{TL}(s)$ 表示一种 3 型补偿电路（2 个零

点，1 个原点极点和 1 个极点），紧接着是光电耦合器传输路径，其传递函数 $O(s)$ 包括一个增益和一个极点，如下式所示：

$$O(s) = \frac{V_{err}(s)}{V_{TL431}(s)} = \frac{R_{pullup} CTR}{R_{LED}} \frac{1}{1 + sR_{pullup}C_2} \tag{7.127}$$

TL431 上的交流电压是交流输出电压乘以阻抗 Z_f 和 Z_i 的比值，涉及了 $C_1 R_2$ 和 $R_1 R_3 C_3$

$$Z_f = R_2 + \frac{1}{sC_1} = \frac{sR_2 C_1 + 1}{sC_1} \tag{7.128}$$

$$Z_i = \left(\frac{1}{sC_3} + R_3 \right) \Big\| R_1 = \frac{R_1(1 + sR_3 C_3)}{sC_3(R_1 + R_3) + 1} \tag{7.129}$$

$$G_{TL}(s) = -\frac{Z_f}{Z_i} = -\frac{\dfrac{sR_2 C_1 + 1}{sC_1}}{\dfrac{R_1(1 + sR_3 C_3)}{sC_3(R_1 + R_3) + 1}}$$

$$= -\frac{sR_2 C_1 + 1}{sR_1 C_1} \frac{sC_3(R_1 + R_3) + 1}{(1 + sR_3 C_3)} = -\frac{R_2}{R_1} \frac{\left(1 + \dfrac{1}{sR_2 C_1} \right)(1 + sC_3(R_1 + R_3))}{1 + sR_3 C_3} \tag{7.130}$$

将式（7.130）和式（7.127）相乘，结合式（7.78）给出的电压到电流的增益，可以求出完整传递函数为

$$G(s) = -\frac{R_2 R_{pullup} CTR}{R_{LED} R_1} \frac{\left(1 + \dfrac{1}{sR_2 C_1} \right)(1 + sC_3(R_1 + R_3))}{(1 + sR_{pullup}C_2)(1 + sR_3 C_3)} \tag{7.131}$$

标准化格式下：

$$G(s) = -G_0 \frac{\left(1 + \dfrac{\omega_{z1}}{s} \right)\left(1 + \dfrac{s}{\omega_{z2}} \right)}{\left(1 + \dfrac{s}{\omega_{p1}} \right)\left(1 + \dfrac{s}{\omega_{p2}} \right)} \tag{7.132}$$

其中

$$G_0 = CTR \frac{R_{pullup}}{R_{LED}} \frac{R_2}{R_1} = G_1 G_2 \tag{7.133}$$

$$G_1 = CTR \frac{R_{pullup}}{R_{LED}} \tag{7.134}$$

$$G_2 = \frac{R_2}{R_1} \tag{7.135}$$

$$\omega_{z1} = \frac{1}{R_2 C_1} \tag{7.136}$$

$$\omega_{z2} = \frac{1}{C_3(R_1 + R_3)} \tag{7.137}$$

$$\omega_{p1} = \frac{1}{R_3 C_3} \tag{7.138}$$

$$\omega_{p2} = \frac{1}{R_{pullup}C_2} \tag{7.139}$$

式（7.132）的幅度大小为

$$|G(f_c)| = \mathrm{CTR}\frac{R_{\mathrm{pullup}}}{R_{\mathrm{LED}}}\frac{R_2}{R_1}\frac{\sqrt{1+\left(\frac{f_{z1}}{f_c}\right)^2}\sqrt{1+\left(\frac{f_c}{f_{z2}}\right)^2}}{\sqrt{1+\left(\frac{f_c}{f_{p1}}\right)^2}\sqrt{1+\left(\frac{f_c}{f_{p2}}\right)^2}} \tag{7.140}$$

然后，根据前面的公式可以求解出 R_{LED}，R_3，C_2，C_1 和 C_3，如下：

$$R_2 = \frac{GR_1 R_{\mathrm{LED}}}{R_{\mathrm{pullup}}\mathrm{CTR}}\frac{\sqrt{1+\left(\frac{f_c}{f_{p1}}\right)^2}\sqrt{1+\left(\frac{f_c}{f_{p2}}\right)^2}}{\sqrt{1+\left(\frac{f_{z1}}{f_c}\right)^2}\sqrt{1+\left(\frac{f_c}{f_{z2}}\right)^2}} \tag{7.141}$$

$$R_3 = \frac{R_1 f_{z2}}{f_{p2} - f_{z2}} \tag{7.142}$$

$$C_1 = \frac{1}{2\pi f_{z1} R_2} \tag{7.143}$$

$$C_2 = \frac{1}{2\pi f_{p2} R_{\mathrm{pullup}}} \tag{7.144}$$

$$C_3 = \frac{f_{p2} - f_{z2}}{2\pi R_1 f_{p2} f_{z2}} \tag{7.145}$$

由于禁用了快速通道，LED 电阻不再影响极点/零点位置。它的值现在完全取决于使 TL431 具备适当电压变化范围的偏置条件，尽管光电耦合器 CTR 不可避免存在偏差。式 (7.30) 依然成立

$$R_{\mathrm{LED,max}} \leqslant \frac{V_Z - V_f - V_{\mathrm{TL431,min}}}{V_{\mathrm{cc}} - V_{\mathrm{CE,sat}} + I_{\mathrm{bias}}\mathrm{CTR}_{\mathrm{min}}R_{\mathrm{pullup}}}R_{\mathrm{pullup}}\mathrm{CTR}_{\mathrm{min}} \tag{7.146}$$

式中，V_Z 表示稳压管在输出电压端的稳压值。

据此，设计串联的稳压电阻

$$R_Z = \frac{(V_{\mathrm{out}} - V_Z)R_{\mathrm{pullup}}\mathrm{CTR}_{\mathrm{min}}}{(V_{\mathrm{cc}} - V_{\mathrm{CE,sat}}) + (I_{\mathrm{Zbias}} + I_{\mathrm{bias}})R_{\mathrm{pullup}}\mathrm{CTR}_{\mathrm{min}}} \tag{7.147}$$

至此，所有参数设计完毕，下面结合设计实例进行阐述。

7.14.1 设计实例

在这个例子中，系统穿越频率为 1kHz，同时需要 -10dB 的衰减。在穿越点，相位必须提升 130°。参数列表出如下：

$V_{\mathrm{TL431,min}} = 2.5\mathrm{V}$，TL431 最小工作电压；

$I_{\mathrm{bias}} = 1\mathrm{mA}$，TL431 偏置电流；

$V_Z = 8.2\mathrm{V}$，稳压管击穿电压；

$I_{\mathrm{Zbias}} = 2\mathrm{mA}$，稳压管偏置电流；

$V_f = 1\mathrm{V}$，LED 正向压降；

$V_{\mathrm{CE,sat}} = 0.3\mathrm{V}$，光电耦合器饱和电压；

$V_{\mathrm{cc}} = 5\mathrm{V}$，原边上拉电平 V_{cc}；

$V_{\mathrm{out}} = 12\mathrm{V}$，变换器输出电压；

$R_{\mathrm{pullup}} = 20\mathrm{k}\Omega$，光电耦合器上拉电阻；

$\mathrm{CTR}_{\mathrm{min}} = 0.3$，光电耦合器最小电流传输比；

$R_1 = 38\text{k}\Omega$，输出电压采样上分压电阻；

$f_{\text{opto}} = 6\text{kHz}$，与 R_{pullup} 对应的光电耦合器极点频率。

鉴于在 1kHz 时需要 130°的相位提升，首先假设已经将重合的极点和零点放在相应的位置。基于前面推导的公式，一对极点的位置为

$$f_{\text{p}1,2} = \frac{f_{\text{c}}}{\tan\left(45 - \dfrac{\text{boost}}{4}\right)} = \frac{1\text{kHz}}{221\text{m}} \approx 4.5\text{kHz} \tag{7.148}$$

两个零点放置的位置为

$$f_{\text{z}1,2} = \frac{f_{\text{c}}^2}{f_{\text{p}}} = \frac{1\text{k}^2\text{Hz}}{4.5\text{k}} \approx 221\text{Hz} \tag{7.149}$$

基于式（7.146）计算 LED 串联电阻最大值为

$$R_{\text{LED,max}} \leq \frac{8.2 - 1 - 2.5}{5 - 0.3 + 1\text{m} \times 0.3 \times 20\text{k}} 20\text{k}\Omega \times 0.3 \leq 2.6\text{k}\Omega \tag{7.150}$$

考虑 20%的安全裕量，可选用 1.8kΩ 的电阻。据此，计算光电耦合器路径所需的增益为

$$G_1 = \text{CTR}\frac{R_{\text{pullup}}}{R_{\text{LED}}} = 0.3 \times \frac{20\text{k}}{2.1\text{k}} = 2.85 \ \text{或} \ 9.1\text{dB} \tag{7.151}$$

鉴于所需的 10dB 衰减，TL431 电路所需的增益为

$$G_2 = G - G_1 = -10 - 9.1 = -19.1\text{dB} \ \text{或} \ 0.111 \tag{7.152}$$

由式（7.141）~式（7.145），可计算得到其他电路参数为

$$R_2 = \frac{0.11 \times 38\text{k} \times 1.8\text{k}\Omega}{20\text{k} \times 0.3} \frac{\sqrt{1 + \left(\dfrac{1\text{k}}{4.5\text{k}}\right)^2}\sqrt{1 + \left(\dfrac{1\text{k}}{4.5\text{k}}\right)^2}}{\sqrt{1 + \left(\dfrac{221}{1\text{k}}\right)^2}\sqrt{1 + \left(\dfrac{1\text{k}}{221}\right)^2}} = 936\Omega \tag{7.153}$$

$$R_3 = \frac{R_1 f_{\text{z}2}}{f_{\text{p}2} - f_{\text{z}2}} = \frac{38\text{k}\Omega \times 221}{4.5\text{k} - 221} \approx 2\text{k}\Omega \tag{7.154}$$

$$C_1 = \frac{1}{2\pi f_{\text{z}1} R_2} = \frac{1}{6.28 \times 221\text{Hz} \times 936\Omega} \approx 777\text{nF} \tag{7.155}$$

$$C_2 = \frac{1}{2\pi f_{\text{p}2} R_{\text{pullup}}} = \frac{1}{6.28 \times 4.5\text{kHz} \times 20\text{k}\Omega} \approx 1.8\text{nF} \tag{7.156}$$

$$C_3 = \frac{f_{\text{p}2} - f_{\text{z}2}}{2\pi R_1 f_{\text{p}2} f_{\text{z}2}} = \frac{4.5\text{k} - 221}{6.28 \times 38\text{k}\Omega \times 4.5\text{k} \times 221\text{Hz}} = 18\text{nF} \tag{7.157}$$

并联在光电耦合器两端的总电容 C_2 实际上包括光电耦合器寄生电容 C_{opto} 和外加的电容 C_{col}。光电耦合器极点位于 6kHz 处。给定 20kΩ 的上拉电阻，其寄生电容为

$$C_{\text{opto}} = \frac{1}{2\pi f_{\text{opto}} R_{\text{pullup}}} = \frac{1}{6.28 \times 6\text{kHz} \times 20\text{k}\Omega} \approx 1.3\text{nF} \tag{7.158}$$

从 C_2 值中减去该寄生电容值，可计算出需要并联在光电耦合器两端的电容值为

$$C_{\text{col}} = C_2 - C_{\text{opto}} = 1.8\text{nF} - 1.3\text{nF} = 500\text{pF} \tag{7.159}$$

稳压二极管偏置电阻值可利用式（7.147）得到

$$R_{\text{Z}} = \frac{(V_{\text{out}} - V_{\text{Z}})R_{\text{pullup}}\text{CTR}_{\text{min}}}{(V_{\text{cc}} - V_{\text{CE,sat}}) + (I_{\text{Zbias}} + I_{\text{bias}})R_{\text{pullup}}\text{CTR}_{\text{min}}}$$

$$= \frac{(12 - 8.2) \times 20\text{k}\Omega \times 0.3}{5 - 0.3 + (2\text{m} + 1\text{m}) \times 20\text{k} \times 0.3} = 1\text{k}\Omega \tag{7.160}$$

这样全部参数就设计完毕，可以利用仿真工具进行测试分析，如图 7.33 所示。

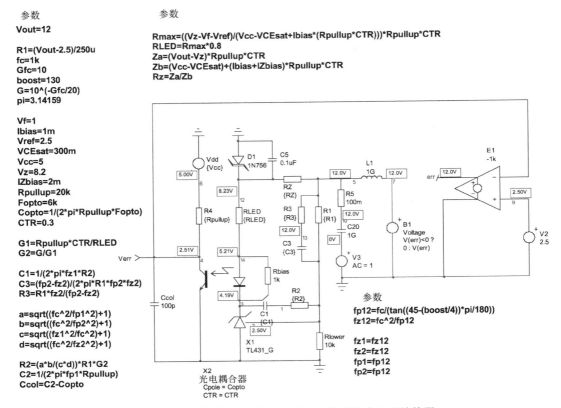

参数

Vout=12

R1=(Vout-2.5)/250u
fc=1k
Gfc=10
boost=130
G=10^(-Gfc/20)
pi=3.14159

Vf=1
Ibias=1m
Vref=2.5
VCEsat=300m
Vcc=5
Vz=8.2
IZbias=2m
Rpullup=20k
Fopto=6k
Copto=1/(2*pi*Rpullup*Fopto)
CTR=0.3

G1=Rpullup*CTR/RLED
G2=G/G1

C1=1/(2*pi*fz1*R2)
C3=(fp2-fz2)/(2*pi*R1*fp2*fz2)
R3=R1*fz2/(fp2-fz2)

a=sqrt((fc^2/fp1^2)+1)
b=sqrt((fc^2/fp2^2)+1)
c=sqrt((fz1^2/fc^2)+1)
d=sqrt((fc^2/fz2^2)+1)

R2=(a*b/(c*d))*R1*G2
C2=1/(2*pi*fp1*Rpullup)
Ccol=C2-Copto

参数

Rmax=((Vz-Vf-Vref)/(Vcc-VCEsat+Ibias*(Rpullup*CTR)))*Rpullup*CTR
RLED=Rmax*0.8
Za=(Vout-Vz)*Rpullup*CTR
Zb=(Vcc-VCEsat)+(Ibias+IZbias)*Rpullup*CTR
Rz=Za/Zb

参数

fp12=fc/(tan((45-(boost/4))*pi/180))
fz12=fc^2/fp12

fz1=fz12
fz2=fz12
fp1=fp12
fp2=fp12

图 7.33　当禁用快速通道时，TL431 非常适合 3 型补偿器

图中给出的工作点显示系统工作良好。交流小信号仿真结果如图 7.34 所示。正如预期，穿越点在 1kHz，并且衰减幅度大约为 10dB。如果不禁用快速通道，就不可能达到这样的衰减幅度。相位提升也非常接近 130° 的设计目标。

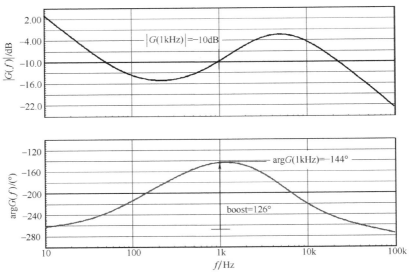

图 7.34　交流小信号结果验证了参数设计（1kHz 的穿越点，衰减幅度正确，相位提升在要求范围内）

到此，关于 TL431 部分的阐述基本就结束了，上面内容已经涵盖了工程师在设计工作中可能面临的绝大多数情况。与运算放大器相比，TL431 尽管其开环增益较低，但一旦理解了其偏置要求并且在设计中予以考虑，TL431 还是非常适合用于补偿器。在前面的章节中，我们也讲解了 TL431 这个元件在典型的 1 型、2 型和 3 型补偿器中的应用电路。

7.15 交流小信号响应的测试

到目前为止我们提供的所有交流小信号结果都来自 SPICE 软件仿真。根据实际经验，实际电路与仿真会有不同。因此，有必要在实验台上通过实测来验证仿真环境中采用的假设或者假定。因此，我们必须采用合适的手段来正确设置基于 TL431 的补偿器的偏置，并且交流调制其输入以观察其输出。但是，针对高增益补偿器，主要困难是如何保持正确的偏置点并防止输出碰到其上限或下限（饱和）。在上述例子中，想要一个大约 2.5V 的集电极电压，在 5V 直流电源偏置下，这是其动态偏移范围的中点。假设一个用于稳定 12V 输出变换器的 TL431 网络，即使精确调整施加在分压电阻网络上的直流电源，使其设定的输出正好为 12.00V，在实际电路中总会有缓慢的温度漂移和噪声，再细小的偏移都会使得电路输出饱和。因此，手动调节偏置电压是不可行的，可以参考在 SPICE 仿真中自动实现偏置电压的方法，如图 7.35 所示。利用一个简单的 LM358 运算放大器，监测光电耦合器集电极电压，并自动调整其输出，使集电极电压等于运算放大器反相输入端的 2.5V 设定值。这样，如果发生漂移或元件发生变化，运算放大器将自动调节其输出，使集电极保持在 2.5V 的正确电平。$1000\mu F$ 电容器可以降低环路增益并确保电路的稳定性，用网络分析仪监视 V_{out} 和 V_{err} 以得到所需传递函数的伯德图。

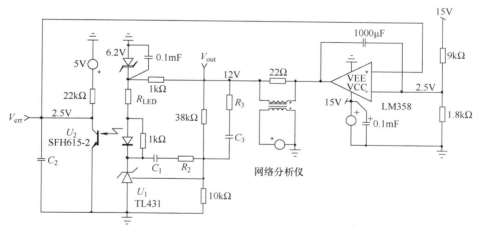

图 7.35 非手动固定偏置电压，运算放大器自动在 V_{out} 节点上保持正确的直流偏置电压
（R_3 和 C_3 仅存在于 3 型补偿器）

2 型补偿器的伯德图如图 7.36 所示。补偿器的穿越频率为 1kHz，穿越点增益为 0dB，并且有 50° 的相位提升。如果不禁用快速通道，不可能得到 0dB 的增益。实验测试的伯德图与仿真结果吻合度非常好。

3 型补偿器的测试结果如图 7.37 所示，同样禁用快速通道，实验测试的伯德图与仿真结果吻合度非常好，测试实例中的相位提升为 120°。

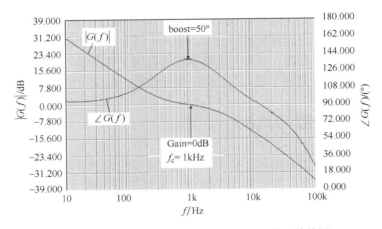

图 7.36　基于图 7.35 电路测得的 2 型补偿器伯德图

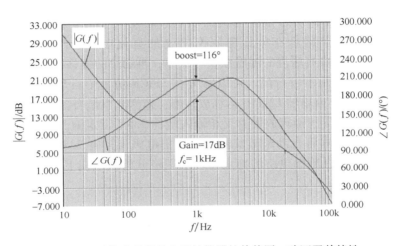

图 7.37　无快速通道的 3 型补偿器的伯德图，验证了其特性

7.16　基于稳压管的隔离型补偿器

用术语"补偿器"来描述这个基于稳压管（齐纳管，Zener）的设计不是特别合适。稳压管不是一个误差放大器，虽然可用来做一个相对准确的调整，但很难用它来实现更多的功能。不过在低成本的设计中，或者当直流输入电压比较稳定的情况下，这是一个可供考虑的方法。图 7.38 展示了一个使用稳压管作为调节器的电源二次侧。

可以简单地根据之前的推导，其传递函数为

$$\frac{V_{\text{err}}(s)}{V_{\text{out}}(s)} = -\text{CTR}\frac{R_{\text{pullup}}}{R_{\text{LED}}}\frac{1}{1 + sR_{\text{pullup}}C_2} = -G_0\frac{1}{1 + s/\omega_p} \tag{7.161}$$

增益 G_0 表示为

$$G_0 = \text{CTR}\frac{R_{\text{pullup}}}{R_{\text{LED}}} \tag{7.162}$$

同时还有一个高频极点为

$$\omega_p = \frac{1}{R_{\text{pullup}}C_2} \tag{7.163}$$

当然了，也可以在 LED 电阻两端跨接一个容性 RC 网络，但是由于缺少了一个原点处的极点带来的-1 斜率（-20dB/dec）的衰减，这种接法会在增益曲线上会产生一个突起，而不像 2 型补偿曲线那样平坦。这种基于稳压管的补偿电路不能提供任何的相位提升。因此，在被控对象伯德图上选择穿越频率时，必须使得其相位滞后和基于稳压管的补偿网络的低频光电耦合器极点产生的相位滞后相匹配。这个方法的主要缺点如下：

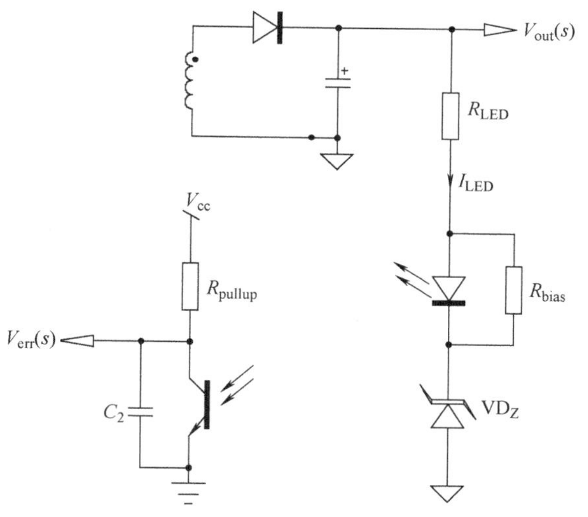

（1）没有运放或 TL431 产生的直流增益。静态误差会相对较高，并且变换器的输出阻抗不是很令人满意；

图 7.38 稳压管需要足够的偏置电流来正常工作

（2）输出电压不仅仅依赖于稳压管，还和 LED 电阻压降有关。这个电压降和误差电压大小有关（即上拉电阻上的电流），并且还会影响输出电压；

（3）你无法真正设计传递函数；只能配置一个由 C_2 和上拉电阻形成的高频极点。

尽管如此，基于稳压管的网络在低成本适配器电源和对输出电压精度要求不高的地方仍然广泛采用。

事实上，输出电压是几部分的压降之和，如下：

$$V_{out} = V_Z + R_{LED}I_{LED} + V_f \tag{7.164}$$

如果 V_z 和 V_f 是常数，方程中的主要影响因素是 LED 电阻两端的电压降。这个电压降是流经 LED 电流的函数，因此与反馈电压直接相关。LED 的最大电流值出现在反馈电压接近零时，严格的说是光电耦合器的饱和压降。LED 的最大电流为

$$I_{LED,max} = \frac{V_{cc} - V_{CE,sat}}{R_{pullup}CTR_{min}} + I_{bias} \tag{7.165}$$

反之，最大输出功率时，LED 电流最小时，此时反馈电压接近 V_{cc}。当变化器输出最大功率时，$V_{CE,max}$ 对应于反馈电压所能达到的最大值，此时

$$I_{LED,min} = \frac{V_{cc} - V_{CE,max}}{R_{pullup}CTR_{max}} + I_{bias} \tag{7.166}$$

从这个方程可以看出，输出电压随反馈电压略有变化。选择合适的 LED 电阻是设计的关键，使该电阻上的压降相对于稳压管电压保持一个较合理的值。否则这个电压降将会影响输出电压，并严重影响其精度。当得到 LED 的串联电阻电压后，可以根据式（7.164）选择合适的稳压管。

7.16.1 设计实例

希望稳定的变换器的传递函数如图 7.39 所示，在这个图里，可以看到最大相位滞后小于 90°，在 1kHz 时的增益为 -20dB，这是特别需要关注的地方。

根据式（7.162），根据线面给出的参数，可以计算出所需的 LED 电阻为

$I_{Zbias} = 1mA$，稳压管偏置电流；

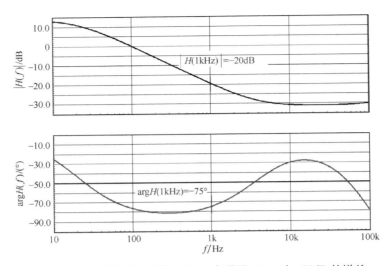

图 7.39　变换器的传递函数 $H(s)$ 表明了 1kHz 时 -20dB 的增益

$V_f = 1\text{V}$，LED 正向压降；

$V_{CE,sat} = 0.3\text{V}$，光电耦合器饱和压降；

$V_{CE,max} = 3\text{V}$，最大输出功率时的光电耦合器电压；

$V_{cc} = 5\text{V}$，上拉电压 V_{cc}；

$V_{out} = 12\text{V}$，变换器输出电压；

$R_{pullup} = 20\text{k}\Omega$，光电耦合器上拉电阻；

$\text{CTR}_{min} = 0.3$，最小光电耦合器电流传输比；

$\text{CTR}_{max} = 1.2$，最大光电耦合器电流传输比。

$$R_{LED} = \text{CTR}\frac{R_{pullup}}{G_{f_c}} = 0.3 \times \frac{20\text{k}\Omega}{10^{\frac{20}{20}}} = 600\Omega \tag{7.167}$$

如上所述，考虑到流经光电耦合器的电流，LED 电阻两端的电压将会影响输出电压。变化量可以根据式（7.165）和式（7.166）计算

$$V_{R_{LED,max}} = R_{LED}I_{LED,max} = R_{LED}\left(\frac{V_{cc} - V_{CE,sat}}{R_{pullup}\text{CTR}_{min}} + I_{bias}\right)$$
$$= 600\Omega \times \left(\frac{5 - 0.3}{20\text{k} \times 0.3} + 1\text{m}\right)\text{A} = 1.07\text{V} \tag{7.168}$$

$$V_{R_{LED,min}} = R_{LED}I_{LED,min} = R_{LED}\left(\frac{V_{cc} - V_{CE,max}}{R_{pullup}\text{CTR}_{max}} + I_{bias}\right)$$
$$= 600\Omega \times \left(\frac{5 - 0.3}{20\text{k} \times 1.2} + 1\text{m}\right)\text{A} = 650\text{mV} \tag{7.169}$$

R_{LED} 两端的电压平均值大约为 860mV。再考虑到光电耦合器两端相对恒定的 1V 压降，可以在输出电压为 12V 时计算得到稳压管的电压为

$$V_Z = V_{out} - V_f - V_{R_{LED,avg}} = (12 - 1 - 0.86)\text{V} = 10\text{V} \tag{7.170}$$

10V 的稳压管是一个较为合适的选择。当没有合适耐压的稳压管可选时，可以微调 LED 串联电阻，根据手头现有的稳压管来匹配输出电压。测试电路如图 7.40 所示，确定出合适的工作点，可以实现约 12V 的目标输出电压。

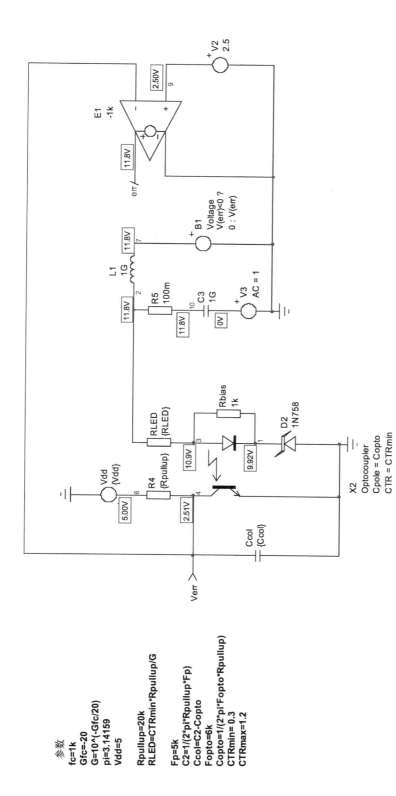

图 7.40　基于稳压管的测试电路，输出电压约为设定的 12V

出于抑制噪声的考虑，在 5kHz 处配置一个极点，可以在光电耦合器两端并联一个小电容，并靠近控制器的引脚

$$C_2 = \frac{1}{2\pi f_p R_{pullup}} = \frac{1}{6.28 \times 5kHz \times 20k\Omega} = 1.6nF \tag{7.171}$$

跨接在光电耦合器两端的总电容 C_2 是由光电耦合器的寄生电容 C_{opto} 和外部电容 C_{col} 所组成的，光电耦合器的极点为 6kHz。根据给定的 20kΩ 上拉电阻，可以计算出寄生电容为

$$C_{opto} = \frac{1}{2\pi f_{opto} R_{pullup}} = \frac{1}{6.28 \times 6kHz \times 20k\Omega} = 1.3nF \tag{7.172}$$

从 C_2 减去这个寄生电容值，可以得到需要并联在光电耦合器两端的电容值

$$C_{col} = C_2 - C_{opto} = 1.6nF - 1.3nF = 300pF \tag{7.173}$$

可以通过测试 V_{err} 节点信号来得到交流小信号响应，如图 7.41 所示。增益曲线中 2dB 的细微差异是由于 LED 的动态电阻与稳压二极管本身的电阻引起的。如必要，它可以通过增加式（7.167）中的目标增益值来加以补偿。结合图 7.39 和图 7.41 的传输函数曲线，就得到完整的开环增益 $T(s)$，如图 7.42 所示。由于缺少原点处的极点，开环传递函数的直流增益较低。由于 2dB 的增益误差，穿越频率变为 800Hz 而不是原先设定的 1kHz，而相位裕量为 100°。

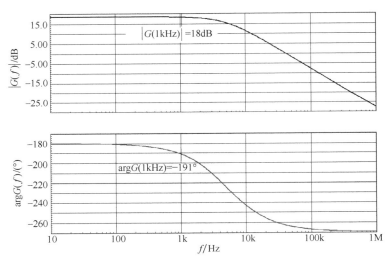

图 7.41　基于稳压管补偿网络的交流小信号响应，无原点处极点

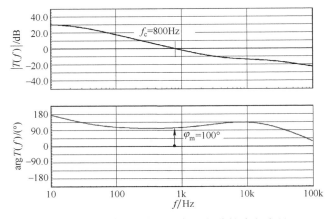

图 7.42　环路增益较低，但是相位裕度很充足

显然，在实验中，引起增益变化的稳压管动态阻抗不能非常准确地被仿真。但是经验表明，理论计算可以帮助较为准确地选择实验样机中 LED 串联电阻值，避免了盲目选择。

7.17　基于稳压管的非隔离型补偿器

在非隔离变换器的设计中，反馈无需光电耦合器隔离。因此，基于稳压管的补偿电路的略有变化，如图 7.43 所示。

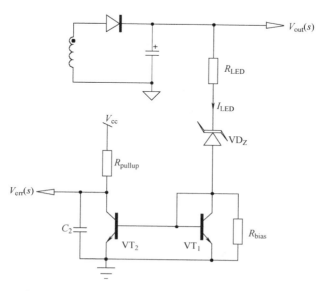

图 7.43　在没有光电耦合器的情况下，一个电流镜被用来驱动反馈引脚

使用由两个三极管组成的电流镜，而非单个晶体管。如果器件匹配良好，流经上拉电阻的集电极电流与流经 LED 串联电阻的集电极电流相同，类似于使用一个 CTR 接近于 1 的光电耦合器，不同之处在于晶体管 VT$_1$ 基极-发射极结的 h_{11} 输入参数，它会与稳压管串联。如果忽略它，并假设晶体管对匹配良好，增益表达式就可简单表示为

$$\frac{V_{\text{err}}(s)}{V_{\text{out}}(s)} = -\frac{R_{\text{pullup}}}{R_{\text{LED}}} \tag{7.174}$$

输出电压可以通过叠加各项电压降得到

$$V_{\text{out}} = V_Z + R_{\text{LED}}I_{\text{LED}} + V_{\text{BE}} \tag{7.175}$$

LED 上的电流等于反馈电流加上并联在 VT$_1$ 基极-发射极结上的偏置电阻 R_{bias} 产生的直流电流。在室温条件下，$V_{\text{BE}} \approx 650\text{mV}$，温漂大约为 $-2\text{mV}/\text{℃}$。

$$I_{\text{LED}} = \frac{V_{\text{cc}} - V_{\text{CE}}}{R_{\text{pullup}}} + \frac{V_{\text{BE}}}{R_{\text{bias}}} \tag{7.176}$$

为了抑制直流偏差，需要确保晶体管匹配良好并且拥有同样的结温。建议使用安森美公司的包含双晶体管的元件，例如 BC846BDW1T1G。因为这些元件中的两个晶体管来自同一个晶圆片并共用一个引线框架，它们的结温（以及 V_{BE} 正向压降）漂移基本相同，因此温度特性较好。直流输出电压的精度取决于 V_{BE} 对整个电压的比例，在非隔离电路中，通常要求 V_{BE} 电压占总输出电压比例小于 10%。例如，相对于 12V 的输出，650mV 的 V_{BE} 是可以接受的（5.4%）；而

对于 3.3V 输出就完全不能接受。补偿电路的设计过程与前面所述的隔离型的相同。

图 7.44 所示为一个应用示例，并具有较好的工作偏置点。电路尽管简单，但工作良好，如图 7.45 所示，瞬态响应也可以接受。请注意输出电压的方波响应（存在静差），原因是补偿电路缺少在原点处的极点，变换器的输出阻抗是纯阻性的。

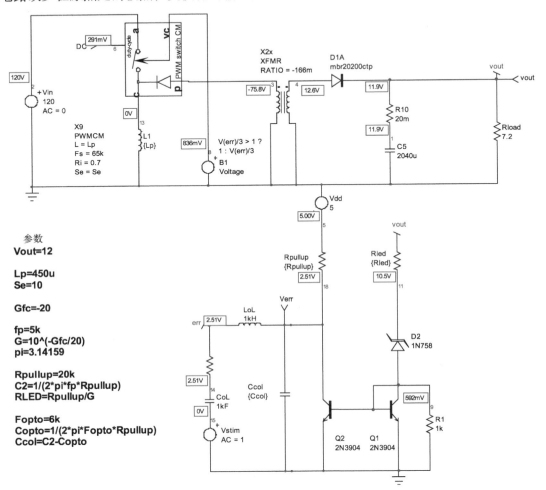

图 7.44　基于稳压管和电流镜的非隔离型补偿器的设计实例

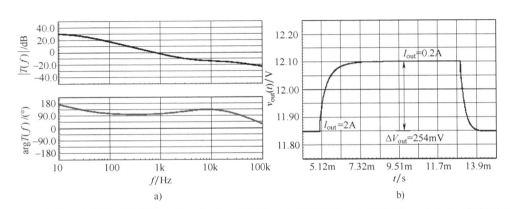

图 7.45　对这样一个简单的补偿器来说，交流响应和瞬态响应还不错，电流在 10μs 内从 2A 突变到 200mA

7.18　基于稳压管的非隔离型补偿器：低成本实现方法

在结束基于稳压管的补偿器的讨论之前，也有基于单个三极管的更便宜的补偿器的实施方案。Louvel 先生披露了一种方案，这个方案结合了双极型晶体管和稳压管，如图 7.46 所示，被广泛应用于量大、低成本的消费电子应用领域，它可提供一个具备良好温度补偿特性的误差放大器。稳压管的电压加上串联二极管 VD_1 的正向电压，使三极管发射极获得一个 $V_Z + V_f$ 的偏置电压。假设 VT_1 的 V_{BE} 与 VD_1 的压降 V_f 大致相同，则 R_{lower} 两端的电压就等于 VD_Z 两端电压。当三极管 VT_1 的基极电压变化时，它要么使 VT_1 正偏（V_{out} 减小）并使 V_{err} 增大，要么在 V_{out} 增大时使得 VT_1 阻断、V_{err} 减小。基于上述工作原理，元件参数设计相当简单。R_Z 必须为稳压管提供一个偏置电流，同时这个电流同时也在 $R_{pulldown}$ 两端产生误差电压：

$$R_Z \leqslant \frac{V_{out} - V_f - V_Z}{I_{Zbias} + \frac{V_{err,max}}{R_{pullup}}} \qquad (7.177)$$

假设 V_Z 是 R_{lower} 两端电压，可以计算分压网络的阻值（I_{bridge} 是流过分压网络的电流）

$$R_{lower} = \frac{V_Z}{I_{bridge}} \qquad (7.178)$$

$$R_1 = \frac{V_{out} - V_Z}{I_{bridge}} \qquad (7.179)$$

给定三极管的基极电流，推荐流过分压电阻网络的偏置电流 I_{bridge} 至少为 $500\mu A$。对于稳压管，可选用 $6.2V$ 的稳压管，因为它在温度变化时电压比较稳定，这种稳压管可以接受 $1 \sim 2mA$ 的偏置电流。

需要注意的是，这个电路只能连接到具有上拉电阻的反馈输入端，如图 7.46 所示。在启动时，由于 V_{out} 还没有建立，$R_{pulldown}$ 两端可能没有电压。如果没有内部电源来偏置反馈引脚从而使变换器输出功率，变换器将不能正常启动。像 NCP1200 这样的控制器，可以很好地与这种低成本补偿器电路配合使用。

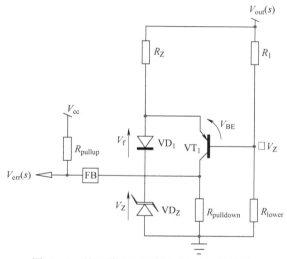

图 7.46　基于单个三极管方案（如有必要，该补偿器也可以用于低成本的加权反馈补偿）

7.19　总结

TL431 是消费领域中最常用的元件之一，既便宜又容易偏置，但在充分利用好它之前你必须了解它是如何工作的。必须阅读本文的第一部分，才能意识到设计了这个内置运放和参考电压元件的设计师是一个天才！快速通道的存在可作为一个优势，使 2 型补偿器最后看起来相当简单。配合光电耦合器使用，会发现用 TL431 来实现一个闭环非常的简单。

参 考 文 献

[1] Basso, C., *Switch Mode Power Supplies: SPICE Simulations and Practical Designs*, New York: McGraw-Hill, 2008.

[2] Circuit Sage, http://www.circuitsage.com/bandgap.html, last accessed June 11, 2012.

[3] Tepsa, T., and S. Suntio, "Adjustable Shunt Regulator Based Control Systems," *IEEE Power Electronics Letters*, Vol. 1, No. 4, December 2003.

附录7A 图片汇总

图 7.47 ~ 图 7.51 总结了与第 7 章中描述的结构相关的定义。

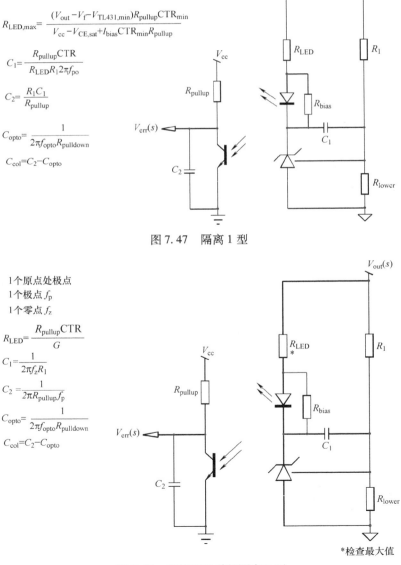

图 7.47 隔离 1 型

图 7.48 有快速通道的隔离 2 型

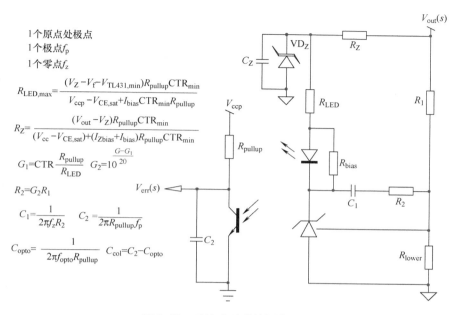

1个原点处极点
1个极点 $f_{\rm p}$
1个零点 $f_{\rm z}$

$$R_{\rm LED,max} = \frac{(V_Z - V_{\rm f} - V_{\rm TL431,min})R_{\rm pullup}{\rm CTR}_{\rm min}}{V_{\rm ccp} - V_{\rm CE,sat} + I_{\rm bias}{\rm CTR}_{\rm min}R_{\rm pullup}}$$

$$R_Z = \frac{(V_{\rm out} - V_Z)R_{\rm pullup}{\rm CTR}_{\rm min}}{(V_{\rm cc} - V_{\rm CE,sat}) + (I_{\rm Zbias} + I_{\rm bias})R_{\rm pullup}{\rm CTR}_{\rm min}}$$

$$G_1 = {\rm CTR}\frac{R_{\rm pullup}}{R_{\rm LED}} \qquad G_2 = 10^{\frac{G-G_1}{20}}$$

$$R_2 = G_2 R_1$$

$$C_1 = \frac{1}{2\pi f_z R_2} \qquad C_2 = \frac{1}{2\pi R_{\rm pullup}f_{\rm p}}$$

$$C_{\rm opto} = \frac{1}{2\pi f_{\rm opto}R_{\rm pullup}} \qquad C_{\rm col} = C_2 - C_{\rm opto}$$

图 7.49　无快速通道的隔离 2 型

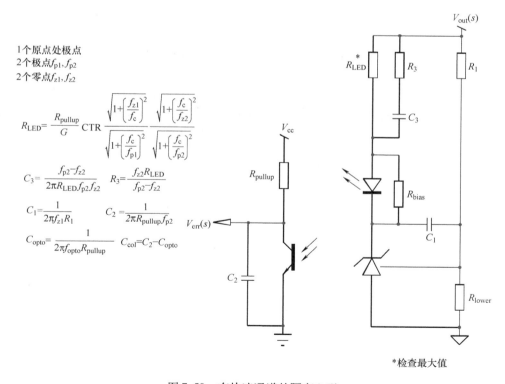

1个原点处极点
2个极点 $f_{\rm p1}, f_{\rm p2}$
2个零点 $f_{\rm z1}, f_{\rm z2}$

$$R_{\rm LED} = \frac{R_{\rm pullup}}{G}{\rm CTR}\frac{\sqrt{1+\left(\frac{f_{\rm z1}}{f_{\rm c}}\right)^2}\sqrt{1+\left(\frac{f_{\rm c}}{f_{\rm z2}}\right)^2}}{\sqrt{1+\left(\frac{f_{\rm c}}{f_{\rm p1}}\right)^2}\sqrt{1+\left(\frac{f_{\rm c}}{f_{\rm p2}}\right)^2}}$$

$$C_3 = \frac{f_{\rm p2} - f_{\rm z2}}{2\pi R_{\rm LED}f_{\rm p2}f_{\rm z2}} \qquad R_3 = \frac{f_{\rm z2}R_{\rm LED}}{f_{\rm p2} - f_{\rm z2}}$$

$$C_1 = \frac{1}{2\pi f_{\rm z1}R_1} \qquad C_2 = \frac{1}{2\pi R_{\rm pullup}f_{\rm p2}}$$

$$C_{\rm opto} = \frac{1}{2\pi f_{\rm opto}R_{\rm pullup}} \qquad C_{\rm col} = C_2 - C_{\rm opto}$$

*检查最大值

图 7.50　有快速通道的隔离 3 型

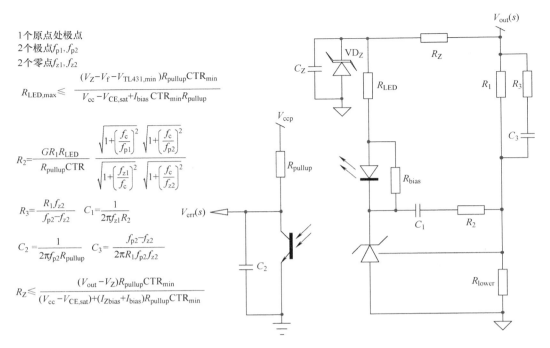

1个原点处极点
2个极点f_{p1}, f_{p2}
2个零点f_{z1}, f_{z2}

$$R_{LED,max} \leqslant \frac{(V_Z - V_f - V_{TL431,min})R_{pullup}CTR_{min}}{V_{cc} - V_{CE,sat} + I_{bias}CTR_{min}R_{pullup}}$$

$$R_2 = \frac{GR_1R_{LED}}{R_{pullup}CTR} \frac{\sqrt{1+\left(\frac{f_c}{f_{p1}}\right)^2}\sqrt{1+\left(\frac{f_c}{f_{p2}}\right)^2}}{\sqrt{1+\left(\frac{f_{z1}}{f_c}\right)^2}\sqrt{1+\left(\frac{f_c}{f_{z2}}\right)^2}}$$

$$R_3 = \frac{R_1 f_{z2}}{f_{p2} - f_{z2}} \qquad C_1 = \frac{1}{2\pi f_{z1}R_2}$$

$$C_2 = \frac{1}{2\pi f_{p2}R_{pullup}} \qquad C_3 = \frac{f_{p2} - f_{z2}}{2\pi R_1 f_{p2} f_{z2}}$$

$$R_Z \leqslant \frac{(V_{out} - V_Z)R_{pullup}CTR_{min}}{(V_{cc} - V_{CE,sat}) + (I_{Zbias} + I_{bias})R_{pullup}CTR_{min}}$$

图 7.51　无快速通道的隔离 3 型

附录 7B　第二级 LC 滤波器

到目前为止，在所有基于 TL431 的补偿器设计中，都没有提到第二级 LC 滤波器。如图 7.52 所示，该滤波器经常应用于反激（Flyback）变换器中，滤除输出端噪声。可以想象，如果滤波器的截止频率设置不当，那么将会影响环路响应并降低稳定裕度。

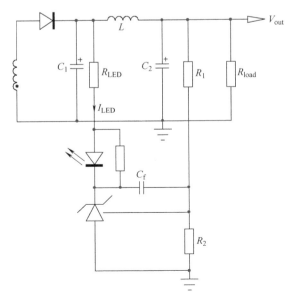

图 7.52　LC 滤波器经常被用在反激变换器的输出端来过滤尖峰

在本章中，我们讲解了基于 TL431 的补偿器，并将其与功率级分开设计；无论在反激、Buck、Boost 电路中，设计公式都是相同的。但是，如果功率级存在第二级 LC 滤波器，就不可能将一个基于 TL431 的补偿器完全独立开来设计。原因是在负载和功率级之间加入 LC 滤波器会改变所述变换器小信号模型的阻抗。

图 7.53 所示是一个简化的 DCM 下固定频率反激变换器的大信号模型。为计算开环传递函数，首先需要线性化电流源表达式 I_{out}。然后，通过将 $\hat{i}_{\text{out}}$ 与电流源端看到的等效阻抗相乘得到 C_1 两端的小信号输出电压。在加入 LC 滤波器时，可以看到因为电感在输出端引入了一个二阶网络，电路将变得复杂。但是，如果串联电感阻抗在穿越频率以下时远小于 Z_1、Z_2，则可以认为反激电路的功率级传递函数没有显著变化。如增加的电感低于 $15\,\mu\text{H}$ 时就属于这种情况 [1]。从提高效率的角度来看，选择低电感量是合情合理的，因为低电感磁元件的 ESR 值较低，且尺寸较小。反激变换器中使用的电感的最大值一般在几个微亨。

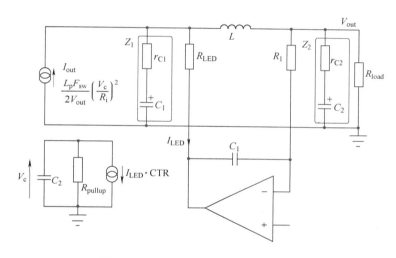

图 7.53　LC 网络改变了功率级的阻抗
（图中是一个简化的 DCM 下电流模式控制的反激变换器的大信号模型）

一个简单的分析方法

为更深入的理解，仅考虑 TL431 的传递函数，忽略由于加入电感带来的变换器负载变化，新的等效原理图如图 7.54 所示。

$H(s)$ 将电阻 R_{load} 和 LC 滤波器的影响一起考虑，并被输出电容器的 ESR 衰减。简便起见，忽略了电感的直流损耗，滤波器公式如下：

$$H(s) = \frac{1}{1 + \dfrac{s}{Q\omega_0} + \left(\dfrac{s}{\omega_0}\right)^2} \tag{7.180}$$

分母是第 4 章已经推导出来的 Buck 变换器的输出阻抗。基于它的低熵形式，我们可以把 r_L 假设为零，并立即得到以下表达式定义

$$\omega_0 = \frac{1}{\sqrt{LC_2}}\sqrt{\frac{R_{\text{load}}}{r_C + R_{\text{load}}}} \tag{7.181}$$

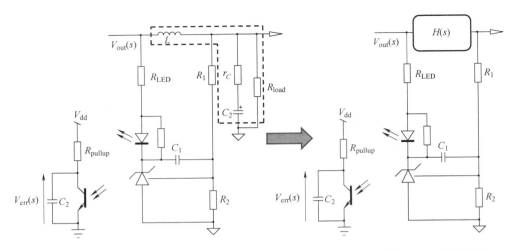

图 7.54　如果忽略功率级上负载条件的变化，可以得到有 LC 滤波器的 TL431 补偿模型

$$Q = \frac{LC_2\omega_0(r_C + R_{\text{load}})}{L + C_2 r_C R_{\text{load}}} \tag{7.182}$$

按照本章中已经详细介绍的步骤，可以得到 V_{err} 和 V_{out} 之间的传递函数

$$\frac{V_{\text{err}}(s)}{V_{\text{out}}(s)} = -\frac{\text{CTR} \cdot R_{\text{pullup}}}{R_{\text{LED}}} \frac{\left(\dfrac{H(s)}{sR_1C_1} + 1\right)}{1 + sC_2R_{\text{pullup}}}$$

$$= -\frac{\text{CTR} \cdot R_{\text{pullup}}}{R_{\text{LED}}} \frac{1 + \dfrac{s}{Q\omega_0} + \left(\dfrac{s}{\omega_0}\right)^2 + \dfrac{1}{sR_1C_1}}{(1 + sC_2R_{\text{pullup}})\left[1 + \dfrac{s}{Q\omega_0} + \left(\dfrac{s}{\omega_0}\right)^2\right]} \tag{7.183}$$

传递函数是传统的 2 型结构，其中添加了双极点和双零点。为了分析这些额外因素的影响，设置了一个带输出滤波器的 2 型补偿器自动仿真电路模板，如图 7.55 所示。在这个模板板中，电感值固定在 $2.2\mu\text{H}$，并通过调整 C_2 的值来调整截止频率。ESR 的值可以通过 r_C 和 C_2 的乘积大约等于 $70\mu\text{s}$ 来计算——一个用于估算电解电容器 ESR 值的经验公式。

在此补偿器中，中频段增益被设置为 20dB，相位提升的峰值为 1kHz。积分器零点位于 226Hz，而第二个极点位于 5.6kHz。把谐振频率从 10kHz 降低到 100Hz，交流响应如图 7.56 所示。LC 网络使得增益在谐振点出现了一个幅值抖动，这个抖动是可以接受的，只要谐振频率落在运放和 C_1（见图 7.54）的积分路径没有增益的频率区段内，如文献 [2] 中所指出：直观地说，如果积分器衰减可以减弱谐振效应，LC 滤波器就更难改变 LED 的交流电流。然而，当谐振接近零点所在的区域时，传递函数会发生畸变，相位也会失去控制（500Hz 和 100Hz）。

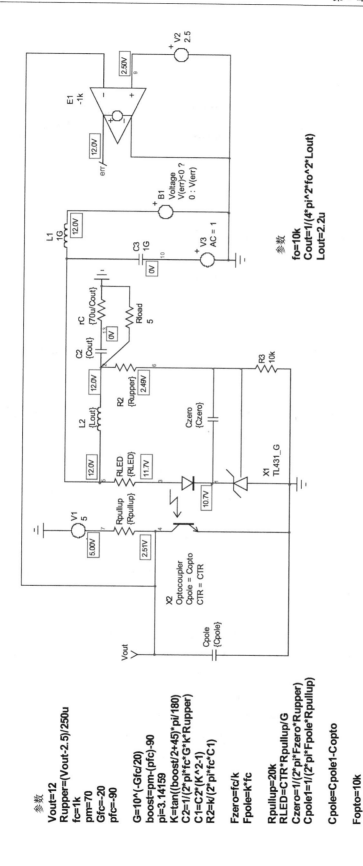

参数
Vout=12
Rupper=(Vout-2.5)/250u
fc=1k
pm=70
Gfc=-20
pfc=-90

G=10^(-Gfc/20)
boost=pm-(pfc)-90
pi=3.14159
K=tan((boost/2+45)*pi/180)
C2=1/(2*pi*fc*G*k*Rupper)
C1=C2*(K^2-1)
R2=k/(2*pi*fc*C1)

Fzero=fc/k
Fpole=k*fc

Rpullup=20k
RLED=CTR*Rpullup/G
Czero=1/(2*pi*Fzero*Rupper)
Cpole1=1/(2*pi*Fpole*Rpullup)

Cpole=Cpole1-Copto

Fopto=10k
Copto=1/(2*pi*Fopto*Rpullup)
CTR = 0.3

参数
fo=10k
Cout=1/(4*pi^2*fo^2*Lout)
Lout=2.2u

图 7.55　自动偏置的 2 型补偿器仿真电路可用于观察 LC 网络对传递函数的影响

331

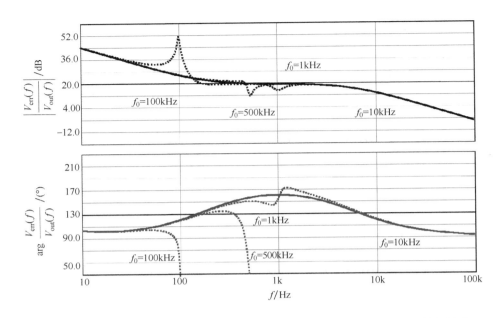

图 7.56　交流响应曲线表现了 LC 滤波器谐振频率对基于 TL431 的传输函数的影响

仿真

图 7.57 展示了一个有 LC 滤波器的 19V/4A 的电流模式反激变换器。穿越频率为 5kHz，相位裕量为 70°。零点被放置在 800Hz。电感值固定，改变第二个电容 C_2 来设定谐振频率，其交流响应如图 7.58 所示。在 2.2μH/115μF（$f_0 = 10\text{kHz}$）滤波器条件下，对环路增益曲线没有太大的影响。把谐振频率调到 5kHz 时（$L = 4.7\mu\text{H}$ 和 $C_2 = 215\mu\text{F}$），环路响应仍然没有变化。如果当电感增加到 15μH 并且 C_2 增大到 1.7mF 时，截止频率接近零点，增益和相位开始失控：变换器不稳定。

在设计中，建议让 LC 滤波器的谐振频率远离低频零点的位置。10 倍左右是一个不错的选择，正如在上例中观察到的，零点位于 800Hz，10kHz 的截止频率不影响整体环路响应，对 65kHz 的开关频率波纹可产生很好的衰减。而至于电感值，请记住，它会在输出电流突变的情况下带来额外的电压下跌。在输出功率低于 100W 的 AC-DC 适配器中，感量通常在 1 ~ 4.7μH 之间。

最后，当在使用 LC 滤波器时，请确保 TL431 的快速通道连接在 LC 滤波器之前。如图 7.55 所示，R_{LED} 被连接在电感之前，而不是在电感之后。如果将电阻直接连接在输出端，LED 电流就会直接面向被 LC 网络所影响的相位和振幅信号，从而影响其稳定性。

对有 LC 滤波器的变换器进行环路测量时，需要在不同通道进行多次测量，然后将数据进行矢量叠加，得到整个环路增益[3]。另一种选择是在光电耦合器集电极断开环路进行测量，因为它自然地综合了两个通道信号。详情请参阅第 9 章。

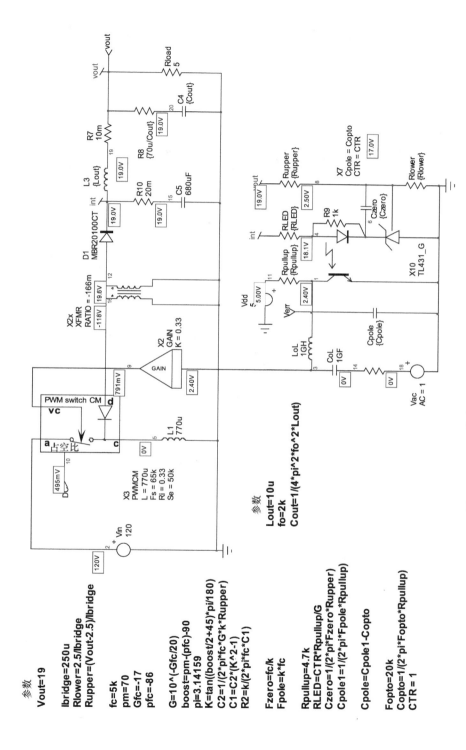

参数

Vout=19

Ibridge=250u
Rlower=2.5/Ibridge
Rupper=(Vout-2.5)/Ibridge

fc=5k
pm=70
Gfc=-17
pfc=-86

G=10^(-Gfc/20)
boost=pm-(pfc)-90
pi=3.14159
K=tan((boost/2+45)*pi/180)
C2=1/(2*pi*fc*G*k*Rupper)
C1=C2*(K^2-1)
R2=k/(2*pi*fc*C1)

Fzero=fc/k
Fpole=k*fc

Rpullup=4.7k
RLED=CTR*Rpullup/G
Czero=1/(2*pi*Fzero*Rupper)
Cpole1=1/(2*pi*Fpole*Rpullup)

Cpole=Cpole1-Copto

Fopto=20k
Copto=1/(2*pi*Fopto*Rpullup)
CTR = 1

参数

Lout=10u
fo=2k
Cout=1/(4*pi^2*fo^2*Lout)

图 7.57　SPICE 仿真有助于了 LC 网络对穿越点的影响

333

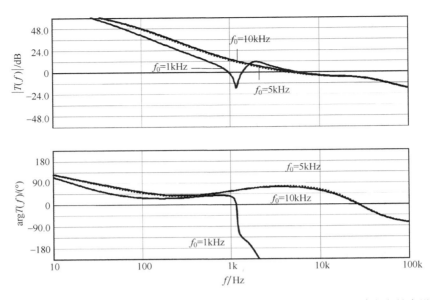

图 7.58　交流响应曲线显示当 LC 网络的截止频率远离 1kHz 的穿越点时，其在交越点没有变化

参考文献

[1]　Irving, B., Y. Panov, and M. Jovanovic, "Small-Signal Model of Variable Frequency Fly-back Converter," APEC 2003 Proceedings, Vol. 2, pp. 977–982.

[2]　Ridley, R., "Designing with the TL431," Designer Series XV, www.switchingpowermagazine.com.

[3]　Conseil, S., N. Cyr, and C. Basso, "Stability Analysis in Multiple Loop Systems," AND8327D, www.onsemi.com.

第8章
基于分流调节器的补偿器

前面的章节中研究了补偿器，该补偿器提供误差电压 $V_{err}(s)$，来控制占空比 D（电压模式控制）或峰值电流设定点（峰值电流模式控制）。过去的 15 年中，在功率集成公司（PI 公司）的努力下，一种采用分流调节器的名为 TopSwitch 的高压开关电路得以普及。不同于传统改变反馈引脚上的电压电平来控制占空比，该公司产品选择将 V_{cc} 和反馈引脚组合在一起，使得单个引脚不仅可以为控制部分供电，还可以通过监测注入电流来调节占空比：实现了集成内部功率开关的 3 个引脚的功率集成电路。即使环路是由 TL431 或齐纳二极管控制的，考虑到这一电路的特性，还是专门用一章来阐述这一补偿器的实现。分流调节器的示意图如图 8.1 所示，它在 TOPSwitch 产品中非常常用[1]。

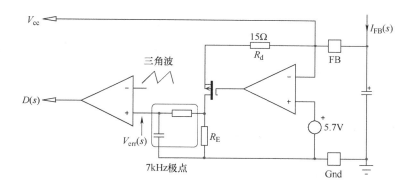

图 8.1 TOPSwitch 占空比调制器的内部结构（不同于峰值电流模式控制器
（其峰值电流设定点由电压决定），分流调节器由控制电流决定）

该电路的工作方式像是一个具有 15Ω 动态电阻 R_d 的齐纳二极管（稳压管）。当反馈引脚（FB）上几乎没有注入电流时，所产生的占空比是最大的（67%）。相反，当注入电流超过 6mA 时，占空比下降到其最小值或 1.8%。根据输入、输出条件改变注入电流来调整占空比。为了提高噪声抗扰度并设计补偿器的响应，调制器路径中包含了一个 7kHz 的极点，在交流小信号分析中需要考虑到这个极点。占空比调制器的传递函数曲线，即 D 与 I_{FB} 的关系，如图 8.2 所示。

根据曲线信息，可以推断出整个调制器的小信号增益

$$S_{PWM} = \frac{\Delta D}{\Delta I_{FB}} = \frac{(1.8 - 67)\%}{(6 - 2)\text{mA}} \approx -16\%/\text{mA} \tag{8.1}$$

然而，在使用的模型中，占空比通常用伏特来表示：一个 1 伏直流信号代表 100% 占空比。而电流主要用安培表示而不是毫安。所以根据仿真模型，需要对式（8.1）进行修正

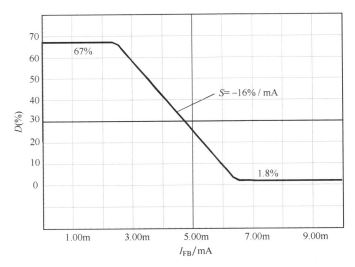

图 8.2 占空比变化与注入电流的关系

$$S_{PWM} = \frac{(0.017 - 0.67)\,V}{(6m - 2m)\,A} = -163\,V/A \tag{8.2}$$

用分贝来表示，增益为

$$G_{PWM} = 20\log_{10}(163) \approx 44dB \tag{8.3}$$

与传统的电压模式反馈相比，这种特殊的结构需要更多的分析。经验表明，它并不影响在前面章节中描述的 2 型和 3 型补偿器的实现。这里不描述 1 型补偿器，因为在过载条件下，当电路工作在电流连续模式（CCM）时，电压模式控制的变换器通常需要 2 型或甚至 3 型进行补偿。如果确实需要一个 1 型补偿器，只需使用 2 型补偿器公式并将相位提升量设置为 0，就可以了。

8.1 2 型补偿：一个原点处极点加一个零/极点对

占空比调制器的输入连接到基于 TL431 的补偿电路，如图 8.3 所示。V_{cc} 来自辅助绕组，在变换器的初级侧。由于开关电路的工作电压大约为 5.7V，这个 V_{cc} 必须高于这个值，通常采用 12V。

当输出电压偏离其目标时（假设它增加），流过光电耦合器原边 LED 中的电流上升，这样就有更多电流被注入到开关电路反馈引脚中。根据图 8.2，占空比减小。为了保证开关电路的自供电，需要一个 V_{cc} 电容连接在反馈引脚到地，它在启动过程中提供必要的能量储备，并在变换器工作时整流高频脉冲信号，通常该电容大小为 47μF。由于这一电容连接在反馈引脚和接地之间，在交流小信号条件下，它会引入一个极点。由于零

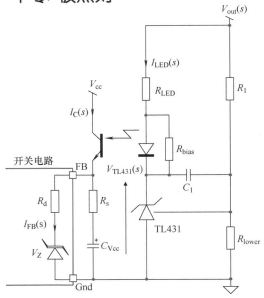

图 8.3 TL431 通过将电流注入功率开关电路的反馈输入端来调节输出量（该电流来自辅助供电电压）

点通常有助于提升相位，在实际应用中会添加一个小电阻 R_s 与电容器串联。但是，考虑到它在启动时引入的 DC 下降，除非电容增加，否则电阻值不建议超过 15Ω[2]。TL431 及其外围电路大家都已经比较熟悉，下面开始交流小信号分析。首先计算流过 LED 中的交流电流，忽略偏置电流的贡献

$$I_{\mathrm{LED}}(s) = \frac{V_{\mathrm{out}}(s) - V_{\mathrm{TL431}}(s)}{R_{\mathrm{LED}}} = \frac{V_{\mathrm{out}}(s) + V_{\mathrm{out}}(s)\left(\dfrac{1}{sR_1C_1}\right)}{R_{\mathrm{LED}}} = \frac{V_{\mathrm{out}}(s)}{R_{\mathrm{LED}}}\frac{(1 + sR_1C_1)}{sR_1C_1} \tag{8.4}$$

LED 电流通过光电耦合器的 CTR（电流传输比），产生光电耦合器的集电极电流

$$I_{\mathrm{C}}(s) = \mathrm{CTR} I_{\mathrm{LED}}(s) \tag{8.5}$$

该电流在 $C_{V_{\mathrm{cc}}}$ 和 R_s 构成的电容网络和反馈引脚之间分流

$$I_{\mathrm{FB}}(s) = I_{\mathrm{C}}(s)\frac{R_s + \dfrac{1}{sC_{V_{\mathrm{cc}}}}}{R_d + R_s + \dfrac{1}{sC_{V_{\mathrm{cc}}}}} = I_{\mathrm{C}}(s)\frac{\dfrac{sR_sC_{V_{\mathrm{cc}}} + 1}{sC_{V_{\mathrm{cc}}}}}{\dfrac{sC_{V_{\mathrm{cc}}}(R_s + R_d) + 1}{sC_{V_{\mathrm{cc}}}}} = I_{\mathrm{C}}(s)\frac{sR_sC_{V_{\mathrm{cc}}} + 1}{sC_{V_{\mathrm{cc}}}(R_s + R_d) + 1} \tag{8.6}$$

现在用式（8.5）和式（8.4）中的表达式代替 $I_{\mathrm{C}}(s)$，得到

$$\frac{I_{\mathrm{FB}}(s)}{V_{\mathrm{out}}(s)} = \frac{\mathrm{CTR}}{R_{\mathrm{LED}}}\frac{(1 + sR_1C_1)}{sR_1C_1}\frac{sR_sC_{V_{\mathrm{cc}}} + 1}{sC_{V_{\mathrm{cc}}}(R_s + R_d) + 1} \tag{8.7}$$

因子分解 $1 + sR_1C_1$，可得

$$\frac{I_{\mathrm{FB}}(s)}{V_{\mathrm{out}}(s)} = \frac{\mathrm{CTR}}{R_{\mathrm{LED}}}\frac{1 + 1/sR_1C_1}{1 + sC_{V_{\mathrm{cc}}}(R_s + R_d)}(1 + sR_sC_{V_{\mathrm{cc}}}) \tag{8.8}$$

电流 $I_{\mathrm{FB}}(s)$ 被注入到占空比调制器中，其传递函数包括式（8.3）所给出的增益以及一个 7kHz 极点

$$\frac{D(s)}{I_{\mathrm{FB}}(s)} = -G_{\mathrm{PWM}}\frac{1}{1 + s/\omega_{\mathrm{p2}}} \tag{8.9}$$

极点有助于提高噪声抗扰度，同时也提供了 2 型补偿器所需要的高频极点 f_{p2}，但是，这个极点是固定的。结合了式（8.8）和式（8.9），可得到从补偿器输入到占空比的完整表达式（见图 8.4）

$$\frac{D(s)}{V_{\mathrm{out}}(s)} = -G_0\frac{1 + \omega_{\mathrm{z2}}/s}{1 + s/\omega_{\mathrm{p1}}}\frac{1 + s/\omega_{\mathrm{z1}}}{1 + s/\omega_{\mathrm{p2}}} \tag{8.10}$$

在式（8.10）中，有

$$G_0 = \frac{\mathrm{CTR}}{R_{\mathrm{LED}}}G_{\mathrm{PWM}} \tag{8.11}$$

$$\omega_{\mathrm{z1}} = \frac{1}{R_sC_{V_{\mathrm{cc}}}} \tag{8.12}$$

$$\omega_{\mathrm{z2}} = \frac{1}{R_1C_1} \tag{8.13}$$

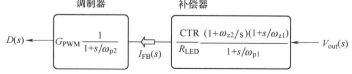

图 8.4 从观测的变量到占空比发生器的信号链路（包括两个部分：调制器和补偿器）

$$\omega_{p1} = \frac{1}{(R_d + R_s) \, C_{V_{cc}}} \tag{8.14}$$

$$\omega_{p2} = 44 \text{krad/s} \tag{8.15}$$

由上可见，存在两个极点两个零点以及一个位于原点的极点。如果仅需要一个简单的零点/极点对和一个原点极点时，一个极点和一个零点必须对消，将在设计实例中看到如何实现。LED 串联电阻设定了中频段的增益，基于式（8.8）的幅值可以计算出它的阻值

$$|G(f_c)| = \frac{\text{CTR}}{R_{\text{LED}}} G_{\text{PWM}} \frac{\sqrt{1 + (f_{z2}/f_c)^2}}{\sqrt{1 + (f_c/f_{p1})^2}} \frac{\sqrt{1 + (f_c/f_{z1})^2}}{\sqrt{1 + (f_c/f_{p2})^2}} \tag{8.16}$$

从中得出 LED 电阻的阻值为

$$R_{\text{LED}} = \frac{\text{CTR}}{G} G_{\text{PMW}} \frac{\sqrt{1 + \left(\frac{f_{z2}}{f_c}\right)^2} \sqrt{1 + \left(\frac{f_c}{f_{z1}}\right)^2}}{\sqrt{1 + \left(\frac{f_c}{f_{p1}}\right)^2} \sqrt{1 + \left(\frac{f_c}{f_{p2}}\right)^2}} \tag{8.17}$$

现在来考虑偏置的限制。当在反馈引脚中注入大约 7mA 时，占空比最小。这一电流也流经光电耦合器和 LED，其串联电阻不能太高；否则，补偿器将失去轻载调节能力。当 $I_C = 7\text{mA}$ 时，LED 电阻的电流最大

$$I_{R_{\text{LED}},\text{max}} = \frac{I_{C,\text{max}}}{\text{CTR}_{\text{min}}} + I_{\text{bias}} \tag{8.18}$$

流经 LED 电阻的电流由折算过来的集电极电流加上偏置电流 I_{bias} 构成。由于 TL431 上的电压不能低于 2.5V，据此

$$I_{R_{\text{LED}},\text{max}} = \frac{V_{\text{out}} - V_f - V_{\text{TL431},\text{min}}}{R_{\text{LED}}} \tag{8.19}$$

因为式（8.18）和式（8.19）相等，可以得到满足运行要求的最大 LED 电阻值

$$R_{\text{LED},\text{max}} \leqslant \frac{\text{CTR}_{\text{min}}(V_{\text{out}} - V_f - V_{\text{TL431},\text{min}})}{I_{C,\text{max}} + I_{\text{bias}}\text{CTR}_{\text{min}}} \tag{8.20}$$

基于上述参数，下面结合设计实例进行阐述。

8.1.1　设计实例

这里以一个工作在 DCM 模式下的反激变换器为例进行说明，如图 8.5 所示，图中展示了如何将电压模式模型和分流调节器子电路组合。参考文献 [3] 已经详细描述了这两个功能模块，交流扫描需要选择合适的插入点。需要注意的是，环路通过在反馈引脚中注入电流来调节输出电压。在大多数 SPICE 分析中，通常都是电压的传输回路。在所讲的例子中，只观测反馈引脚上的电压是不够的，可能还需要一个额外的电阻来观察反馈电流。当然这个不难，但需要额外的步骤才能得到想要的结果。为了克服这一困难，将在调制器之后打开环路，因为它产生一个 18 ~ 680mV 变化的电压使得占空比在 1.8% ~ 67% 变化，如图 8.5 所示。这将有助于观察功率级的传递函数，当然不包括调制器。从 V_{out} 到 D 的整个传递函数见式（8.10），前面已经给出了所有参数。需要指出的是，在实际中，通常无法打开调制器后的环路，因为这些都是内部电路。按照文献 [4] 中给出的指导，类似于通过串联电阻注入电流直接作用在

反馈引脚上。在这种情况下，功率级传递函数将受到 PWM 调制器增益 44dB 的影响。因此，用式（8.17）计算 LED 串联电阻值时，G_{PWM} 项需要从公式中去除，其余项维持不变。

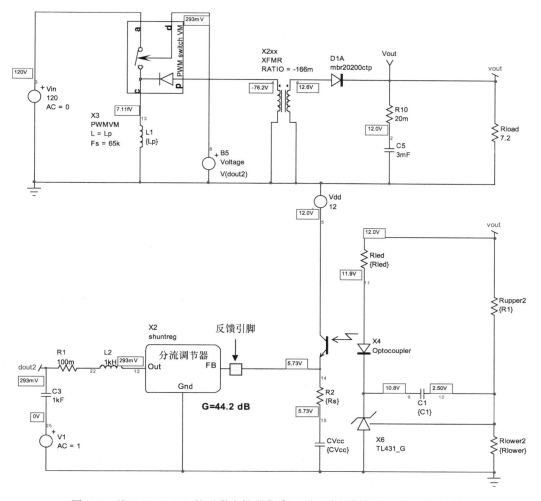

图 8.5　基于 TopSwitch 的反激变换器仿真（需要在调制器之后将环路断开）

传递函数伯德图如图 8.6 所示。如果选择 1kHz 为穿越频率点，并且有 60° 的相位裕度，则此时的增益差为 −3.9dB，相位滞后为 −70°。

基于式（8.20），以及假定参数如下：

$V_{\text{out}} = 12\text{V}$，输出电压；

$V_{\text{f}} = 1\text{V}$，LED 正向电压；

$I_{\text{bias}} = 1\text{mA}$，TL431 的偏置电流，由 LED 并联电阻产生；

$V_{\text{TL431,min}} = 2.5\text{V}$，TL431 的最小工作电压；

$\text{CTR}_{\text{min}} = 0.8$，最小光电耦合器电流传输比；

$R_1 = 38\text{k}\Omega$，输出电压采样上分压电阻；

$C_{V_{cc}} = 47\mu\text{F}$，根据开关电路数据表所选的 V_{CC} 电容。

LED 电阻的最大值为

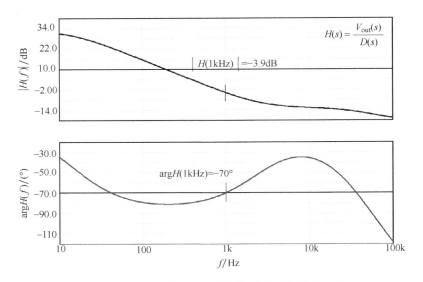

图 8.6　在 DCM 模式下反激变换器功率级传递函数
（请注意，这是输入占空比 $D(s)$ 到输出 $V_{out}(s)$ 的传递函数）

$$R_{LED,max} \leqslant \frac{CTR_{min}(V_{out} - V_f - V_{TL431,min})}{I_{C,max} + I_{bias}CTR_{min}} \leqslant \frac{0.8 \times (12 - 1 - 2.5)V}{(7m + 1m \times 0.8)\Omega} \leqslant 1.09k\Omega \qquad (8.21)$$

3.9dB 的增益转换为十进制，如下：

$$G = 10^{\frac{-G_{f_c}}{20}} = 10^{\frac{3.9}{20}} \approx 1.6 \qquad (8.22)$$

在选定的穿越频率和期望相位裕度为 60° 的情况下，功率级产生 70° 相位滞后，需要将相位提高 40°（考虑原点处极点产生 90° 的相位滞后）。考虑到 1kHz 穿越频率和 7kHz 处的极点，需要将一个零点设置为

$$f_{z1} = \frac{f_c}{\tan\left(boost + \arctan\left(\frac{f_c}{f_{p2}}\right)\right)} = \frac{1kHz}{\tan\left(40 + \arctan\left(\frac{1k}{7k}\right)\right)} = 896Hz \qquad (8.23)$$

这个零点将用于计算与 47μF V_{cc} 电容器串联的电阻 R_S

$$R_s = \frac{1}{2\pi f_{z1}C_{V_{cc}}} = \frac{1}{6.28 \times 896Hz \times 47u} \approx 3.8\Omega \qquad (8.24)$$

这一阻值满足集成开关电路厂商不超过 15Ω 的要求，所以是可行的。该电阻与分流调节器输入阻抗以及 V_{CC} 电容一起形成极点，如式（8.14）所给出的

$$f_{p1} = \frac{1}{2\pi(R_d + R_s)C_{V_{cc}}} = \frac{1}{6.28 \times (15 + 3.8)\Omega \times 47uF} = 180Hz \qquad (8.25)$$

式（8.10）实际上给出了表现出两对极点/零点和原点、极点的 3 型补偿电路的表达式。对于 2 型补偿器，一对极点/零点必须相互抵消。如 f_{z2}、f_{p1} 这一对，由于第一个极点 f_{p1} 在 180Hz，通过设计 C_1 可以使第二个零点 f_{z2} 正好配置在这一点上

$$C_1 = \frac{1}{2\pi f_{z2}R_1} = \frac{1}{6.28 \times 180Hz \times 38k\Omega} = 23.3nF \qquad (8.26)$$

考虑到上述零点/极点对的抵消，现在得到了一个 2 型补偿器，它具有一个 7kHz 的极点、一个 896Hz 的零点和一个原点处极点。最后，利用式（8.17）计算 R_{LED} 的值为

$$R_{\mathrm{LED}} = \frac{\mathrm{CTR}}{G} G_{\mathrm{PWM}} \frac{\sqrt{1 + \left(\dfrac{f_{z2}}{f_c}\right)^2} \sqrt{1 + \left(\dfrac{f_c}{f_{z1}}\right)^2}}{\sqrt{1 + \left(\dfrac{f_c}{f_{p1}}\right)^2} \sqrt{1 + \left(\dfrac{f_c}{f_{p2}}\right)^2}} = \frac{0.8}{1.6} \times 10^{\frac{44}{20}} \Omega \times$$

$$\frac{\sqrt{1 + \left(\dfrac{180}{1k}\right)^2} \sqrt{1 + \left(\dfrac{1k}{896}\right)^2}}{\sqrt{1 + \left(\dfrac{1k}{180}\right)^2} \sqrt{1 + \left(\dfrac{1k}{7k}\right)^2}} \approx 21\Omega \tag{8.27}$$

通过所有这些参数的计算，现在可以通过测试的方法来单独检验补偿器的交流小信号响应，如图 8.7 所示，图中偏置点正常，LED 电阻中的电流大约为 3.5mA，根据图 8.2，产生约 50% 的占空比。这也是在分流调节器子电路的输出端获得的值：512mV 电压，对应于 51.2% 占空比。

这个补偿器的交流小信号响应如图 8.8 所示。尽管在增益上有一点小的误差，但总体上都是符合设计的，这个小的误差是由于 LED 动态电阻没有计算在内引起的。由于串联的 LED 电阻较小，动态电阻的占比较大。相位提升正常，但相位提升的峰值不是发生在 1kHz 处。原因是 7kHz 的内极点我们无法进行调整。为了得到最大相位提升，应该将穿越频率调整为

$$f_{c,\mathrm{new}} = \sqrt{f_{z1} f_{p2}} = \sqrt{896 \times 7} \mathrm{kHz} = 2.5\mathrm{kHz} \tag{8.28}$$

根据图 8.6，目标增益应该调整为 9dB，以便在 2.5kHz 处穿越。

图 8.5 所示的补偿电路进行了交流小信号扫描，并测试了瞬态响应，结果如图 8.9 所示。相位裕度约为 60°，当输出从 0.8A 变为 2A，跳变斜率为 1A/μs，输出偏差很小，电源工作稳定。

哪些参数会影响上述设计？第一个是 LED 串联电阻值。在这个设计实例中，采用了 21Ω 的阻值，相对式（8.21）所给出的 1kΩ 的上限有充足的裕度。另一个是与 V_{cc} 电容串联的电阻，该电阻会引入一个零点，有助于提升由于内部 7kHz 极点引起的相位下降。但是，与 V_{cc} 电容串联的电阻器会影响这一电容网络在启动阶段和故障自动恢复模式下的存储能力。这是因为如果这个串联电阻上压降过大，欠电压锁定电路将会过早地被触发。一些 TOPSwicth 产品数据表建议的该阻值小于 15Ω，如果需要大于这个值，必须增加一个额外的电容器（更多的细节参见文献［2］）。如果采用了建议的 15Ω 的电阻和 47μF 的电容，所得到的零点频率的最小值为

$$f_{z1,\mathrm{max}} = \frac{1}{2\pi R_{s,\mathrm{max}} C_{V_{\mathrm{cc}}}} = \frac{1}{6.28 \times 15\Omega \times 47\mathrm{uF}} \approx 226\mathrm{Hz} \tag{8.29}$$

如前所述，最大相位提升点出现在所考虑的零点和极点的几何平均值上，对于 226Hz 零点和 7kHz 极点，峰值将出现在

$$f_c = \sqrt{f_{z1} f_{p2}} = \sqrt{226 \times 7} \mathrm{kHz} = 1.25\mathrm{kHz} \tag{8.30}$$

在这个频率上，可以获得的最大相位提升是

$$\mathrm{Boost}_{\mathrm{max}} = \arctan\left(\frac{f_c}{f_{z1}}\right) - \arctan\left(\frac{f_c}{f_{p2}}\right) = \arctan\left(\frac{1.25k}{226}\right) - \arctan\left(\frac{1.25k}{7k}\right) \approx 70° \tag{8.31}$$

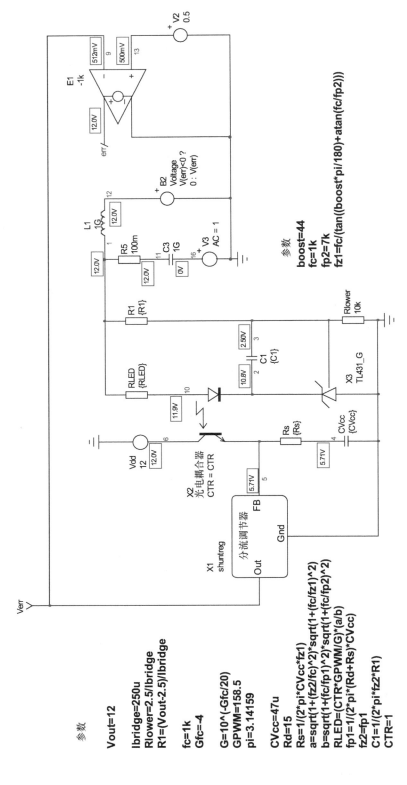

图 8.7　基于分流调节器的补偿器工作良好，但需要注意选择周围的元件

参数

Vout=12

Ibridge=250u
Rlower=2.5/Ibridge
R1=(Vout-2.5)/Ibridge

fc=1k
Gfc=-4

G=10^(-Gfc/20)
GPWM=158.5
pi=3.14159

CVcc=47u
Rd=15
Rs=1/(2*pi*CVcc*fz1)
a=sqrt(1+(fz2/fc)^2)*sqrt(1+(fc/fz1)^2)
b=sqrt(1+(fc/fp1)^2)*sqrt(1+(fc/fp2)^2)
RLED=(CTR*GPWM/G)*(a/b)
fp1=1/(2*pi*(Rd+Rs)*CVcc)
fz2=fp1
C1=1/(2*pi*fz2*R1)
CTR=1

参数
boost=44
fc=1k
fp2=7k
fz1=fc/(tan((boost*pi/180)+atan(fc/fp2)))

342

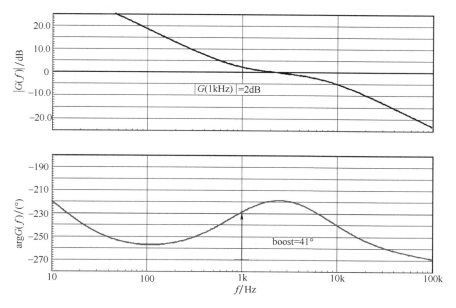

图 8.8　交流响应示出了所得增益与目标增益存在微小差异（主要原因是 LED 的动态电阻）

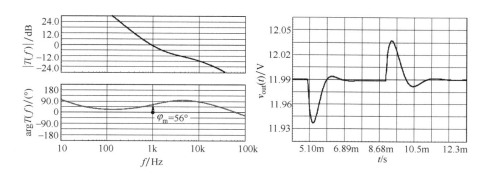

图 8.9　开环环路增益具有良好的相位裕度，因此具备出色瞬态响应

8.2　3 型补偿：一个原点处极点加两个零/极点对

3 型补偿器相比 2 型补偿器可提供更大的相位提升。但是，由于在占空比调制器中存在内部的 7kHz 极点和电阻 R_S 的阻值限制，其设计灵活性与传统的运放方法有所差别。实现 3 型补偿器的电路如图 8.10 所示，其原则和以前一样的：在快速通道存在的前提下，如何设计并添加另一个极点/零点对？和设计基于 TL431 的电压模式反馈控制器时的做法类似，在 LED 串联电阻上并联一个 RC 网络。通过这个 RC 网络来添加 3 型补偿电路中的零点/极点对。已经推导了 2 型补偿电路的传递函数，如式（8.8），要得到 3 型补偿电路的传递函数，仅需要将公式中的 R_{LED} 用图 8.10 框中所示的等效网络阻抗 Z_{LED} 替换即可。

$$Z_{LED} = \frac{R_{LED}\left(R_3 + \dfrac{1}{sC_3}\right)}{R_{LED} + \left(R_3 + \dfrac{1}{sC_3}\right)} = R_{LED}\frac{sR_3 C_3 + 1}{sC_3\left(R_{LED} + R_3\right) + 1} \tag{8.32}$$

将 Z_{LED} 表达式代入式（8.8），得

$$\frac{I_{FB}(s)}{V_{out}(s)} = \frac{CTR}{R_{LED}} \frac{1 + 1/sR_1C_1}{1 + sC_{V_{cc}}(R_s + R_d)}(1 + sR_sC_{V_{cc}})\frac{sC_3(R_{LED} + R_3) + 1}{sR_3C_3 + 1} \tag{8.33}$$

电流 $I_{FB}(s)$ 被注入到占空比调制器中，其传递函数包括如式（8.3）所表示的增益部分，以及一个内部的 7kHz 极点

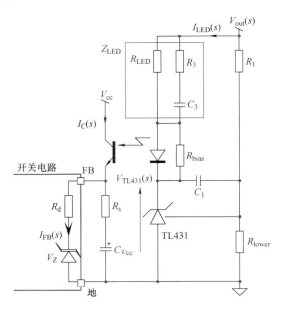

图 8.10　基于分流调节器的 3 型补偿电路，受到 R_s 和内部 7kHz 极点的限制

$$\frac{D(s)}{I_{FB}(s)} = -G_{PWM}\frac{1}{1 + s/\omega_{p2}} \tag{8.34}$$

结合式（8.33）和式（8.34），可以得到从补偿器输入到占空比输出的完整链路的传递函数，有

$$\frac{D(s)}{V_{out}(s)} = -G_0 \frac{(1 + \omega_{z2}/s)(1 + s/\omega_{z1})(1 + s/\omega_{z3})}{(1 + s/\omega_{p1})(1 + s/\omega_{p2})(1 + s/\omega_{p3})} \tag{8.35}$$

其中，

$$G_0 = \frac{CTR}{R_{LED}}G_{PWM} \tag{8.36}$$

$$\omega_{z1} = \frac{1}{R_sC_{V_{cc}}} \tag{8.37}$$

$$\omega_{z2} = \frac{1}{R_1C_1} \tag{8.38}$$

$$\omega_{z3} = \frac{1}{sC_3(R_{LED} + R_3)} \tag{8.39}$$

$$\omega_{p1} = \frac{1}{(R_d + R_s)C_{V_{cc}}} \tag{8.40}$$

$$\omega_{p2} = 44\text{krad/s} \tag{8.41}$$

$$\omega_{p3} = \frac{1}{sR_3C_3} \tag{8.42}$$

LED 串联电阻设定了中频段的增益。从式（8.35），首先可以计算出补偿器 $G(s)$ 的增益大小为

$$|G(f_c)| = \frac{\mathrm{CTR}}{R_{\mathrm{LED}}} G_{\mathrm{PWM}} \frac{\sqrt{1 + (f_{z2}/f_c)^2}}{\sqrt{1 + (f_c/f_{p1})^2}} \frac{\sqrt{1 + (f_c/f_{z1})^2}}{\sqrt{1 + (f_c/f_{p2})^2}} \frac{\sqrt{1 + (f_c/f_{z3})^2}}{\sqrt{1 + (f_c/f_{p3})^2}} \tag{8.43}$$

据此，可以得出 LED 电阻的值为

$$R_{\mathrm{LED}} = \frac{\mathrm{CTR}}{G} G_{\mathrm{PWM}} \frac{\sqrt{1 + \left(\dfrac{f_{z2}}{f_c}\right)^2}}{\sqrt{1 + \left(\dfrac{f_c}{f_{p1}}\right)^2}} \frac{\sqrt{1 + \left(\dfrac{f_c}{f_{z1}}\right)^2}}{\sqrt{1 + \left(\dfrac{f_c}{f_{p2}}\right)^2}} \frac{\sqrt{1 + \left(\dfrac{f_c}{f_{z3}}\right)^2}}{\sqrt{1 + \left(\dfrac{f_c}{f_{p3}}\right)^2}} \tag{8.44}$$

C_3 和 R_3 的计算比较简单，由式（8.42）得到 R_3 表达式

$$R_3 = \frac{1}{2\pi f_{p3} C_3} \tag{8.45}$$

将式（8.45）代入式（8.39），可以计算出 C_3

$$C_3 = \frac{f_{p3} - f_{z3}}{2\pi R_{\mathrm{LED}} f_{p3} f_{z3}} \tag{8.46}$$

其设计方法与 2 型补偿器的设计方法类似。系统现在有一个三个极点和三个零点，一对零极点必须对消，它们是 f_{z2} 和 f_{p1}。然后，剩余元件的参数计算就比较容易，下面结合设计实例进行阐述。

8.2.1　设计实例

在这个设计实例中，假设参数如下：

$V_{\mathrm{out}} = 12\mathrm{V}$，输出电压；

$V_f = 1\mathrm{V}$，LED 正向电压；

$I_{\mathrm{bias}} = 1\mathrm{mA}$，TL431 的偏置电流，由 LED 并联电阻产生；

$V_{\mathrm{TL431,min}} = 2.5\mathrm{V}$，TL431 的最小工作电压；

$\mathrm{CTR}_{\mathrm{min}} = 0.8$，最小光电耦合器电流传输比；

$R_1 = 38\mathrm{k\Omega}$，输出电压采样上分压电阻；

$C_{V_{cc}} = 47\mathrm{\mu F}$，根据开关数据表所选的 V_{CC} 电容。

从电压模式正激变换器的传递函数得知，为了使变换器能够稳定工作，在 2kHz 频率下需要 10dB 的增益，而在穿越频率点处需要 120° 的相位提升。考虑到分流调节器自身的一些局限，是否可以达到上述要求需要仔细设计。最简单的方法是将第二极点也定位在 7kHz，并通过调节双零点的位置来达到相位提升的要求。从第一章知道，对于给定的相位提升和已知的双极点位置（本例中为 7kHz），双零点必须配置在以下位置

$$f_{z1,2} = \frac{f_c}{\tan\left(\dfrac{\mathrm{boost}}{2} + \arctan\dfrac{f_c}{f_{p1,2}}\right)} \tag{8.47}$$

只有当分母 $\tan(x) \neq 0$ 时，这个公式才成立。当 $x = 0$ 或等于 90°时，对应 $\tan(x) = 0$ 或者无穷大，导致需要的零点无穷大或无穷小。根据式（8.47），可以快速求解 $x = 90°$ 时 f_c 的值（对应需补偿零点无穷小）

$$f_c = \tan\left(90 - \frac{\text{boost}}{2}\right)f_{p1,2} \tag{8.48}$$

考虑到双极点位于 7kHz 以及 120° 的相位提升，可以得到的最大的穿越频率为

$$f_c = \tan\left(90 - \frac{120}{2}\right) \times 7\text{kHz} = 4\text{kHz} \tag{8.49}$$

实际需要的穿越频率为 2kHz，根据上式可知，相对于能达到的最大穿越频率点存在一定裕量。为了在 2kHz 处获得 120° 的相位提升，并假设在 7kHz 处有两个重合极点，此时双零点的位置可根据以下公式求得

$$f_{z1,2} = \frac{f_c}{\tan\left(\dfrac{\text{boost}}{2} + \arctan\dfrac{f_c}{f_{p1,2}}\right)} = \frac{2\text{kHz}}{\tan\left(\dfrac{120}{2} + \arctan\left(\dfrac{2\text{k}}{7\text{k}}\right)\right)} \approx 500\text{Hz} \tag{8.50}$$

进而可求出电阻 R_s 的值为

$$R_s = \frac{1}{2\pi f_{z1}C_{V_{cc}}} = \frac{1}{6.28 \times 500\text{Hz} \times 47\text{uF}} = 6.8\Omega \tag{8.51}$$

该电阻与分流调节器等效动态电阻一起，它产生另外一个极点

$$f_{p1} = \frac{1}{2\pi(R_s + R_d)C_{V_{cc}}} = \frac{1}{6.28 \times (6.8 + 15)\Omega \times 47\text{uF}} = 155\text{Hz} \tag{8.52}$$

这个极点必须被第二个零点抵消，进而可以求得 C_1

$$C_1 = \frac{1}{2\pi f_{z2}R_1} = \frac{1}{6.28 \times 155\text{Hz} \times 38\text{k}\Omega} = 27\text{nF} \tag{8.53}$$

下面的设计步骤需要用到 LED 串联电阻。根据式（8.44）和式（8.3）给出的占空比调制器增益，得到

$$R_{\text{LED}} = \frac{0.8}{10^{\frac{10}{20}}} \times 163\Omega \times \frac{\sqrt{1 + \left(\dfrac{155}{2\text{k}}\right)^2}}{\sqrt{1 + \left(\dfrac{2\text{k}}{155}\right)^2}} \frac{\sqrt{1 + \left(\dfrac{2\text{k}}{500}\right)^2}}{\sqrt{1 + \left(\dfrac{2\text{k}}{7\text{k}}\right)^2}} \frac{\sqrt{1 + \left(\dfrac{2\text{k}}{500}\right)^2}}{\sqrt{1 + \left(\dfrac{2\text{k}}{7\text{k}}\right)^2}} = 50\Omega \tag{8.54}$$

由于本例中采用的值与前面的 2 型补偿器相同，因此式（8.21）给出的 R_{LED} 最大值结果仍然成立。第三个极点与内部的极点 f_{p2} 一致，其值为 7kHz；同时，第三个零点与第一个零点（500Hz）重合。根据式（8.46），可以得到 C_3 的值为

$$C_3 = \frac{f_{p3} - f_{z3}}{2\pi R_{\text{LED}}f_{p3}f_{z3}} = \frac{7\text{k} - 500}{6.28 \times 50\Omega \times 7\text{kHz} \times 500} = 5.9\mu\text{F} \tag{8.55}$$

有了 C_3，可以求出串联电阻 R_3 为

$$R_3 = \frac{1}{2\pi f_{p3}C_3} = \frac{1}{6.28 \times 7\text{kHz} \times 5.9\text{uF}} = 3.9\Omega \tag{8.56}$$

所有元件参数设计完成。补偿器的交流响应现在可以通过图 8.11 所示的电路进行仿真，同时，图中左边的自动计算公式在必要时可以帮助对补偿器的配置进行即时修改。交流响应如图 8.12 所示。在穿越频率上有一点小的误差，这是由于 LED 动态电阻没有计算在内引起的，特别是 LED 串联电阻小于 100Ω 时，它对相位提升也有一些影响。由于公式针对一般情况，可以对双极点进行分离，并保留 7kHz 处的极点（不能改变它，因为它是内部极点），使第二个极点为 100kHz 开关频率的一半，即 50kHz。如图 8.12 所示，它有助于相位提升，使相位提升数值达到 112°。

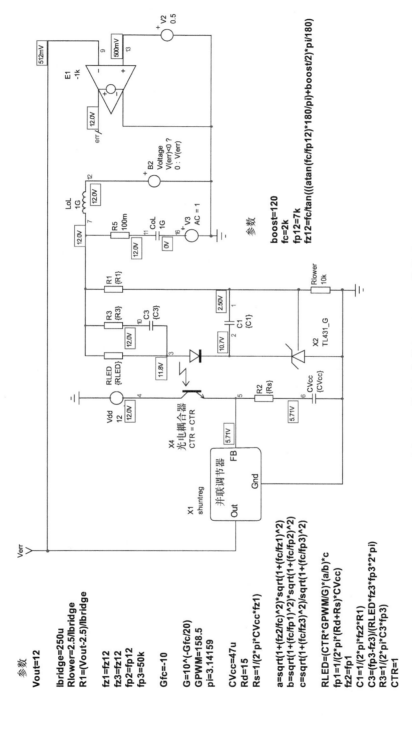

图 8.11　分流调节器也可用于 3 型补偿器

参数

Vout=12

Ibridge=250u
Rlower=2.5/Ibridge
R1=(Vout-2.5)/Ibridge

fz1=fz12
fz3=fz12
fp2=fp12
fp3=50k

Gfc=-10

G=10^(-Gfc/20)
GPWM=158.5
pi=3.14159

CVcc=47u
Rd=15
Rs=1/(2*pi*CVcc*fz1)

a=sqrt(1+(fz2/fc)^2)*sqrt(1+(fc/fz1)^2)
b=sqrt(1+(fc/fp1)^2)*sqrt(1+(fc/fp2)^2)
c=sqrt(1+(fc/fz3)^2)/sqrt(1+(fc/fp3)^2)

RLED=(CTR*GPWM/G)*(a/b)*c
fp1=1/(2*pi*(Rd+Rs)*CVcc)
fz2=fp1
C1=1/(2*pi*fz2*R1)
C3=(fp3-fz3)/(RLED*fz3*fp3*2*pi)
R3=1/(2*pi*C3*fp3)
CTR=1

参数

boost=120
fc=2k
fp12=7k
fz12=fc/tan(((atan(fc/fp12)*180/pi)+boost/2)*pi/180)

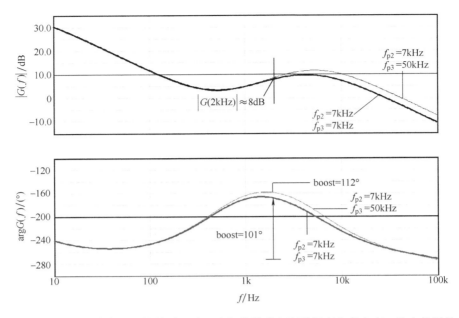

图 8.12　交流响应与 3 型补偿器一致，在相位提升和穿越频率点存在有一些小的误差

8.3　3 型补偿：一个原点处极点加两个零点/极点对——无快速通道

TL431 的特点是具有通过 LED 串联电阻形成的快速通道，此路径使 V_{out} 能够不经过 TL431 运算放大器部分直接作用到占空比调制。正如在前面详细描述的那样，快速通道会限制增益和相位提升，从而限制了 3 型补偿器的灵活性。图 8.13 所示为利用简单的稳压电路禁用快速通道的方法。

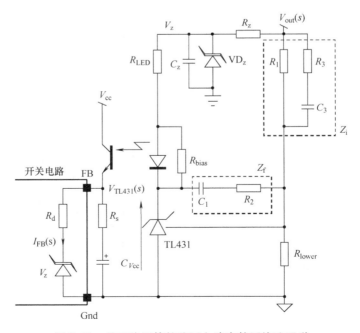

图 8.13　基于稳压管的稳压电路来禁用快速通道

禁用快速通道的原理是切断 LED 与被反馈的输出电压之间的交流电流通路。如前面的章节所述，特别是在讲解 TL431 的这一章中，基于 TL431 的补偿器中，禁用快速通道，TL431 就变成了一个简单的集电极开路的运算放大器。分流调节器的同样适用这一原则。运算放大器的输出为 $V_{\mathrm{TL431}}(s)$，如图 8.13 所示。其输出电压如下：

$$V_{\mathrm{TL431}}(s) = -V_{\mathrm{out}}(s)\frac{Z_{\mathrm{f}}}{Z_{\mathrm{i}}} \tag{8.57}$$

展开并整理此表达式得到

$$V_{\mathrm{TL431}}(s) = -V_{\mathrm{out}}(s)\frac{\dfrac{sR_2C_1+1}{sC_1}}{\dfrac{R_1(1+sR_3C_3)}{sC_3(R_1+R_3)+1}} = -V_{\mathrm{out}}(s)\frac{sR_2C_1+1}{sR_1C_1}\frac{sC_3(R_1+R_3)+1}{(1+sR_3C_3)}$$

$$= -V_{\mathrm{out}}(s)\frac{R_2}{R_1}\frac{\left(1+\dfrac{1}{sR_2C_1}\right)(1+sC_3(R_1+R_3))}{1+sR_3C_3} \tag{8.58}$$

LED 的电流不再同时依赖于 $V_{\mathrm{out}}(s)$ 和运算放大器电压，而仅取决于后者。因此

$$I_{\mathrm{LED}}(s) = -\frac{V_{\mathrm{TL431}}(s)}{R_{\mathrm{LED}}} = \frac{V_{\mathrm{out}}(s)}{R_{\mathrm{LED}}}\frac{R_2}{R_1}\frac{\left(1+\dfrac{1}{sR_2C_1}\right)(1+sC_3(R_1+R_3))}{1+sR_3C_3} \tag{8.59}$$

通过式（8.6）推导出注入分流调节器的电流表达式为

$$I_{\mathrm{FB}}(s) = I_{\mathrm{C}}(s)\frac{sR_{\mathrm{s}}C_{V_{\mathrm{cc}}}+1}{sC_{V_{\mathrm{cc}}}(R_{\mathrm{s}}+R_{\mathrm{d}})+1} \tag{8.60}$$

I_{C} 和 I_{LED} 通过光电耦合器的 CTR 相互关联，因此有

$$\frac{I_{\mathrm{FB}}(s)}{V_{\mathrm{out}}(s)} = \frac{\mathrm{CTR}}{R_{\mathrm{LED}}}\frac{R_2}{R_1}\frac{sR_{\mathrm{s}}C_{V_{\mathrm{cc}}}+1}{sC_{V_{\mathrm{cc}}}(R_{\mathrm{s}}+R_{\mathrm{d}})+1}\frac{\left(1+\dfrac{1}{sR_2C_1}\right)(1+sC_3(R_1+R_3))}{1+sR_3C_3} \tag{8.61}$$

由式（8.9）可知注入的反馈电流与所获得的占空比之间的联系。将这个表达式代入式（8.61），得到补偿器的传递函数如下：

$$\frac{D(s)}{V_{\mathrm{out}}(s)} = -G_{\mathrm{PWM}}\frac{\mathrm{CTR}}{R_{\mathrm{LED}}}\frac{R_2}{R_1}\frac{\left(1+\dfrac{1}{sR_2C_1}\right)}{sC_{V_{\mathrm{cc}}}(R_{\mathrm{s}}+R_{\mathrm{d}})+1}\frac{sR_{\mathrm{s}}C_{V_{\mathrm{cc}}}+1}{1+s/\omega_{\mathrm{p2}}}\frac{(1+sC_3(R_1+R_3))}{1+sR_3C_3} \tag{8.62}$$

将该式转换为一个更熟悉的形式，如下：

$$\frac{D(s)}{V_{\mathrm{out}}(s)} = -G_0\frac{(1+\omega_{\mathrm{z2}}/s_1)(1+s/\omega_{\mathrm{z1}})(1+s/\omega_{\mathrm{z3}})}{(1+s/\omega_{\mathrm{p1}})(1+s/\omega_{\mathrm{p2}})(1+s/\omega_{\mathrm{p3}})} \tag{8.63}$$

其中，

$$G_0 = G_{\mathrm{PWM}}\frac{\mathrm{CTR}}{R_{\mathrm{LED}}}\frac{R_2}{R_1} \tag{8.64}$$

$$\omega_{\mathrm{z1}} = \frac{1}{R_{\mathrm{s}}C_{V_{\mathrm{cc}}}} \tag{8.65}$$

$$\omega_{z2} = \frac{1}{R_2 C_1} \tag{8.66}$$

$$\omega_{z3} = \frac{1}{sC_3(R_1 + R_3)} \tag{8.67}$$

$$\omega_{p1} = \frac{1}{(R_d + R_s)C_{V_{cc}}} \tag{8.68}$$

$$\omega_{p2} = 44\text{krad/s} \tag{8.69}$$

$$\omega_{p3} = \frac{1}{sR_3 C_3} \tag{8.70}$$

LED 电阻现在只需要根据最小偏置条件来计算，并且式（8.20）仍然成立。而设置中频段增益的电阻 R_2，仍然需要根据式（8.63）的幅值大小来推导

$$|G(f_c)| = G_{\text{PWM}}\frac{\text{CTR}}{R_{\text{LED}}}\frac{R_2}{R_1}\frac{\sqrt{1+(f_{z2}/f_c)^2}}{\sqrt{1+(f_c/f_{p1})^2}}\frac{\sqrt{1+(f_c/f_{z1})^2}}{\sqrt{1+(f_c/f_{p2})^2}}\frac{\sqrt{1+(f_c/f_{z3})^2}}{\sqrt{1+(f_c/f_{p3})^2}} \tag{8.71}$$

解得 R_2 为

$$R_2 = \frac{GR_{\text{LED}}R_1}{G_{\text{PWM}}\text{GTR}}\frac{\sqrt{1+(f_c/f_{p1})^2}}{\sqrt{1+(f_{z2}/f_c)^2}}\frac{\sqrt{1+(f_c/f_{p2})^2}}{\sqrt{1+(f_c/f_{z1})^2}}\frac{\sqrt{1+(f_c/f_{p3})^2}}{\sqrt{1+(f_c/f_{z3})^2}} \tag{8.72}$$

稳压电阻 R_Z 必须能提供反馈回路正常工作所需的电流，包括稳压管本身和 TL431 需要的偏置电流。流过 LED 的电流取决于由光电耦合器流出的电流。根据图 8.2，这个最大电流值 $I_{C,\text{max}}$ 为 7mA。当 CTR 最小时，流过 LED 的电流最大。利用这些数据，可以得出稳压管电路的电阻值为

$$R_Z = \frac{V_{\text{out}} - V_Z}{\dfrac{I_{C,\text{max}}}{\text{CTR}_{\text{min}}} + I_{\text{Zbias}} + I_{\text{bias}}} = \frac{(V_{\text{out}} - V_Z)\text{CTR}_{\text{min}}}{I_{C,\text{max}} + (I_{\text{Zbias}} + I_{\text{bias}})\text{CTR}_{\text{min}}} \tag{8.73}$$

式中，V_{out} 为输出电压；I_{bias} 为 TL431 偏置电流，光电耦合器 LED 与电阻并联（1kΩ 的时候通常为 1mA）；I_{Zbias} 为稳压管偏置电流；CTR_{min} 为最小光电耦合器电流传输比；$I_{C,\text{max}}$ 为注入开关电路反馈引脚的最大电流（7mA，取决于开关电路数据手册）。

根据以上推导，来分析一个设计实例。

8.3.1 设计实例

假设元件参数如下：

$V_{\text{out}} = 12\text{V}$，输出电压；

$V_f = 1\text{V}$，LED 正向电压；

$I_{\text{bias}} = 1\text{mA}$，TL431 偏置电流，光电耦合器 LED 与电阻并联；

$V_{\text{TL431,min}} = 2.5\text{V}$，TL431 的最小工作电压；

$I_{\text{Zbias}} = 3\text{mA}$，稳压极管偏置电流；

$V_Z = 8.2\text{V}$，稳压管击穿电压；

$\text{CTR}_{\text{min}} = 0.8$，光电耦合器的最小电流传输比；

$R_1 = 38\mathrm{k}\Omega$，输出采样上分压电阻；

$C_{V_{cc}} = 47\mu\mathrm{F}$，根据开关电路数据表所选的 V_{cc} 电容。

从需要设计的电压模式控制变换器的传递函数来看，在 1kHz 频率下需要 10dB 的增益，同时需要相位提升 130°。考虑到占空比调制器带来的内部 7kHz 极点并考虑极点重合，即第二极点也将被配置在 7kHz。由这些重合的极点，得出双零点的位置

$$f_{z1,2} = \frac{f_c}{\tan\left(\dfrac{\text{boost}}{2} + \arctan\dfrac{f_c}{f_{p1,2}}\right)} = \frac{1\mathrm{kHz}}{\tan\left(\dfrac{130}{2} + \arctan\left(\dfrac{1\mathrm{k}}{7\mathrm{k}}\right)\right)} = 303\mathrm{Hz} \tag{8.74}$$

进而得到串联电阻值 R_s

$$R_s = \frac{1}{2\pi f_{z1} C_{V_{cc}}} = \frac{1}{6.28 \times 303\mathrm{Hz} \times 47\mathrm{uF}} = 11\Omega \tag{8.75}$$

与分流调节器等效动态电阻一起，产生一个极点

$$f_{p1} = \frac{1}{2\pi(R_s + R_d)C_{V_{cc}}} = \frac{1}{6.28 \times (11+15)\Omega \times 47\mathrm{uF}} = 130\mathrm{Hz} \tag{8.76}$$

至此，需要计算 LED 串联电阻，用稳压管击穿电压代替式（8.20）中的参数 V_{out}，可以得到 LED 串联电阻的最大值为

$$R_{LED,max} \leqslant \frac{\mathrm{CTR}_{min}(V_Z - V_f - V_{TL431,min})}{I_{C,max} + I_{bias}\mathrm{CTR}_{min}} \leqslant \frac{0.8 \times (8.2 - 1 - 2.5)\mathrm{V}}{(7\mathrm{m} + 1\mathrm{m} \times 0.8)\mathrm{A}} \leqslant 482\Omega \tag{8.77}$$

假设 20% 的降额，可选择一个 385Ω 的电阻。得到这个值之后，可基于式（8.72）得到 R_2 的值

$$R_2 = \frac{10^{\frac{10}{20}} \times 385 \times 38\mathrm{k}\Omega}{163 \times 0.8} \frac{\sqrt{1+(1\mathrm{k}/130)^2}}{\sqrt{1+(130/1\mathrm{k})^2}} \frac{\sqrt{1+(1\mathrm{k}/7\mathrm{k})^2}}{\sqrt{1+(1\mathrm{k}/303)^2}} \frac{\sqrt{1+(1\mathrm{k}/7\mathrm{k})^2}}{\sqrt{1+(1\mathrm{k}/303)^2}} = 234\mathrm{k}\Omega \tag{8.78}$$

根据这个电阻值计算 C_1，以实现与极点 f_{p1} 对消

$$C_1 = \frac{1}{2\pi f_{z2} R_2} = \frac{1}{6.28 \times 130\mathrm{Hz} \times 234\mathrm{k}\Omega} = 5.2\mathrm{nF} \tag{8.79}$$

C_3 和 R_3 分别使用式（8.55）和式（8.56）求得，其中用 R_1 替换第一个式子中的 R_{LED}。

$$C_3 = \frac{f_{p3} - f_{z3}}{2\pi R_1 f_{p3} f_{z3}} = \frac{7\mathrm{k} - 303}{6.28 \times 38\mathrm{k}\Omega \times 7\mathrm{kHz} \times 303} \approx 13\mathrm{nF} \tag{8.80}$$

$$R_3 = \frac{1}{2\pi f_{p3} C_3} = \frac{1}{6.28 \times 7\mathrm{kHz} \times 13\mathrm{nF}} = 1.7\mathrm{k}\Omega \tag{8.81}$$

补偿器配置完成，对稳压管电路的偏置电阻 R_Z 进行计算

$$R_Z = \frac{(V_{out} - V_Z)\mathrm{CTR}_{min}}{I_{C,max} + (I_{Zbias} + I_{bias})\mathrm{CTR}_{min}} = \frac{(12 - 8.2)\mathrm{V} \times 0.8}{[7\mathrm{m} + (3\mathrm{m} + 1\mathrm{m}) \times 0.8]\mathrm{A}} = 298\Omega \tag{8.82}$$

所有参数设计完毕，可以用仿真测试电路来测试交流响应，如图 8.14 所示。偏置点正确，稳压电压具有正确的值。图 8.15 给出了这个补偿器的交流响应曲线，由图可见，穿越频率点处增益为 10dB，与预期相符；同时，相位提升也几乎为 130°，同样与设计一致。

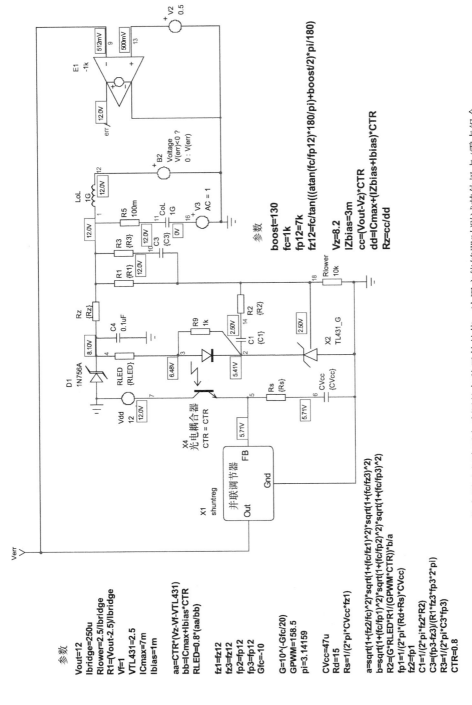

图 8.14　仿真测试电路可自动调整各种元件的值，让用户能够即时测试其他极点/零点组合

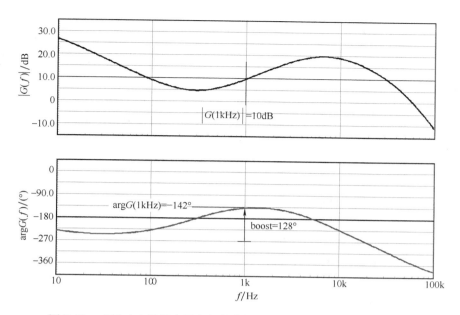

图 8.15 交流响应显示出了良好的穿越频率点和符合指标的相位提升

8.4 基于稳压管的隔离型补偿器

在前面 TL431 的章节中，齐纳二极管可以用来调节开关变换器的输出电压，但输出精度有限。通常，通过电压叠加的方式得到的输出精度一般不会好于 10%，因此，仅用于粗略的直流稳压输出。图 8.16 显示了基于稳压管的补偿器应用示意图。

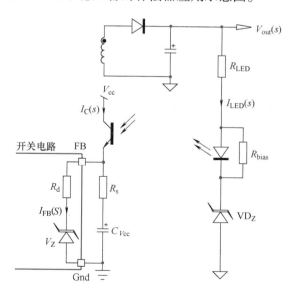

图 8.16 二次侧的 TL431 可以用稳压管替换，只适用于仅需粗略调节直流输出的应用

从已经由式（8.6）推导出的反馈电流表达式，可以得到

$$I_{\text{FB}}(s) = I_{\text{C}}(s) \frac{R_{\text{s}} + \dfrac{1}{sC_{V_{\text{cc}}}}}{R_{\text{d}} + R_{\text{s}} + \dfrac{1}{sC_{V_{\text{cc}}}}} = I_{\text{C}}(s) \frac{\dfrac{sR_{\text{s}}C_{V_{\text{cc}}} + 1}{sC_{V_{\text{cc}}}}}{\dfrac{sC_{V_{\text{cc}}}(R_{\text{s}} + R_{\text{d}}) + 1}{sC_{V_{\text{cc}}}}} = I_{\text{C}}(s) \frac{sR_{\text{s}}C_{V_{\text{cc}}} + 1}{sC_{V_{\text{cc}}}(R_{\text{s}} + R_{\text{d}}) + 1} \quad (8.83)$$

集电极电流与 LED 电流的关系取决于 CTR。在这个应用中,稳压管的动态电阻 R_{dz} 不能再被忽略,因为它可以达到几十欧姆,取决于二极管类型和偏置条件。此时,稳压管动态电阻 R_{dZ} 与 LED 电阻 R_{LED} 相串联。据此,LED 中交流小信号电流为

$$I_{\text{LED}}(s) = \frac{V_{\text{out}}(s)}{R_{\text{LED}} + R_{\text{dZ}}} = \frac{I_{\text{C}}(s)}{\text{CTR}} \quad (8.84)$$

从式(8.84)中得到集电极电流,并将其代入式(8.83),得到传递函数如下:

$$\frac{I_{\text{FB}}(s)}{V_{\text{out}}(s)} = \frac{\text{CTR}}{R_{\text{LED}} + R_{\text{dZ}}} \frac{sR_{\text{s}}C_{V_{\text{cc}}} + 1}{sC_{V_{\text{cc}}}(R_{\text{s}} + R_{\text{d}}) + 1} \quad (8.85)$$

结合式(8.9)给出的内部占空比调制器函数,得到

$$\frac{D(s)}{V_{\text{out}}(s)} = -G_{\text{PWM}} \frac{\text{CTR}}{R_{\text{LED}} + R_{\text{dZ}}} \frac{sR_{\text{s}}C_{V_{\text{cc}}} + 1}{sC_{V_{\text{cc}}}(R_{\text{s}} + R_{\text{d}}) + 1} \frac{1}{1 + s/\omega_{\text{p2}}} = -G_0 \frac{1 + s/\omega_{\text{z1}}}{1 + s/\omega_{\text{p1}}} \frac{1}{1 + s/\omega_{\text{p2}}} \quad (8.86)$$

其中,

$$G_0 = \frac{\text{CTR}}{R_{\text{LED}} + R_{\text{dZ}}} G_{\text{PWM}} \quad (8.87)$$

$$\omega_{\text{z1}} = \frac{1}{R_{\text{s}} C_{V_{\text{cc}}}} \quad (8.88)$$

$$\omega_{\text{p1}} = \frac{1}{(R_{\text{d}} + R_{\text{s}}) C_{V_{\text{cc}}}} \quad (8.89)$$

$$\omega_{\text{p2}} = 44\,\text{krad/s} \quad (8.90)$$

得到一个双极点单零点型补偿器。由式(8.88)和式(8.89)给出的极点和零点相互关联,因为它们有一个共同的参数 R_{s}

$$\frac{f_{\text{p1}}}{f_{\text{z1}}} = \frac{1}{(R_{\text{s}} + R_{\text{d}}) C_{V_{\text{cc}}}} R_{\text{s}} C_{V_{\text{cc}}} = \frac{R_{\text{s}}}{R_{\text{d}} + R_{\text{s}}} \quad (8.91)$$

所以,这个零点和极点对系统帮助不大,因为他们将相互抵消。但是,它们会影响总的相位滞后。根据定义,两个极点和一个零点引起的相位滞后可以表示为

$$\angle G(f_{\text{c}}) = \arctan \frac{f_{\text{c}}}{f_{\text{z1}}} - \arctan \frac{f_{\text{c}}}{f_{\text{p1}}} - \arctan \frac{f_{\text{c}}}{f_{\text{p2}}} \quad (8.92)$$

第一个极点和第一个零点相互关联,如式(8.91)所示,可以在 f_{z1} 的位置扫频并观察它如何影响总的相位滞后。首先,必须利用式(8.88)和式(8.89)更新 f_{p1},从式(8.88)中提取 R_{s} 并代入到式(8.89)中。经过简化,可得

$$f_{\text{p1}} = \frac{f_{\text{z1}}}{2\pi C_{V_{\text{cc}}} R_{\text{d}} f_{\text{z1}} + 1} \quad (8.93)$$

代入式(8.92),得到一个仅依赖于 f_{z1} 的方程

$$\angle G(f_{\text{c}}) = \arctan \frac{f_{\text{c}}}{f_{\text{z1}}} - \arctan \frac{f_{\text{c}}(2\pi C_{V_{\text{cc}}} R_{\text{d}} f_{\text{z1}} + 1)}{f_{\text{z1}}} - \arctan \frac{f_{\text{c}}}{f_{\text{p2}}} \quad (8.94)$$

对于给定的穿越频率,可以将上式以图来表示。比如说,穿越频率为 1kHz,可以从图中

得到对零点位置如何配置的一些信息。如
图 8.17 所示，正如预期的那样，在给定 1kHz
穿越频率下，零点频率越低，相位滞后越不
严重。考虑到串联电阻器 R_s，其值取决于 V_{cc}
电容和所选的零点位置，大约 400Hz 的值看
起来是一个不错的选择。在这个参数下，相
位滞后约为（$-20°$），加上由调制器环路所
产生的相位反转，总相位滞后将达到 $-200°$。
如图 8.6 所示，在 1kHz 处，功率级的相位
滞后为 $-70°$，加上补偿器产生的 $-200°$
相位滞后，在穿越频率点的相位裕度约为
$90°$（$360° - 270°$）。

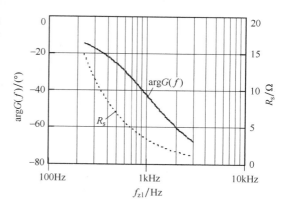

图 8.17　当第一个零点向低频段变化时，
总相位滞后变小

　　由基于稳压管的补偿器进行反馈控制的
变换器的输出电压为

$$V_{out} = V_Z + R_{LED} I_{LED} + V_f \tag{8.95}$$

　　LED 电流将在两个极端之间变化，这取决于光电耦合器的 CTR 和注入反馈引脚的电流。
在低输出功率下，注入电流最大以减少占空比。在较高的功率条件下，注入电流减小使占空
比增大

$$I_{LED,max} = \frac{I_{FB,max}}{CTR_{min}} + I_{bias} = \frac{2.5mA}{CTR_{min}} + I_{bias} \tag{8.96}$$

$$I_{LED,min} = \frac{I_{FB,min}}{CTR_{max}} + I_{bias} = \frac{7mA}{CTR_{max}} + I_{bias} \tag{8.97}$$

　　如果考虑稳压电压和 LED 正向压降为常数，输出电压很可能根据负载条件而改变。幸运
的是，LED 串联电阻阻值很小，由此带来的影响不会太大。

8.4.1　设计实例

　　假设电气参数如下：
$V_{out} = 12V$，输出电压；
$V_f = 1V$，LED 正向电压；
$I_{bias} = 1mA$，稳压管偏置电流，光电耦合器 LED 与电阻并联；
$CTR_{min} = 0.8$，光电耦合器最小电流传输比；
$CTR_{max} = 1.2$，光电耦合器最大电流传输比；
$C_{V_{cc}} = 47\mu F$，根据开关电路数据表所选的 V_{cc} 电容。
　　功率级传递函数如图 8.6 所示。对于 1kHz 的穿越点，需要把增益提高大约 4dB，在此之
前，需要先计算串联电阻值 R_s，以在 400Hz 处配置一个零点

$$R_s = \frac{1}{2\pi f_{z1} C_{V_{cc}}} = \frac{1}{6.28 \times 400 \times 47uF} \approx 8.5\Omega \tag{8.98}$$

　　与 15Ω 的分流调节器输入阻抗一起，形成的第一个极点位置计算如下：

$$f_{p1} = \frac{1}{2\pi (R_s + R_d) C_{V_{cc}}} = \frac{1}{6.28 \times (15 + 8.5)\Omega \times 47uF} = 144Hz \tag{8.99}$$

有了上述参数，现在可以根据式（8.86）推导出 LED 串联电阻值

$$|G(f_c)| = \frac{\text{CTR}}{R_{\text{LED}} + R_{\text{dZ}}} G_{\text{PWM}} \frac{\sqrt{1 + (f_c/f_{z1})^2}}{\sqrt{1 + (f_c/f_{p1})^2}} \frac{1}{\sqrt{1 + (f_c/f_{p2})^2}} \quad (8.100)$$

从这个等式中，可以得出 LED 电阻的值。稳压管动态电阻可以通过实测，或者可以在给定偏置电流下从数据手册中得到。选择的稳压管在 10mA 偏置电流下动态电阻为 10Ω。

$$R_{\text{LED}} = \frac{\text{CTR}G_{\text{PWM}}}{G} \frac{\sqrt{1 + (f_c/f_{z1})^2}}{\sqrt{1 + (f_c/f_{p1})^2}} \frac{1}{\sqrt{1 + (f_c/f_{p2})^2}} - R_{\text{dZ}} = \left[\frac{0.8 \times 163}{10^{\frac{4}{20}}} \right.$$

$$\left. \times \frac{\sqrt{1 + (1k/400)^2}}{\sqrt{1 + (1k/144)^2}} \frac{1}{\sqrt{1 + (1k/7k)^2}} - 10 \right]\Omega \approx 21\Omega \quad (8.101)$$

使用 21Ω 电阻，可以根据反馈条件计算相应的电压降

$$V_{R_{\text{LED,max}}} = R_{\text{LED}} I_{\text{LED,max}} = R_{\text{LED}} \left(\frac{2.5m}{\text{CTR}_{\text{min}}} + I_{\text{bias}} \right) = 21\Omega \times \left(\frac{2.5m}{0.8} + 1m \right)A \approx 87mV \quad (8.102)$$

$$V_{R_{\text{LED,min}}} = R_{\text{LED}} I_{\text{LED,min}} = R_{\text{LED}} \left(\frac{7m}{\text{CTR}_{\text{max}}} + I_{\text{bias}} \right) = 21\Omega \times \left(\frac{7m}{1.2} + 1m \right)A = 144mV \quad (8.103)$$

这两个极限值的平均值约为 116mV。考虑到 12V 输出和 LED 的 1V 电压降，稳压管击穿电压必须为

$$V_Z = V_{\text{out}} - V_f - V_{R_{\text{LED}}} = (12 - 1 - 116m)V \approx 11V \quad (8.104)$$

基于上述参数，可以采用图 8.5 所示的变流器仿真工具进行分析，需要将反馈换成基于稳压管的补偿器，如图 8.18 所示。

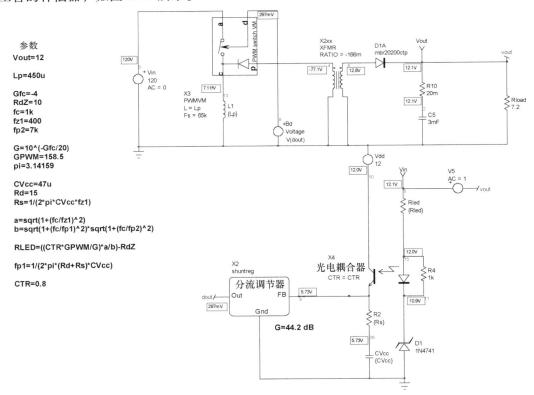

图 8.18　更新的反激变换器交流仿真原理图，可用于基于稳压管的补偿器仿真

仿真显示偏置点是合理的，输出电压达到 12V，占空比大约为 30%（平均模型 X_3 的 D 输入端电压为 297mV）。通过在 LED 串联电阻上串入交流源可以对整个环路进行扫频分析。保持交流电源连接不变，也可以进行瞬态测试并对响应进行评估。交流扫频和瞬态响应结果如图 8.19 所示，结果表明环路穿越点在 1kHz 处，有 90° 的相位裕度。当输入电压变高时，瞬态响应性能更好，因为在高输入电压下，穿越频率增加到接近 4kHz。需要注意的是，在两个极端情况下的输出直流电压有轻微变化。这种现象的根本原因是占空比设定点的变化。随着注入电流的变化，它在 R_{LED} 上会产生不同的压降，这个电压与稳压管电压和 LED 压降相加，就是输出电压。

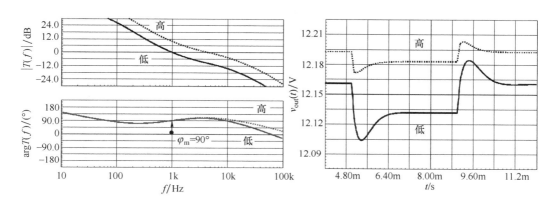

图 8.19　开环增益显示 1kHz 的穿越频率，相位裕度为 90°，符合预期

8.5　结论

对基于分流调节器的补偿器的研究就到此结束了。尽管存在一个内部的 7kHz 极点，只要理解设计方法，就可以实现合理的穿越频率目标。特别是，一些迭代是必不可少的，以确认所选择的穿越频率是否可以达到所需的相位提升。

参 考 文 献

[1]　TOPSwitch data sheet, www.powerint.com.
[2]　TOPSwitch Tips Techniques and Troubleshooting Guide, Power Integrations AN-14.
[3]　Basso, C., Switch Mode Power Supplies: SPICE Simulations and Practical Designs, New York: McGraw-Hill, 2008.
[4]　Ridley, R., "Loop Gain Measurement with Current Injection," *Switching Power*, 2005, http://www.ridleyengineering.com.

附录 8A　图 片 汇 总

图 8.20 ~ 图 8.22 总结了与本章中描述的结构相关的定义。

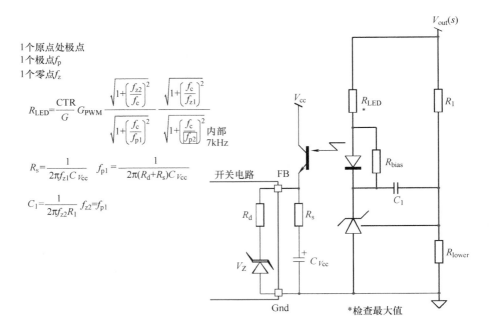

图 8.20　有快速通道的隔离 2 型

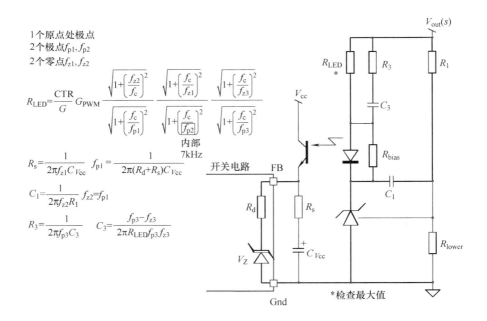

图 8.21　有快速通道的隔离 3 型

1 个原点处极点
2 个极点 f_{p1}, f_{p2}
2 个零点 f_{z1}, f_{z2}

$$R_2 = \frac{GR_{\text{LED}}R_1}{G_{\text{PWM}}\text{CTR}} \frac{\sqrt{1+(f_c/f_{p1})^2}}{\sqrt{1+(f_{z2}/f_c)^2}} \frac{\sqrt{1+(f_c/f_{p2})^2}}{\sqrt{1+(f_c/f_{z1})^2}} \frac{\sqrt{1+(f_c/f_{p3})^2}}{\sqrt{1+(f_c/f_{z3})^2}}$$

$$R_Z = \frac{(V_{\text{out}}-V_Z)\text{CTR}_{\text{min}}}{I_{C,\text{max}}+(I_{Z\text{bias}}+I_{\text{bias}})\text{CTR}_{\text{min}}}$$

$$R_s = \frac{1}{2\pi f_{z1}C_{V\text{cc}}} \qquad f_{p1} = \frac{1}{2\pi(R_d+R_s)C_{V\text{cc}}}$$

$$C_1 = \frac{1}{2\pi f_{z2}R_1} \qquad C_3 = \frac{f_{p3}-f_{z3}}{2\pi R_1 f_{p3}f_{z3}}$$

$$R_{\text{LED,max}} \leqslant \frac{\text{CTR}_{\text{min}}(V_Z-V_f-V_{\text{TL431}})}{I_{C,\text{max}}+I_{\text{bias}}\text{CTR}_{\text{min}}}$$

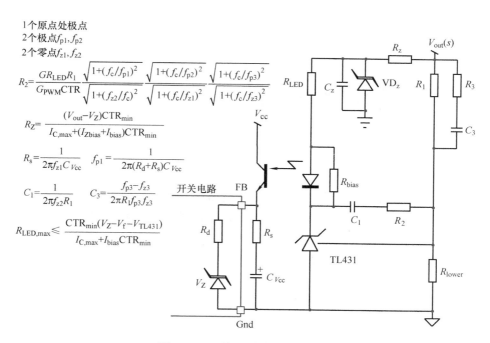

图 8.22　无快速通道的隔离 3 型

第 9 章
系统测量与设计实例

通过上面几章的介绍，对于系统为何需要补偿器以及如何进行设计已经有所了解。去验证样机的测试结果是否与理论分析相符合或接近是非常重要的。如果两者相差较大，那么需要分析差异来自哪里，并使用新获得的数据重新构建分析模型使得补偿器的设计更加符合要求。本章从基础出发来学习如何断开样机的环路以及如何测量环路增益特性。

9.1 测量控制系统的传递函数

在追求控制系统稳定性的过程中，一般是关注其开环增益传递函数分析。然而，一旦控制系统运行，显然其处于闭环状态。为了验证理论方法是否正确，需要方法以重新构建分析从控制输入 u 到输出变量 y 的开环路径。在控制系统中断开环路的方式有很多，图9.1描述了其中两种方式。

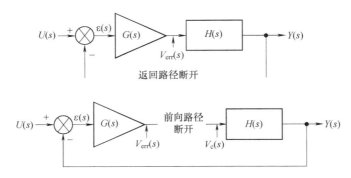

图 9.1　两种断开环路的例子（断开返回路径或前向路径来观察开环传递函数）

然而，通过方框图来表示控制系统的断开方式显得过于简单，需要一个更加接近实际应用的模型，如图9.2所示。可以看到这是一个基于运算放大器的补偿器，其误差电压 V_{err} 驱动功率级的控制输入电压 $V_c(s)$。功率级可以是线性变换器或者开关变换器。环路可以在运算放大器输出端或者分压电阻的路径上断开。在这两种情况下，返回路径都会发生物理意义上的断开，使得控制系统不再按原来的方式工作。

打开控制系统环路的原因有很多。例如，当一个项目处于初始阶段需要获取被控对象的传递函数：对于正在研究的变换器，没有小信号模型或其他分析模型。在这种情况下，可以通过被控对象的伯德图 $H(s)$，在给定穿越点和相位裕度设计目标的情况下来定义补偿器结构。通过排除误差放大器的干扰而只首先专注于功率电路的频率特性，这是本书所要探讨的第一种方法。

　　第二种方法也是最常用的一种，使用低阻值电阻保持系统的环路闭合从而维持直流工作点稳定，但通过使用变压器使得系统能在交流情况下开路。这种方法是实际应用中最好和最实用的选择，不仅可以获得被控对象的传递函数 $H(s)$，而且还可以获得补偿器的传递函数 $G(s)$ 或者整个开环增益的传递函数 $T(s)$。如果没有这样一种方法，那么测量环路增益并使得 H 和 G 结合起来将变得很困难，并且很难将控制系统维持在线性安全区域。因为在使用交流信号调制电路时，系统必须工作在线性区域以避免失真情况的发生（由于太接近最大或最小输出电压的摆幅可能会导致观察到的信号失真），而且为了安全起见也必须避免将变换器推到其上限位置：在零电压输出时可能不会发生问题，但是当输出量达到最大值时肯定是危险的。因此，为了避免上述两种情况的发生，选择第二种方法是更加安全的。

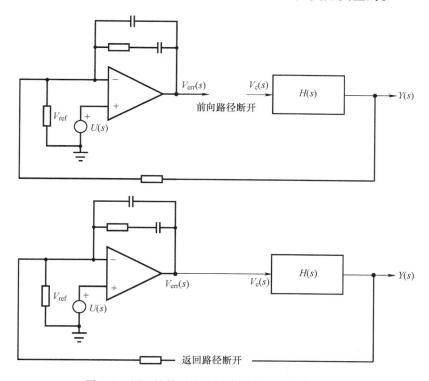

图 9.2　用于补偿网络的运算放大器通常增益较大

9.1.1　有偏置点损耗的开环方法

　　当在物理上断开控制系统的环路，这明显会对控制系统造成影响。如何保持一个系统的返回路径或者前向路径断开时维持偏置点电压在其目标值？下面以一个输入为 48V 的 12V/1A 变换器为例。当变换器的环路被打开，那么首先必须在功率级的控制输入设置一个偏置电压使得其能输出额定的电流。当系统获得理想的直流偏置后，则需要注入交流调制来观察它的输出情况。例如，交流注入可以通过交流耦合电容完成，这是第一种方法，如图 9.3 所示。其中，偏置点电压由分压电阻提供，这将使得控制输出电压的偏置变得更加精确，并且也给交流耦合电容提供了用于调制的阻抗。在这个例子中，偏置电压为 400mV。假如使用直流电源直接提供偏置电压，由于开关电源中的干扰比较强，会使得输出电压的调节不够准确而导致偏置点的电压设置难以精确，因此通过分压电阻来驱动控制输入电压是最好的方法。具体操作步骤如下：首先，在靠近控制输入端处连接一个 $1\text{k}\Omega$ 的下拉电阻以确保具有较低的驱动阻抗，从而降低噪声的影响；其次，偏置电压并不是直接连接直流电源调节到 400mV 的，而是通过串联了一个 $47\text{k}\Omega$ 的电阻，并调节直流电源直到变换器的输出电压达到 12V，因此相比没有电压分压的方式具有更好的调节范围，而且来自直流偏置源的噪声也因为被分压变得更小。

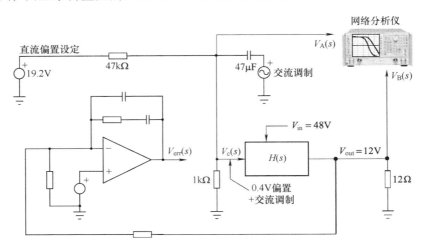

图 9.3　当环路断开，必须通过外部强制方式使变换器处于其工作偏置点

　　当变换器的输出电压达到 12V 且输出电流为 1A 时，可以通过交流耦合电容连接交流源来启动调制。交流源是网络分析仪的一部分，它可以从不同的制造商如 Ridley Engineering, Venable Instruments 或 Omicron Lab 等获得。网络分析仪还具有 2 个输入标记为 A 和 B，输入 A 用于控制输入的扫频信号，B 用于观察输出信号。如图 9.3 所示，在获取被控对象的传递函数 $H(s)$ 时，A 连接到变换器的控制电压，B 用于收集输出信号的数据。网络分析仪将自动画出 $|H(f)|$ 曲线图，公式如下：

$$|H(f)| = 20\log_{10}\left(\frac{|V_B(f)|}{|V_A(f)|}\right) \tag{9.1}$$

　　需要注意的是为了能让设备从噪声较大的环境中提取出有用的信号，调制信号的幅值必须足够大，但是同时也需要保证变换器工作在小信号范围内。为了验证这一事实，把示波器探头连接在输出端并调制信号幅值以确保信号失真最小（无削波失真）。调制信号的幅值不需要取到最大，是输出电压的 $1\% \sim 5\%$ 就可以了。下面来看一个实际的例子。

　　图 9.4 展示了一个由高压控制器 NCP1200 控制的隔离式反激变换器。环路在反馈引脚处断开（断开光电耦合器）；直流偏置通过推荐的由 R_7 和 R_8 构成分压网络提供；交流调制经过电容 C_4 耦合提供；引脚 2 的信号（变换器的输入控制电压 V_c）连接到网络分析仪的输入 A；输出信号从变换器的二次侧采集并连接到网络分析仪的输入端 B。与其他高压变换器一样，在接通电源之前必须采取一些预防措施：

　　● 此变换器是由交流电网供电并用于处理高电压的，为了防止触电和设备损坏（示波器，分析仪），电源必须通过隔离方式供电。交流电网通过电力电子器件给变换器供电可以是直流电也可以是交流电，这个实验中通常使用直流电源供电。采用 Xantrex XHR600‑1.7 作为直流电源供电，它非常适合这类测量，可以很安全地将输出电压限制在 400V 以下，最大输出电流可以通过编程进行设置。而且即使电路板发生短路，损坏也可以被限制。

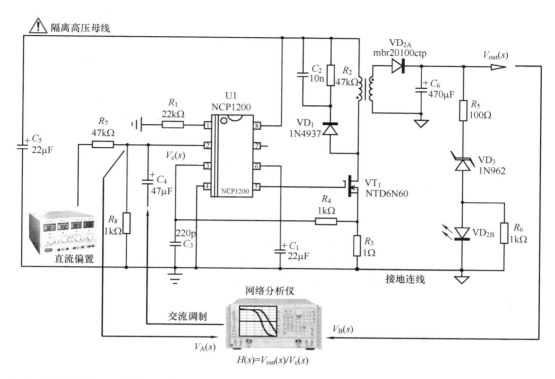

图 9.4　该例中变换器使用一种常用的电流模式控制器（NCP1200），该回路在反馈引脚（引脚 2）处断开

- 此变换器的二次侧通过光电耦合器与一次侧隔离。但是为了能够测量被控对象的传递函数，那么必须将一次侧与二次侧的地连接在一起，如图 9.4 所示。这也是为什么必须要将变换器与电网隔离开来的原因。

- 由于交流耦合电容 C_4 处于放电状态，因此不应该在电源工作时连接网络分析仪，因为这样会干扰到分压电阻（R_7 和 R_8）带来的直流偏置并可能产生输出瞬变。为避免这些问题，通常在变换器上电前需确认分析仪及其交流源已经连接并处于运行状态。

- 推荐尽量在输出端使用真正的电阻负载。如果没有所需的高功率电阻，那么需要把电子负载转化为电阻模式而不能使用恒流模式，因为恒流运行时可能会导致错误的测量结果。

当所有工作已经就绪，可以获得如图 9.5 所示的图形。变换器工作在连续导通模式（CCM）；分析仪滤波器的频率设置为 1Hz，扫频信号从 1Hz 开始获取直流增益，在 100kHz 时结束。在扫频结束时，为了减少图形上的噪声，交流调制信号的幅值从 100mV 增加到 250mV。需确保改变交流调制信号幅值以降低干扰时系统的整体响应不发生明显变化，否则在某些点会使系统运行在非线性区域。如上所述，如果能观察到输出信号进入到分析仪中并且始终没有削波失真，那么就可以说明系统是工作在线性区并且是安全的。

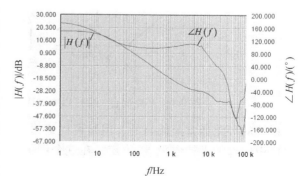

图 9.5　电流模式控制的 CCM 反激电路功率级的典型交流响应

测量技术需要仔细和足够的经验，尤其是如开关电源在具有噪声的环境下工作。测量技术在很多出版物中都有介绍，它们展示了很多关于如何正确获得传递函数图形的方法和技巧。关于该部分内容的更多信息，请参阅本章的参考文献［1-6］，这些文献都可以从网上获得。

本文提出的简单技术非常适合低增益功率级系统，但不适用于通过误差放大器输出（无论是通过运放还是 TL431 实现）的系统。因为直流偏置的任何微小变化（如噪声、温漂等），都会使误差放大器直流输出在某一位置停止（电源或者地），从而无法进行分析。

在大多数中小功率的反激式变换器中，尤其是在其启动期间，物理上断开环路是可行而且安全的。但是对于复杂的变换器尤其是高功率变换器，不建议物理上断开环路。

9.1.2　无偏置点损耗的功率级传递函数

如上所述，一些变换器的控制环路不允许物理上断开；还有一些变换器的设计上需满足特定的上电顺序，断开它们的环路十分困难；另外还有一些变换器的控制输入端不容易获得，并且环路断开存在测量危险。因此，为了解决这些测量难题，本书将介绍另外一些可以不用断开变换器环路而进行测量的方法。一个典型的二次侧控制系统如图 9.6 所示，图中使用的TL431，也可以由基于运放的电路替代。

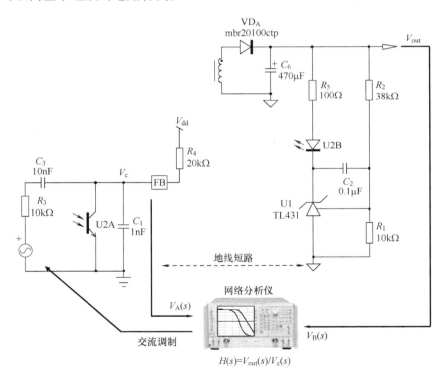

图 9.6　环路闭合，但可以通过在控制引脚 FB 上注入信号进行扰动

系统的环路通常是闭合的，但是可以通过对反馈脚进行交流调制从而进行扰动，反馈脚的阻抗由内部的上拉电阻 R_4 决定，在这个例子中，R_4 的阻值为20kΩ。如果通过电容 C_3 在该引脚上叠加一个调制信号，那么对电路围绕 TL431 维持的工作点进行扰动，然后观察 V_{out} 和 V_c 就可以获得系统的被控对象传递函数图。

此外，也可以通过网络分析仪的交流信号对 R_1 和 R_2 的连接点进行调制绘制出系统的被控对象传递函数。交流信号通过耦合电容在 R_1 和 R_2 的连接点处注入，需要注意的是该电容初始电压为零，与交流源连接不当可能会干扰工作点的稳定甚至产生输出过冲。为了防止过电压，10 ~ 100nF 的耦合电容可以被快速充电，从而减少产生过电压的风险。正确使用这个方法可以保证工作点处的电路不受影响，并且可以通过改变工作条件，在不同工作点对被控对象进行测量。这种方法不能够获得完整的开环增益 $T(s)$，如果由电容 C_2 确定的截止频率太低，会导致高频调制信号无法通过传输链路，造成控制引脚的激励信号被噪声所覆盖。这将使得高频增益的提取变得非常困难或者不可能，需要通过直接调制反馈引脚或者采用下面介绍的方法才能获得。

9.1.3　系统仅在交流输入下处于开环状态

在分析系统时需要注意维持工作点的稳定，特别是在不同工作状态下，例如负载变化、高/低压输入等；在任何情况下都需要维持受控变量（例如输出变量）恒定。如果采用物理上断开系统环路的第一种方法进行分析，那么输入电压或者负载条件的任何变化都要通过调整占空比，可以通过调节外部的直流偏置手动完成。但如果想要测量多种情况，这种方法就显得效率太低。如果使系统处于直流闭环状态，那么改变任何工作条件都会使系统产生一个新的稳定工作点，这样就无需进行任何的外部调节。

如图 9.6 所示，可以使系统保持直流闭环状态下，并且可获取被控对象传递函数。但是无法画出开环增益传递函数 $T(s)$。在保持直流工作点同时可以测量任何想要的电压型传递函数，这里需要应用一种 Middlebrook 博士在其论文中描述的基于变压器注入的方法，具体内容请参见参考文献 [7]。这种方法可以保持直流工作点，并且不需要物理上断开系统的反馈路径。如图 9.7 所示，其实现方式是通过在系统环路上的一个电阻上注入串联扰动。

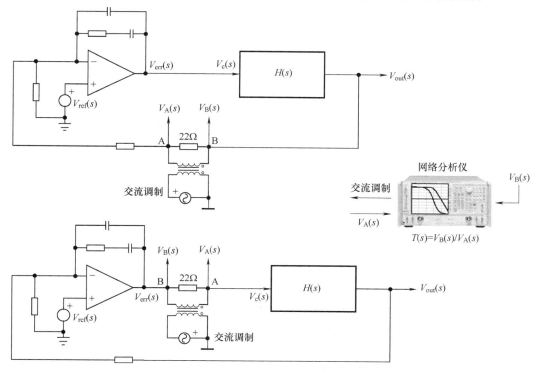

图 9.7　扰动通过返回路径或者前向路径串联注入（由于系统没有发生中断，因此直流偏置点保持不变）

这个方法中使用的串联电阻通常为 $10 \sim 100\Omega$，它可以将环路维持在闭环状态中并且不会影响系统的调节。在下面例子中，串联电阻的阻值选用 22Ω。两个例子中电阻都采用浮地接法，因此以地为参考点的交流电源扰动只能通过变压器耦合进去，如图 9.7 所示。变压器将交流调制信号施加在电阻的两端，等效于在系统环路中插入了一个电源。将系统的原理图简化成方块图的形式，如图 9.8 所示。由于电压参考值（控制系统设定值）在交流扫描期间不发生改变，其小信号值为零。再把系统的原理图简化为图 9.8 下半部分的形式（这个图实际描述了一个调节器），从这个图中可以推导出以下公式：

$$V_B(s) = -V_A(s)G(s)H(s) \tag{9.2}$$

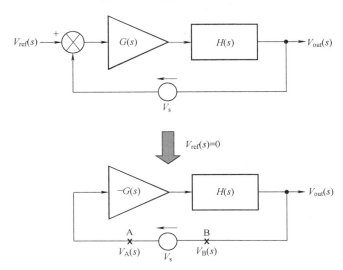

图 9.8　插入的电源如同一个串联在返回路径中的扰动

如果将 $V_B(s)/V_A(s)$ 图表示出来，就可得到开环传递函数

$$\frac{V_B(s)}{V_A(s)} = -G(s)H(s) = T(s) \tag{9.3}$$

公式中的负号表明了前面章节中所强调的内容。分析图 9.8 可以发现运算放大器的 180° 反相导致了 $T(s)$ 的相角（相位滞后）增加。因此，相位裕度不再是开环传递函数 $T(s)$ 的相角与 180° 的差值，而是与 360° 或 0° 的差值：

$$\varphi_m = \arg T(f_c) - 0° \tag{9.4}$$

如图 9.9 所示，如果旋转矢量是正弦电压，矢量的大小（也称为模值）是正弦波的幅值，而相角是矢量与水平轴形成的逆时针角度（关于更多矢量表示的知识可以在维基百科等网页中找到）。在本书所举的这个例子中，由于 A 点的注入信号和 B 点的返回信号之间的差值恒定且等于电源的幅值，因此，可以写成如下形式：

$$V_s = V_A - V_B \tag{9.5}$$

A 和 B 这两个信号的相位差就是矢量的相角差

$$\angle V_B - \angle V_A = \varphi_B - \varphi_A = \varphi \tag{9.6}$$

图 9.9a 绘制出了参考矢量 V_s（交流调制信号）以及 A 点和 B 点处所产生的信号 V_A 和 V_B。观察这个图可以发现这些幅值与相角 φ_A 和 φ_B（与 x 轴的夹角）有一定的关系，图 9.9 形象地描绘了式（9.5），如式（9.7）所示

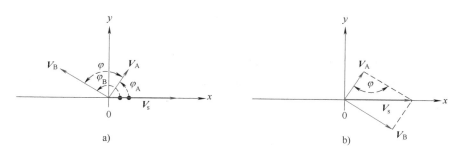

图 9.9 信号 A 和 B 的矢量和恒等于交流调制电源的幅值 V_s

$$V_s = V_A + (-V_B) \tag{9.7}$$

利用这个公式绘制出图 9.9b，其结果等于 V_s 的幅值。

由于 V_A 和 V_B 的矢量和始终满足图 9.9b，这是这种测试方法的关键。因此，当 V_B 的幅值变化时，正如环路增益的幅值和相角一直在变化，V_A 会自动调整以保证 V_s 的模值恒定。为了更好地阐述系统的工作原理，本文将以如图 9.10 所示一个降压变换器（Buck 变换器）仿真模型为例加以说明。以地为参考点的正弦信号源 V_{co} 扫描频率为 10Hz～40kHz，这个 1V 的激励源通过 B 元件转换成一个幅值为 20mV 的浮地激励源。交流扫描结果如图 9.11 所示。

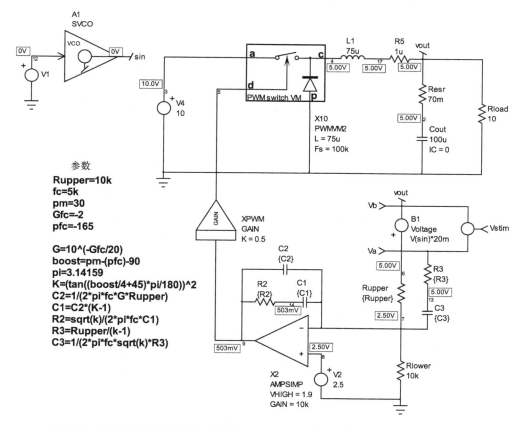

图 9.10 仿真电路用于说明在频率轴上，A 点和 B 点变化与环路增益变动的关系
（在这个例子中，相位裕度设置为 30°）

在低频段，系统的直流增益很高。因此，A 点处的一个小幅信号足以在 B 点处产生很大

的输出信号；当接近穿越频率时，V_A 和 V_B 的幅值趋于相等；在穿越频率点，V_A 和 V_B 的幅值相等，并且两个信号之间的相位差等于系统的相位裕度 φ_m；当 V_A 的频率继续增加超过穿越频率时，环路增益减少。因此，A 点处的信号幅值需要很大，才能使得 B 点处获得足够大的信号。综上，为了更好地分析结果，将图 9.11 放大如图 9.12 所示。在图 9.12 的中间区域，可以看到系统的穿越频率为 4.97kHz，计算可得两个信号之间的相位差为

$$\varphi_m = 17/201 \times 360° = 30.4° \tag{9.8}$$

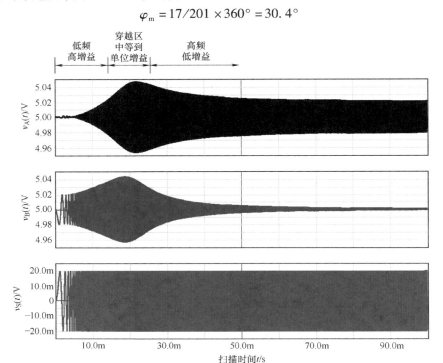

图 9.11　该图显示了控制系统如何持续调节信号 A 和 B 以保持交流源幅值恒定

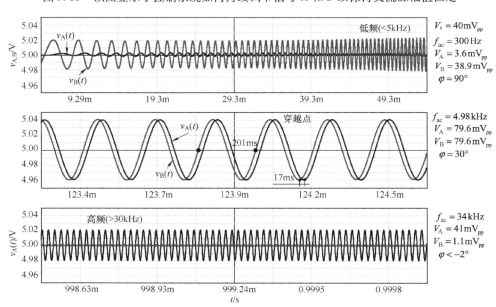

图 9.12　在穿越频率点信号 A 和 B 幅值完全相等，并可以进行相位裕度的测量

这些数值与图 9.10 左侧模板中的计算参数基本一致：穿越频率为 5kHz，相位裕度为 30°。

9.1.4　注入点处的电压变化

观察图 9.11 可以发现信号 A 和 B 的峰值在图的左侧出现，这是由 V_s，V_A 和 V_B 的关系始终满足式（9.5）所导致的。由于 V_s 是交流输入，因此 A 点和 B 点的幅值会持续进行调节来满足式（9.5）（动态图请参见［8］）。但是这会产生一种特殊情况，那就是其中一个信号的幅度可能会收缩到很小。然而，如图 9.12 所示，信号 A 的幅值仅仅只有几毫伏（低频，远低于穿越频率），尤其是初始段的幅值仅仅只有 1 毫伏左右。这种现象该如何解释呢？

本书使用了两种方法来解释这种现象。第一种方法是通过方框图的形式进行解释：利用方框图重新推导图 9.8 中的方程，基于简单的拉普拉斯方程可得到 A、B 点的幅值与调制信号的关系为

$$V_s(s) = V_A(s) - V_B(s) \tag{9.9}$$

利用这个表达式可以很容易定义 V_A 和 V_B

$$V_B(s) = V_A(s) - V_S(s) \tag{9.10}$$

$$V_A(s) = V_S(s) + V_B(s) \tag{9.11}$$

为了能够图形化地表达这些表达式，于是对图 9.8 进行重新排列，如图 9.13 所示。

观察图 9.13 并结合环路增益表达式中的反相符号，可以得到以下等式：

$$V_B(s) = V_A(s)T(s) = T(s)\big[V_S(s) + V_B(s)\big] \tag{9.12}$$

$$V_B(s)\big[1 - T(s)\big] = T_S V_S(s) \tag{9.13}$$

可得 V_B 等于

$$V_B(s) = V_S(s)\frac{T(s)}{1 - T(s)} \tag{9.14}$$

对 V_A 进行相同操作

$$V_A(s) = V_S(s) + V_B(s) = V_S(s) + V_A(s)T(s) \tag{9.15}$$

$$V_A(s)\big[1 - T(s)\big] = V_S(s) \tag{9.16}$$

可得 V_A 等于

$$V_A(s) = V_S(s)\frac{1}{1 - T(s)} \tag{9.17}$$

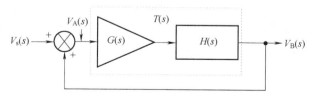

图 9.13　简化图可以更方便表示 V_A 和 V_B

在低频段，开环增益非常重要，对于基于运放的电路，其开环增益为几十甚至几百分贝。在这种情况下，根据式（9.14）可知 V_B 和 V_s 的幅值基本相等，相位基本相反；同样根据式（9.17）可知 V_A 的幅值非常小。事实上，公式中与 V_s 的乘积项说明了灵敏度函数 S（见第 3 章）是如何让系统抑制低频信号。插入的交流调制实际上就是控制系统的扰动，控制系统尽量去抑制这个扰动。在低频段，增益足够大，对扰动的抑制是成功的，这个也是为何 A 点的幅值为什么这么小的原因。因此，在低频段应增加交流调制信号 V_s 的幅值以确保分析仪可以

提取到 V_A；当频率增加时，由于抑制作用变弱，因此需要降低交流调制信号的幅值以避免系统进入非线性区域。上述的分析也说明了使用一个可以调制幅值的分析仪的重要性。

第二种方法是通过向量形式来解释。图 9.14 表示了矢量在 3 种不同频率下的求和：远小于穿越频率，等于穿越频率以及远大于穿越频率。

当系统处于直流输入时，B 点的信号 V_B 和调制信号 V_s 相位相反。例如，矢量 V_s 水平向右时，那么矢量 V_B 水平向左。在本章的补偿例子中，A 点的信号延时 90°。当系统使用 3 型补偿器进行交流响应的测量时，由于补偿器的运算放大器反向输入引起相角滞后 180°（或 -180°），并且原点处极点相角为 -90°，这将使得系统在直流输入时的相角为为 90° 或 -270°。两个信号的矢量和必须等于调制信号 V_s 的幅值。在低频段，环路增益非常高。因此，A 点处的小幅信号将通过高增益环路在 B 点处获得足够大的信号。由于 V_A 和 V_B 都具有 90° 相移且向量 B 处于水平状态，构建向量和的唯一的方法是使 V_B 接近调制信号 V_s 的幅值并且使 V_A 的幅值非常小。根据上述，可得低频时的向量图，如图 9.14a 所示。为了方便观察向量 A，故意小幅改变了信号 B 的相角，否则，向量 A 将在图中看不到。如需大致了解信号幅度，请观察图 9.12 的右侧图形。

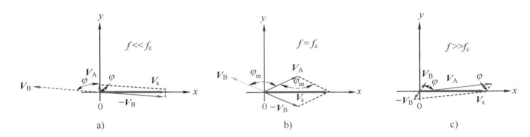

a) b) c)

图 9.14 信号 A 和 B 的幅值根据信号之间的相位差进行调节，它们的矢量和恒等于交流源幅值 V_s

在穿越频率点，由于传递函数 T 的幅值为 1，因此信号 V_A 和 V_B 的幅值大小相近，相位差等于变换器的相位裕度 φ_m，如图 9.14b 所示。根据这个图可以发现变换器的相位裕度大于 90° 时，V_A 和 V_B 的幅值小于 V_s 的幅值。但是回顾图 9.12 中间那个图的注释时，会发现 V_A 和 V_B 幅值超过 V_s 幅值的两倍。这种现象该如何解释呢？

为了理解这个现象，需要涉及由波斯科学家 Al-Kashi（14 世纪）提出的余弦定理。这个定理是勾股定理的推广，适用于任何类型的三角形。

一个普通的三角形如图 9.15 所示，其任何一个角的角度都不等于 90°。已知夹角 φ 的余弦，那么 c 的边长可以通过余弦定理求得。当 $\varphi = 90°$ 时，则边长 c 可以由更简单的勾股定理求得。这个公式可以应用于信号向量的求解，如图 9.16 所示。

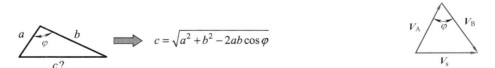

图 9.15 余弦定理适用于包括直角三角形在内的所有三角形   图 9.16 根据已知的相位差来计算信号幅值

根据余弦定理，可以得到

$$|V_s| = \sqrt{|V_A|^2 + |V_B|^2 - 2 \cdot |V_A| \cdot |V_B| \cos\varphi} \tag{9.18}$$

V_A 和 V_B 的值与开环增益 $T(s)$ 有关

$$|V_B| = |V_A| \cdot |T_s| \tag{9.19}$$

在给定频率下，夹角 φ 的值等于环路增益的幅角。结合上面的公式，可以得到 V_A 和 V_B 的幅值

$$|V_A(s)| = \frac{|V_s(s)|}{\sqrt{1 + |T(s)|^2 - 2|T(s)|\cos(\arg T(s))}}   \tag{9.20}$$

$$|V_B(s)| = \frac{|V_s(s)|}{\sqrt{1 + \frac{1}{|T(s)|^2} - \frac{2}{|T(s)|}\cos(\arg T(s))}}   \tag{9.21}$$

如果考虑穿越频率点这一特殊情况，由于 V_A 和 V_B 的幅值相等且环路增益为 1，根据公式（9.20）可以得到

$$|V_A(s)| = \frac{|V_s(s)|}{\sqrt{2 - 2\cos(\varphi_m)}} = \frac{|V_s(s)|}{\sqrt{2}\sqrt{1 - \cos(\varphi_m)}}   \tag{9.22}$$

利用三角公式

$$\sin\frac{\varphi}{2} = \sqrt{\frac{1 - \cos\varphi}{2}}   \tag{9.23}$$

变形可得

$$\sqrt{1 - \cos\varphi} = \sqrt{2}\sin\frac{\varphi}{2}   \tag{9.24}$$

把式（9.24）代入式（9.22）中可得

$$|V_A(s)| = |V_B(s)| = \frac{|V_s(s)|}{2\sin\frac{\varphi_m}{2}}   \tag{9.25}$$

根据这个公式可以绘制出系统在穿越频率点信号 A 的幅值（$|V_A(s)|$）与相位裕度（φ_m）的关系图，如图 9.17 所示。观察这个图可以发现：当相位裕度等于 30°时（和图 9.10 中的值相同），V_A 的信号幅值等于 79mV，与图 9.12 中的测量值基本相等。

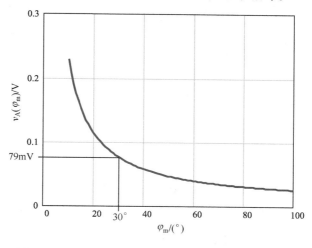

图 9.17 随着相位裕度在穿越点处下降，信号幅值增大（当零相位裕度时，信号幅值在理论上是无限的，表示系统不稳定）

重新回到矢量表示法，当信号 V_A 和 V_B 具有相同的幅值，但是受到三种不同的相位裕度影响，可以画出图 9.18。在图 9.18a 中，相位裕度大于 90°。在 9.18b 中，相位裕度减小，但是矢量幅值增加。在图 9.18c 中，相位裕度变得更小，而矢量幅值会超过 V_s。

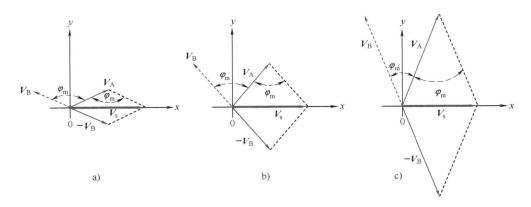

图 9.18　这些简单的图清楚地说明了 V_A 和 V_B 的
幅值是如何随着相位裕度的减少而增加的

综上，根据这两种方法就可以知道为什么在分析仪扫频时 A 和 B 点的信号为什么会发生幅值的变化的原因了。

开关电源是一个噪声比较严重的环境，A 点处的小幅信号很容易被噪声所覆盖导致信噪比较差。因此通过增加调制信号的幅值来改善信号在低频部分的噪声系数是非常普遍的，特别是在高直流增益系统中，有时需要几伏特的调制信号（增益越高，扰动闭环系统就越困难）；当频率接近穿越频率时，信号的幅值必须快速减小，否则过大的调制信号会使得系统出现过调制失真现象从而影响交流响应曲线的绘制精度。因此，多数网络分析仪允许用户调节交流调制信号的幅值，典型的幅值模式如图 9.19 所示。

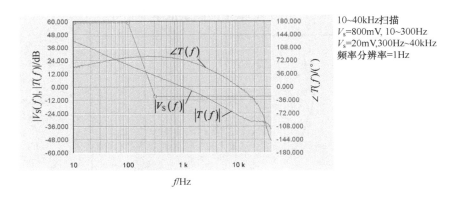

图 9.19　为了确保良好的信噪比，可以通过网络分析仪沿着频率轴调整信号的交流幅值
（这里是使用 Ridley Engineering 公司的 AP300 分析仪的屏幕截图）

对于这个功能本书不再进行详细叙述。但是要提醒的是，在进行任何测量之前要在所需的频率范围内校准探头，这是保证正确结果的关键步骤。

9.1.5　注入点处的阻抗

系统的环路增益测量可以通过物理断开系统环路或者虚拟地在返回路径中插入串联的激励源来实现。这两种方法都需要在中断路径时考虑相应插入点的阻抗，这些阻抗就是所观测的被控量处的变换器输出阻抗，以及所关注的误差放大器的输入阻抗。在图9.20中在误差放大器的输出端断开环路，控制到误差信号的传递函数如下所示：

$$T(s) = \frac{V_{err}(s)}{V_c(s)} = -G(s)H(s)\frac{Z_{in}(s)}{Z_{out}(s) + Z_{in}(s)} \tag{9.26}$$

这个是受输出阻抗以及误差放大器输入阻抗影响的真实的环路增益。

从图9.7可知，交流电源可以串联放置在系统返回路径的某个位置。因此，将 A 点和 B 点之间的连接线断开以插入调制源。在插入调制源之前，由于 A 点和 B 点连在一起因此具有相同的电势。当插入调制源之后，B 点电压通过串联的交流源达到 A 点电压，导致 A 点和 B 点的电势不同。因此，A 点和 B 点之间的阻抗关系十分重要。在图9.20 的 A，B 两点之间插入交流源得到图9.21。

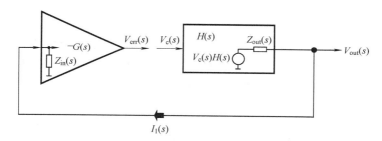

图9.20　虽然系统环路是打开的，但是输出/输入阻抗形成的分压网络可改变测量结果

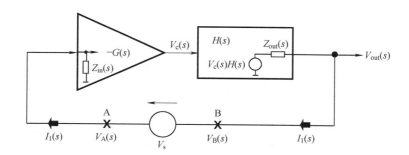

图9.21　B 点必须是低阻抗点，而 A 点的输入电流必须可以忽略不计

为了评估注入点阻抗的影响，公式推导如下：

$$V_c(s) = -V_A(s)G(s) \tag{9.27}$$

$$V_B(s) = V_c(s)H(s) - Z_{out}(s)I_1(s) \tag{9.28}$$

输入电流简化为

$$I_1(s) = \frac{V_A(s)}{Z_{in}(s)} \tag{9.29}$$

把式（9.29）代入到式（9.28）中，可得

$$V_B(s) = -V_A(s)H(s)G(s) - \frac{Z_{out}(s)}{Z_{in}(s)}V_A(s) \tag{9.30}$$

整理上式可得环路增益的传递函数为

$$\frac{V_B(s)}{V_A(s)} = T(s) = -\left(H(s)G(s) + \frac{Z_{out}(s)}{Z_{in}(s)}\right) \tag{9.31}$$

式（9.31）与式（9.26）不同，说明了电路阻抗对环路增益的影响。为了使环路增益与阻抗无关，则需要满足以下条件：

$$Z_{out}(s) \ll Z_{in}(s) \tag{9.32}$$

$$\frac{Z_{out}(s)}{Z_{in}(s)} \ll T(s) \tag{9.33}$$

换句话说，系统环路的中断点 B 处必须为低输出阻抗而 A 处为高输入阻抗，否则会导致测量的失真。但是在一些特殊的情况中，式（9.32）和式（9.33）不能满足时，就需要使用参考文献［7，9］的方法来处理这些问题，这意味着需要更复杂的操作步骤来获得正确的结果。

9.1.6　缓冲

大多数现代的 AC-DC 脉宽调制（PWM）控制器不包含电压基准和误差放大器。这两个元件要么内置在二次侧的 TL431 中，要么使用运算放大器和独立的电压基准进行分别连接。一种电流模式控制电源的典型结构如图 9.22 所示。

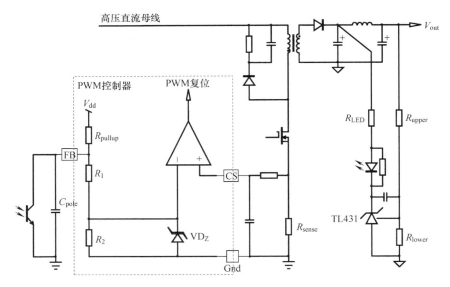

图 9.22　在现代电源中，运算放大器和电压基准放置在二次侧，
而一次侧则采用简单的反馈引脚设置电感峰值电流或占空比

一次侧的峰值电流通过反馈引脚上（标记位 FB）的电压进行设置，在送到峰值电流比较器之前通过电阻 R_1 和 R_2 分压；FB 引脚电平由光电耦合器的集电极电流调节，而集电极电流由位于变压器二次侧的 TL431 决定。根据负载条件，TL431 会自动调节 LED 电流，使得一次侧获得合适的峰值电流。正如在 TL431 章节中所介绍的那样，TL431 具有两个通道：一个通过

R_{LED} 的快速通道，一个通过 R_{upper} 的慢速通道。系统环路断开点可以与上拉电阻 R_{upper} 串联，由于 R_{upper} 是一个高阻值电阻，而变换器输出是低阻抗的。然而，由于 TL431 电路有两个通道，通过 R_{upper} 来调制系统只体现了其中一条通道（慢速通道）。为了形成完整的信号链路，还需要将交流源与 R_{LED} 串联来测量另一条通道（快速通道）。如果想要应用叠加定理，就需要断开两个通道中的其中一个，并在调制另一个通道时保持断开通道直流偏置的稳定。因此需要对两个信号进行矢量合成并且重构完整的环路增益。虽然可以这样做，但这一过程比较乏味而且费时，参考文献［10］对此进行了详细描述。

如果想要简化测量，最好的方法就是排除输出滤波电感的干扰。假如输出滤波电感的截止频率很高，那么它对系统测量的影响将会很小。图 9.23 给出了信号源注入的接法，如果用分析仪探测 V_A 和 V_B，那么可以获得环路的传递函数；如果需要测量包括光电耦合器在内的补偿器传递函数，那么要保持测量 V_A 的探头位置不变而把测量 V_B 的探头移至光电耦合器的集电极反馈引脚上；如果要测量被控对象的传递函数，那么保持测量 V_B 的探头位置（见图 9.23 的位置）不变而把测量 V_A 的探头移至反馈引脚上。在进行这些操作时需要注意：必须将一次侧和二次侧的地连接在一起（见图 9.4 和 9.6）；确保高压直流输入与电网完全隔离以及必须按照高电压下安全规则进行操作。

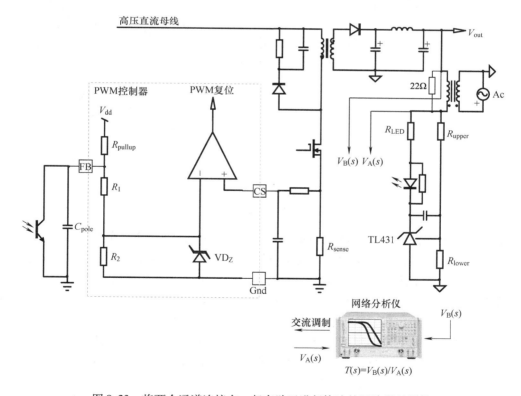

图 9.23 将两个通道连接在一起有助于进行快速的回路增益测量

在进行系统环路增益的测量时，有些设计者们可能不喜欢连接在输出 LC 滤波器之前的快速通道被忽略的这种接法。为了能够获得系统完整的环路增益并且不改变二次侧的连接，在光电耦合器的集电极处断开系统环路是一种很好的测量方法。这种方法虽然可以获取 TL431 两个通道的完整信号，但是光电耦合器的集电极输出阻抗很高，如果将其与控制器断开，系统会使其失去所有的内部偏置条件。因此在使用这个方法进行测量时，必须在外部重新创建测量条件，并且在插入交流调制信号源之前缓冲 TL431 产生的所有信号，如图 9.24 所示。这个例子中，光电耦合器的集电极由控制器反馈引脚处的等效交流电阻 R_{eq}。在本例子中，等效电阻为 $R_{pullup} \parallel (R_1 + R_2)$。内部偏置电压 V_{dd} 通常为 5V，由外部施加在等效电阻上从而形成初始的偏置条件。

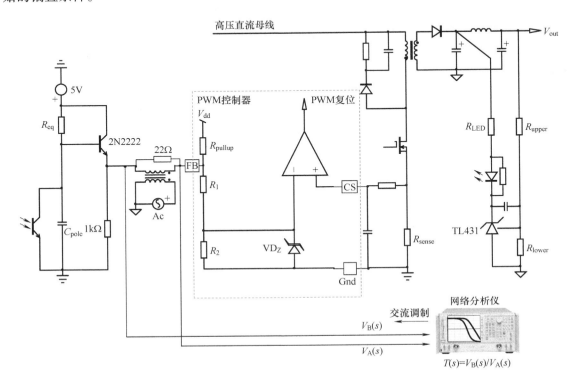

图 9.24 简单的双极性晶体管用于缓冲光电耦合器集电极信号，
以低输出阻抗驱动控制器

反馈引脚处外接的电容产生的极点必须移到光电耦合器的集电极侧以产生同样的极点。NPN 型晶体管以低的输出阻抗缓冲输出集电极信号，在图 9.24 这个例子中，晶体管发射极的输出电阻为 1kΩ。如果系统环路要求更低的输出阻抗，那么晶体管发射极处的输出电阻可以进一步降低。假如 R_{eq} 为 15 ~ 20kΩ，那么 1kΩ 的下拉电阻比较适合；但是对于高带宽的系统如正激变换器（即上拉电阻在控制器内部），R_{eq} 的值为 4.7kΩ 甚至更低，为使系统获得相同的动态特性，发射极的下拉电阻可以低至 100Ω。多输出系统中双极性晶体管的插入对系统整个启动过程会造成一定的影响，反馈引脚处的电压需要通过一些方法来实现缓慢上升，以确保控制器不触发保护，如在多输出 ATX 电源中即存在这种情况。

环路增益的测量是需要经验和耐心的，幸运的是网上有很多出版物和手册可以用于实验指导。但是为了能够更好地理解测量方法，下面将举几个设计实例。在结束本章之前，要向来自 ON Semiconductor 的 Dr. Jose Capilla 表示感谢。作者与他进行了很多关于矢量与交流信号源幅值问题的讨论，并参加他们的内部研讨，他给予了作者很大的帮助[11]。

9.2　设计实例 1：正激直流-直流变换器

第一个设计实例是关于变压器隔离的 DC-DC 变换器。基于单管正激拓扑，变换器输出为 5V/20A，用于电信网络。在进行分析设计前，设定变换器的穿越频率为 10kHz，相位裕度为 60°。相位裕度的要求表明变换器需要光电隔离元件，其内在极点频率远高于穿越频率。假设系统采用低速光电耦合器，变换器所采用的反馈方式会使得在极点处的相位裕度的补偿变得非常困难。在控制回路中增加一个零点看起来是一个可行的选择。然而，尽管零点的增加可以增加相位，可是零点的增加会使得系统的调节时间增加，特别是在系统的低频部分。如何合理地利用光电耦合器固有的极点使得系统拥有良好的性能，是需要思考的问题。

9.2.1　参数变迁

光电耦合器特性曲线是选择此元件之前需要考虑的一个因素，因此应尽量多收集数据，避免数据手册展示的内容过少带来困扰。在这方面，夏普的 PC817 的数据手册提供了大量的详细数据，数据手册的 A 版本提供了部分数据：图 9.25 说明 PC817 在 25℃ 结温下，当 LED 正向电流为 1～50mA 时，CTR 的变化范围为 80%～140%。其中 LED 正向电流为 2mA 时，CTR 值为 100%。图 9.26 指出当结温范围在 -30～100℃ 时，CTR 的变化范围为 60%。

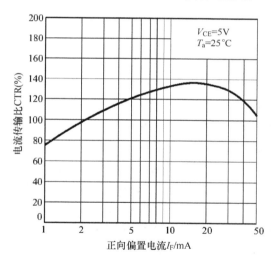

图 9.25　2mA 的 LED 正向电流，
CTR 的典型值为 100%

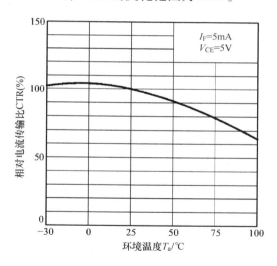

图 9.26　CTR 与温度变化关系图，
表明 CTR 与最大值相比减少 60%

数据手册的参数是在 25℃ 的结温下测得的。因此在实际应用中，由于离散性和温度的影响，CTR 的最小值为

$$\mathrm{CTR_{min}} = 80\% \times 60\% = 48\% \tag{9.34}$$

对变换器进行分析设计时，一定要考虑到光电耦合器的 CTR 变化范围会从 48% 到 140%（相应比率为 1:3.3），否则可能会导致所设计系统不稳定。需要注意的是这个变化情况只是 CTR 的典型数据，不能保证与实际参数一致。因此为了获得在变换器的寿命周期内 CTR 实际的离散值，必要时需要与光电耦合器制造商讨论。

在带宽方面，数据手册提供了与集电极上拉电阻相关的频率特性，如图 9.27 所示。1kΩ 的上拉电阻产生的极点频率大约为 25kHz，这对于穿越频率为 10kHz 的系统来说是个不错的值。然而，这个曲线图并不能精确地反映实际的 PC817 频率特性。因此，当系统需要进行精确分析时，一旦设计者拿到光电耦合器的样品，首先应该建立一个测试装置（如第 5 章附录 C 所述），并且用它来获取光电耦合器在各种运行条件下的极点频率。在这个例子中，控制器上拉电阻为 3.3kΩ，通过测试装置可得极点的频率大约为 15kHz。

根据这些信息可以确定，当集电极负载 3.3kΩ 时，其等效光电耦合器寄生电容 C_{opto} 为

$$C_{opto} = \frac{1}{2\pi R_{pullup} f_{pole}} \approx 3.2\text{nF} \qquad (9.35)$$

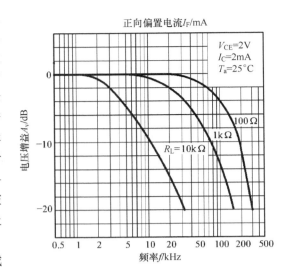

图 9.27　当采用 1kΩ 的上拉电阻时，PC817 的频率特性显示其极点频率为 25kHz

当缺少可用的实验数据时（例如在项目研究时没有光电耦合器样品），图 9.27 中的信息可用于实验的初步分析。然后在实验室中进行大量的样机测试以及特性描述以获取更为精确的数据。

9.2.2　电气原理图

根据电信设备的输入功率，此变换器必须提供 5V/20A 的输出能力，其直流输入电压的变化范围为 36 ~ 72V。由于正激变换器属于降压类拓扑结构，当它工作在电压模式时，电感和输出电容会在传递函数中产生谐振峰值。当谐振频率比较低时，必须在谐振峰值附近设置两个零点以确保系统稳定。在动态响应时，补偿器传递函数 $G(s)$ 中的零点，会转化为闭环传递函数中的极点。当需要系统具有快速的动态响应和良好的恢复时间时，需要避免出现低频零点。正是因为电压模式存在这种缺点，使得电流模式成了一种更好的选择。在低于开关频率一半的频段，电流模式将变换器转换为一个一阶系统；此外电流模式还有一个优点，那就是在轻载的情况下发生模式转换时不需要额外关注控制回路设计。而在电压模式中工作时，变换器从 CCM（连续导通模式）转换为 DCM（不连续导通模式）时系统的伯德图会发生变化，因此两种模式转换时补偿网络的设计非常困难。在这个例子中，出于成本方面的考虑，变换器选择了具有去磁绕组的单开关拓扑结构。但是如果采用其他结构（如双开关正激，RCD 钳位等）时，这里采用的方法仍然适用。

安森美半导体公司的 NCP1252 芯片具有许多优点，是 PWM 控制器较好的选择。该芯片的软启动和频率抖动功能，可以用它替代现有或者未来的基于 UC384X 的设计；它所集成的跳周期控制方式，使得电路可以接受空载而不会像其他芯片那样进入过电压状态，基于 NCP1252 的原理图如图 9.28 所示。另外控制器的外围电路也非常简单，本例中 22kΩ 的下拉电阻将开关频率设置为 200kHz，由 R_2 和 R_8 组成的欠电压保护网络可以保证工作电压始终高于 33V。

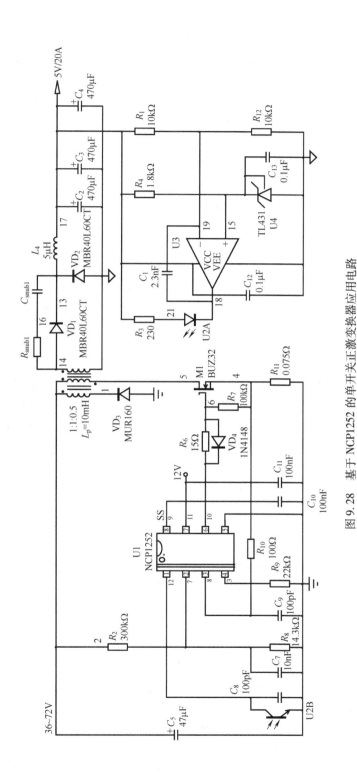

图 9.28　基于 NCP1252 的单开关正激变换器应用电路

控制器的开关频率为 200kHz，选择输出电感使纹波电流为 10%，两个输出二极管可流过高达 40A 的电流。当二极管通过 20A 的电流（$T_j = 100℃$）时，管压降为 0.58V。光电耦合器 LED 的阴极由控制回路通过运算放大器驱动，其阳极连接输出电压。这种结构与具有双通道的 TL431 非常相似：电容 C_1 表示慢速通道，电阻 R_3 表示快速通道。这种 2 型补偿器的传递函数已经在第 5 章中推导过，等于

$$\frac{V_{FB}(s)}{V_{out}(s)} = G(s) = -\left[\frac{sR_1C_1+1}{sR_1C_1(1+sR_{pullup}C_1)}\right]\frac{R_{pullup}CTR}{R_3} = -G_0\frac{1+s/\omega_z}{s/\omega_{p0}(1+s/\omega_p)} \quad (9.36)$$

其中，

$$G_0 = \frac{R_{pullup}CTR}{R_3} \quad (9.37)$$

$$\omega_{p0} = \frac{1}{R_1C_1} \quad (9.38)$$

$$\omega_z = \frac{1}{R_1C_1} \quad (9.39)$$

$$\omega_p = \frac{1}{R_{pullup}(C_{opto}+C_8)} \quad (9.40)$$

在这种类型的结构中，电阻 R_3 的取值被运算放大器最小的输出电压所限制。R_3 的最大阻值遵循以下公式：

$$R_{LED,max} \leqslant \frac{V_{out}-V_f-V_{op,amp,min}}{V_{dd}-V_{CE,sat}}R_{pullup}CTR_{min} \quad (9.41)$$

式中，$V_{op,amp,min}$ 为所选运算放大器的最小输出电压；V_{out} 为输出电压（这个例子中的电压为 5V）；V_f 为光电耦合器 LED 正向管压降（$\approx 1V$）；CTR_{min} 为最小光电耦合器电流传输比，通过式（9.14）可得 PC817A 的值约为 50%，$V_{CE,sat}$ 为光电耦合器饱和压降（在 1mA 集电极电流下约为 300mV）施加的最小反馈电压；V_{dd} 为上拉电阻的内部偏置电压，约为 5V；R_{pullup} 为 3.3kΩ 的内置上拉电阻。

如果考虑到运算放大器 150mV 的最小输出电压，那么光电耦合器 LED 串联电阻的阻值不能超过

$$R_{3,max} \leqslant \frac{5-1-0.15}{5-0.3}\times 3.3kΩ\times 0.5 \leqslant 1.35kΩ \quad (9.42)$$

电阻 R_3 的限制条件，给由运算放大器和连接到输出电压的光电耦合器 LED 构成的补偿器设定了最小增益。根据式（9.37）可得最小增益等于

$$G_0 = \frac{R_{pullup}CTR_{max}}{R_3} = \frac{3.3k\times 1.4}{2.7k} = 1.7 \text{ 或 } 4.6dB \quad (9.43)$$

一些功率电路要求在穿越频率点有一定的增益衰减。例如，分析一个功率电路的传递函数 $H(s)$ 的增益时发现在 1kHz 时的增益为 +7dB。为了满足衰减的要求，就必须使补偿器在 1kHz 时的增益为 -7dB。如果想要使用图 9.28 所示的结构，就会被式（9.43）的最小增益所限制：最小增益为 4.6dB。这个限制与具有快速通道时的 TL431 反馈电路类似，为了设计能够满足上述要求的补偿器，必须进行以下操作：①通过齐纳（稳压）二极管或稳压器，将 LED 驱动电源与 V_{out} 解耦；②使用运放直接驱动 LED 阳极，R_3 接地。其中②肯定可以消除输出电压对补偿器的影响，但必须将光电耦合器采用共集电极接法来解决相位反相问题。一部分控制器能够采用这样的结构，而一部分则不能采用。

9.2.3　提取功率电路传递函数的交流响应

功率电路的交流响应可以通过不同的方式获得：实验测量、理论分析和 SPICE 仿真。实验测量的设置比较复杂而且需要一个可以运行的样机。各个器件必须先组装完毕，然后才能获取数据用于补偿器的设计；另一方面，理论分析推导只需要简单的计算就可以了解功率电路传递函数，告诉零/极点位置以及外部参数对它们的影响。如果对环路控制非常关注，那么必须采用这种理论分析方法，其缺点是需要根据不同的运行模式（CCM 或 DCM）列出两种不同的传递函数。由于这个原因，变换器的 SPICE 仿真成为另一种选择，比如电容等效串联电阻（ESR）等寄生参数可以从制造商的数据表中获取（或者更好的方式是通过阻抗测量获取）时，经验表明仿真结果与实验测量的最终结果非常接近。此外，SPICE 仿真的自动切换平均模型（如参考文献［12］中所述的模型）不仅可以研究两种不同工作模式，而且还可以检查补偿器对动态响应的影响。

首先应该在最低输入电压和最大输出电流的情况下获取功率电路的传递函数 $H(s)$，这个传递函数可以根据图 9.29 的模型获得。图 9.29 中的光电耦合器采用了参考文献［12］所描述的简化模型，这个简化模型足以表明光电耦合器的极点影响以及 CTR 对增益的影响。B_1 源模拟了控制器的内部关系（即反馈电压和峰值电流设定值之间的关系）：串联的二极管压降为 0.6V，再对信号进行三分之一分压。这就是方程式所描述的内容，最大值被钳位在 1V，与控制器 UC384x 内部结构非常相似。

根据功率电路的传递函数曲线可以得到穿越频率点（本例中为 10kHz）的相关信息，例如幅值和相位滞后等，这些数据可以用于补偿器的设计。图 9.30 就给出了被控对象的传递函数 $H(s)$ 的伯德图，仅需要几毫秒仿真时间。

伯德图的准确性主要取决于寄生参数。如果能够获取正确的电容 ESR 值，那么交流仿真结果与实验测得的数据基本一致。如果需要获取更加精确的模拟结果，可以使用 Kamet 公司网站中提供的精确电容模型来替代简单的电容模型（参见参考文献［13］）。该公司为不同技术类别的电容提供各种建模软件，如多层陶瓷电容器。这些综合模型很好地反映了 ESR 随频率的变化关系，并且能够很好地应用于航空或军事应用的高质量 DC-DC 变换器的仿真中，在这些领域中，性能不受元件参数变化的影响是非常重要的。

9.2.4　变换器的补偿器设计

观察图 9.30 可以发现系统在穿越频率为 10kHz 时，增益需要提升 17.2dB。此时的相位延时为 51°，因此需要调整补偿器的传递函数 $G(s)$ 以提升穿越频率点的相位裕度来满足设计目标。为了获得良好的直流增益，将采用传递函数中具有原点处极点的补偿器，意味着其具有恒定的 90° 相位滞后，再加上运放的 180° 相位滞后，可得总的相位为 $-270°$。如果想要在 10kHz 穿越频率点获得 60° 的相位裕度，那么总的相位滞后 $\mathrm{arg}H(s) + \mathrm{arg}G(s)$ 需要低于 $-360° + 60° = -300°$。而实际上，由功率电路的传递函数与补偿器的原点极点构成的总相角为 $-270° - 51° = -321°$，因此需在 10kHz 穿越频率点，相位至少需要提升 21°，即

$$\text{BOOST} = \varphi_m - \mathrm{arg}H(f_c) - 90° = 60° + 51° - 90° = 21° \tag{9.44}$$

这种低相位的提升可以通过 2 型补偿器获得。在前面的章节中已经介绍了一些提升系统相位的方法：例如采用第 4 章和第 5 章中所介绍的 k 因子法，需配置一个 6.8kHz 的零点以及一个 14.5kHz 的极点。计算验证可得在 10kHz 的穿越频率时相位提升为

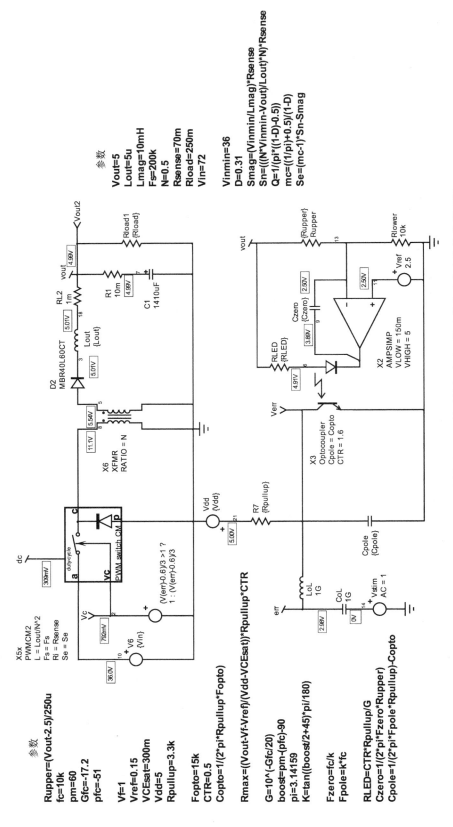

图 9.29　电流模式下的平均模型以及运放反馈电路可以快速获取取功率电路的传递函数

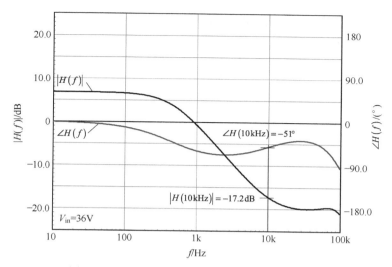

图 9.30　低压输入、满载时功率电路的传递函数

$$\arctan\left(\frac{f_c}{f_z}\right) - \arctan\left(\frac{f_c}{f_p}\right) = 55.8° - 34.6° \approx 21° \qquad (9.45)$$

根据式（9.37），式（9.39）和式（9.40）可得零点电容 C_{zero} 为 2.3nF（图 9.28 中的 C_1），极点电容为 3.3nF。根据式（9.35）可知光电耦合器的寄生电容为 3.2nF，那么只需为 C_{pole}（图 9.8 中的 C_8）增加一个 100pF 的小电容即可获得 3.3nF 的总容值。为了提高抗干扰能力，极点电容应尽可能靠近控制器的引脚；为了获得 17.2dB 的增益要求，可通过 LED 串联电阻（图 9.28 中的 R_3）进行设置。在这个例子中 R_3 的阻值为 227Ω，符合式（9.42）的限制。

通过对功率电路的计算，发现需要外部斜坡补偿来抑制次谐波振荡。除了励磁电流引入的自然斜坡补偿外，也可通过与电流采样串联的电阻 R_{10} 和 NCP1252 内部的 16.6kV/s 的斜率补偿进行调整。图 9.31 显示了补偿后的环路增益。图 9.31a 和 b 分别显示了在低输入和高输入时的开环环路增益。

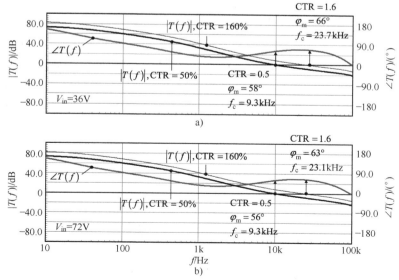

图 9.31　由于平均模型仿真速度快，改变参数来测试系统稳定性和鲁棒性是非常方便的
（本例中，CTR 变化范围为 50% ~ 160%）

由于没有开关元件，SPICE 平均模型的仿真速度非常快，这种仿真速度有助于快速评估各种寄生参数对变换器稳定性的影响。在图 9.31 中，考虑裕量之后，CTR 从 50% 变化到 160%，这会使得穿越频率从 9.3kHz 变化至 23.7kHz。如果两种输入电压情况下最终都能获得好的相位裕度，那么 23kHz 的穿越频率是一个比较激进的值。因为带宽越宽，就越容易耦合噪声和不希望的虚假信号。在本例中，最好的方法是在低输入/低 CTR 条件下将穿越频率降低至 7kHz 左右，这样不同参数下最大带宽为 15kHz，这对于一个变换器来说会是一个更加合理的值。

确认好获得所需的穿越频率以及相位裕度的补偿器设计方案，就可以进行瞬态阶跃响应的仿真。利用平均模型的 SPICE 仿真在若干毫秒时间内就可以获得瞬态阶跃响应的结果，如图 9.32 所示。

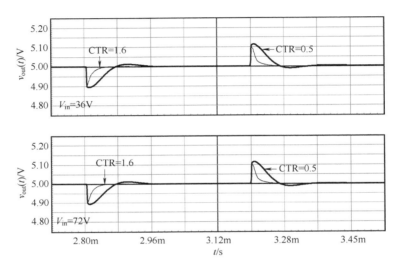

图 9.32　以 1A/μs 的斜率从 10A 阶跃到 20A 的瞬态响应

观察图 9.32 可以发现，电压下冲量保持在 150mV 的变化范围内。当 CTR 达到峰值时带宽增加，电压下冲量轻微减小。这种现象的原因在第 3 章中进行过解释：电压下冲量和变换器输出阻抗之间存在直接关系。在两种输入电压情况下，响应速度很快且超调量几乎为零，这样的动态特性满足此项目的设计要求。为进一步研究，可以对其他的敏感元件如输出电容器及其相关的 ESR 规定一定的容差，并以蒙特卡洛方法进行扫描分析。由于仿真时间十分短暂，因此可以了解到当某些离散性合在一起是否会造成危险情况，确保相位裕度在所有情况下不会太小，进而确保大量生产的时候产品没有问题。

9.3　设计实例 2：线性稳压器

功率变换装置不仅有开关变换器而且还有线性稳压器。在线性稳压器中，功率元件不再以开关模式工作，而是以线性模式工作。这种工作方式意味着功率变换的效率降低，但是由于电压和电流都是连续的，因此产生的噪声会比开关变换器低很多。

线性稳压器的应用原理图有很多。这里要介绍的第一种稳压器是以 NPN 复合双极型晶体管为核心，用于降压或者稳流。这种稳压器如今仍在使用，典型代表包括 78XX 系列

（LM7805，MC7812 等），它需要几伏的输入/输出压差才能确保良好的工作状态，其典型原理图如图 9.33 所示。作为示意例子，图 9.33 所示的稳压器的结构非常简单，图中稳流管的基极由运算放大器驱动，实际上是达林顿晶体管。根据运算放大器输出电流的大小，晶体管改变导通状态并维持输出恒定电压给负载供电。为了保持晶体管导通，基极的输入电压必须比输出电压高 2 个 V_{BE}，通常约为 1.3V。因此如果想要提供 5V 的输出电压，再加上驱动器件引起的各种损耗（例如运算放大器输出电压的饱和压降），那么输入电压必须高于 7V，这是非低压差线性稳压器的典型缺点，即导通损耗高。相反，LDO（低压差稳压器）通过使用 P 沟道或者 PNP 晶体管，可以使它的输入/输出压差低至于管子的饱和压降，约几百毫伏，在这种模式下，栅极或基极很方便拉到地，以此建立的电压 V_{GS} 不再受偏置限制。如果使用 MOSFET，那么最小压降由通态电阻 $R_{DS(ON)}$ 决定，简化的 LDO 如图 9.34 所示，它给出了 P 沟道场效应管连接方式避免其体二极管对系统产生影响。

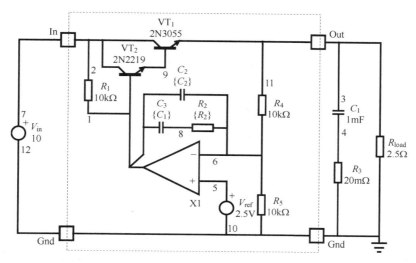

图 9.33　采用复合双极型晶体管的 5V/2A 线性稳压器简化图

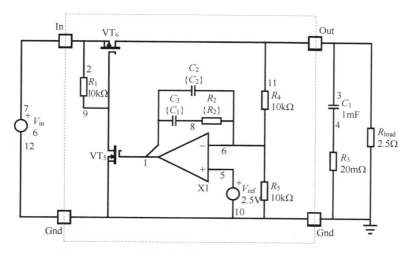

图 9.34　以 P 沟道场效应管为核心的 LDO 稳压器简化图

9.3.1 获取功率电路的传递函数

这两种电路的传递函数可以通过 SPICE 仿真获得，其中 L_{oL}/C_{oL} 耦合有助于在直流时闭合环路，而在交流时打开环路。由于 SPICE 只能处理线性方程，而直流偏置点有助于线性化电路。因此，在进行任何类型的仿真（直流或交流）之前，仿真器都会短路所有电感以及断路所有电容来计算直流偏置点。例如在这个例子中，在交流扫描开始之前必须要计算出系统的直流偏置点。环路通过 L_{oL} 闭合（C_{oL} 处于开路状态），并且偏置点会自动调节以满足输出的目标值（本例中的目标值为 5V）。当交流仿真开始时，L_{oL}/C_{oL} 网络将形成一个具有非常低截止频率的滤波器。由于 L_{oL} 的高感抗使得反馈路径处于断路状态，所有的交流调制信号流过 C_{oL}。因此，在直流时环路闭合而在交流时环路断开。功率电路的传递函数从 V_{out} 处测得，补偿后的环路增益从 V_{err} 处测得。传统的线性稳压器仿真模型如图 9.35 所示，LDO 稳压器的仿真模型如图 9.36 所示。

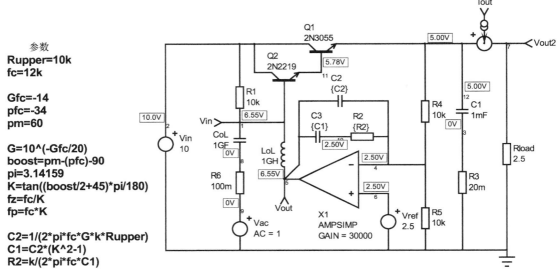

图 9.35　在驱动达林顿晶体管之前，环路在运算放大器之后断开
（这里假设复合晶体管的驱动电路已经包含在运算放大器中）

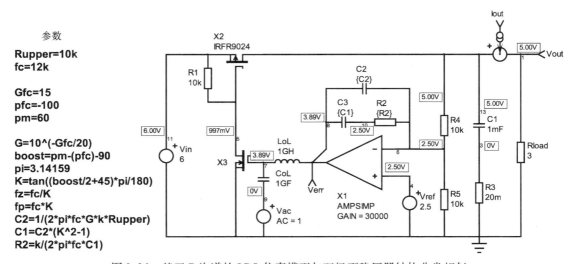

图 9.36　基于 P 沟道的 LDO 仿真模型与双极型稳压器结构非常相似

原理图上所反映的偏置点符合预期的计算结果，仿真结果如图 9.37 和 9.38 所示。

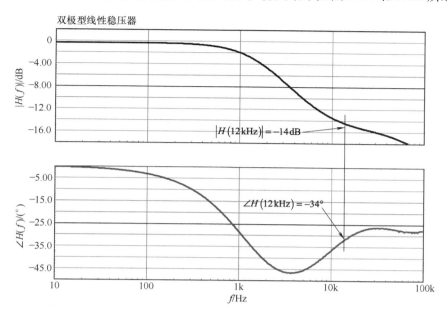

图 9.37　交流小信号仿真结果表明系统在选定的穿越频率下的增益不足

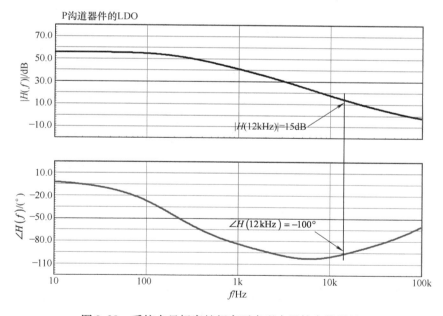

图 9.38　系统在目标穿越频率下表现出了较大的增益

9.3.2　穿越频率的选择和补偿器的设计

　　输出电压的跌落和穿越频率之间的关系已经在第 3 章中进行了推导。分析负载阶跃输出响应时可以发现，瞬态输出的偏差由电容和其寄生参数决定。降低 di/dt 可以消除 ESL 峰值，从而使得瞬态响应只受电容及其 ESR 影响。穿越频率不管为何值，都无法避免 ESR 乘以输出电流引起的电压下降。为避免将穿越频率推到很高位置，在第 3 章结束部分推导了一个简单

的公式。公式表明穿越频率足够高的条件下电容对响应的影响可以被忽略，只剩下了 ESR 引起的电压跌落。该近似公式为

$$f_c \approx \frac{0.24}{C_{out} r_C} \qquad (9.46)$$

在上述的两种电路中，输出电容都为 1mF，ESR 值都为 $20m\Omega$。根据式（9.46）可得穿越频率为

$$f_c \approx \frac{0.24}{1000uF \times 20m\Omega} = 12kHz \qquad (9.47)$$

根据双极型线性稳压器该频率下的传递函数特性，可以得到

$$|H(12kHz)| = -14dB \qquad (9.48)$$

$$\angle H(12kHz) = -34° \qquad (9.49)$$

对于 LDO 稳压器，可以得到

$$|H(12kHz)| = 15dB \qquad (9.50)$$

$$\angle H(12kHz) = -100° \qquad (9.51)$$

由于双极型线性稳压器采用的是共集电极结构，因此导致增益不足。而 LDO 稳压器的增益则是由运算放大器后面的反相器以及串联的功率管提供的。

为了确定所需的补偿器类型，这里通过在穿越频率下将相位裕度提升到 60° 的方法来评估。对于双极型线性稳压器来说，相位需要提升

$$boost = \varphi_m - \arg T(f_c) - 90° = 60° + 34° - 90° = 4° \qquad (9.52)$$

观察上式可以发现相位的提升量很小，因此可以使用简单的 1 型补偿器进行系统补偿。而对于 LDO 稳压器，相位需要提升

$$boost = \varphi_m - \arg T(f_c) - 90° = 60° + 100° - 90° = 70° \qquad (9.53)$$

可以发现 LDO 稳压器需要的相位提升较大，因此需要通过 2 型补偿器进行补偿。为了比较相似结构的补偿器，这里使用 2 个 2 型补偿器进行补偿。

针对第一种双极型线性稳压器，相位提升 4°，极点和零点的值基本相同

$$f_p = \tan\left(\frac{boost}{2} + \frac{\pi}{4}\right) f_c = \tan\left(\frac{4°}{2} + 45°\right) \times 12kHz = 12.9kHz \qquad (9.54)$$

$$f_z = \frac{f_c}{\tan\left(\frac{boost}{2} + \frac{\pi}{4}\right)} = \frac{12kHz}{\tan\left(\frac{4°}{2} + 45°\right)} = 11.2kHz \qquad (9.55)$$

中频增益由电阻 R_2 调整

$$R_2 = \frac{R_4 f_p G}{f_p - f_z} \frac{\sqrt{\left(\frac{f_c}{f_p}\right)^2 + 1}}{\sqrt{\left(\frac{f_z}{f_c}\right)^2 + 1}} = \frac{10k\Omega \times 12.9k \times 10^{\frac{14}{20}}}{12.9k - 11.2k} \frac{\sqrt{\left(\frac{12k}{12.9k}\right)^2 + 1}}{\sqrt{\left(\frac{11.2k}{12k}\right)^2 + 1}} = 384k\Omega \qquad (9.56)$$

式中，R_4 为分压电路中的上分压电阻。

电容 C_1 和 C_2 为

$$C_1 = \frac{1}{2\pi R_2 f_z} = 37pF \qquad (9.57)$$

$$C_2 = \frac{C_1}{2\pi f_p C_1 R_2 - 1} = 247pF \qquad (9.58)$$

也可以用附录 5B 中的 k 因子法来设计，所得的结果与上述结果完全相同。可以发现，电容 C_1 和 C_2 的值很小，但是这个电容值是可以通过改变分压网络阻抗来增加。在本例中，如果把 $10\mathrm{k}\Omega$ 的 R_4 和 R_5 都降为 $1\mathrm{k}\Omega$ 的电阻，那么 C_1 和 C_2 分别会增加至 $370\mathrm{pF}$ 和 $2.47\mathrm{nF}$，同时 R_2 下降至 $38\mathrm{k}\Omega$。

LDO 稳压器的补偿方法与双极型线性稳压器的方法基本相同。为了能在 $12\mathrm{kHz}$ 的穿越频率下给系统增加 $70°$ 的相位，则需要在下列的位置放置一个极点和一个零点

$$f_{\mathrm{p}} = \tan\left(\frac{\mathrm{boost}}{2} + \frac{\pi}{4}\right) f_{\mathrm{c}} = \tan\left(\frac{70°}{2} + 45°\right) \times 12\mathrm{kHz} \approx 68\mathrm{kHz} \tag{9.59}$$

$$f_{\mathrm{z}} = \frac{f_{\mathrm{c}}}{\tan\left(\dfrac{\mathrm{boost}}{2} + \dfrac{\pi}{4}\right)} = \frac{12\mathrm{kHz}}{\tan\left(\dfrac{70°}{2} + 45°\right)} = 2.1\mathrm{kHz} \tag{9.60}$$

中频增益也是由电阻 R_2 来调整

$$R_2 = \frac{R_4 f_{\mathrm{c}} G}{f_{\mathrm{p}} - f_{\mathrm{z}}} \frac{\sqrt{\left(\dfrac{f_{\mathrm{c}}}{f_{\mathrm{p}}}\right)^2 + 1}}{\sqrt{\left(\dfrac{f_{\mathrm{z}}}{f_{\mathrm{c}}}\right)^2 + 1}} = \frac{10\mathrm{k}\Omega \times 68\mathrm{k} \times 10^{-\frac{15}{20}}}{68\mathrm{k} - 2.1\mathrm{k}} \frac{\sqrt{\left(\dfrac{12\mathrm{k}}{68\mathrm{k}}\right)^2 + 1}}{\sqrt{\left(\dfrac{2.1\mathrm{k}}{12\mathrm{k}}\right)^2 + 1}} = 1.8\mathrm{k}\Omega \tag{9.61}$$

式中，R_4 为分压电路中的上分压电阻。

电容值 C_1，C_2 也可以用相同的方式计算得到

$$C_1 = \frac{1}{2\pi R_2 f_{\mathrm{z}}} = 49\mathrm{nF} \tag{9.62}$$

$$C_2 = \frac{C_1}{2\pi f_{\mathrm{p}} C_1 R_2 - 1} = 1.3\mathrm{nF} \tag{9.63}$$

确定了系统的穿越频率以及设计好补偿器后，就可以对系统进行交流小信号仿真了，通过观察误差放大器电压可以测得环路增益的响应。两种稳压器的仿真结果如图 9.39 所示，仿真结果与设计目标非常接近，但是两者还是会存在一些细微的差异，尤其是考虑运算放大器的原点处极点的作用。

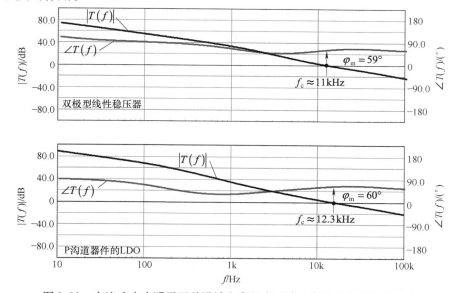

图 9.39　交流响应表明了两种设计方案具有正确的穿越频率和相位裕度

9.3.3 瞬态响应测量

现在已经获得了所有元件的参数值，这些参数值可以是数值传递给仿真软件，或者通过计算自动调整。如果想要观察不同相位裕度下的工作情况，那么参数自动调整方法是一个很好的选择：在仿真开始之前所有元件的参数值会进行重新计算，可以立刻得到相应的瞬态响应结果。为了测量所述稳压器的负载阶跃响应，仿真时在 $10\mu s$ 时间内将输出电流从 1A 跳变到 2A。为了精确地观察电容寄生电阻的影响，寄生电感部分已经去除，结果如图 9.40 所示。

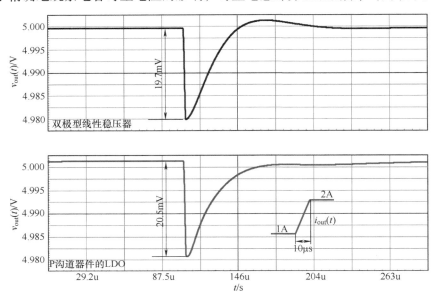

图 9.40　瞬态响应表明 ESR 是电压下跌的唯一原因

图 9.40 的上半部分表示双极型线性稳压器的负载瞬态响应。补偿为纯积分器（极点和零点基本重合，将 2 型补偿变为 1 型补偿）。正如预期的一样，系统的超调量很小（0.03%），而下冲量则完全由 ESR 决定，电容的影响可忽略。图 9.40 的下半部分表示 LDO 稳压器在相同输出跳变下的响应。由于补偿电路在 2kHz 处存在一个零点，这使得系统的恢复时间的稍增加（因为低频部分存在零点），但超调量消失。电压下跌幅度也仅有 ESR 决定，电容的影响可以忽略不计。

为了能够更好地理解这个例子，把系统的穿越频率降到 5kHz，可以发现电容也会对系统的响应产生影响，图 9.41 所示为基于 P 型场效应管的 LDO 稳压器所测得的结果。影响系统整个响应的参数不只是 ESR，也包括电容。并且由于穿越频率的下降，系

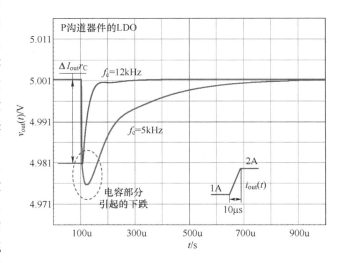

图 9.41　当穿越频率下降至 5kHz 时，电容部分的影响会重新显现出来

统的响应时间也会增加。

9.4　设计实例 3：CCM 电压模式升压变换器

在开关变换器中，升压拓扑是一种非常常用的拓扑，广泛应用于从小功率的电池供电的便携式设备到大功率 AC-DC 电源的前端变换器。电路有两个储能元件，该二阶变换器可以设计成在最低输入电压和最大负载时工作在 CCM。本设计实例将介绍如何使一个汽车电池供电的 CCM 电压模式升压变换器稳定工作并输出 19V 电压。

9.4.1　功率电路传递函数

对于给定的变换器的补偿器设计首先从功率级的小信号传递函数 $H(s)$ 开始。这个传递函数中包括了多个极点、零点以及静态增益等。变换器的静态工作点十分重要，需要被用来计算功率级极点和零点位置。在这里，使用电压模式来控制 CCM 下运行的升压变换器并忽略欧姆损耗的影响，可以得到直流传递函数（直流增益）M 为

$$M = \frac{V_{\text{out}}}{V_{\text{in}}} = \frac{1}{1 - D} \tag{9.64}$$

式中，D 为占空比，可以根据式（9.64）推导得到

$$D = \frac{V_{\text{out}} - V_{\text{in}}}{V_{\text{out}}} \tag{9.65}$$

CCM 升压变换器的传递函数在很多教科书中都有介绍，参考文献［12］中还记录了电压和电流模式控制下的其他几种拓扑结构传递函数。电压模式下的 CCM 升压变换器控制到输出的传递函数如下式所示

$$\frac{V_{\text{out}}(s)}{V_{\text{err}}(s)} = H_0 \frac{\left(1 + \dfrac{s}{\omega_{z1}}\right)\left(1 - \dfrac{s}{\omega_{z2}}\right)}{1 + \dfrac{s}{Q\omega_0} + \left(\dfrac{s}{\omega_0}\right)^2} \tag{9.66}$$

所谓的控制到输出是指误差放大器输出的交流电压通过脉冲宽度调制器（PWM）并驱动升压变换器得到输出电压。式（9.66）表明传递函数存在两个零点和一个极点对，其中一个零点是右半平面零点（RHZ，ω_{z2}），极点对应于 ω_0 处且受品质因素 Q 影响。式（9.66）的各个参数定义如下所示：

$$\omega_{z1} = \frac{1}{r_C C} \tag{9.67}$$

$$\omega_{z2} \approx \frac{R(1 - D)^2}{L} \tag{9.68}$$

$$H_0 = \frac{V_{\text{out}}^2}{V_{\text{in}} V_{\text{peak}}} \tag{9.69}$$

$$\omega_0 \approx \frac{1 - D}{\sqrt{LC}} \tag{9.70}$$

$$Q = \frac{\omega_0}{\dfrac{r_L}{L} + \dfrac{1}{C(r_C + R)}} \tag{9.71}$$

式中，r_C 表示输出电容 C 的 ESR；V_{in} 和 V_{out} 分别表示输入和输出电压；V_{peak} 表示 PWM 调制器锯齿波幅度；L 表示升压变换器电感，r_L 是其串联电阻；D 表示变换器的占空比；Q 表示与极点对相关的品质因素。

为了说明升压变压器的交流响应，本书以一个 60W 的 DC-DC 变换器为例。它将 12V 的电池电压提升至 19V，如利用汽车电池给笔记本电脑供电就有这类变换器的应用。其技术规格如下：

$$V_{in,max} = 15V$$
$$V_{in,min} = 11.5V$$
$$V_{out} = 19V$$
$$I_{out} = 3A$$
$$R = 19/3\Omega = 6.33\Omega$$

最差情况下，系统在穿越频率点的相位裕度应该不低于 60°。

通过参考文献［14］介绍的软件，经计算可以得到以下的参数值：

$$F_{sw} = 100kHz$$
$$V_{peak} = 2V$$
$$L = 50\mu H, \quad r_L = 10m\Omega$$
$$C = 1000\mu F, \quad r_C = 20m\Omega$$

基于这些参数，首先通过式（9.65）计算出最低输入电压下工作的占空比为

$$D = \frac{19 - 11.5}{19} = 0.395 \tag{9.72}$$

然后按式（9.67）~式（9.71）定义的极点/零点的位置公式计算可得

$$f_{z1} = \frac{1}{2\pi \times 20m\Omega \times 1mF} = 7.9kHz \tag{9.73}$$

$$f_{z2} = \frac{6.33\Omega \times (1 - 0.395)^2}{2\pi \times 50\mu H} = 7.4kHz \tag{9.74}$$

$$20\log_{10}(H_0) = 20\log_{10}\left(\frac{19^2}{11.5 \times 2}\right) = 23.9dB \tag{9.75}$$

$$f_0 = \frac{1 - 0.395}{2\pi \times \sqrt{50uH \times 1mF}} = 430.8Hz \tag{9.76}$$

$$Q = \frac{2.7k}{\frac{10m}{50u} + \frac{1}{1m \times (20m + 6.33)}} = 7.57 \text{ 或 } 17.6dB \tag{9.77}$$

计算结果表明，存在一对应于 430Hz 处的极点对，且这对极点会受到 17.6dB 的品质因素影响。由于输入电压发生变化会影响占空比，进一步会使得谐振频率也发生变化，最严重的情况出现在输入电压最小且电路满负载时。一旦计算出补偿电路，设计人员应确保相角和增益的裕度在整个输入电压和负载范围内不会降低。此外系统中的寄生元件也会对最终环路增益产生影响，因此也需仔细评估。

当得到上述的数值结果后，就可以使用一些软件，如 Matchcad 来绘制 CCM 升压变换器的伯德图了。通过 Matchcad 的专用函数可以直接进行模以及虚部的处理，这是最简单快速的方法。没有这种专业软件时，伯德图的绘制会困难一些。因此也需要寻找一种可以不使用专业软件而又简单的伯德图绘制方法。例如：利用零极点的位置直接获得传递函数式（9.66）的

模值和幅角，采用 Excel 软件即可简单实现。基于上述方法，通过式（9.78）和式（9.79）可以分别获得 $H(s)$ 的模值和幅角。

$$|H(f)| = 20\log_{10}\left[H_0 \frac{\sqrt{1 + \left(\frac{f}{f_{z1}}\right)^2}\sqrt{1 + \left(\frac{f}{f_{z2}}\right)^2}}{\sqrt{\left(1 - \left(\frac{f}{f_0}\right)\right)^2 + \left(\frac{f}{f_0 Q}\right)^2}} \right] \tag{9.78}$$

$$\arg H(f) = \arctan\left(\frac{f}{f_{z1}}\right) - \arctan\left(\frac{f}{f_{z2}}\right) - \arctan\left[\frac{f}{f_0 Q}\frac{1}{1 - \left(\frac{f}{f_0}\right)^2}\right] \tag{9.79}$$

把上述公式输入到所选择软件的计算工具中，就可以获得系统完整的伯德图了，如图 9.42 所示。

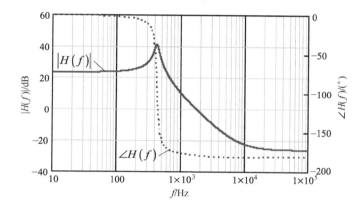

图 9.42 通过式（9.78）和式（9.79）快速绘制升压变换器在 CCM 模式下的伯德图

接下来就是要确定穿越频率了，CCM 升压变换器的穿越频率上限受最低的右半平面零点位置的限制。如第 2 章所述，需要选择一个远低于最低的右半平面零点位置的穿越频率来限制占空比的变化率。经验表明，穿越频率为最低的右半平面零点位置的 30% 就可以获得满意的结果了。在这个例子中，根据式（9.74）可以获得合理的最大穿越频率

$$f_c < 0.3 \times 7.4\text{kHz} < 2.2\text{kHz} \tag{9.80}$$

另外，还要考虑到谐振频率，需要设计穿越频率在谐振频率峰值区域以外，否则环路将无法提供足够的增益来衰减输出阻抗表达式中 LC 网络的谐振峰值，会导致系统不稳定。通常情况下，推荐的穿越频率至少应是谐振频率的 3 倍。在 CCM 升压变换器中，谐振频率随输入电压的变化而变化，在输入电压为 15V 具有最大值。根据式（9.76）可得谐振频率为 562Hz，因此，穿越频率必须满足

$$f_c > 3 \times 562\text{Hz} > 1.68\text{kHz} \tag{9.81}$$

结合式（9.80）和式（9.81）可知，2kHz 的穿越频率是一个比较合理的值。如果基于式（9.81）得到的值太大会有什么后果？在这种情况下，则需要增加输出电容的值来降低谐振频率。然而，还必须确保所选的穿越频率和所选电容引起的下冲量符合设计的要求。否则需要重新进行计算。

选择好了系统的穿越频率后，可以通过读图的方式或者使用模值/相位方程来获取传递函

数的模值和相角。以输入电压为 11V 且电路最大负载为例，当系统的穿越频率为 2kHz 时

$$|H(2k)| = -1.77\text{dB} \tag{9.82}$$

$$\arg H(2k) = -179° \tag{9.83}$$

9.4.2 变换器的补偿器设计

环路的稳定性需要通过调整补偿器 $G(s)$，使其在频率为 2kHz 点提供增益来补偿穿越频率点的增益不足（或过大），通过这个方法可以使得穿越频率 f_c 满足公式 $|H(f_c)G(f_c)| = 1$。在这个例子中，当频率到达 2kHz 时必须提供 1.77dB 的增益；至于相角的要求，这里有一点不同：在穿越频率点必须提升一定的相位以确保所需的相位裕度 PM。如果想要获得 60° 的相位裕度，那么相位需要提升

$$\text{boost} = \varphi_m - \arg H(f_c) - 90° = 60° + 179° - 90° = 149° \tag{9.84}$$

相位提升需要通过设置零/极点位置来获得。对于在 CCM 下工作且需要提升超过 90° 相角的升压变换器来说，必须使用 3 型补偿器进行补偿。补偿器与变换器组合起来的系统如图 9.43 所示。

下面需要考虑的问题是如何设计各个元件的参数来提供必要的增益以及如何配置零极点的位置。如果使用 k 因子法，虽然它能很好地分析一阶变换器，但是在分析具有谐振极点对的 CCM 变换器时，通常会导致条件稳定。这是因为这个方法只分析了穿越点的情况而忽略了穿越点前后的情况，因此在系统具有复杂的伯德图时，通过计算的方法手动进行补偿配置是最好的方法。在介绍这个方法之前，首先需要了解 3 型补偿器的传递函数，如下所示：

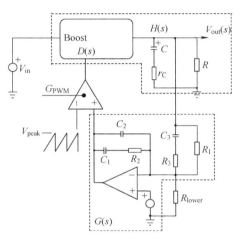

图 9.43 通过运算放大器构建 3 型补偿器，理论上可以将相位提升 180°

$$|G(f)| \approx 20\log_{10}\left[\frac{R_2}{R_1}\frac{\sqrt{1+\left(\frac{f_{z1}}{f}\right)^2}\sqrt{1+\left(\frac{f}{f_{z2}}\right)^2}}{\sqrt{1+\left(\frac{f}{f_{p1}}\right)^2}\sqrt{1+\left(\frac{f}{f_{p2}}\right)^2}}\right] \tag{9.85}$$

观察式（9.85）可知 3 型补偿器的传递函数提供了一个原点处的极点、一个零点对以及一个极点对，大多数的补偿器都具有原点处极点以获得高直流增益。而高直流增益可以降低输出阻抗、改善静态误差以及输入噪声抑制。但是原点处极点也会使得系统相位滞后 90°（$\pi/2$），加上运算放大器相位反相引起的 180°（π）。因此，根据上述可得 3 型放大器总的相角如式（9.86）所示

$$\arg G(f) = \pi - \left(\arctan\frac{f}{f_{z1}} + \arctan\frac{f}{f_{z2}} - \arctan\frac{f}{f_{p1}} - \arctan\frac{f}{f_{p2}} - \frac{\pi}{2}\right) \tag{9.86}$$

CCM 升压变换器传递函数中最麻烦的问题是位于谐振频率处的一对极点。一种解决方法是在补偿器中配置一对同样频率的零点；在一些变换器中，零点也有分开配置的：一个零点配置在谐振频率处，而另外一个零点配置在比谐振频率小一点的地方，以此来增加 DCM 的相位裕度。

因此，如果 ESR 零点出现在穿越频率之前，那么需要在相同位置处配置一个极点从而迫使增益减小。而第二个极点将配置在开关频率的一半处，以此确保相位裕度减小至 0° 时仍存在着足够的增益裕度。在这个例子中，ESR 的零点出现在穿越频率之后，但距离并不是很远。为了说明补偿器中第一个极点位置的影响，下面将介绍两种设计方案。

方案一：

（1）零点对 f_{z1} 和 f_{z2} 配置在最低谐振频率处（例如 430Hz）。

（2）第一个极点 f_{p1} 与 ESR 零点的位置相同，即 7.9kHz。尽管 Boost 变换器的极点对被零点对抵消，但是该极点能够迫使曲线的下降斜率为 −1。

（3）第二个极点 f_{p2} 配置在一半的开关频率处（50kHz）以确保相位进一步降低时有适当的增益衰减。该极点提供系统必要的增益裕度（至少 10 ~ 15dB）。

（4）当所有的零极点位置都确定后，就可以通过式（9.85）获取电阻 R_2，以在 f_c 处提供合适的增益补偿。

（5）零极点位置会影响 $G(s)$，需要检验环路增益传递函数 $T(s)$ 的相位裕度是否符合设计要求。

方案二：

（1）一对零点 f_{z1} 和 f_{z2} 配置在最小谐振频率以下（例如 300Hz）。

（2）第一个极点 f_{p1} 用于提供所需的相位裕度（例如 60°）。

（3）第二个极点 f_{p2} 配置在一半开关频率处（50kHz），以确保在相位进一步降低时有适当的增益衰减。

（4）当所有的零极点位置确定后，就可以通过式（9.85）获取电阻 R_2，以便在 f_c 处提供合适的增益。

把 $H(s)$ 和 $G(s)$ 结合在一起即可得到系统的环路增益传递函数 $T(s)$。系统进行补偿后的相位裕度 PM 被认为是在 f_c 频率下传递函数总相角与 0° 的距离，即 $\arg T(f_c)$ 到 0° 的相角差。数学上可以如下表示：

$$\varphi_m = \arg H(f_c) + \arg G(f_c) - 0° \tag{9.87}$$

方案一中，应用式（9.86）可以获得补偿器在 2kHz 下的总相位滞后为

$$\arg G(f) = 180 + 2\arctan\frac{2k}{430} - \arctan\frac{2k}{7.9k} - \arctan\frac{2k}{50k} - 90° \approx 229° \tag{9.88}$$

根据式（9.87），可以得到环路最终的相位裕度为

$$\varphi_m = \arg H(f_c) + \arg G(f_c) = -179° + 229° = 50° \tag{9.89}$$

其中，升压变换器输入电压为 11.5V 时，相位裕度为 50°；而当输入电压为 15V 时，相位裕度为 56°。

对于方案二，补偿器的零点对配置在 300Hz 处，可以通过调整第一个极点的位置来满足相位裕度为 60° 的要求。根据式（9.84）可知，如果补偿器的两个零点和第二个极点位置固定，那么可以通过配置第一个极点位置来提供 149° 的相位提升。式（9.86）中包括了原点处极点的相位滞后以及运算放大器反相的相位，然而计算可得补偿器的实际相位提升可超过 −270° 或 −3π/2 的限制（见图 9.44）。于是，根据式（9.86），可以去掉 −3π/2 来得到第一个极点 f_{p1} 对相位的影响，可得

$$\arctan\left(\frac{f_c}{f_{p1}}\right) = \arctan\left(\frac{f_c}{f_{z1}}\right) + \arctan\left(\frac{f_c}{f_{z2}}\right) - \arctan\left(\frac{f_c}{f_{p2}}\right) - \text{boost} \tag{9.90}$$

根据式（9.91）可以获得极点 f_{p1} 的位置

$$f_{p1} = \frac{f_c}{\tan\left[\arctan\left(\frac{f_c}{f_{z1}}\right) + \arctan\left(\frac{f_c}{f_{z2}}\right) - \arctan\left(\frac{f_c}{f_{p2}}\right) - boost\right]} = 9.9\text{kHz} \tag{9.91}$$

采用第二种方案，在穿越频率为 2kHz 处根据补偿器的相角与功率电路的 −179° 相角之和重新计算相位裕度为

$$\arg G(f) = 180 + 2\arctan\frac{2k}{300} - \arctan\frac{2k}{9.9k} - \arctan\frac{2k}{50k} - 90° \approx 239° \tag{9.92}$$

最后，输入电压为 11.5V 时相位裕度为

$$\varphi_m = \arg H(f_c) + \arg G(f_c) = 239° - 179° = 60° \tag{9.93}$$

当输入电压为 15V 时，计算可得环路增益传递函数的相位裕度为 66°，超过了设计的目标值。两种方式的补偿 G_1 和 G_2 伯德图如图 9.44 所示。

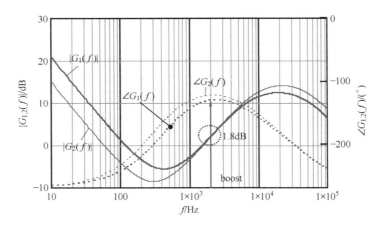

图 9.44　3 型补偿器提升了零极点之间的相位
（方案一相位提升 139°，方案二相位提升 149°，但牺牲了低频部分的增益）

方案二虽然提升了更多的相位，但其降低了低频部分增益，这是零点频率降低所带来的影响：尽管获得了更多的相位提升，但是瞬态响应变慢了。当频率为 2kHz 时，两个方案的增益都约为 1.8dB，补偿了功率电路传递函数的增益不足。

9.4.3　绘制环路增益的伯德图

基于上述设计好的补偿器响应，可以把它和升压变换器的频率响应结合起来来绘制开环传递函数的伯德图，如图 9.45 所示。上述两种方案都可以使系统获得 2kHz 的穿越频率以及所要求的相位裕度。

方案一低频增益较大，但其相位裕度略低于 60°。方案二提升了相位裕度，但降低了低频段的增益。

计算结果还需考虑输出电容的 ESR 值的影响。众所周知，电容的 ESR 值与产品批次有关，并且会随着温度变化。制造商会提供 ESR 的最小值和最大值，在进行稳定性分析时，需要考虑 ESR 的全范围变化。表 9.1 给出了同一电容在三种不同温度下的 ESR 值，据此可以计算得到两种方案下的相位裕度随 ESR 变化的情况。

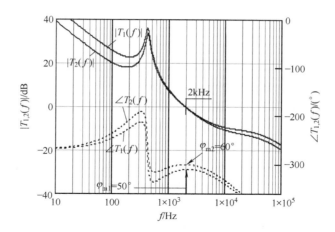

图 9.45　将 $H(s)$ 和 $G(s)$ 结合起来获得环路增益，两种方案都可以使系统获得 2kHz 的穿越频率

表 9.1　相位裕度随 ESR 的变化情况

温度/℃	ESR/mΩ	方案一 PM/(°)	方案二 PM/(°)
0	40	62	72
25	20	50	60
70	10	43	53

观察表 9.1 可以发现，当温度较高时，方案一不能满足 45°最小相位裕度。这并不意味电路会失效，但是其稳定裕量不够，因此不推荐用于大批量生产的产品。相反，方案二在高温下也能提供高于 50℃的相位裕度。

完整的设计还需要研究升压变换器在轻载下的运行。当变换器处于轻载条件时，运行模式将从 CCM 转变为 DCM。其中，模式切换发生的临界点为

$$R_{crit} = \frac{2LF_{sw}}{D(1-D)^2} \qquad (9.94)$$

根据式（9.94），可以得到变换器在输入电压为 11.5V 时的临界负载为 69Ω（5.2W）；在输入电压为 15V 时的临界负载为 76Ω（4.7W）。分析可知，当运行模式发生变化时，直流和交流小信号传递函数也会发生变化。变换器在 DCM 工作时的传递函数变为

$$\frac{V_{out}(s)}{V_{err}(s)} = H_0 \frac{\left(1 + \dfrac{s}{\omega_{z1}}\right)}{\left(1 + \dfrac{s}{\omega_{p1}}\right)} \qquad (9.95)$$

其中，

$$H_0 = \frac{V_{in}}{V_{peak}} \frac{2}{2M-1} \sqrt{\frac{M(M-1)}{\tau_L}} \qquad (9.96)$$

$$M = \frac{V_{out}}{V_{in}} \qquad (9.97)$$

$$\tau_L = \frac{2L}{RT_{sw}} \qquad (9.98)$$

$$\omega_{z1} = \frac{1}{r_C C} \tag{9.99}$$

$$\omega_{p1} = \frac{2M - 1}{M - 1} \frac{1}{RC} \tag{9.100}$$

因此，所设计的补偿器必须能够使功率电路在 CCM 和 DCM 工作下都稳定。需要在两个极限输入条件下，检查补偿器和 DCM 的传递函数所组成系统的穿越频率和相位裕度来判断补偿器是否符合设计要求。如果相位裕度符合要求，那么补偿器的设计就是合理的；如果相位裕度不符合要求，那么需要重新配置零/极点的位置以确保系统在任何工作模式下都能稳定。这项工作虽然不是很困难，但是比较复杂而且费时。如果使用自动计算的 SPICE 模型会简化工作量，而且可以预测所选方案下在各种运行状态下的动态响应。

9.5　设计实例4：原边调节的反激式变换器

在一些 AC – DC 应用中，可能不允许使用光电耦合器，一方面是元器件成本的原因，另一方面是出于可靠性的考虑。对于 10W 左右的小功率应用，一种典型的方法是使用原边调节的反激式变换器，如图 9.46 所示。电路有两个副边绕组：V_{out} 是主输出绕组，连接到输出负载用于提供主要功率；V_{aux} 则用于控制器供电和输出调节。考虑到安全隔离要求，它们不共地，地与地之间的隔离由变压器实现。如前面所述，现代 PWM 控制器中通常没有运算放大器，所有的调节电路都在副边，仅需一个反馈引脚与光电耦合器相连。如果没有光电耦合器，可以使用双极晶体管来实现下拉功能，双极晶体管的基极由齐纳二极管驱动，实际上它是一个低增益的分流稳压器。误差处理链路的输入是 R_1 的上端，而输出是控制电压 V_c。

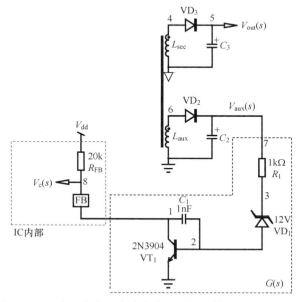

图 9.46　原边调节的反激式变换器利用晶体管进行输出调节

9.5.1　传递函数推导

大多数工程师都是通过直觉来设计这个简单的反馈电路，这当然不是正确的方法：必须先了解这些信息是如何处理的，并看到电路有哪些问题。在不了解系统传输函数的情况下，通常无法设计一个稳定的变换器。作为一个严谨的工程师，不会采用试错这种方法。

因此，可以使用埃伯斯 - 莫尔（Ebers- Moll）模型来绘制 Q_1 的简化小信号示意图，如图 9.47 所示。

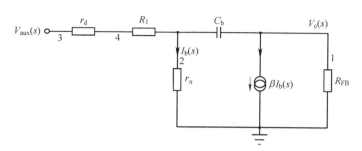

图 9.47　如果用小信号模型替换晶体管，得到简化的原理图

推导这种传递函数初看似乎非常简单，快速分析技术对该电路分析有很大帮助。首先，因为仅有一个储能元件，这是一个一阶系统。无论是否包含零点或极点，传递函数的通式为

$$G(s) = G_0 \frac{1 + s/\omega_z}{1 + s/\omega_p} = G_0 \frac{N(s)}{D(s)} \tag{9.101}$$

传递函数推导的第一步是获得直流增益 G_0，通过将所有电容器开路和电感短路（如果有的话）来推导，如图 9.48 所示。

基极电流 I_b 为

$$I_b(s) = \frac{V_{aux}(s)}{r_d + R_1 + r_\pi} \tag{9.102}$$

观察电路的右侧，输出电压 V_c 可表示为

$$V_c(s) = -\beta I_b(s) R_{FB} \tag{9.103}$$

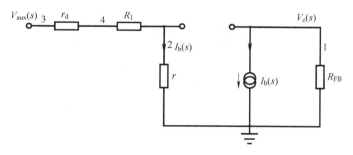

图 9.48　通过电容开路获得直流传递函数

结合上述两个公式，$s = 0$ 下可得

$$\frac{V_c(s)}{V_{aux}(s)} = G_0 = -\beta \frac{R_{FB}}{r_d + R_1 + r_\pi} \tag{9.104}$$

现将电容恢复原位，原理图如图 9.49 所示。为了检查传递函数中是否有零点，可以通过观察信号路径中的是否有某些东西可以阻止 V_{aux} 到达输出 V_c。

如果 V_c 没有响应，则意味着它的上端电位为 0，没有电流流过 R_{FB}。因此电容 C_b 两端的电压加在 r_π 上

$$V_\pi = r_\pi I_b(s) \tag{9.105}$$

$$V_{C_b} = \beta I_b(s)\frac{1}{sC_b} \tag{9.106}$$

由于这两个电压相等，可得

$$\beta I_b(s)\frac{1}{sC_b} = I_b(s)r_\pi \tag{9.107}$$

提取公共项 $I_b(s)$，进一步可以得到以下表达式

$$I_b(s)\left[\beta\cdot\frac{1}{sC_b} - r_\pi\right] = 0 \tag{9.108}$$

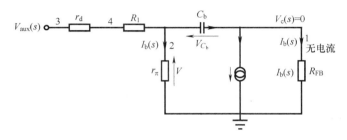

图 9.49　寻找阻止激励到达输出的因素

上式成立的条件为

$$\beta\frac{1}{sC_b} - r_\pi = 0 \tag{9.109}$$

求解 s 得到零点位置为

$$\omega_z = \frac{\beta}{C_b b_{11}} \tag{9.110}$$

这是一个正根，即一个右半平面零点（RHPZ）。因此，分子可表示为

$$N(s) = 1 - s/\omega_z \tag{9.111}$$

得到了分子表达式后，接下来观察分母 $D(s)$。其分母只取决于其结构，而不取决于激励信号。无论输入端采用何种激励，所获得的传递函数的分母将保持不变，因此可以得到输出阻抗、输入导纳等。因此激励信号可以设为零：可以将电流源开路并将电压源短路，如图 9.50 中所示。在图 9.51 中，r_d 和 R_1 相加后用 R 表示

$$R = r_d + R_1 \tag{9.112}$$

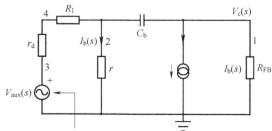

图 9.50　通过将激励信号设置为零获得分母

为了得到分母表达式，需要得到时间常数，即电容 C_b 与和它串联的等效电阻 R_e。换句话说，把图中将电容 C_b 移除时，从其两端看到的电阻表达式。为了得到阻抗，可以通过一个电

流源（"激励"）去激励它的端子，然后观察电流源端子上产生的电压："响应"。在图 9.51 中，分别称这些信号为 $I_T(s)$ 和 $V_T(s)$。

首先，从图左侧的电阻 R 两端的电压表达式开始

$$V_R(s) = (I_T(s) + I_b(s))R \tag{9.113}$$

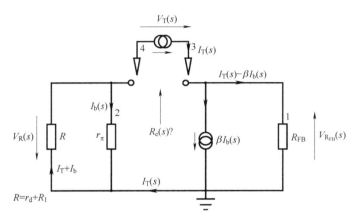

图 9.51　设置激励信号为零，r_d 下端接地

这个电压与在 r_π 两端电压完全相同，但符号相反

$$V_R(s) = -r_\pi I_b(s) \tag{9.114}$$

上述两式相等可得 I_b

$$I_b(s) = -\frac{RI_T(s)}{R + r_\pi} \tag{9.115}$$

上拉电阻 R_{FB} 两端的电压为

$$V_{R_{FB}}(s) = (I_T(s) - \beta I_b(s))R_{FB} \tag{9.116}$$

注入源 V_T 两端的电压为

$$V_T(s) = V_{R_{FB}}(s) + V_R(s) \tag{9.117}$$

现在将式（9.116）、式（9.114）和式（9.115）代入式（9.117），可得

$$V_T(s) = (I_T(s) - \beta \cdot I_b(s))R_{FB} - r_\pi I_b(s) \tag{9.118}$$

$$V_T(s) = \left(I_T(s) + \beta \frac{R \cdot I_T(s)}{R + r_\pi}\right)R_{FB} + r_\pi \frac{R \cdot I_T(s)}{R + r_\pi} = I_T(s)\left(\left(1 + \frac{\beta \cdot R}{R + r_\pi}\right)R_{FB} + \frac{r_\pi \cdot R}{R + r_\pi}\right) \tag{9.119}$$

重新整理这个等式，可以得到端口输入阻抗为

$$\frac{V_T(s)}{I_T(s)} = \left(1 + \beta \frac{R}{R + r_\pi}\right)R_{FB} + R \parallel r_\pi \tag{9.120}$$

将分母表示为如下的形式：

$$D(s) = 1 + s/\omega_p \tag{9.121}$$

上述式子中，极点 ω_p 为

$$\omega_p = \frac{1}{C_b\left[\left(1 + \beta \frac{r_d + R_1}{r_d + R_1 + r_\pi}\right)R_{FB} + (r_d + R_1) \parallel r_\pi\right]} \tag{9.122}$$

图 9.47 所示电路完整的传递函数为

$$\frac{V_{FB}(s)}{V_{aux}(s)} = -\beta \cdot \frac{R_{FB}}{r + R_1 + r_\pi} \frac{1 - \dfrac{s}{\dfrac{\beta}{C_b b_{11}}}}{1 + sC_b \left[\left(1 + \beta \dfrac{r_d + R_1}{r_d + R_1 + r_\pi}\right) R_{FB} + (r_d + R_1) \parallel r_\pi \right]} \tag{9.123}$$

此式简洁明了，并显示了极点和零点位置。这就是快速分析方法的优点。

9.5.2　验证等式

进行上述分析时，可能经常会忽略一个条件或一个参数，或者在解方程时发生错误。因此，可以将式（9.123）的交流响应与 SPICE 仿真进行对比进行验证。如果一切正确，曲线将会完美重叠。

Mathcad® 计算页面如图 9.52 所示。通过在计算页面输入的值，RHPZ 为 550kHz 左右。如果穿越频率在 10kHz 以下，RHPZ 的影响可以忽略不计。对所有元件取值没有限制。

$$\beta := 73 \qquad h_{11} := 21.4k\Omega \qquad R_1 := 1k\Omega \qquad r_d := 12.6k\Omega \qquad C_b := 1nF \qquad R_{FB} := 20k\Omega$$

$$G_0 := \frac{\beta \cdot R_{FB}}{h_{11} + r_d + R_1} = 41.714 \qquad 20 \cdot \log(G_0) = 32.406$$

$$f_z := \frac{\beta}{C_b \cdot h_{11} \cdot 2\pi} = 542.912kHz$$

$$f_p := \frac{1}{2 \cdot \pi \cdot C_b \cdot \left[\left(1 + \beta \cdot \dfrac{r_d + R_1}{r_d + R_1 + h_{11}} \right) \cdot R_{FB} + \dfrac{(r_d + R_1) \cdot h_{11}}{r_d + R_1 + h_{11}} \right]} = 267.205Hz$$

$$G_1(s) := -G_0 \cdot \frac{1 - \dfrac{s}{2 \cdot \pi \cdot f_z}}{1 + \dfrac{s}{2 \cdot \pi \cdot f_p}}$$

图 9.52　Mathcad® 计算页面显示了极点和 RHPZ 的存在

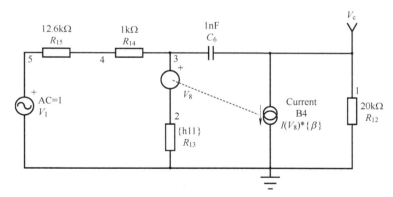

图 9.53　SPICE 仿真模型

图 9.47 所示电路的 SPICE 仿真并不复杂，如图 9.53 所示。由于没有开关元件，仿真时间非常快。将 Mathcad® 结果与 SPICE 所给出的结果进行比较，如图 9.54 所示，曲线是相似的，说明等式是正确的。但这并不意味着理论是正确的！需要实验测量是否与理论分析结果一致加以验证。

9.5.3　稳定变换器

补偿器传递函数如式（9.123）所示，需要设计其参数以满足系统穿越频率和相位裕度的要求。尽管一个简单的双极晶体管与齐纳（稳压）二极管的组合达不到与运算放大器相同的性能，但可以研究一下应该如何设计。

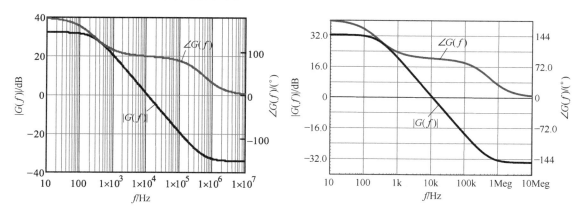

图 9.54 Mathcad® 和 SPICE 的分析结果是相同的（表明推导的方程是正确的）

首先，在一个原边调节的变换器中，用于监测输出电压的是辅助绕组：不能直接看到负载对输出电压的影响，而是通过功率绕组和辅助绕组之间的匝数比折算过来的电压。为了进行小信号分析，必须考虑这种关系，并对输出到辅助侧的输出进行折算，这种折算过程的实现如图 9.55 所示。必须分别将功率元件（负载和滤波电容）根据匝数比折算到输出调节绕组侧。由于该辅助绕组已经有电容和等效电阻（例如控制器功耗），折算过来的元件应与那些已有的元件合并。请注意，只有在时间常数 $r_{C_1} C_1$ 和 $r_{C_2} C_2$ 相等的情况下，电路图中所示的 ESR 和电容叠加才正确。如果不相等，只能得到近似值。此外，当进行元件折算时，通常认为二极管动态电阻足够小并可以忽略。但实际情况并非如此，尤其是在轻载运行时。

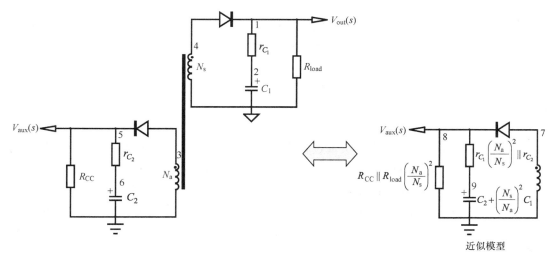

图 9.55 小信号分析时必须将输出侧元件折算到辅助绕组侧

一旦将电流模式的反激式变换器简化为单绕组输出类型，就可以使用参考文献 [12] 中给出的 CCM 电流模式功率电路小信号传递函数

$$H(s) = H_0 \frac{\left(1 + \frac{s}{\omega_{z1}}\right)\left(1 - \frac{s}{\omega_{z2}}\right)}{1 + \frac{s}{\omega_{p1}}} \tag{9.124}$$

$$H_0 = \frac{R_{eq}}{R_{sense} G_{FB} N} \frac{1}{\frac{(1-D)^2}{\tau_L} + 2M + 1} \tag{9.125}$$

$$f_{z2} = \frac{(1-D)^2 R_{eq}}{2\pi D L_p \left(\frac{N_a}{N_p}\right)^2} \tag{9.126}$$

$$f_{p1} = \frac{\frac{(1-D)^3}{\tau_L} + 1 + D}{2\pi R_{eq} C_{eq}} \tag{9.127}$$

$$f_{z1} = \frac{1}{2\pi r_{C_{eq}} C_{eq}} \tag{9.128}$$

其中，

$$r_{C_{eq}} = r_{C_1}\left(\frac{N_a}{N_s}\right)^2 \parallel r_{C_2} \tag{9.129}$$

$$C_{eq} = C_2 + C_1 \left(\frac{N_s}{N_a}\right)^2 \tag{9.130}$$

$$R_{eq} = R_{CC} \parallel R_{load}\left(\frac{N_a}{N_s}\right)^2 \tag{9.131}$$

$$\tau_L = \frac{L_p \left(\frac{N_a}{N_p}\right)^2}{R_{eq} T_{sw}} \tag{9.132}$$

基于上述公式，改变一些参数计算他们对稳定性的影响是非常琐碎的工作。即使采用自动计算页面，也不是那么理想。此外，如果变换器工作模式转换为 DCM，则上述方程组将失效，必须进行修改。

最方便的解决方案是使用 SPICE 软件中 DCM/CCM 自动切换的电流模式模型（参见参考文献［12］），仿真模型如图 9.56 所示。

可选用标准 NPN 晶体管，并串联一个 12V 齐纳（稳压）二极管。多绕组变压器可以通过现有的简单变压器模型并联形成。仿真过程中，所有功率绕组的元件都会自动折算到辅助绕组，更妙的是，整流二极管的动态电阻也会自动折算，它可以方便地根据工作电流不同而不同：在大电流下几乎为短路，而在轻载条件下变大，而前面推导的折算公式不再有效。相反，SPICE 基于串联电阻的方式计入这种变化，从而在所有可能的工作点上都能得到正确的功率电路交流传递函数，如图 9.57 所示。请注意，通过探测节点 10（在辅助绕组上）来绘制传递函数。

由于采用的补偿器不能提供任何类型的相位提升，因此在相位滞后不太大的位置选择穿越频率区域，3~4kHz 附近是合适的区域。如果忽略高频 RHPZ 的影响，可以得到如图 9.54 所示的单极点响应。因此，可以将 C_b 引入的极点放置在适当位置，这样补偿器可以在穿越频率处提供10dB 增益以补偿图 9.57 所示的功率级传递函数的增益不足。

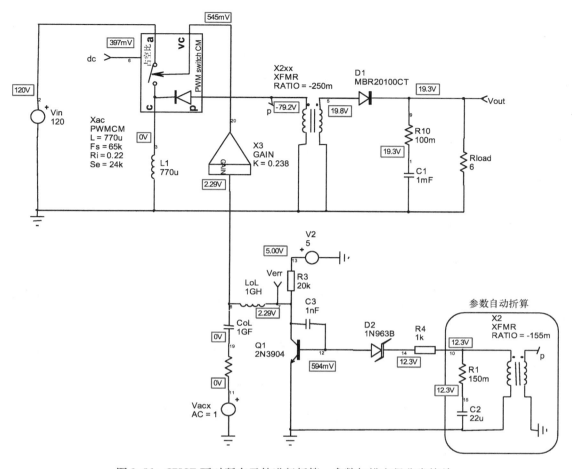

图 9.56　SPICE 可对所有元件进行折算，参数扫描变得非常简单

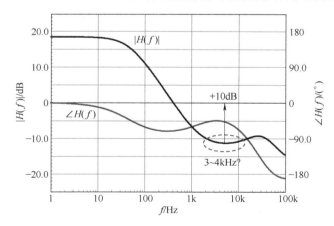

图 9.57　功率电路传递函数显示为一个一阶系统，最小相位滞后约在 3 ~4kHz 处

如果忽略 RHPZ 的影响，则式（9.101）所述的补偿器传递函数可以简化为

$$G(s) \approx G_0 \frac{1}{1 + s/\omega_p} \tag{9.133}$$

穿越点的幅值可以用 $j\omega_c = j2\pi f_c$ 代入得到

$$|G(f_c)| \approx G_0 \frac{1}{\sqrt{1 + \left(\frac{f_c}{f_p}\right)^2}} \tag{9.134}$$

根据这个值以及 f_c 处所需的增益，可以得到极点的位置

$$f_p = \frac{f_c |G(f_c)|}{\sqrt{G_0^2 - |G(f_c)|^2}} \tag{9.135}$$

现在，假设参数如下：

$R_1 = 1\text{k}\Omega$，稳压二极管串联电阻；

$R_{FB} = 20\text{k}\Omega$，上拉电阻；

$r_d \approx 10\text{k}$，稳压二极管动态电阻；

$\beta \approx 70$，晶体管电流增益；

$r_\pi \approx 21\text{k}$，晶体管动态基极电阻。

计算补偿器平台增益 G_0

$$G_0 = \beta \frac{R_{FB}}{r_d + R_1 + r_\pi} = 73 \times \frac{20\text{k}}{10\text{k} + 1\text{k} + 21\text{k}} = 45.6 = 33\text{dB} \tag{9.136}$$

根据式（9.135），极点的位置为

$$f_p = \frac{3.3\text{kHz} \times 3.16}{\sqrt{45.6^2 - 3.16^2}} \approx 230\text{Hz} \tag{9.137}$$

为了计算电容值，首先使用式（9.122）来与电容 C_b 串联的等效电阻值

$$R_{eq} = \left(1 + \beta \frac{r_d + R_1}{r_d + R_1 + r_\pi}\right) R_{FB} + (r_d + R_1) \| r_\pi \approx 595\text{k}\Omega \tag{9.138}$$

电容值为

$$C_b = \frac{1}{2\pi f_p R_{eq}} = \frac{1}{6.28 \times 230\text{Hz} \times 595\text{k}\Omega} \approx 1.2\text{nF} \tag{9.139}$$

如果在图 9.56 的仿真模型中设置上述元件值，并观测集电极信号，可以得到补偿后的环路增益，如图 9.58 所示。

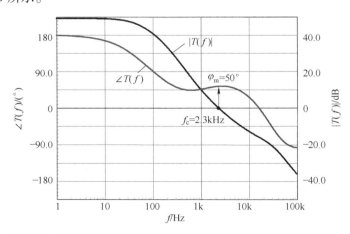

图 9.58　补偿后的环路增益呈现出良好的相位裕度和穿越频率

这不完全是设定的穿越频率，但考虑到晶体管增益和各种动态电阻的分散性，结果也在合理范围内。负载动态仿真波形如图 9.59 所示，对于这样一个简单的系统，瞬态响应也是可

以接受的。请注意，平均模型没有包括可影响瞬态响应的各种变压器漏感。

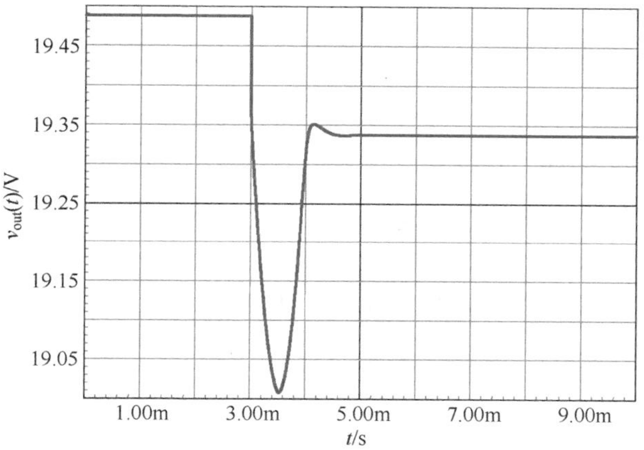

图 9.59　原边调节变换器的瞬态响是可以接受的，阶跃负载在 $10\mu s$ 内为 1.5A

如需增加稳压管电流，使得它在远离其拐点的区域工作。可以在晶体管基极-发射极之间放置一个额外的电阻 R_B，它在室温下施加的稳压管电流为

$$I_Z \approx \frac{0.65}{R_B} \qquad (9.140)$$

这个额外的电阻 R_B 会略微改变传递函数。重新计算传递函数或查看参考文献［15］的第 53 页，则可以得到

$$G_0 = \frac{1}{1 + \dfrac{R}{R_B}} \frac{\beta R_{FB}}{r_\pi \left(1 + \dfrac{R \parallel R_B}{r_\pi}\right)} \qquad (9.141)$$

当 R_B 无限大时，G_0 的极限值由式（9.104）给出。RHPZ 的位置保持不变，式（9.110）仍然有效。然而，极点的位置会稍微发生变化

$$\omega_p = \frac{1}{C_b \left(R_{FB} + \left(1 + \dfrac{\beta R_{FB}}{r_\pi}\right) \cdot r_\pi \parallel (R \parallel R_B)\right)} \qquad (9.142)$$

式中，$R = r_d + R_1$。

9.6　设计实例 5：输入滤波器补偿

本质上，开关变换器是噪声系统。快速变化的电压或电流会产生差模或共模噪声，这些噪声在某些情况下会耦合到电源线。如果低噪声系统与开关变换器共用同一电源线，则开关变换器极有可能污染公共电源线并改变敏感设备的行为。为避免高频脉冲回流到直流电源并污染电源线，必须安装输入滤波器。一个典型的滤波器如图 9.60 所示，为了减少损耗，它通常由 LC 网络组成。该网络形成一个二阶滤波

图 9.60　一个由电感和电容组合而成的典型滤波器

器以防止噪声反流到电源，因为设想交流电流在 C 中环流，而 L 对这些电流呈现高阻抗。

计算这种滤波器所需的截止频率取决于最大输入纹波要求，这超出了本书的范围。参考文献 [12] 给出了几个满足给定技术指标要求的设计实例，现在需要分析的是滤波器插入所带来的问题以及如何去解决它。

9.6.1 负增量阻抗（负输入阻抗）

开关变换器是一个闭环系统。它需确保输出变量（例如 V_{out}）始终在控制范围内，而不受输入电压 V_{in} 或输出电流 I_{out} 等扰动的影响：如果提供一定的功率，无论是低输入电压还是高输入电压，变换器都会以恒定的功率输出负载。如果效率为 100%，可以得到

$$P_{in} = P_{out} = I_{in} V_{in} = I_{out} V_{out} \tag{9.143}$$

输入电流因此可以推导为

$$I_{in}(V_{in}) = \frac{P_{out}}{V_{in}} \tag{9.144}$$

如果绘制输入电流与输入电压的关系曲线，可以得到如图 9.61 所示的曲线。如果随输出功率（10W）恒定而输入电压增加，则输入电流必须下降以满足式（9.143）。相反，如果输入电压降低，则环路会强制电流增加。要研究这条曲线的斜率，可以对式（9.144）求导

$$\frac{dI_{in}(V_{in})}{dV_{in}} = \frac{d\left(\dfrac{P_{out}}{V_{in}}\right)}{dV_{in}} = -\frac{P_{out}}{V_{in}^2} \tag{9.145}$$

式（9.145）表达了输入电压改变时，电流与电压之间的负关系。斜率单位是安培每伏特，或电导。将式（9.145）取倒数，得到一个增量输入电阻的表达式为

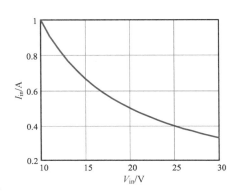

图 9.61　输入电流和输入电压之间的
关系呈现出负斜率

$$R_{in,inc} = -\frac{V_{in}^2}{P_{out}} \tag{9.146}$$

这个概念有点抽象，如果变换器提供真正的输入电阻来吸收功率，那么电流将完全取决于输入电压。对于闭环变换器，输入电流当然取决于输入电压，但还取决于受系统控制的恒定输出功率。式（9.146）中所示的负增量电阻值是这个过程的结果。

9.6.2 建立振荡器

振荡器可以有不同的实现方式。一种是使用调谐 LC 网络，如果通过一个随机激励给 LC 网络提供初始能量，则在储能元件 L 和 C 之间会通过能量来回传输的形式发生振荡。当振荡初始存储的能量完全消耗在如电容和电感 ESR 等欧姆路径上中，振荡便会停止。如果不想振荡停止，L 和 C 之间的能量传递必须是无损的。换句话说，如果通过抵消电路电阻来补偿损耗，则振荡一旦开始将会持续保持。

抵消欧姆路径的一种方法是在电路中引入负电阻。可以使用半导体（FETs，Gunn 和隧道效应二极管，基于运算放大器电路的负阻抗变换器等）来模拟负电阻。举例来说，图 9.62 描

绘了一个 LC 网络,其中损耗由负载电阻 R 引起,在这个例子中,品质因数被调整为 5。该电路网络由持续几个 µs 时间的 5V 阶跃激发。图 9.63 显示了振荡如何发生并在几个周期后消失,并表示出了耗散电阻上的能量。

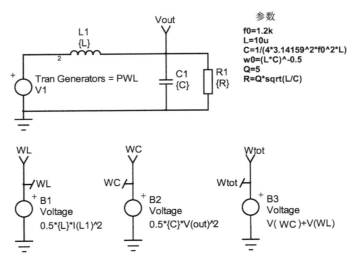

图 9.62 在这个电路中,损耗使电路振荡衰减并迅速消失

图 9.63 显示了能量如何在电容和电感之间来回传输,在任何时间存储在电路中的总能量(W_{tot})是存储在 L(W_L)和 C(W_C)中的能量之和

$$W_{\text{tot}}(t) = W_L(t) + W_C(t) = \frac{1}{2}Li_L^2(t) + \frac{1}{2}Cv_C^2(t) \qquad (9.147)$$

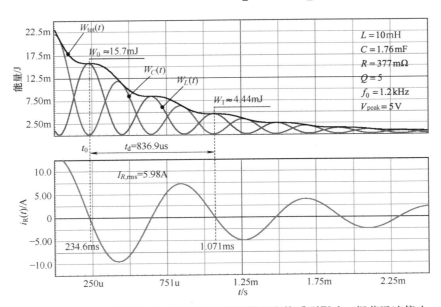

图 9.63 由于电阻损耗,电感和电容之间的能量交换受到影响,振荡迅速停止

随着串联电阻 R_1 以热量形式消耗损耗,存储的能量随着时间流逝而下降。由图 9.63 可知,t_0 和 $t_0 + t_d$ 之间的能量损失为

$$\Delta W = w(t_0) - w(t_0 + t_d) = 15.7\,\text{mJ} - 4.44\,\text{mJ} = 11.26\,\text{mJ} \qquad (9.148)$$

在一个完整的伪周期内，电阻耗散的功率简单地表述为

$$P_{R1} = R_1 I_{L,rms}^2 = 0.377\Omega \times 5.98^2 = 13.467W \tag{9.149}$$

相应的电阻损耗的能量为

$$W_{R1} = P_{R1} t_d = 13.48W \times 836.9us = 11.27mJ \tag{9.150}$$

与式（9.148）相符。

根据这张图，可以推导出品质因子。品质因数 Q 是一个能够在电路中量化无功分量的参数。如果 Q 高，则无功现象超过阻性损失；如果 Q 低，则电路无功分量小，而且损耗占重要部分。Q 可以定义如下：

$$Q = 2\pi \frac{存储的能量}{每个周期消耗的能量} \tag{9.151}$$

电路在瞬态激励下，所考虑的能量是在时间 t_d 中存储在电容和电感中的能量。通过将光标放在图 9.63 的 W_{tot} 曲线上并计算 t_d 时间内能量的平均值，得到

$$\langle W_{tot}(t) \rangle_{t_d} = 9.09mJ \tag{9.152}$$

将上式代入到式（9.151），得到

$$Q = 2\pi \frac{存储能量}{每周的能耗} = 6.28 \times \frac{9.09m}{11.27m} = 5.06 \tag{9.153}$$

品质因数也可以使用第 3 章中导出的对数衰减量 δ 来获得。分子中加上的 2 表示能量项而不是电流或电压

$$Q = \sqrt{\left(\frac{2\pi}{\ln\left(\frac{W_0}{W_1}\right)}\right)^2 + 0.25} = \sqrt{\left(\frac{2\pi}{\ln\left(\frac{15.715m}{4.444m}\right)}\right)^2 + 0.25} = 5 \tag{9.154}$$

基于理论分析，图 9.62 所示 RLC 电路在谐波激励下的品质因数为

$$Q = R\sqrt{\frac{L}{C}} \tag{9.155}$$

如果与 R 并联一个电阻 $-R$，品质因数就会变成

$$Q = \frac{-R^2}{R-R}\sqrt{\frac{L}{C}} = \infty \tag{9.156}$$

在图 9.62 所示的仿真电路中，在 R_1 上两端并联了一个值为 $-377m\Omega$ 的电阻，新的仿真结果如图 9.64 所示，振荡将持续存在。R 和 $-R$ 的并联组合转移的电流为零，如果对增加了 $-R$ 值之后的新 RLC 电路的求根，可以得到具有无实部的纯虚数极点。由此，构建了一个负阻抗振荡器。

9.6.3　振荡抑制

在前面的例子中，输出电容两端已经并联了一个（正）电阻 R_1，有效地衰减了电网络（$Q=5$）的振荡。如果 LC 滤波器仅有负电阻又会如何？这实际上是图 9.60 所示的一个加入无阻尼滤波器的闭环变换器。如果分析一个具有负电阻负载的 LC 滤波器，可以发现极点不再是纯虚数值，而是跳到纵轴的右侧：它们变成右半平面极点或正根。而具有 RHP 极点系统的瞬态响应，其指数项的指数是正数，这意味着系统响应随着时间的推移而发散，如图 9.65 所示。在真实系统中，物理限制（即电源电压）会限制振荡的幅值，变换器可能会被锁死。在大功率变换器中，这个限制值可能远超半导体最大额定值，这很可能引起电路损坏。

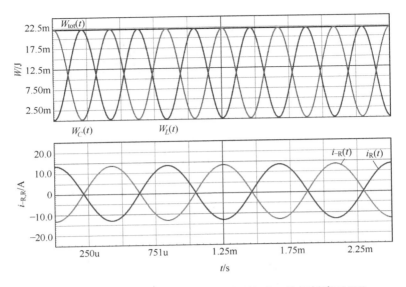

图 9.64　负阻实际上抵消了电容转移的电流，使损耗降至 0W

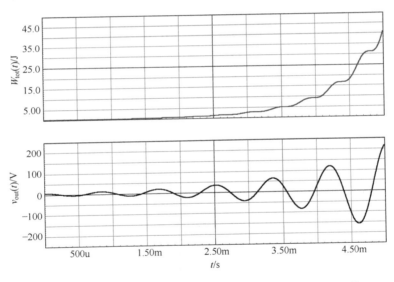

图 9.65　当负电阻单独加到 LC 网络时，输出电压随时间发散

　　为了降低品质因数，由式（9.151）可知，必须在滤波器中引入损耗。这些损失会消耗一些储存的能量，使振荡停止。参考文献［16］给出若干可行的电路，其关键是要在有阻尼效应的情况下尽可能地保持高效率。产生损耗的一个简单方法是在电感器两端加一个阻尼电阻，由于稳态时的电感电压为零，所以损耗只会在振荡出现时才会发生。不幸的是，阻尼电阻与电感会在传递函数中引入一个抵消 LC 网络极点对之一的零点：滤波器从二阶网络变成了一阶网络，明显影响其滤波能力。

　　另一种选择是将阻尼电阻与输出电容并联。由于需要交流阻尼（出现振荡时），可以将此电阻与一个直流阻断电容串联。因此，在直流电中，电阻对于电路是不起作用的，也不消耗任何功率，只有在出现交流振荡时才会产生损耗。新的滤波器结构如图 9.66 所示。

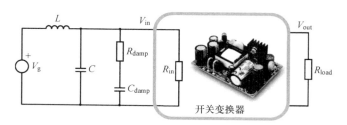

图 9.66 电阻与电源母线直流隔离，仅交流耦合。
与串联电阻相比，效率影响较小

阻尼电阻的计算相当简单。假设有一个美国电网供电的 5V/30A AC-DC 变换器，考虑在输入电容上有 30% 的纹波，其最低输入电压为 100V rms，或大约 100V 整流直流电压。如果变换器效率为 95%，则其输入阻抗为

$$R_{\mathrm{in}} = -\frac{V_{\mathrm{in}}^2}{P_{\mathrm{out}}}\eta = -\frac{100^2\,\mathrm{V}^2}{150\mathrm{W}}\times 0.95 \approx -63\Omega \tag{9.157}$$

选用的 LC 滤波器由一个 150μH 的电感与一个 10μF 的多层电容相连构成。最恶劣的情况是假设与这些元件没有 ESR；考虑并联阻尼电阻 R_{damp} 的影响，式（9.155）所示的品质因数可以改写为

$$Q \approx \frac{R_{\mathrm{in}} \parallel R_{\mathrm{damp}}}{\sqrt{\dfrac{L}{C}}} = \frac{R_{\mathrm{in}}R_{\mathrm{damp}}}{(R_{\mathrm{damp}}+R)\sqrt{\dfrac{L}{C}}} \tag{9.158}$$

由此可得到阻尼电阻为

$$R_{\mathrm{damp}} = \frac{QR_{\mathrm{in}}\sqrt{\dfrac{L}{C}}}{R_{\mathrm{in}}-Q\sqrt{\dfrac{L}{C}}} \tag{9.159}$$

为避免振荡，选择品质因数为 1，计算阻尼电阻为

$$R_{\mathrm{damp}} = \frac{-63\Omega \times \sqrt{\dfrac{150\mathrm{u}}{10\mathrm{u}}}}{-63-\sqrt{\dfrac{150\mathrm{u}}{10\mathrm{u}}}} = 3.65\Omega \tag{9.160}$$

通常选择直流阻断电容的容值为滤波电容的 10 倍。在这个例子中，其对应值为 100μF。为了测试阻尼效果，可以通过仿真验证，仿真电路如图 9.67 所示，元件参数如图所示，包括滤波器负载仅为 R_{in} 的无阻尼情况。负阻抗由恒功率源来模拟，参见参考文献 [12] 的第 71 页。功率为 150W，直流母线电压设置为 100V。

图 9.68 所示的传递函数曲线显示了添加的电阻如何有效地衰减滤波器。电容可选择小于滤波电容 10 倍的值，但阻尼效果会变差。

针对输入滤波器问题的各种文献已经表明，如滤波器输出阻抗远低于变换器输入阻抗曲线的最小值，可避免潜在的不稳定性。换句话说，滤波器必须满足

$$\left|Z_{\mathrm{out}}(s)\right|_{\max} \ll \left|Z_{\mathrm{in}}(s)\right|_{\min} \tag{9.161}$$

在上式中，输入阻抗仅为其直流值。输入阻抗比较复杂，与频率有关，取决于闭环增益，必须仔细分析以检查式（9.161）是否在所有频率下都满足。振荡风险只存在于环路增益的穿

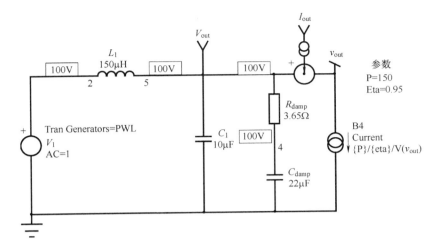

图 9.67　恒功率源产生理想的负电阻

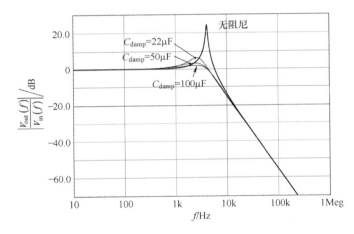

图 9.68　如果没有阻尼，滤波器存在谐振峰值
（阻尼电阻消耗了交流能量，并有效衰减了任何不希望产生的振荡）

越频率以下；当频率超过穿越频率，由于变换器不再响应输入的高频扰动，所以负输入阻抗变为正输入阻抗。

通过绘制阻尼滤波器的输出阻抗以及由式（9.157）定义的负输入电阻来简单判断系统是否满足上述条件，如图 9.69 所示。在滤波器输出阻抗图上，增加了一条 $20\log_{10}(63) = 36\mathrm{dB}\Omega$ 的输入阻抗曲线作为水平参考值。在没有阻尼的情况下，滤波器输出阻抗峰值将超过参考值。一旦添加了阻尼，就可以得到足够的裕量，使设计更加安全。

为了进一步验证其效果，在图 9.67 的仿真电路中，施加输入电压的阶跃变化，然后查看输出电压的波形。如图 9.70 所示，输入电压在 $10\mu s$ 内从 140V 降至 100V。当阻尼足够时，振荡立即消失。如果将 $100\mu F$ 电容减小到 $22\mu F$，则阻尼效果变差，输出振荡变得明显。

对这种变换器的综合分析还包括完整的输入阻抗频率扫描，更多详细信息可以参见参考文献［12，16］。

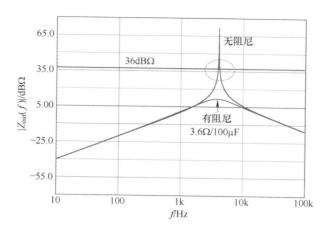

图 9.69 输入阻抗和滤波器输出阻抗之间不得有重叠

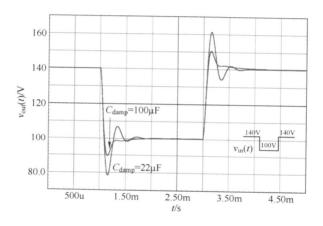

图 9.70 使用适当阻尼的滤波器，振荡被很好地衰减并迅速消失

9.7 结论

在本章中，学习了如何测量功率变换器的环路增益。这个工作非常重要，因为它可以验证在仿真或计算分析过程中所做的假设是否正确。一些隐藏参数很难预测，因此这些实验或者实测是必需的。在产品研制初期或在试生产阶段，需要对一些变换器进行抽样测试，以重新检查稳定性，确保不会被生产阶段出于成本考虑更换的低成本元件所影响。由于ESR 会影响补偿电路，需确保高、低温下电源瞬态响应不会有太大差异；否则，意味着参数漂移引起系统失控。遵循上述观点并绝对禁止试错步骤，那么在批量生产就会变得容易。

设计实例表明，可以选择理论分析或仿真。理论分析的好处在于可以揭示极点和零点位置以及外部参数如何影响它们。SPICE 可以实现类似的功能，但缺乏理论分析及对电路内部的深入了解。结合这两种技术，然后进行实验验证，就能实现成功的电路设计。

参 考 文 献

[1]　AP200 operating manual, AP Instruments, http://www.apinstruments.com.

[2]　Ridley, R., "Measuring Frequency Response," *Switching Power*, 2006, http://www.switch ingpowermagazine.com.

[3]　Ridley, R., "Frequency Response Measurements for Switching Power Supplies," Texas-Instruments, Application note SLUP121, 2001.

[4]　Venable Technical Reference Library, http://www.venable.biz/tr-papers2.php.

[5]　Picotest website: https://www.picotest.com/blog.

[6]　Omicron-lab website: http://www.omicron-lab.com/application-notes.html.

[7]　Middlebrook, R. D., "Measurement of Loop Gain in Feedback Systems," *International Journal of Electronics*, Vol. 38, No. 4, 1975, http://www.ele.tut.fi/teaching/ele-3100/lk0809/tehol1/MiddleBrook75.pdf.

[8]　http://en.wikipedia.org/wiki/Phasor.

[9]　Panov, Y., and M. Jovanović, "Small-Signal Measurements in Switching Power Supplies," *Proceedings of Applied Power Electronics Conference*, Vol. 2, 2004, pp. 770–776.

[10]　Basso, C., N. Cyr, and S. Conseil, "Stability Analysis in Multiple Loop Systems," Application note AND8327/D, ON Semiconductor.

[11]　Capilla, J., "Opening an SMPS Regulation Loop with an ac Stimulus," ON Semiconductor internal seminar, September 2011, Toulouse, France.

[12]　Basso, C., *Switch-Mode Power Supplies: SPICE Simulations and Practical Designs*, New York: McGraw-Hill, 2008.

[13]　http://www.kemet.com/page/kemsoft.

[14]　Power 4-5-6, Ridley Engineering, www.ridleyengineering.com.

[15]　Vorpérian, V., *Fast Analytical Techniques for Electrical and Electronic Circuits*, Cambridge: Cambridge University Press, 2002.

[16]　Erickson, B., and D. Maksimovic, *Fundamentals of Power Electronics*, New York: Springer 2001.

后记

　　写一本关于环路控制的书仿佛一场漫长的几乎没有尽头的旅程：知道终点，但是在到达终点之前无法知晓所有的弯路。这个领域是如此的广阔，探索的选择是如此的丰富，以至于遍历所有这些弯路很快就会变成一件不可能的事情。但如果将必备的知识缩窄到对于功率变换领域真正重要的部分，那么工作马上就会变得不那么复杂，也就不那么遥不可及。

　　在这本书中，我试图给读者一些必要的工具来帮助其开始设计一个项目或者跳到更高层次的书中去。然而，如果不了解这些工具是如何产生的，就无法有效地使用它们。遵循并理解这些推导不仅可以帮助读者在该领域中取得进展，而且还可以告诉他/她工具的局限性；在哪些情况下可以使用它们，以及在哪些情况下需要选择新工具。因此，作为一项建议，请仔细阅读推导出的这些内容，并自己探索如何得到这些结果。虽然很费时，但这是最好的学习方法。

　　尽管花了很长时间，我还是很喜欢写这本书。不仅是因为我在控制系统领域取得了进步，也是因为我希望对这个领域有了一个稍微不同的认识。如果我的读者朋友，在读完这本书后也有这种感觉，那么就达到了我的目标。